宇宙进化史

EPIC OF EVOLUTION: SEVEN AGES OF THE COSMOS

[美] 埃里克·简森 著 熊 况 译

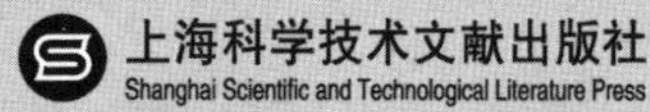

图书在版编目（CIP）数据

宇宙进化史 /（美）简森著；熊况译． —上海：上海科学技术文献出版社，2016.6

（合众科学译丛）

书名原文：EPIC OF EVOLUTION: SEVEN AGES OF THE COSMOS

ISBN 978-7-5439-6999-5

Ⅰ．① 宇…　Ⅱ．①简…②熊…　Ⅲ．①宇宙—进化—历史—普及读物　Ⅳ．① P159.3-49

中国版本图书馆 CIP 数据核字 (2016) 第 057357 号

图字：09-2015-350

责任编辑：张　树
封面设计：许　菲

丛书名：合众科学译丛
书　名：宇宙进化史
[美]埃里克 · 简森　著　熊　况　译
出版发行：上海科学技术文献出版社
地　　址：上海市长乐路 746 号
邮政编码：200040
经　　销：全国新华书店
印　　刷：上海中华商务联合印刷有限公司
开　　本：650×900　1/16
印　　张：34.5
字　　数：400 000
版　　次：2016 年 7 月第 1 版　2016 年 7 月第 1 次印刷
书　　号：ISBN 978-7-5439-6999-5
定　　价：58.00 元
http://www.sstlp.com

前　言

万物皆流，无物长驻。

——赫拉克利特，25 个世纪前古希腊哲学家

在意识启蒙之初，我们的祖先，无论男女，都认识到了两种事物的存在——一是他们自身，二是他们周围的环境。他们开始思考自己究竟是谁、来自何处。他们还渴望了解夜空中那点点的星光、四周的植物、动物、空气、陆地和海洋，并且开始思索自身的来源和归宿。但是在几千年前，这些基本的思考都被摆在了次要的位置，因为当时最为重要的谜团似乎已被解开，答案是：地球是整个宇宙的恒久不变的中心。毕竟，太阳、月亮以及所有恒星看起来的确都是在围绕着地球运转。在所知有限的情况下，人们便会很自然地认为自身和自身的家园具有特殊的地位。从这种“中心感”当中，他们能获得一种安全、至少是满足的感觉——人们相信，宇宙的起源、发展以及命运是由某种超越自然的事物所控制的。

我们的祖先做了许多深入、细致的思考，但是他们所做的也仅限于此。那个时期是逻辑思考的巅峰时期，而经验实证的地位则要低得多。不过，他们所做的努力，依旧启动了神话、宗教、哲学领域的发展。直到几百年前，地球中心论的地位及人们对超自然力的信仰终于有了些许动摇。在文艺复兴时期，人们开始带着更具批判性的眼光来看待自身及宇宙，并且意识到，单单就自然中的问题进行思考是不够的，他们还需要对自然进行观察。于是，实验成为人

们探寻过程中的中心环节。任何观点都必须在经过实验测试，得到数据证实后，才能被视为有效；而那些未能得到实验证明的观点则会遭到淘汰。“科学方法”由此诞生——它是有史以来，促进自然科学发展的最为有力的工具，而现代科学时代也在此时拉开了序幕。

今天，科学方法已然成为全世界所有自然科学家手中的工具。一般来说，科学方法包括以下步骤：首先，对研究对象进行观察，搜集数据；接着提出观点，对数据进行解释；最后通过客观实验来证明该观点是否正确。已被实验证实的观点在经过筛选、收集之后，将会被传播出去；而那些未能得到实验证实的观点则被淘汰——这有点类似于本书将提到的那些演化过程中的事件。就这样，通过对各种观点的不断选择和修改，科学家们才得以将真理和谬误区分开来，我们也才得以汲取到更为准确的、对现实世界的描述。当然，这并不是说科学一定可以揭示出真理——无论这真理是什么——科学只是帮助我们一步步地接近真理。

尽管我们一直强调客观性，但在某些情况下，客观性却阻碍了现代科学的发展。因为，科学工作者通常都具有强烈的热情和个人价值感，但是，在长时间的反复观察中，客观性会渐渐地凸显出来，并将控制我们，最终使得结论完全不为任何实验者、机构或任何一种文化的观点所影响。正如理性的调查方法能够帮助我们描述自然现象一样，科学方法能够帮助我们达到一个对于宇宙的本质、内容及运转的较为客观的共识。

今天的我们仍旧在循着先辈们的路径向前探索，也仍旧在问着同样基本的问题：我们究竟是谁？我们从何而来？万事万物又从何而来？所幸，在现代科技的惠泽下，今天的探询工作有了许多精妙的工具，我们可以借助天文望远镜来更好地观察恒星和星系构成的宏观宇宙，可以通过显微镜来看清细胞和分子组成的微观世界，还能够利用离子加速器来探索原子核及夸克构成的次原子领域。有了无人驾驶的宇航船，我们便能采集到从地球上无法观察到的信息；有了功能强大的计算机，我们便能有条不紊地处理庞大的数据流、有待确认的观点以及各种科学实验。

我们生活在技术的时代——这是一个科学技术得到前所未有飞速发展的时代。尽管科技很可能将我们打败甚至替代，但它也在帮助我们不断地了解自身以及那广袤无垠的宇宙。

文艺复兴时期以来，人类取得的最为显著的科学发现便是：地球并不是宇宙的中央，也并不具有任何特殊地位。利用科学方法，人们发现自己居住的星球在宇宙中并无任何独特之处。大量研究，尤其是近几十年中的研究表明，我们所处的这叫地球的石头，不过是宇宙中一颗平淡无奇的行星，它围绕着一颗名叫太阳的恒星运转着，只是那一片叫做银河的星群中无数星星里的一颗。而银河，也只不过是散布在广袤穹宇中的无数星系里的一支。

而现在，刚刚迈入新千年的我们，在现代科学的帮助下，正描绘着一幅壮丽的图画。我们逐渐认识到了各种事物——小到夸克和微生物，大到类星体和人类思想——之间的联系，并且正试着破解宇宙演变的历程，即宇宙历史上，由射线、物质、生命组成的群体所发生的一系列的、各种各样的变化。这些变化影响了广阔无垠的宇宙空间，跨越了无法估量的时间长度，因为有了它们，我们的星系、恒星、行星以及我们自身，才能够诞生。

可以肯定的是，大自然中变化无处不在。有些变化十分微妙，比如每天的太阳光照，或者地球上陆地的漂移。而有些变化则要剧烈得多，如巨大的恒星发生毁灭性的超新星爆炸，或者大片陆地因火山或地震而发生断层。无论我们是通过望远镜去探索宏观自然，还是通过加速器去了解微观自然，抑或只是用肉眼去观察周围的世界，我们都能看到变化的发生。

于是，我们为这无所不在的变化取了一个更好听的名字——宇宙演变，这一概念涵盖了演变的各个方面：无论是粒子、恒星演变，行星演变，星系演变，化学演变，生物演变，抑或是文化演变。

如今，对宇宙的统一看法已逐渐形成——宇宙万物，包括具有感知力的人类，都处于与时间密切相关的变化当中。变化——某事物形式、本质或内容的改变——时刻伴随着万物的起源、演变以及命运，不论该物体是否具有生命。从大片星系到一小朵雪花，从恒星、行星到生命本身，我们都能从中发掘出一种贯穿所有自然科学的内在模式——沿着变幻纷呈的宇宙中万物的形成、结构和运行的"时间轴"，这一席卷一切的观点已得到了普遍认同。

古希腊的赫拉克利特说得好：万物都在演变，惟有变化不变。除开一些细节上的谬误，这句话应该称得上是人类做出的最为精辟的结论。而在大约25个世纪之后的今天，科学家们正在不断地发现此类细节——其结果既富有创见又具备统一性，甚至称得上是令人惊奇。我们如今不仅明白了无数恒星是如何形成、如何消亡、如何产生组成世界的物质，还了解到生命的产生是物质演变的自然结果。如今，我们可以充满把握地将以下所有过程用知识纽带联系起来：原始能量演变为基本粒子、粒子演变为原子、原子再演变为恒星与星系、恒星演变为基本元素、基本元素演变为组成生命体的分子、分子再演变为生命本身、生命演变为智慧生命、智慧生命演变为能创造文化和技术文明的生命。

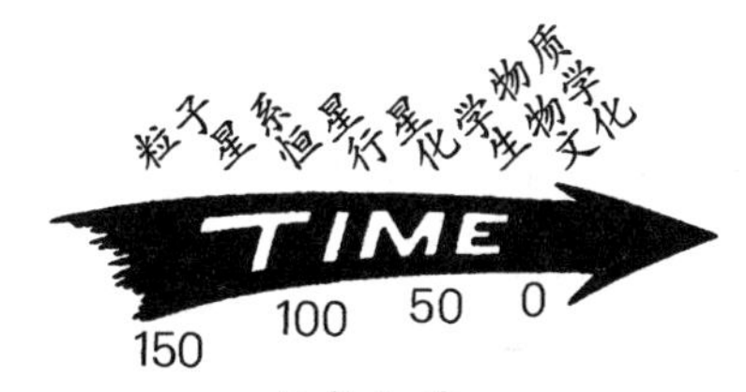

亿年之前

一种总揽全局的，沿着时间轴发展的视角。

* * *

若要回答“我们究竟是谁”这样一个基本的问题，我们还得往远古时代追溯——一直追溯到几十年前我们的诞生日之前、几百年前的文艺复兴时期之前、千万年前人类文明诞生之前、几百万年前我们的先祖出现在森林中之前，甚至要从10亿年前，地球上出现多细胞生物时再往前追溯，一直追回到距离现在几百亿年的那个时候。

为了能在宇宙演变的背景中理解人类的古老来源，我们必须把眼界拓宽，将思路放宽，去看一看很久很久之前，世界是什么样子。例如，我们回到50亿年前，那时候地球上还没有生命，事实上连地球都不存在，太阳、月亮、太阳系也都不存在，这些天体尚处于形成时期，它们还只是围绕着更古老的恒星星系边缘旋转的一些星云，而那些更为古老的恒星，已经以各种形式存在了很久。

如今，现代科学已将多种学科结合起来——其中有物理学、天文学、地质学、化学、生物学、人类学等等——并试图通过学科交叉的方法解决两个最基本的问题：物质及生命的起源。假如我们能破解宇宙演变中的一系列事件，很可能也能够弄清楚我们究竟是谁，尤其是生命如何在地球上出现的问题，甚至能够了解生命体是如何占领地球、生成语言、创造文化、发展科学、探索宇宙乃至研究自身的，虽然做到这一点看来很不可思议。

作为有感知的人类，我们正将目光投向赋予我们生命的宇宙，所读到的，是一个自然的故事，一个宇宙的故事，一个有关人类起源的、内容丰富的、持续进行的故事，它是一首现代科学领域的造物史诗——一部在目前阶段人人都可将它当作真理来相信的史诗。

* * *

本书将涉及以下主题：空间与时间、物质与生命以及将它们融合在一起的各种能量转换。在这里我们将讨论关于宇宙、地球以及我们自身的问题。我们也将在此总结现代科学对一些古老哲学问题的解答，如：我们究竟是谁？我们从何而来？何时诞生？我们周围的万物——空气、陆地、海洋、星辰——从何而来？世间一切物质的秩序、形态、结构特点等特征又从何而来？而我们作为智慧生命，如何与宇宙间其他事物联系在一起？这些问题总的来说就是：我们的起源与归宿分别是什么？地球、太阳乃至宇宙的起源与归宿是什么？

本书主要面向对大自然存在广泛兴趣的读者，尽可能地用浅显易懂的语言，解释当代科学的理论，同时又不乏准确性和前沿性。但必须事先向读者们说明的是，对于一些基本的问题，我们至今还没有得出明确的答案，科学家们即便携手合作，也总是难以解开那些伟大而高深的谜团。毕竟只是在近几十年，我们才拥有足够的科技水平，来将这些问题由哲学领域引入科学领域。

研究者们意识到，我们拥有的知识并没有明确的边界，而是朝着边缘渐渐变得稀薄。科学前沿的研究就像是迷雾中的战争，每一个步骤的进行并不是实时可见的，我们总是在主观猜测的迷雾散去，客观事实渐渐浮出水面之后，才能获得对某问题的清晰认识。之所以这样说是因为今天的科学领域日新月异，新的信息层出不穷，这就要求我们必须采用学科交叉的办法，对这些信息加以研究，就好比，仅在不到100年之前，我们还不知道星星为什么会发光，宇宙是依照怎样的遗传法则，才繁衍出如此多的星系，我们甚至不知道宇宙是否具有一个确切的起源。还有一个原因是，科学作为一种“进展中的事业”，总是包含着许多个人因素，于是在有效、正确的观点当中，往往夹杂着许多错误的开端，偶尔甚至会有一些荒谬的逻辑。一个比较准确的说法是，对于某些最基本的问题，我们的答案相当于一幅铅笔草图，许多细节还有待描画。

有感知力的生物……如今正在反过来思考宇宙中那些曾经赋予我们生命的物质。

在本书中，我们将用描述和演示的方法，来探究自然和宇宙的本质。贯穿本书的一个科学观点是，组成我们身体的原子与整个宇宙是相关联的。我们还将对一些宇宙演变的现时表现进行阐释——这便是宇宙生物学、宇宙起源学，它们是全新的科学哲学——正是通过这些表现，星系、恒星、行星及生命才得以在各种变化中诞生，这些变化可能是渐进性的，也可能是阶段性的；可能是生成性的，也可能是发展性的。我们对于作为人类自身的看法，以及对于我们在宇宙中地位的看法，都深深地受到了这两门学科的影响，因此，本书试图将宇宙生物学与宇宙起源学的基本部分结合起来。

总而言之，本书提供了最为广阔的视角，供读者探究宇宙这幅最为壮阔的图画。它试图通过最顶级的科学知识，来解释一些最为基本的问题——也许这些问题并不是与 21 世纪最为相关或最为实用的问题，但它们却都是非常基础的。我们对于包罗万物的宇宙，对于这无与伦比的广袤图景已经形成了一些认识，并渴望在最大范围内了解射线、物质、生命的本质和运行。在探寻自然的过程中，我们还发现，科学研究者们正处在一个新时代的开端。

我著于 25 年前的另一部作品——《宇宙的开端：物质与生命的起源》，是本书的原始版本。我于 20 世纪 70 年代在哈佛大学参与了一门跨学科课程的建设，那本书便是基于该学科而著成，并受到学生和公众的普遍欢迎，甚至得到了同仁们的普遍认可，尽管该书的语言十分通俗，却仍然赢得了几项文学奖项。但是，在该书出版至今的几十年中，科学界发生了许多的变化，全世界的研究者们获得了大量的新的观察数据，对于宇宙演变的许多方面也得出了更多理论创见，虽然总的知识框架没有变，却多出了许多细节知识。

今天，天文学家们已经建立起早期宇宙的以及古老星系的模型，但是仍然未能解开一些最为神秘的宇宙谜团。生物学家们进一步认识了生命进化的速度及节奏，并再次肯定了新达尔文主义，却仍然对自然选择之外的一些变化机制存在争议。环境学家们在控制地球生态方面已取得了巨大进步，却仍旧无法预知气候变化的长期逆转趋势。化学家们对生命起源所需的条件有了更精确的认识；地理学家们描绘出了精确的地球内部结构图，以辅助比较行星学的研究；而人类学家们则搜集了大量的远古人骨、手工制品，来揭示人类的过去——但是，这些极为细致的信息处处都存在问题。

和这些在某一领域内所取得的成就同样重要的，是近 10 年内，学科交叉的特点在科学界越来越显著，那些专业性极强的研究者们如今也与其他领域的同仁进行交流——如天文学家与恒星学家，宇宙学家与粒子物理学家，生物学家与数学家，神经学家与计算机科学家。现在，“跨领域思考”的地位越来越高，各学科之间早就不该存在隔阂。而且，许多领域的研究方法正由简化主义转变为消除隔阂主义，多学科交叉在 21 世纪可谓前景无限。我们正在进入一个学科结合的时代，联合统一的趋势又一次冲到了前列。

说完这些，现在要谈谈我所要达到的“统一”，这涉及一切“窗外能看到的”、自然中的事物——主要是我们周围的世界中能够观察到的事物，如原子、恒星、行星以及动物。我并没有发现任何支持宇宙连线、十一维空间或是多重宇宙的证据，此外，我也不认为人类主义的推理有任何可取之处，人类主义较弱势的原理——有感知的生命从宇宙中诞生——只不过是宇宙演变作用的另一种说法，而较为强势的原理——宇宙是为了人类而诞生——就像是目的论的演绎。比起通过“天意”或“多元宇宙”来解释一些物理常量的无声的价值（如光的速度、电子的能量等），我更倾向于等到科学足够成熟的时候，我们能够自然地理解这些自然界看似精妙的变化。这有点类似于数学，当人们研究π值的时候，谁能够预先想到，圆的周长与直径的比值竟然是3.14159……这样一个奇怪的无穷循环数，而不是3、3.1或其他更加干脆一点的数字？而如今，我们已经拥有了足够的数学知识，了解到这不过是一条几何计算定理，一个标准的圆形并没有什么神秘的——当然，它的组成是非常精妙的，不然就成不了圆了。正是因为π具有这种特殊的价值，一个圆才能由无数的优美弧线组成。同样的道理，正因为物理常量拥有其特定的价值，自然界的规则系统，包括生命，才能够存在。

令人欣慰的是，我在《宇宙开端》一书中所提出的“变化无处不在”的观点至今并没有发生多少改变。要说有什么改变，那就是如今的宇宙演变学受到了非平衡热动力学的极大推动，这是一门前沿性学科，描述能量流在开放的复杂结构内的运动——这些复杂结构可能是星系、恒星、行星或生命。可以肯定地说，我们在二十多年前搭建的那个骨架上增添了不少新鲜肌肉。

为了使本书趋于完美，我们做了大量的修改、更新和扩充工作。在保留原著的讨论范畴、时间顺序以及通俗易懂的文字风格的前提下，我作了如下改动：

- 完全删除了原书中讨论科学理论的部分，用最新的理论代替它们，通过最新的科学发现，来更好地解释宇宙演变历程。
- 解释重要观点时，在原书中铅笔草图的基础上，增加了两百多张照片，以便为这些观点提供更多客观证据。
- 重新组织了原书中讨论化学及生物演变的部分，扩大了这些部分的篇幅，并加入了最新的科学发现。

- 增加了关键词索引，以帮助读者更好地探索这一范围广、跨学科、涉及多个科学领域的学科。

为了本书中所探讨的宇宙演变历程清晰易读，我没有引用当下任何专家的观点；若是引用现阶段在该领域进行研究的学者们的观点，本书一直强调的概念清晰度将受到影响。毕竟，比起通过引用各位学者的观点来增加本书的权威性，描绘出本学科的总体结构更为重要。我们姑且可以说，本书中的所有叙述，是建立在人类各个科学领域的科学家们获得的成果上的，这些成果为我横跨各个领域撰写本书提供了很大的帮助。

许多同仁曾给予我帮助，让我得以对本书主要的论题形成更好的看法，并且搜集到更多有关宇宙演变的细节材料。他们中间有几位甚至影响到了我以何种方式教授、写作、研究这一概括性极高的学科。我尤其要感谢乔治·菲尔德教授及已故的哈洛·沙普莱教授，他们都是哈佛大学天文台的主任——我要感谢菲尔德教授在25年前，在我的职业生涯开始时，邀请我一同研究这门跨学科的科目；我要感谢沙普莱教授在半个多世纪之前，富有启发性地开辟了一条跨学科教学及研究的道路（即他所说的宇宙图像学）。我还要感谢我的妻子罗拉，是她徒手绘制了本书中的所有插图，将艺术引入深思的美感，与科学的精确性完美地结合在一起。需要感谢的还有迈克尔·哈斯克尔、罗宾·史密斯、弗雷德·斯皮尔以及一位不知名的修改者，他写出了一份详细的读书笔记，改进了本书的内容及写作风格。特别需要感谢的，是上一批选择了我的宇宙演变课程的近4000名学生，他们坚持着该学科的唯一前提——永远保持好奇心，让我在思考这一新世纪的主要世界观并形成自己的创见时受益匪浅。

目　录

序　章

宇宙学概论

亿年之前

探索整个宇宙需要开阔的思维，而宇宙学的思想，则是最为开阔的思想。宇宙学是研究宇宙的结构、进化及归宿的学科——这里所说的宇宙，即所有已知或假设的，曾经出现、现在存在或即将到来的物体和现象的总和。在这里，我们试图要获得的是对于宇宙整体特征的把握：即宇宙中的物质和能量，宇宙的大小和范畴，可能还涉及宇宙的起源和命运。

我们在探索有关宇宙的问题时，总能获得广阔的视角，这是很自然的。和整个广袤的宇宙相比，包含其中的较小的事物，如行星和恒星——在某种程度上，甚至星系也一样——都显得渺小。对于宇宙学家来说，行星几乎不值一提，恒星只不过是一些点状的氢气吸收源，星系也不过是整个宇宙大环境中的细枝末节。在永恒面前，时间的重要性也大打折扣。和宇宙中发生的所有变化相比，人类领域内发生的变化是微不足道的。在宇宙这个大框架里，一千年的时间跨度根本不算什么，百万年的流逝也不过是在眨眼之间；相比宇宙演变的全部时间长度，10 亿年也仅仅是微小的一段。

为了更好地领会宇宙学的奥妙，我们必须打开视角，拓宽思维，将整个宇宙及永恒装于脑海中。现在，正是需要我们进行广阔思维的时候。

在这起始阶段，我必须提醒大家：我们将经常性地用到几千、几百万、几十亿、甚至几兆这样的数字。这些数字不仅庞大，它们之间的差别也是非常巨大的，比如，1000 这个数字我们都很熟悉，假如每秒数一个数的话，要数到 1000 只需花费大约 15 分钟；相比之下，以同样的速度每天数上 16 个小时（剩下 8 小时作为休息时间），要数到 100 万居然需要两个多礼拜；若要以同样的速度数到 10 亿，则需要花费大约 50 年的时间，想想这个概念吧：一个人若要数到 10 亿，几乎需要数一辈子！

在这里，我们的思维将经常穿越几百万年、几十亿年的时间跨度；还将探讨由成百上千兆的原子、甚至由成百上千兆的星球组成的物体。因此，我们必须适应这些极为庞大的数目、极度宽广的空间范围以及巨大的时间跨度。尤其需要记住，100 万比 1000 要大得多，而 10 亿，则要大得多得多。

* * *

从地球上观察宇宙时，我们可以看到许许多多、形形色色的物体和现象：有五颜六色闪烁着的气态星云团，有不停释放能量的爆炸恒星，还有在太空深处旋转着的强大星系。在看不见月亮的漆黑夜晚，通过天文望远镜，你将能看到一幅由各种天体组成的壮丽的天文建筑图——它们就像一颗颗镶嵌在夜空中的宝石。这些天体不仅仅是极富艺术性和美感的杰作，它们中的每一个都是光的集合，正是这些光线为我们照亮了宇宙的许多方面。对于宇宙进化主义者来说，恒星、行星、星云、新星、星系，以及其他所有的天体都具有重要的意义，它们能帮助我们确定人类在整个宇宙中所处的地位。在本书随后的几章里，我们将讨论人类的智慧在宇宙中所处的位置，但是在本章中，我们会把重点放在宇宙学家们所提出的几个大问题上。

光只是射线的一种——即所谓的人眼能够感知的那种射线。当光线进入我们眼中时，角膜和晶状体会将光线聚焦在视网膜上，这时，进入眼中的光线将引发一些微小的化学反应，这些反应转变成电信号，对大脑产生刺激，于是人便能感知到光的存在。和光有所不同的是，无线电波、红外线、超声波以及X光及伽马射线等等都是肉眼不可见的射线。但是，任何射线都是一种能量，这一物理特性决定了射线的易变性；射线同时也是一种信息——一种最为原始的，从一个点传达到另一个点的信息，例如，从某颗恒星传达到我们的眼中。只有依靠这些单向传递的信息流，我们才能有希望去探索宇宙深处的奥秘。

天体物理学家们总是通过研究天体所发出的射线来获取有关这些天体的信息，我们之所以把这门学科叫做“天体物理学”，是因为它是以物理学作为研究射线的基础。如今，这门学科的重点在于“物理学”，“天体”只不过是个前缀。倘若没有扎实的物理学功底，任何一名天文学家恐怕都很难有所建树。曾经，在那些罗曼蒂克的夜晚，天文学家们通过长长的望远镜望向夜空，惊叹着眼中的景象，发现了许多天文学的基础现象，但这样的年代已经一去不返了，随之成为历史的还有那一本本厚厚的名称目录和一沓沓的曝光影像盘。今天的天体物理学家们想要了解的不仅仅是天体的位置、明亮度或者颜色，和从前的传统天文学相比，当代天文学已经具备了相当多的应用物理学特征。

推动天体物理学家们进行研究的最大动力，是对于自然运转规律的探寻。我们不仅想了解人眼可见范围之外的事物，以及宇宙在“不可见”范围内的状态——事实上，大部分的射线都属于这个范围——我们还想知道宇宙中那无数的天体是如何形成的，它们具体的运行方式是怎样，物质与射线是如何相互作用的，我们尤其想要了解的是，所有已知宇宙系统之间那无止境的变化是如何在能量的引导下发生的。我们所探究的问题，已经渐渐地由“是什么”变成了更有深度的“怎么样”。

在某种程度上，人类社会赋予了天文学家和天体物理学家们观察宇宙的任务。我们的任务是要弄清楚宇宙中存在哪些物质，并且弄清楚存在于地球之外的一切物质的状态及本质；同样地，“宇宙生物学”是要探明宇宙中存在哪些生命，尽管到目前为止，地球是唯一被证实有生命存在的星球。和数据充分的现代宇宙物理学迥然不同的是，宇宙生物学在现阶段还没有任何数据。但如果有一天，我们在地球之外的地方发现了生命的存在，那么，我们的研究重点将会转变为宇宙背景下的生物学研究。

值得注意的是，宇宙科学家和大部分科学家之间存在本质上的不同，后者是在位于地球上的实验室内，对地球上的物质进行研究，而前者研究的是距离地球十分遥远的、陌生的物质。在地球上，科学家们可以对其所做的实验加以控制，这有助于他们发现有关地球上物质的更多的特征。他们可以清楚地对研究的对象进行控制，或是对用以研究的实验仪器进行调试。例如，当科学家发现一种新的矿砂时，可以在实验室里通过对一系列不同种类的矿砂进行取样，比较它们的体积、形状及组成，来确定这种新矿砂的特征。此外，他们还可以通过各种方法来对这种矿砂进行研究——可以对它进行超高温加热或超低温冷冻，甚至可以将它置于不同强度的电场或磁场当中；还可以像地理学家常做的那样，用锤子敲敲它。通过观察矿砂对各种不同环境的反应，研究者们便可以充分地了解其性质。总之，在地球上进行实验时，我们可以有意地对实验的媒介进行各种控制，来推进对某种地球物质的研究进程。

可是对那些远离地球的物质，哪怕利用当代文明中最为先进的工具，我们也无法对其进行控制。远离地球的外太空环境是无法由我们控制或操纵的，在大部分情况下，天文学家们都是在和触摸不着的射线打交道——这些由宇宙天体放射出的射线偶尔能被人眼观察到或是被地球上的仪器检测到，它们是一种信号，在由遥远天体传播到不可见的茫茫宇宙深处时，能被暂时地捕捉到。

近几年，随着科技的进步，以上论断中的一些观点也发生了改变。科学家们如今能够在靠近地球的太空领域对少数物体进行有控制的实验，如埋藏在地壳内的，来自其他星球的陨石，它们在严寒的极地尤其多见；我们那死气沉沉的邻居——月球，也已经有美国和苏联的航空人员上去造访，他们还将月球岩石标本带回地球进行研究；机器人太空船已经登陆遥远火星的平原，对火星土壤进行研究。但是，人类若是想要亲自对太阳系之外的物质进行研究，恐怕还得再过上几百年的时间。在目前阶段以及未来很长的一段时间里，我们通过利用地球上或地球附近的装置偶尔捕捉到的射线，来获得发出这些射线的宇宙物质的信息，以便对这些物质进行分类和研究。

至少，在目前阶段，我们能够得知任何天体存在的依据，便是射线。

在思考对遥远天体的研究时，我们不难想到另一处困难——我们不仅无法对天体进行实地研究，更无法对它们进行实时研究，因为射线的传播速度并不是无极限的，而是一个特定的值，即光速。对于光或其他任何一种射线来说，要穿越宇宙天体之间的空间距离，需要时间——而且常常是很长的时间。但是，大多数人都没有意识到光在穿越地球之外的广阔宇宙空间时，需要花费大量时间。

在北方的冬天，我们可以看到猎户星座中的一颗明亮的红色恒星，它是一个典型的例子。参宿四距离地球四百多光年——这是一段长得吓人的距离，要知道，一光年就是光以最快速度行走整整 1 年的距离。1 光年大约等于 10 兆千米，或者说，1 万兆米。毫无疑问，射线的传播是非常迅速的，这也恰恰反映出，地球与这颗还算近的星球之间，有多么远的一段距离。可以确认的是，参宿四发出的射线经历了漫长的 4 个世纪之后，才到达地球。而且，这是它能到达地球所需要的最少的时间，因为射线的传播速度是无法超越的。换句话说，我们现在所见到的参宿四所发出的光芒，早在天文望远镜问世之前，已经由那个星球发出，并在此后几百年的时间里，穿行在宇宙空间中。

距离我们最近的螺旋形星系，即仙女星座，可以更生动地说明光的传播速度是有限的。用肉眼看去，这个星系是一团混浊的光团，它的南边正是明亮耀眼的仙后星群——一个出现在北方夏天夜空中的 W 型星群。仙女星座距离地球大约 250 万光年，这意味着从该星系发出的射线经历了大约 25000 个世纪，才到达地球，也就是说，今天我们所看到的仙女座光亮，在地球上出现生命之前就已经发出了！而仙女座还是离我们最近的一个星系！

因此，由遥远天体发出的射线所携带的信息属于过去，而非现在。天体离我们越远，它所发出的光芒就需要越长的时间，才能到达地球。而对于那些的确非常遥远，距离我们好几十亿光年的星系来说，它们此刻照耀到地球上的光芒早在地球和太阳形成之前，就已经发出。事实上，此时从距离我们最遥远的星球传递到地球上的那些光线，早在宇宙历史的上个时代就已经发出了，而那个时候，任何为我们熟知的行星或恒星都尚未形成。

通过收集射线，天文学家们便可以了解遥远的天体在发出这些射线时是处于什么样的状态，这些光线本身就像是一封早些时候寄出的信，这信的内容在寄来的途中是不会随时间发生任何改变的，因此，收信人便可以从信中读到有关写信时的信息。同样的道理，光线携带着天体在发出这些光线时的信息，并且这些信息不会在传播途中老去。通过提取射线当中的信息，我们不仅可以了解在地球与太阳形成之前宇宙中的大体情况，还可以确认两个重要因素——时间及密度——的具体数值，它们是远古时期宇宙的重要特征。

我们所观察到的宇宙总是属于过去的，我们看到的，是宇宙过去的样子，而非现在的样子。很多哲学家都希望光可以以无限快的速度传播，这样我们便可以得到有关宇宙的实时信息，不过，即便这个愿望能够实现，它也不如现在的实际情况来得有用，正因为光线是以有限的速度传播，我们才能从中读到许多关于过去事件的精彩记载，其中或许还包括我们自身在宇宙中的起源。

因此，天文学家们可以称得上是终极意义上的历史学家，而天文望远镜则可以算作是真正的时间机器。我们（几乎）可以一直回到那些最为深远的“远古时期”，这些时期比任何传统意义上的历史学家所研究的时期都要早得多得多——它们比罗马要早，比埃及要早，比任何载入史册的历史都要早。我们只要从地球上望去，便能看到一幅宇宙的巨大“历史画卷”呈现在我们面前，那些蕴藏着人类起源奥秘的远古历史时期也包括在这幅画卷当中。正如人类学

远离地球的天体存在的证据：一般来说，星系都包含着几千亿颗恒星，这些恒星之间都相隔着广阔的，接近真空的区域。本图所展示的是惠而浦星系的正面照片，它是一个三棱镜状的星系，距离我们大约 3000 万光年，它的横幅大约为 10 万光年。我们的太阳也处在一颗形状差不多的星系中，这个星系便是银河。来源：空间望远镜科学研究所。

家们在古代遗留的瓦砾堆中寻找骨化石及手工制品，以便获得有关人类文明起源及发展的点滴信息一样，天文物理学家们也在不断地分析着即时到达地面的射线，试图破译出其中潜藏的、有关物质本身起源及进化的信息。

因此，我们最好铭记这条天文学家格言：观测宇宙等同于回溯历史。我们所观察到的，不是宇宙现在的状态，相反，我们所探测

遥望宇宙相当于在回溯过去。

的宇宙区域越是遥远，所观察到的信息就越是年代久远。如今，我们已经能够探测到距离地球几十亿光年的领域，也就是说我们能得到几十亿年之前的信息。通过观测宇宙深处领域，搜集最为遥远的天体所发出的射线，天文学家们正在越来越清楚地了解宇宙在漫长的时期之前，甚至在它刚诞生不久时，是什么模样。如今我们所面临的任务是，利用当下最为先进的科技手段，来列出一张宇宙中万事万物诞生的时间表。

* * *

宇宙中存在着运动，也存在着静止。究竟是运动多一些，还是静止多一些？答案取决于我们观察宇宙的角度。如果我们只是大致看一看，会发现天体一般都是呈静止状态；一旦观察得更仔细一些，又会觉得它们处于运动之中。一般来说，我们进行观察时所采取的视角越大，便越是会觉得它们是静止不动的。以地球为例，我们都知道地球上经常发生诸如火山爆发、地震等剧烈的地壳运动，这是因为我们能够近距离地观察到地球，如果我们看看阿波罗号的宇航员在月球上所拍得的地球照片，就会发现在这些照片中地球也是静止的。同样的道理，透过天文望远镜看去，我们会发现太阳表面其实密布着烈焰、黑子以及**表面爆炸**，其他恒星表面也是一样的情况。但是，只用肉眼看去，我们就会觉得太阳以及绝大多数恒星都处于一种颇为平静、稳定的状况中。

我们也许会猜测，虽然宇宙的内部结构中充斥着各种剧烈变化是个不争的事实，但是假如我们用最为广阔的视角看去，整个宇宙的外貌是不是一片静止呢？然而，事实并非如此，即便是在整体上，宇宙也不是静止不动的，与我们设想的恰恰相反，作为一个整体的宇宙也呈现出许多运动和变化。

现在我们知道了宇宙中蕴藏着某种活跃性，也许又会禁不住猜测，宇宙中那些最大的物质结构——星系即是这些结构中的一种——它们的运动是随意、毫无规律的，一些朝左飞驰，一些往右奔去，就好像是一群被关在罐子里的萤火虫一样，或者，像是冰球场上那些四处滑行的球员一样。然而，这些比喻用来形容宇宙的运动状态，实在是不够贴切，因为这一次我们的猜测又落了空，星系的运动并不是杂乱无章的，宇宙所处的活跃状态，是一种非常有规律的状态。

早在半个多世纪之前，科学家们就已经发现，星系在宇宙空间中具有一种特定的、有组织的运动模式——即某种意义上的宇宙交通规则。令人惊奇的是，几乎所有的星系都在一直向后退，距离我们越来越远，就像地球得了某种太空传染病一样（只有几个邻近的星系，比如与地球相邻的仙女座，偶尔有向地球靠近的运动，但那也只不过是任何星系都有可能表现出来的、偶然的小规模运动，它们的整体运动趋势还是不断地远离。上文那个萤火虫的例子在这儿倒是有点用处：这些星系就像是装在罐中的萤火虫，虽然虫子会偶尔朝着我们飞，但罐子在渐渐远离我们）。并且，星系正表现出一种整体的、大规模的后退，后退的速度与它们和地球之间的距离成正比。这一现象十分重要，它意味着某个星系离我们越远，远离我们的速度就越快，速度与距离这两个数据之间的关系是十分密切的。天文学家们之所以知道这一点，是因为星系所发出的光线发生了**红移**——也就是说，这些光线因为多普勒效应，波长变长了。这就好比警车的鸣笛声，当警车开近时，我们会觉得警笛声变得越来越尖锐，而当它驶远时，我们便会觉得警笛声越来越低弱。同样地，当某个天体靠近我们时，它所发出的光线波长会被压缩——光会趋向于蓝色，而当它远离我们时，它所发出的光线波长会被拉长——光会趋向于红色。波长转变的程度——光波和声波都会发生这种转变——反映出发出光波或声波的物体运动的速度。多普勒效应还被用于高速公路上对车辆速度的监测以及球场上快球速度的测算。

如果我们仔细想一想，不难发现，离我们越远的物体向后退行的速度越快这一现象意味着在过去的某个时候有一场爆炸发生。我们可以在脑海中试着将星系外移的过程倒转过来，便会得出宇宙在过去的样子，我们可以推断，所有这些星系都曾经处在一个更为狭小、密集、热量更大的宇宙当中。某个天体距离我们愈是遥远，它——或者它的前身——当初受到的推力就愈是巨大，距离的遥远正是由它高速的运动所导致的，换句话说，高速运动的天体之所以离我们遥远，正是因为它们的运动速度非常快，这种模式与炸弹爆炸时弹片的运动模式是一模一样的。宇宙中的星系只不过是一次太古时代“爆炸”中产生的碎片，发生这次“爆炸”的炸弹在很久很久之前，就已经炸开。

之所以为“爆炸”二字打上引号，是因为在理论上，这个词条不能够为大多数天文学家所接受。在这“爆炸”之前，并不存在空间，抑或任何物质，因此“爆炸”二字有误导之嫌。但是，如果我们仅仅将这种“炸弹爆炸”的解释看作是一个形象的比方——看作是能量随着爆炸被推入时间中，而非物质被推入空间中——那么它对我们理解问题还是很有帮助的。

几十年前，一些怀疑论者认为宇宙应该处在平静、缺少运动的状态，于是他们为上文所说的那场巨大“爆炸”起了一个戏谑性的俗称：“宇宙大爆炸”，然而，这个俗称却被保留至今，并且拥有了符合今天宇宙学观点的含义——这个名称已经被广泛地用来描述那些最大规模的宏观现象。需要特别注意的是，尽管名称中有“爆炸”这个词，但事实上“爆炸”中的那些原始物质并没有进入任何已经存在的空间内，并且现在的星系也并不是在“空间”中移动，或是往“外部空间”中移动。恰恰相反，正是因为“大爆炸”时的种种情况，空间本身才开始急速膨胀，就好像被揉成一团的乱麻迅速地松解开一样。我们如今看到的星系正是这团迅速松解开的宇宙空间的一部分，用一个更形象的比方来说，就像是正在烘焙中的面包里的葡萄干一样。

星系所做的这种后退运动基本上可以说明，整个宇宙本身都处在不断的运动当中。即便在最大的范围上，宇宙也是活跃的，绝对不是一块静止不动的大石头。正如其内部的各种物体一样，宇宙本身也在随着时间发生改变——简而言之，它在进化。

尤其需要我们牢记的一点是，地球、太阳系或者任何星系本身的体积都没有发生任何扩张。任何行星、恒星、星系都是靠引力维系的、完整的系统。只有它们所处的这个最大的宇宙系统——那不断增长的星系之间，尤其是星系群之间的空间距离——在发生着扩张。

天文学家、哲学家、神学家以及全社会各行各业的人们都渴望知道，宇宙的扩张是将要无止境地进行下去，还是会在某天停止。这是一个关于宿命的问题，如果用科学的方法来表述，应该是：如果宇宙无止境地扩张下去，那么物质和生命继续进化所需要的时间将会是无法想象的漫长，相反，如果宇宙中已经包含了足够多的物质，那么巨大的引力总和将使得宇宙扩张停止下来，甚至，会把扩张变为收缩。

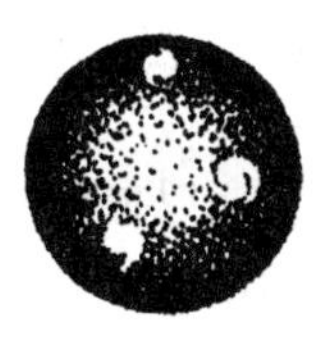
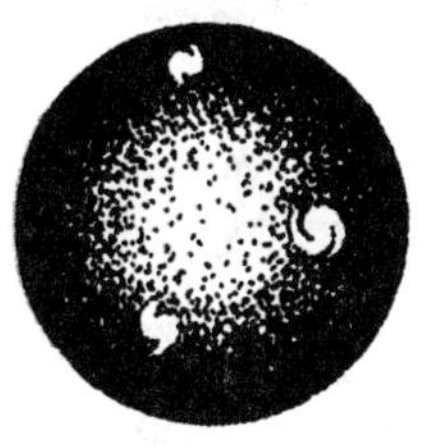

宇宙将永远这样扩张下去吗？

这时我们会想到几个问题：宇宙已经扩张了多久？它还需要多长时间才能停止这种扩张运动？如果真的有一天宇宙开始收缩，那么在它最终灭亡的那一刻，将发生些什么？它是不是又会回到当初开始扩张时的状态——一个密集的小点？或者，它是否会在收缩到一定程度时，又重新弹回扩张的状态？如果在过去宇宙已经发生了这种收缩——扩张的弹性运动，那么我们很有理由相信，我们身处在一个周期性地进行收缩和扩张运动的环境里——它在进行着一个周而复始的诞生、死亡、重生的循环，尽管这个循环并没有一个真正的起点，也没有终结。整个宇宙总体上的基本命运就是这样：它

有可能会无止境地扩张下去，也有可能会先扩张，然后再收缩到一个极小的点，最后灭亡。或者，它也有可能会周而复始地进行收缩和扩张的循环运动。以上每一种模式都仅代表一种假设——它们只是建立在已有数据的基础上，有待进一步的证实。但是，在我们执行科学方法的最后一个步骤——将这些模式付诸试验证实之前，我们不可能知道哪个模式才是正解，如果三者之中有正解的话。

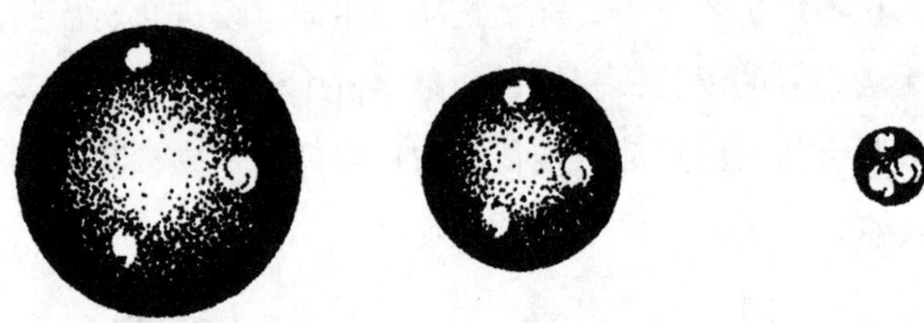

或者，它会不会收缩成一个极小的点，然后灭亡？

我们还需要了解更多的信息，以便弄清楚是什么事件在远古时期引发了这种扩张模式。在帮助星系、恒星、行星以及生命形成的那些能量产生之前，究竟存在一种怎样的起源、原始状态？我们真的可以一直回溯到时间的尽头吗？在一万多年的人类文明之后，在各种文化都已基于其信仰及思想建立起自己的世界观之后，现代科学如今似乎已经做好准备，要为万物起源的问题提供一些有数据支持的观点。

这是一项看起来很艰难的任务，现代天文学家们正通过观察验证，考察着好几个宇宙运动模式。我们所处的这个关键时期使得我们可以通过观察的方法，来对许多尚未解决的、重要的基本问题进行探索。我们所进行的试验，以及建立这些试验所需凭借的理论基础，都是为了能直接揭示出上述这类问题的答案。而即便是获得对于这些研究方案的最为肤浅的理解，都需要我们对于时间和空间的本质具备最为深刻的认识。为了获得这种认识，我们需要利用一样最为深刻强大的工具——爱因斯坦的相对论。

* * *

一听到“相对论”这个词，很多人会觉得激动、头疼或是紧张，这门理论总是笼罩着神秘的面纱，似乎只有天才才能弄懂它——从数学层次上来说，这的确也是事实。但如果我们仅仅是要了解它，相对论就显得相对简单了。假如我们愿意跳出日常知识及自身直觉的局限，便会发现相对论的基础十分清晰明了。真的，这是理解相对论的关键：我们必须摒弃那些日常的，牛顿式的（甚至亚里士多德式的）推理方法，站在一个更为开阔的、更具创新性的视角进行非主流性的思考。

相对论的简单在于它的对称性，它的美感以及它在描述宇宙那些宏伟壮观的景象时所采用的优美的方法。这门理论确实包含了高等数学的知识——如高等算数以及其他更高等的数学——这样才能被用于解释与宇宙相关的问题。但是，撇开其中的数学知识不谈，我们每个人都应该去试着了解这门理论所蕴含的一些基本理念。这样，我们便能对建立宇宙模型、探索神秘的黑洞、甚至思索万物起源时所遇到的一些奇怪的物理现象有更为深入的了解，尽管这种了解只能停留在“定性”的水平上。

相对论有两条基本原则，它们都是在 1905 年由德国-瑞士-美国籍物理学家阿尔伯特·爱因斯坦所提出的，由这两条原则可以推导出 $E = mc^2$ 这个著名的等式，其中 E，m，c 分别代表能量、质量以及光速。这两条基本原则当中的第一条非常直接明了，即：万事万物皆遵守自然界的法则，不同的观察者所观察到的自然界法则是相同的。无论一个人身在何处，无论他的运动速度多么快，他所遵守的基本的物理法则都是不变的。

第二条原则稍微有些抽象，即：时间是与我们通常所说的 3 维完全对等的空间第四维。换句话来说，如果我们用常见的空间中的 3 维来描述一个物体，便可以说出它的位置是左还是右，是上还是下，是里还是外。倘若只是要描述物体存在于空间中的何处，我们只需要利用 3 维便足够，第四维——时间——是用来描述物体何时处在某个空间当中，是存在于将来，还是存在于过去。通过时间与其他 3 维的结合，爱因斯坦成功地解决了牛顿的文艺复兴世界观中的矛盾之处。牛顿认为，无论在何时何地以何种方法测量射线的速度，光速对任何观察者来说都是一个恒定的值。事实上，在爱因斯坦的宇宙观中，时间和空间是紧密交织在一起的，它们不该被看作是两个量，而应当被视为一个整体，即空间时间。

我们可以通过类比的方法，来解释相对论的许多重要结论，当然这种解释是“定性”层次上的。比如我们可以这样来解释其中一个结论：假如我们站在一间没有窗户的电梯当中，当电梯上升时，我们会感觉到地板对我们，尤其对我们的双脚，有一股向上的推力，这时我们能很轻松地将这股推力归为电梯向上加速运动的结果。现在，让我们假设这间没有窗户的电梯正处于远离地球的外太空当中，一般来说，在这种情况下我们都会觉得自己轻若无物，就像我们常常见到的那些漂浮在太空中、不受重力作用的宇航员一样。但是，假如在这个时候我们还是感觉到了一股向上的推力，那么我们便可以做出两种推论：一是此时并不存在重力，电梯正向上加速，于是我们感觉到地板向上推举的力量。二是此时存在着重力，而电梯正处于静止状态，重力正把我们向下拉。除非可以做个试验——在这间假设的电梯上开个窗户，观察一下外部事物的状况——不然我们将无法判断以上两种情况中哪种属实，因为在以上任何一种情况当中，摆钟的运动都是一样的，扔出的石块也都会向伽利略所说的那样下落，从杯子里倒出的水也是按照常规的模式向下运动，还有许多其他的情形也都一样。但是假如我们能开个窗户向外看，便可以立即确定电梯到底是在向上加速还是根本静止不动，一旦有了外部的宇宙作参考，判断电梯的真实状态便变得十分简单。

这个例子的关键之处在于，重力对物体的作用与加速运动对物体的作用是无法区分的，物理学家们将相对论的这一基本原理称为“相等原理”：重力的作用与物体在时间空间中的加速运动可以看作是在概念上以及（几乎）在数学上等同的作用，因此，牛顿将重力当作是一种引力的观点在爱因斯坦看来完全没有必要，今天我们也已经明白，这种观点不仅多余，而且不如爱因斯坦的理论来得准确。

让我们简要地分析一下，物体加速运动这一概念是如何取代我们常说的重力作用这一概念的，我们可以得出这样的结论：有了爱因斯坦的相对论之后，我们便可以了解那些传统意义上的、作为牛顿重力理论的基础的物质是如何使得空间时间的本质发生改变的。略去一些细节不谈，我们可以说是物质决定着空间时间的几何学。换句话说，是质量使得空间时间发生“弯曲”。

普通欧式几何——就是我们高中时学的那种——在弯曲度为0时，即当时间空间为一个平面时，是完全成立的。甚至当弯曲度很小，欧几里得的平面空间几何也是基本适用的。比如，在地球上的任何一个地方，建筑师或承包商都可以依照希腊欧几里得在2500

年前提出的定理，设计或者建造房屋。但是，尽管平面几何在我们的日常生活当中得到了广泛的应用，但它并不是完全准确的，毕竟地球并不是平的，而是一个球体。在地球上的任何一个微小的面积之内，欧几里得的平面几何可以得到很好的应用，这是因为在这小范围的面积内，我们几乎无法察觉到地球表面的弯曲。而一旦这种弯曲能够被我们察觉，比如在进行洲际航空或航海旅行时，我们就必须用到一种更为复杂的几何——曲面空间几何。因此，当质量不存在时，空间时间的弯曲度为0，适合曲率为平面，此时物体的运动不会发生任何偏移，而是呈一条直线。当空间时间的弯曲度微小到可以忽略时，牛顿动力学以及欧式几何学都是适合用来解决实际问题的理论。此外还需要特别注意的是，平面空间并不仅仅是一种假设的状态，因为在距离星系很远的地方可以说确实不存在任何物质，正如我稍后将要在本章提到的，从平均的意义上，以及从整体的意义上来说，整个宇宙很可能就是一个平面空间。

另一方面，在靠近巨大天体的地方，空间时间的几何将发生很大程度上的弯曲。在这里，弯曲的并不是该天体或其表面，而是该天体所处的近乎空无一物的空间时间，存在于某个地方的物体质量越大，该地的空间时间所发生的弯曲程度就越高。而空间时间离某个巨大天体越远，所发生的弯曲程度也就越低。正如重力一样，空间时间所发生的弯曲的程度取决于物体的质量以及距离该物体的远近。但是，空间时间弯曲的概念较老的、传统的重力的概念更为新颖和准确，因此，我们应该用爱因斯坦的这种新颖世界观来取代老式的牛顿万能世界观。

没有人不说相对论奇怪，因为“弯曲”怎么能代替“力”呢？问题的答案在于，空间时间的地形将影响宇航员对其航行路线的选择，就好像牛顿认为重力将改变物体的运动路线一样。弹子被射入碗中时，它不可能沿着碗内壁作直线运动，同样的道理，空间的形状也决定了其中的物体沿着曲线运动（这也被称为测地学）。只要物体的运动方向发生改变，即便该物体一直以同一速度运动，我们也认为它是在做加速运动，例如，地球围绕太阳的运动就是一种加速运动——导致这种加速运动的原因并不像牛顿所说的那样是重力，而是爱因斯坦所说的空间时间的弯曲度。

为了弄清楚这一点，我们不妨来打个比方——请注意这不是举例子，而是打比方。让我们想象一下有这样一张台球桌，它的桌面是一张薄薄的橡胶皮，而不是常见的那种铺着毛毡布的石头台面。这张橡胶皮一旦被放上重物便会变形，比方我们在上面放一块沉重的石头，橡胶皮便会下垂，或是被压弯，原本平整的表面便会有一个弯曲度，尤其是靠近石块的那个部分。石块越重，这个弯曲度就越大，如果在这样一个表面上打桌球，我们便会很快发现，台球经过石块时，运动路线都会因为桌面的弯曲而变生改变。

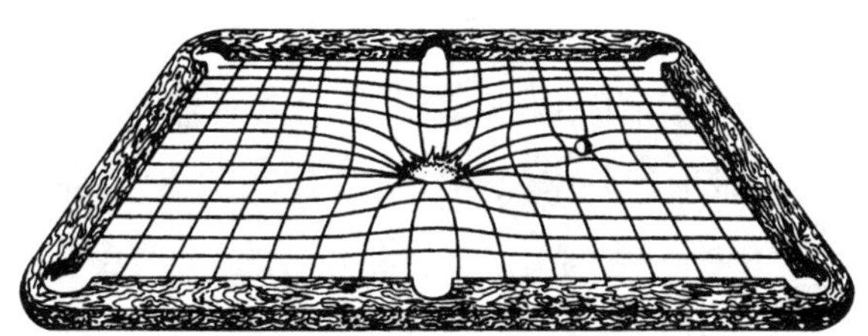

在质量大的物体周围，空间时间的弯曲度很大。

与上述情形相似，处于巨大天体附近的物体或射线都会因为空间时间的弯曲度而弯曲，例如，因为受到太阳所引起的微小的空间时间弯曲度的影响，地球那原本笔直的运动路线发生了弯曲，这种弯曲的程度足以使我们的行星围绕着太阳进行反复的曲线运动。同

样的道理，月球以及垒球都因为受到了地球所引起的空间时间弯曲度的影响，因而做着曲线运动，月球因距离地球较远，因而其运动路线发生的弯曲程度较小，这使得它能够无止境地围绕地球运动下去，而小小垒球的运动路线所发生的弯曲程度则大得多，因此很快便落回了地面上。

我们日常所说的“重力”，其实只是一个方便的说法，用来指代物体对空间时间弯曲度所产生的自然反应。因此，我们也可以利用空间时间的知识，来预测穿越时间和空间的物体的运动模式，更为恰当的做法是，我们将这个问题反过来看：通过研究进行加速运动的物体，我们可以了解这些物体附近的空间时间的几何信息。

这个道理也适用于整个宇宙，从原则上来说，当我们探索整个宇宙的体积、形状及结构——这是人类正构筑的最大的画面——时，我们应当考虑宇宙中的每个大天体所带来的空间时间的弯曲度。通过研究宇宙中具有代表性的天体的运动模式，我们可以获得许多关于宇宙弯曲度的信息，当然这个方法实际操作起来要困难得多。

研究者们对爱因斯坦的相对论进行了全面充分的数学分析，并将这种分析与相对论的基本原则充分地结合起来，通过这种方法，他们已经学会如何描绘物质引起空间时间变化的模式图。在这个领域当中，相对论显得尤其复杂，这里的理论家们一个个都不知道蹦跶到哪里去了，只把我们留在一团迷雾当中。即便我们费尽心力去理解他们那些数目繁多的计算，所作的努力也只能停留在欣赏的层次。总而言之，他们所得出的结论也就是我们常说的“爱因斯坦等式”——人们若想要弄明白宇宙的结构，或者说空间时间如何受到宇宙中所有物质的影响而发生弯曲，就必须同时解开这十几个等式。但是，从数量上来说，要解开这些等式基本上是不可能的事情，而从性质上来说，它们又极具对称性，就好像艺术品一样，它们总是能让观赏者感到惊奇，受到震撼。这些等式之所以显得复杂，是因为宇宙物理学家们在利用相对论解决问题时，不仅需要解开那些关于宇宙结构的等式，还需要解开一些有关测地学（几何学）的等式，这样才能弄明白，为何任何地方的任一物体都以运动的形式与宇宙中其他物质共存。物质决定空间的弯曲形式，而空间决定了物质的运动形式，这是一条基本的准则。

为了能进一步地说明空间时间弯曲度的问题，让我们来举个假设的例子，假设在两颗行星上——比方一颗是地球，另一颗是比地球小一些的火星——存在着同样发达的科技文明，这两颗星球上的人们都能够发射同一种火箭，为了方便讨论，我们就假定这两支火箭在发射后只能在某段距离内受推力作用，之后它们便会在宇宙中自由滑落。这两支火箭分别从各自的星球发射出去后，各自的运动轨道是互不相同的。依照牛顿式的观点，两支火箭的运动轨道是由它们与各自的星球之间的引力作用所决定的，而依照爱因斯坦的空间时间观点，两个星球所造成的空间时间弯曲度对两支火箭的运动产生的影响是互不相同的，因此每支火箭的运动轨道也有所不同。

首先让我们来看看从庞大一些的地球所发射出的火箭，假设在它发射时受到了足够大的推力，大到足以让它在升空之后沿着椭圆形的轨道进行运动。我们都知道，在离某个质量巨大的物体越远的地方，所受到的重力作用就越小，空间时间的弯曲度也是一样，在离某个质量巨大的天体越近的地方，空间时间的弯曲度就会越大。于是，该火箭在靠近地球的地方做着加速运动，而在远离地球的地方则做着减速运动。在这一点上，普通相对论与德国天文学家开普勒在几个世纪前发现的行星运动经验理论是保持一致的，相对论认为，在靠近巨大天体的地方，火箭将做加速运动，因为这些地方的空间时间弯曲度比较大。

椭圆形轨道是一条“封闭式”的几何轨道，它是火箭可能的运动轨道中的一种。这种轨道是最低能量轨道，之所以这么说，是因为沿着这样一条轨道运动的火箭没有足够的能量去摆脱地球对它的影响，它将像一颗人造卫星一样不停地环绕地球运动。

火箭还可以有其他模式的运动轨道，让我们来设想一下由质量较小的火星发出的那支一模一样的火箭，它的轨道会是怎样的呢？将地球上的那支火箭发入太空并进入椭圆形轨道的那股推力已经足够让这支火箭完全摆脱火星对它的影响，于是在发射火星上的火箭时，我们可以少用一些能量，而把更多的能量用在火箭的运动上。如果用经典牛顿理论来解释，那么这支火箭之所以能够摆脱火星的影响，是因为火星的重力比地球要小。而爱因斯坦派的学者则会说，火箭之所以能够逃出火星的影响范围，是因为火星的质量比地球小，因而它所引起的空间时间弯曲度比地球引起的小，这两种观点——牛顿式观点与爱因斯坦式观点——对于火箭离开火星后，在弯曲度逐渐减小的时间空间中的运动轨道做出了几乎完全一样的推断。

火箭在离开火星之后的运动轨道被称为双曲线轨道，最近几年，进入太空探索太阳系其他行星的无人驾驶宇宙飞船就是沿着这种轨道行驶，和上文所说的环绕地球的椭圆形轨道完全不同的是，双曲线是一种“开放式”的轨道，沿着此种轨道运动的物体比沿着椭圆形轨道运动的物体具有更多的能量，其原因要么是此物体在发出时受到的推力较大，要么是因为此物体所来自的天体质量较小。

在上面的这个例子里，两支火箭的条件是一模一样的，因此那支沿双曲线运动的火箭之所以具有更大的能量，是因为火星的质量比地球要小。

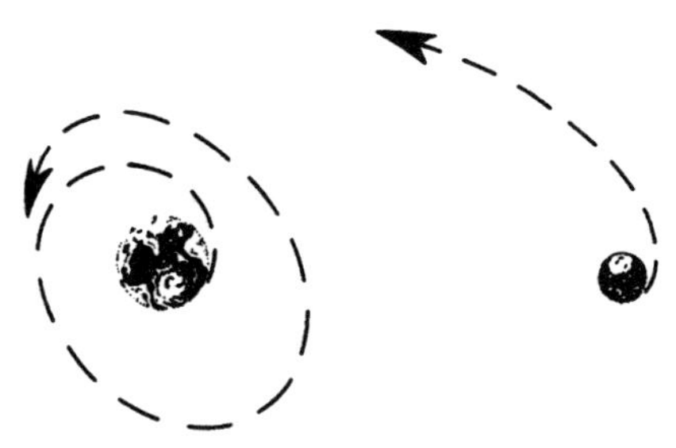

轨道是由火箭对每个星球上时间空间弯曲度的反应来决定的。

即便火箭远离其所来自的星球（源星球）时，它也会受到重力或是由其源星球所引起的空间时间弯曲度的影响，虽然火星只有在邻近的区域才能对火箭产生较大的作用力，但这种作用力是永远不会消减为 0 的。科学家们通过数学分析预测，在宇宙中不存在其他物体的理想状态下，这支我们想象的火箭可以到达无限远的地方——也就是说，它可以无止境地将这种远离火星的运动继续下去。

发射升空的火箭在理论上还有一种运动轨道，它与我们刚才所说的双曲线轨道稍有不同，这第三种轨道也是开放式的，它叫做抛物线轨道。假设存在一个星球，它的质量介于地球和火星之间，那么从这个星球上发射出去的火箭将沿着抛物线轨道运动。抛物线轨道与双曲线轨道的相同之处在于两者都可以延伸至无穷远，当然，它们的能量值是不相同的。数学家们用来区分这两种轨道的标准是：假如火箭沿着抛物线轨道运动，那么当它运动至无穷远时，其速度将减低至 0——也就是说它会完全停止运动！——但是，假如

它沿着双曲线轨道运动，那么在理论上它将以某个特定的速度运行至无穷远的地方——并且将永恒运行下去！但是，抛开这些数学推论不谈，我们都知道，事实上没有什么东西可以真的到达无限远处，因此上文那些说法其实也就相当于说，火箭将不断地在宇宙中做着远离其源星球的运动。

上面的比方形象地概括了物体将如何根据其能量值，以及其对空间时间弯曲度的反应而进行运动。事实上，作为中间状态的抛物线轨道是十分特殊的一种情况，只有在净能量值为 0，且空间的总几何状态为平面时，这种轨道才能实现，假如真有这种情况发生，欧几里得一定会十分高兴。我们在之后的章节中讨论宇宙学的本质时，将会用到上文中所做的这些比方，因为到那个时候，我们所探讨的“物体”将会是宇宙本身。

* * *

爱因斯坦是相对论的创始人，因此他能够最先将他的等式用于推导宇宙的本质及结构，因为他比任何人都更熟悉这些等式。通过利用这些等式，他在 1917 年预测，整个宇宙由于包含太多的物质，其弯曲度必定是很大的。当人们探究宇宙的总体特征时，欧几里得的平面几何学似乎并不适用。不幸的是，爱因斯坦最为闻名的研究方法——当时的多种研究方法之一——只能在 4 维空间中才能得到应用，而 4 维空间对于人类来说几乎无法想象。在数学领域，构想 4 维空间并不是什么难事，但是要把它用语言表达出来就不那么容易了。虽然我们在将近一个世纪之后的今天认为，宇宙被当作一个整体时，其弯曲度并不大，在平均数上甚至可以说是很小，接近于平面，下面的这些内容对我们的认知来说还是有用的。为了使这一研究方法变得更为形象，我们不妨再打一个比方。既然从来没有人可以建立起一个4维模型，我们不妨将这4维当中的1维先去掉。为了讨论方便，我们先假定将常见的空间3维浓缩为2维，而保留时间作为第三位。这样，我们就能建立起一个3维模型，来对应爱因斯坦所建立的4维宇宙模型，我们的模型是一个球体，有时也会通俗地叫做“爱因斯坦曲面球”，我们将球体的表面看作是空间，而时间则是球体的半径，或者说，深度。

对爱因斯坦4维宇宙的3维比喻。

为了预防一种经常发生的误解，我们有必要在这里强调一下，在我们的模型中，宇宙及其包含的物质并不是分布在球体之内，而是仅仅分布在球体的表面上。在这种特定的情况下，空间的全部3维正好弯曲成为一个球面，因此，所有的星系、恒星、行星、植物、人类，甚至所有的射线，都只存在于该宇宙模型球体的表面。

请注意，这个球体模型的半径代表时间，因此，这个球体会随着时间不断地增大。毕竟我们也已经观测到，所有的星系都正在做着后退的运动，整个宇宙正在不断膨胀。随着时间流逝，球体的半径不断增大，它的面积也在不断地扩大，这样，我们的3维模型便可以模仿出宇宙的扩张运动。

事实上，爱因斯坦在1917年并没有意识到宇宙正在进行着扩张，那时的天文学家——尤其是爱德文·哈伯以及他在美国的同事们——直到1930年才完全确立了宇宙扩张的观点。虽然他的等式显示出宇宙具备进行扩张或收缩运动的可能，但是爱因斯坦本人并不相信这些可能性。他也许是受到了当时依旧风靡的亚里士多德哲学观的影响，这种哲学观认为，世界上并不存在什么能够发生变化的东西，月亮之外的那些东西更是静止不变的。于是爱因斯坦胡乱地修补了一下自己的等式，引进了一个新的量来抵消等式所预测出的宇宙扩张运动，迫使他的宇宙模型处于静止不动的状态。不过他后来逐渐意识到这种做法的错误性，并且称自己的“宇宙常量”为其科学生涯中最大的败笔。但是，在21世纪的今天，当年那个鲜为人知的“常量”又变得流行起来，大家认为爱因斯坦当年也许发现了一些至今尚无他人发现的基本却又奇特的信息。在本章稍后一些的段落中，我们将继续讨论有关这个宇宙常量的问题。

即便这个球状模型并不能被用做理想的宇宙模型，爱因斯坦以及他相对论领域的同事们还是从中发现了空间时间弯曲度的许多特征，这些特征中蕴含了大量的信息。其中便有他们最为重要的发现，即我们所说的宇宙学原理——无论观测者身在何处，他们所观察到的宇宙基本上是一样的。可以肯定地说，到目前为止，我们所有的大范围上的研究都可以说明，宇宙是由相同的部分组成的（即每一处都是相同的），并且具有各向同性（即在各个方向上都相同）。除开被银河挡住的那些方向不谈，一直到远在10亿光年之外的太空领域中，宇宙的组成都是基本相同的。因此，在最大的范围上看来，宇宙是一片平坦的，几乎到了乏味的程度。为了抓住宇宙学原理的精髓，让我们再来看一个球体，它可以是任意一个球体，我们就假设它是地球吧。假设我们处在地球上某个偏僻的地方，比如太平洋的中央。为了使得这个比方成立，我们必须假设自己身处2维空间，可以向东或向西看，朝南或朝北看，但是不能往上或往下看——也就是过着那所谓的“平地人”的生活。当我们看向四周时，都可以看见特定的景象，不管在哪个方向，地球的表面看起来都是平坦的、一模一样的。因此，我们便能感觉到自己正处在某个东西的中央，但是事实上，我们所处的地方并非地球表面的中央，任何球体的表面都不存在中央。这便是宇宙学原理：任何球体的表面都不存在优先、特殊或是中央的点。

相同的道理，不论我们身处于4维宇宙中的哪个位置，我们所看到的星系的排布与其他任何位置上的观察者所看到的是大致一样的。我们能看见天空中的星系将我们包围着，但这并不说明我们正处于宇宙的中央，事实上，如果我们的球形比喻成立的话，那么宇宙中则根本不存在任何中心点，也不存在边缘或边界。我们刚才所说的“平地人”在3维球体上的状态恰恰就是宇航员在4维宇宙中漫游时的状态，他将永远无法到达宇宙的边际。很早以前，麦哲伦和他的船员们环游地球时便发现，假如一个人从球面上的某一点出发，沿着一个方向不停地走下去，他最终将回到原来的出发点。同样地，如果宇宙的架构果真像我们的球形比喻一样，那么一直往同一方向前行的宇航员在未来的某一天还是会从相反的方向回到出发点，这正是爱因斯坦球状模型的精髓所在。

今天的我们已经明白，宇宙并非处在静止不动的状态，星系的后退运动正在使得宇宙不断地进行扩张，这已经是不争的事实。自从20世纪20年代开始，现代的相对论学者们就在俄国气象学家亚历山大·弗里德曼和比利时牧师乔治·梅特勒的指引下，为宇宙寻找着更加适合的模型，这个模型最好能够体现出宇宙膨胀的特定速度。因此，当时每一个可能的模型都必须能够体现出星系的后退运动，这一条标准是许多模型无法达到的，也正是因为这条标准，我们才能够在今天拥有对于宇宙的如此准确的认识。

即便宇宙处于不断膨胀的状态，宇宙学原理也还是成立的，和静止状态的球面一样，一个不断膨胀的球体表面还是不存在任何中心点或者边界。为了表达清楚这一点，我们不妨再假设一个球体，这个球体正像气球一样不断地胀大，我们可以假设这个球体是地球，它正不断膨胀，其表面积也随着膨胀的过程不断扩大，假如我们站在这样一个假设的“膨胀”地球上，便会看到周围熟悉的景物不断地离我们远去，周围的一切——树木、山峦、房屋——都似乎在不断地后退，在这种情况下，我们尤其会觉得自己身处在一个特殊的位置——会以为自己正是某场大爆炸的中心点，但事实并不是这样。我们所处的位置和地球表面的任何物体一样，并没有什么特殊，事实上，无论处在膨胀球体上哪一处的人，都会觉得周围的景物在不断地后退，那么他们当中谁的感觉是对的呢？答案是他们个个都对，在不断膨胀的球体表面上的任何一点，都能观察到周围物体的后退运动。

此外，还有一个比较流行的做法，可以帮助我们更好地看清楚上文的观点。我们可以在一只气球上贴上一些小硬币，用硬币来代表星系，气球则代表宇宙的框架。当气球不断胀大时，我们可以看到所有的硬币之间的间隔都变得越来越大（但硬币本身并没有什么变化）。也就是说，不管我们正处在哪个星系当中，我们都会看到周围的星系离我们越来越远（而星系本身由于重力作用，不会发生膨胀）。对于宇宙中任何一处的观察者来说，他周围的星系都在不断地后退，因此，我们发现周围的星系正不断远离我们，这并没有什么特别的。这又一次印证了宇宙学原理：在宇宙中，任何观察者所处的位置都是平等的。

因此，我们可以说，在真实的4维宇宙中，虽然我们发现周围所有的星系正不断地远离，但这并不是因为我们的位置特殊，从宇宙中的任何一处看去，我们都将看到周围的星系做着同样的后退运动。不论是我们，抑或宇宙中任何其他的存在，都并不存在于这个不断膨胀着的宇宙的中心，因为，空间当中是不存在中心点的——我们将无法在天空中找到一点，并证明这个点就是宇宙膨胀运动的起始点。

需要特别注意的是，上文中所做的这些比喻都存在不足之处，我们刚刚所说的那个气球的比喻也不例外，这个比喻的关键在于，我们必须想象这个气球的表面——它代表着2维的空间——正不断地沿着第三维扩张。这也许会让人觉得，在现实的3维空间中，宇宙正在往某个存在于宇宙外部的空间中扩张，我们在前面就已经说过，这样的理解是错误的。在我们的比喻当中，那个气球实际上是在往时间当中扩张——向未来扩张。

令人感到惊讶的是，时间却是有一个中心点的——至少在我们的比喻中是这样。这个点便是时间的起始点，在我们的球形比喻当中，它所对应的是球体半径为0时的状态。换句话说，当宇宙处于起源点时，这个3维球体只是一个点，这个点标志着时间的开端，也就是宇宙大爆炸发生的时刻。我们可以把这个点当作是时间的边界点，但必须牢记空间是没有边界的。

这时，各种或简单或复杂的问题便变着花样接踵而来：这个球体在什么时候半径为0呢——它何时是一个小点？也就是说，在多久以前，宇宙中的各种物质都积压融合成了一点？这些问题简单地说就是，时间从何时开始？

为了寻找答案，我们必须想象时间可以倒流，这并不是说，我们已经证实时间的确能够倒流，而仅仅是一种想象。我们可以在头脑中设想一下，宇宙中的所有星系（或者气球上的所有硬币）一个一个叠加起来的情形。这样做的时候，我们不妨假设宇宙进行这种收缩运动的速度与我们现阶段所观测到的宇宙扩张速度相等，最后，所有的星系将汇合并最终融合在一起。如果我们可以估测出宇宙需要多长的时间才能够缩回到起始的那一点，便能够说出它扩张到今天的状态花费了多长时间——即宇宙的年龄。

我们至今估算出的最为准确的答案是大约 140 亿年，因此，在 140 亿年前，那个常被我们称为宇宙起点的密集的空间点已经存在了。换句话说，宇宙物质的扩张半径由 0 延伸到今天我们所见的位置，期间经历了 140 亿年。

* * *

宇宙各系统的绝对年龄以及相对年龄是宇宙进化领域的重要课题，在一些有关宇宙进化史的叙述中，这些年龄都是连贯的，它们依次排列在时间轴上。在这里，我们将就这个问题给出一些较为专业的信息，以帮助那些希望对时间这个中心议题进行深入研究的读者。

几十年来，宇宙的年龄问题一直令人困扰不已，各流派的研究者们为之争论不休，吵了个你死我活。各派之间的观点相去甚远，一些天文学家险些被弄得身败名裂。媒体也不甘落后，将这场争执称为第二次“哈勃战争”，同时不断错误地散播大爆炸宇宙学的各种极端结论。一百多年以来，各主要宇宙系统——宇宙、恒星、生命——的年龄问题一直是科学界的棘手问题。

我们将用两段的篇幅来阐述这个当今的主要问题，通过对一个以特定方式不断扩张的宇宙的分析，我们得出的结论是宇宙开始于140亿年前，这个结果是基于一个名叫哈勃常量的因子而得出的，哈勃常量为20千米每秒每百万光年，这是我们目前得出的，用以估算宇宙扩张速度的最为精确的量（用宇航员常用的单位来表述的话，这个量大约相当于70千米每秒每百万秒差距，每秒差距大约等于3.26光年，这个可怕的单位并没有什么作用，只供初学者参考）。也就是说，距离每增加100万光年，星系的后退速度便会增加20千米每秒，这符合我们之前所说的规则：星系的运动速度与其运动的距离之间存在密切的联系。但是，这样一个年龄只有在特定的条件下——当宇宙密度比“临界密度”低得多时——才能成立，所谓的“临界密度”，指的是宇宙在几乎不包含任何物体，能够扩张至无限时的密度（数学家们认为处于这种状态的宇宙将沿着一条“轨道”运行，然后止于无穷，但是，事实上并没有什么东西可以到达无穷，于是这样说也就等同于说该宇宙将无止境地扩张下去，就像我们之前那个比方当中的火箭一样）。如果宇宙当中存在物质（事实的确也是这样），且密度与“临界密度”相等（许多天文学家都这么认为），那么在物质之间万有引力的作用下，宇宙的扩张速度便会不断降低，这样估算出的实际年龄将超过150亿年。这便是爱因斯坦著名的解决其等式的方法之一，通过这个方法，利用当今的哈勃常量来计算的话，宇宙的年龄大约是100亿年。

但是，宇宙中一些主要组成部分——如一些恒星——的年龄似乎并不止100亿年。这其中包括古老的球状星群（我们将在“星系时代”一章中对其进行讨论），还有那些散播于星系光轮之中的，由无数恒星组成的密集星群。这些密集星群几乎和星系本身一样古老（我们将在“星系时代”一章中对该问题进行阐述）。天文学家根据恒星进行核熔合的速度——尤其是星球进化理论中关于成熟恒星何时开始转变为吞噬性大红星的知识——估算出了以上行星的年龄。在过去的几十年中，天文学家们观察了许多球状星群的这种颜色变化，这些变化反映出的行星年龄大都在120亿至160亿年之间。于是，这样一个矛盾便摆在了我们面前：从数值上看，许多恒星的年龄都超过了宇宙本身的年龄——这也许只是时间错位引起的不一致，但是这个问题若不能得到解决，无疑将会使得天文学家们颜面扫地。

事实上，这个问题早已出现，关于它的各种争论已经进行了一百多年。例如，在19世纪中叶，当地质年代学领域的先驱者们试图通过分析地表来获知宇宙年龄，而不仅仅依靠宗教或哲学中的论断时，他们做出了两个假设：地球很可能与太阳在同一时期形成，而太阳所发出的光芒来自一些人类已知的化学物质的燃烧，如工业革命中常用的煤炭或木材等。他们由此得出的地球，也就是太阳的年龄为几千年，这个年龄比有记载的人类历史还要短。于是一场关于年龄的争论拉开了帷幕，这场争论并不算热烈，它在很大程度上只是当时一些蔑视科学的理论家们用来寻开心的娱乐：地球的年龄怎么可能比人类存在的时间还要短呢？

其实，维多利亚科学时代的第一个假设是正确的——我们现在的确认为地球和太阳诞生在同一时代，这一点我们将在后面的“行星时代”一章中讲到。但那第二个假设就有些离谱了——太阳可绝不是由木头和煤炭组成的！物理学家们，如英国的开尔文和德国的赫尔姆霍茨，对19世纪后期的相关计算进行了核对，他们发现，太阳是由能发出白热光的液体混合物组成的（如汽油或煤油等），当一些物体——如陨石、流星等——由于重力落入其中时，太阳便会放射出能量。但是他们所估算出的太阳的年龄也顶多只有一亿多年——这个年龄自然要比人类历史长得多，但若是要解释英国自然学家达尔文的有关自然选择的化石标本，这个年龄还是远不够长。当时，一些生物尸体的化石标本显示出，这些生物起码生活在好几亿年前，而真如我们将会在“生物学时代”一章中看到的，我们今天得出的实际数据比这个年龄还要长。开尔文在计算地球冷却速度时，得出的地球年龄也比实际年龄短，这主要是因为他忽略了地球内部岩层传热率很低的事实——这一切都使得地球的地理进化史和生物进化史势不两立。就这样，这场关于年龄的争执继续着，在一百多年前就已经成为科学界的主要论题，其中有些争论十分激烈，如：地球上生命的历史怎么会比地球本身的历史还要短?

随着人们对于射线的了解逐渐深入，这些早期的年龄分歧最终还是得到了消解，这主要得归功于20世纪之始的法国科学家亨利·贝克勒耳以及皮埃尔和玛丽·居里夫妇。那时的地理学家们已经可以直接估算出地球的年龄，他们得出的结果是几十亿年，这个年龄已经足够解释达尔文的那些化石年龄了。当时，生物学家们已经明了，地球上的生物进化已经进行了三十多亿年，这段漫长的时间对于科学家们来说也完全没有问题，因为他们已经通过现代放射学的方法发现，地球的年龄有将近50亿年。

但是，天啊，另一个类似的“年龄”问题在20世纪30年代又冒了出来。问题主要与爱德温·哈勃与其同事最早计算出的哈勃常量值有关。由于缺乏对星系光线的稳定观察，更因为他们在分析所得到的数据时发生了标度错误，哈勃及其同事当时得出的哈勃常量为一百多千米每秒每百万光年，根据这个常量算出的宇宙膨胀速度

比我们今天算出的速度要大得多，也就是说，星系在很早之前就已经到达了今天我们所看到的，它们所处的位置。哈勃最早算出的宇宙年龄还不到几十亿年，于是，年龄问题又一次蹦了出来：地球的年龄怎么会比宇宙年龄还长？

后来，随着20世纪中期的天文学家们对星系的光线及距离进行了几十年的更好的观察、更为准确的分析，刚才的问题也渐渐得以解决。到1950年的时候，哈勃常量的值已经降低了5倍，宇宙的年龄也被相应地延长到了一百多亿年，这个年龄对于地球年龄来说完全合理，年龄矛盾又一次得到了……暂时的解决。不难想到，近几年随着球状星群的年龄被测算出，这个问题又一次挡在了我们面前。在20世纪80年代到90年代之间，我们又一次面临另一个版本的年龄矛盾：银河系中一些恒星的年龄怎么可能比宇宙年龄还要长？问题的答案很简单：这不可能，肯定又有什么地方出错了。

幸运的是，和上个世纪的那几次一样，更为细致的观察和更为准确的模型已经使得这个问题得到了解决。事实上，最近取得的一些进展很可能将彻底解决年龄矛盾的问题。例如，今天的天文学家们正致力于建立一个“开放型”的宇宙模型——就好像前文中所说的永无止境的火箭轨道一样。而且，根据我们今日所得出的最为精确的哈勃常量，我们算出的宇宙年龄大约为140万年。而最近几年，根据我们对于那些球状星群年龄的更为精确的估算，尤其根据欧洲发射的hipparcos天体测量卫星采集到的数据，我们发现这些星群的年龄在之前被高估了将近20%。如果这一点能够得到确定的话，那么这些最为古老的恒星的年龄应该是100—120亿年，这个年龄比宇宙年龄小得多。

我们不用过于关注这周而复始的年龄矛盾，只需把它当作是一块活跃的研究领域，在这领域里，科学家们试图将某个数字（哈勃常量的值）精确到 10% 之内。而许多其他的天文学关键值（如宇宙密度），精确度则顶多只能够达到 10%。也许我们最后算出的宇宙年龄将会是 120 亿，130 亿或者 150 亿年，我们这本书中使用的宇宙年龄为当今算出的最精确值——140 亿年。确切的年龄值并不是最重要的，而且在未来很多年内，我们也无法找到这个确切值，如果我们最终将能找到的话。重要的是宇宙、恒星、生命的年龄沿着时间轴所呈现出的完美的排布顺序——并且这种排布也和全部自然史所表现出的一样，随着时间呈现出越来越强的规律性和复杂性。

上文所说的时起时落的年龄矛盾并不会影响到本书对宇宙进化过程的陈述——即便该矛盾再次出现也一样。因为书中的时间轴可以像弹簧一样进行伸缩，来对应宇宙的真正的年龄，不管这年龄是多少。时间轴上所排列的历史事件要比时间轴本身所代表的数值要重要得多。

* * *

时间开始时，宇宙像充满气的气球一样爆裂开，并向未来不断延伸——宇宙不断扩张，星系不断远离。起初，这一切发生的速度取决于宇宙中物质的密集度。宇宙中的任一物质对其他所有物质都存在着吸引力，也正因为这种重力作用是一种引力，它便制约着扩张的发生。所以，当宇宙中密集地分布着各种物质时，其中的引力是很强大的，这股引力将减缓宇宙扩张的速度（注意，我们又用到了重力的概念，虽然空间弯曲度更为精确，我们在这里还是采用大家更为熟悉的重力概念，以方便读者理解）。

从表面上看来，宇宙的扩张运动与我们在前文中讨论过的火箭运动是十分相似的，从两个不同星球发射出的火箭的运动速度与其

各自星球的质量息息相关。比如，火星因为质量较小，因而虽然对火箭存在引力，却无法控制火箭的远离。而质量较大的地球则不同，它能够对火箭产生较大的引力，从而抑制火箭的远离。利用火箭的轨道动力学来类比宇宙的宇宙动力学是十分明智的，因为就像火箭的例子一样，我们也有两种截然相反的动态宇宙模型——而我们则在这两种模型之间取了一个完美的中间值。

宇宙扩张的证据：在这幅照片中，我们可以看到成千上万个星系，每个星系都包含着上百亿颗恒星。这幅照片覆盖的面积只有满月面积的1%，因此，它是一幅天体的“纵向图”——它囊括了远到几十亿光年之外的，近到地球附近的天体，多普勒测量表明，图片上所有的星系都在不断后退，它们都参与到了宇宙的大扩张运动中。来源：空间望远镜科学研究所。

第一个宇宙模型始于一场强大的“爆炸”——同样地，这是一场发生于时间起点的大爆炸。从这时起，宇宙便由一个密度极高的原始的点开始扩张，随着时间流逝，宇宙中物质之间的空间越来越大，宇宙的平均密度也相应地不断下降。在这第一个模型里，宇宙当中尚没有包含足够多的物质来阻止它的扩张运动，因此，它将无止境地扩张下去，直到其密度接近于0。就好像是从火星发出的那支火箭一样，这样的宇宙没有达到足够的质量，来阻止物质不断地向外运动。因为这样一个宇宙模型在理论上将以某个特定的速度（该速度不等于0）到达无限，数学家们便将该模型称为宇宙的双曲线模型，因为处于这样一种模式的宇宙正是沿着双曲线轨道趋近于无限。

双曲线模型所展现的是一个“开放型”宇宙，所谓“开放”，指的是引起宇宙扩张的爆炸力足够强大，同时宇宙的密度足够小，以致无法将其扩张运动停止，虽然宇宙中的万事万物对其他物质对存在引力，但这样一个模式的宇宙是永远不会回缩的，因为其中含有的物质不够。

当然，宇宙不可能真的扩张至无穷大，因为若要到达无穷，必然需要无限长的时间，于是所谓的到达无穷只不过是一种数学上的说法，它意味着双曲线型，或开放型的宇宙将无止境地扩张下去，用句合适的话来说就是，开放型的宇宙接近于无穷。

倘若这样一个模型成立，那么星系将无止境地做着后退运动，渐渐地，随着它们离地球的距离越来越远，光芒会变得越来越黯淡，随后，地球上的人们将无法看到它们。会有那么一天，我们将看不到任何星系，它们都将距离我们太过遥远，发出的光芒太过微弱甚至看不见。到那时，我们所处的银河系将成为我们唯一所能观察到的领域，而其余的那些星系哪怕我们用最为先进的望远镜也将无法现形。在这之后，随着能量逐渐耗尽，直到其中所有恒星上的氢气用光时，银河系也将熄灭光芒，这时的宇宙，以及其中所有的物质，都将遭遇“冷死亡”，所有的射线、物质及生命都将冰结。

如果宇宙中物质分布的密度更大一些，它的命运就大不一样了。对于开放型的宇宙模型来说，它的起点是一个极为密集的点。但是，这里所说的模型和开放型模型不同，它包含了足够多的物质，在到达无限之前，便能停止其继续向外的扩张运动。也就是说，当宇宙受爆炸力作用裂开后，星系的动量将逐渐降低，到某个时候，它们的运动速度将降低为零。那时，无论处于何处的天文学家——不论他们在哪个星球，哪个星系——都会宣布，星系已经停止了后退运动，因为它们所发出的射线不再有红移现象。根据宇宙学原理，这样一个现象在宇宙中的各处都将存在。整个宇宙的运动，及其内部所有星系的运动都将停止——至少是暂时停止。

宇宙扩张运动也许能够停止，但重力却始终存在。重力永远也不会消失，因此，这种类型的宇宙必然将进行收缩，它无法保持静止不变，事实上没有什么事物可以这样。天文学家们将发现，星系的红移现象渐渐变成了蓝移，宇宙的这种收缩过程正是其扩张过程的反相运动，它不是发生在一瞬间的坍塌，而是一个逐渐的、平缓的、向终点递进的运动过程，所需要的时间和宇宙扩张的时间长度相等。

这样一个模型在很多方面都和我们前文所说的第二支火箭十分相似，在那个例子里，火箭受到了足够大的重力作用，因此维持着椭圆形的运动轨道。由于两者的运动模式相同，因此这种包含足够多的物质、能够在到达无穷之前进行反向运动的宇宙模型被称为椭圆形模型，有时也被称为“封闭式”模型——所谓封闭，指的是处于这种模式的宇宙，其大小和寿命都是有限的，是有始有终的。

封闭式宇宙中的物质分布密度的变化是十分有趣的——同时也是个不祥的兆头。这个密度由一个非常高的起始值，一直下降到宇宙停止运动时的非常低的数值，接着，又重新渐渐升高达到顶峰，这时，所有的物质将积压在一起，宇宙学家们称之为“大坍缩”。

封闭式宇宙所进行的这一系列扩张—收缩的运动既引人入胜，又暗含着危机。尤其是在宇宙渐渐扩张的过程中，由简单形式进化到高级阶段的生命，当宇宙进行收缩时，这些生命将无可避免地回到简单形式，最后灰飞烟灭。在这收缩过程的最后阶段，星系之间的空间越来越少，它们将频繁地互相撞击——这对于任何生命形式来说都是灭顶之灾。因为，就好像我们给自行车胎打气时气泵会发热，或者当我们摩擦双手时手发热一样，这些星系之间的碰撞也会引发大量的热量，随着收缩渐渐接近尾声，宇宙中的密度和热量都将变得越来越大，在临近“大坍缩”时，整个宇宙的温度将比一般的恒星的温度还要高，那时，到处都将是一片光亮——亮到连恒星都显得暗淡无华。这样的一个宇宙将向着一个密度极大、温度极高的点不断收缩，这个点就好像（如果不是一模一样的话）它在开始扩张时所处的状态。和最后陷入冰冷沉寂的开放式宇宙不同，封闭式宇宙接下来经历的是“热死亡”，其中的所有物质都将焚烧殆尽。

封闭式宇宙在成为一个密度无限高、热量无限大的无限小的一点（科学家们称其为“奇点”）之后，命运又将如何呢？宇宙学家们对这个问题尚无定论。也许，宇宙在此时将寿终正寝，或者，它又将开始扩张——进入又一轮的扩张—收缩运动。坦白地说，有关奇点的数学还没有为我们所掌握，相关的物理规则也有待考证。这样一个临界的物质状态是目前科学领域中最为棘手的难题。虽然有

些羞于承认，但天文物理学家们无论是在实验上，还是理论上，对奇点的物理学尚处于一无所知的状态。

科学家们正进行一些前沿的研究，试图进一步了解物质奇点状态的性质，我们也将在之后的“粒子时代”一章中，在我们进一步探讨宇宙起源时，继续讨论这个话题，同样，我们在“星系时代”一章中探讨黑洞问题时，也将谈到这个话题。眼下，我们就暂且说，当宇宙收缩运动接近尾声时，随着密度和温度的升高，压力——温度加上密度的产物，至少通常意义上是这样——也将剧烈地增大。目前尚未得到解答的问题是，宇宙在收缩为一个密集的小点之后，是会继续保持这种状态，还是会因为其内部压力已经超越重力的吸引力，而开始另一轮的扩张—收缩运动？换句话说也就是，封闭式宇宙会反弹吗？

循环式的宇宙将永久振动着，每次扩张都像是“白天”，每次收缩都像是“夜晚”。

这样一个“循环式”宇宙充满了美感，在主观上，许多研究者内心里也更为偏爱这个模式。引起宇宙扩张的不一定是一件仅发生一次的、一劳永逸的事件——不一定要存在一次“大爆炸”。此外，在这个模式中，宇宙并没有一个明确的起点或者终点，它只是不断地经历着各个阶段——也许是无穷多个阶段——每个阶段皆由一次“爆炸”引发，又以另一次“爆炸”结束，循环往复至无穷。可以肯定的是，我们预计这样一个“循环式”宇宙将无止境地振荡下去，每次扩张就像是“白天”，而收缩则像是“夜晚”。但是，每一次“爆炸”都是一样的，它们的地位都是相同的，没有孰轻孰重。这种振荡模式为我们驱走了一个潜在的哲学问题，即：在宇宙大爆炸发生之前有什么样的情景？这样一个问题不论是对于单轮模式的有始有终的封闭式宇宙来说，还是对于无限扩张，永无止境的开放式宇宙来说，都是存在的。

如果“振动模式”成立的话，我们就不用费脑筋去想时间开始前的“存在什么”了，因为在这样一个模式里，无论是时间，还是宇宙，都并没有真正的开端，宇宙只是不断地做着循环运动，以前、现在、将来都一样。

以上的这些模型都强调了宇宙的运动，这些模型都可以由爱因斯坦的相对论推导出来，虽然各个流派都会对这些模型稍加改动，但今天的绝大部分宇宙学家们也都赞同以上模型中的某一种。然而这些年来，还有其他一些宇宙模型被提出，其中大部分都并不遵循相对论的原理，甚至有一些摒弃了“随时间发生改变”或“运动”的主题。我们有必要来讨论一下这些模型当中最为著名的几个，因为就在几十年前，它们还受着科学界领军人物的支持。

“静止”型宇宙模型不但认为任何地点的观察者所观察到的宇宙状态都是一样的，还认为他们所观察到的宇宙永远都是静止的。这一模型的基本原理有时被称为“理想”宇宙学原理：对于任何时间，任何地点的观察者来说，宇宙的物理状态都是一样的。换句话说，宇宙的平均密度是个永恒常量，它永远不会发生变化。

建立这样一个“静止”模型的动机既与科学相关，也与哲学相关。我们先抛开循环式模型不谈，当时的许多科学家和哲学家很不愿意承认（现在也是这样），在大爆炸之前并不存在任何物质，诚然，要弄明白在大爆炸之前究竟发生过什么事件、存在过什么物质是十分困难的，这是一些无法通过现代科学手段来找到解答的问题。因为一旦某个问题缺乏数据或缺乏实验验证的条件，那么科学方法对该问题只能是束手无策。哲学、宗教以及其他教派可以对这类问题提出无限多的假设，但是，科学界始终无法发出任何意见。而静止模型就像振动模型一样，为人们省去了这些棘手的问题。对于这两种模型来说，宇宙没有起始，也没有终结，而只是恒久存在着。

支持稳定模型的宇宙学家们认为，宇宙的确是在扩张的，因为星系的后退运动已经是个无可辩驳的事实。但是，他们还是坚持认为宇宙的总体面貌——即宇宙中物质分布的平均密度——是恒定不变的。依照这个观点，随着星系不断后退，其相互之间的间隔越来越远，必然有新的物质产生，以维持空间密度的稳定。否则，随着星系相隔越来越远，宇宙的平均密度必然会下降。稳定派们认为，这些物质并不是莫须有地产生出来的，虽然这观点看起来似乎站不住脚。星系固然在不断后退，但是这些新产生的物质的量正好可以补上星系后退所引起的空间密度下降，使得每单位空间内的星系量处于稳定值，从而保证宇宙密度始终如一。

这一稳定模型中最令人伤脑筋的问题就在于，它无法解释那些新产生的物质从何处而来，或是怎样产生的。一些研究者认为，这些物质产生于星系之上的星系间空间，而其他一些研究者则说，它们产生于星系的明亮的中心处。其实，要填补星系后退运动引起的密度下降并不需要很多新物质的填补，只需要每几年产生出一个像新奥尔良 superdome 饭店那样大小的氢原子就够了。不幸的是，这样微量的物质的产生，无论是在星系内的还是星系外的，都是很难被勘察到的，更无从验证。

暂且不说这些新物质在何处产生，光是回答它们如何产生，已经足够让人伤脑筋。这些物质若是由空无产生出来，则违反了现代科学备受推崇的定律——物质与能量守恒定律。这是一条得到公认的定律：在任何一个封闭的系统当中，物质和能量的总量都是保持不变的。物质可以转变为能量，能量也能转变为物质，但是，若要说物质可以凭空产生，那恐怕是难以让人信服了。

因此，静止型模型有待解决的最大的问题便是这些新物质的产生过程。当然，这种“宇宙一直存在，并将永远这样存在下去”的模式是十分诱人的，因为它绕过了“大爆炸”的问题以及其他一些令人尴尬的，诸如宇宙进化起点之类的问题。总的来说，对于支持“静止模型”的科学家来说，大爆炸模式是难以接受的，同样地，对于持宇宙进化观点的天文学家来说，这样一个不断有新物质产生的静态模型也是不可理解的。静态模式不但难以理解，而且也并未得到现今任何实验观察的验证，相反，动态模型倒得到了不少观察数据的支持，成为最有可能为真的宇宙模型。

* * *

这么多种宇宙模型摆在眼前时，我们如何将它们加以区分呢？我们能不能通过某种方法，将它们其中的一些排除，从而通过排除法来确定其中最可能为真的一个呢？针对这些问题而展开的一些观察实验已经向我们表明，进化是宇宙学中最为主要的原理——其实，在任何一门科学当中，进化都是核心观点。

许多天文学家认为，静态模型是站不住脚的，其原因至少有二：一是星系在宇宙空间中的排布并不是统一的。我们在“星系时代”一章中也将说到，远离地球的活跃（spasmodic）星系的数目比那些地球附近的星系数目要大得多，而距离我们最近的那些更为正常的星系（我们的银河系也在其列）则更为稳定，不大活跃。但在1000万年以前，活跃星系是宇宙中的主要天体，假如我们活在那个时候，便会发现，在我们从地球上所能观察到的范围之内，处处都有活跃星系的踪迹——比现在环绕在地球附近的要多得多。因此，绝对宇宙原理是不能成立的：在漫长的时间之前，宇宙的总体面貌和今天的并不一样，它是会变化的。

其次，一个偶然的发现对静态模型发出了致命挑战，当我们用射电望远镜进行天文观察时，无论在白天还是晚上，都能得到由它传来的信号，射电望远镜和光学望远镜的不同之处就在于，后者在快要天黑或者在观察天空中的模糊区域时，展现给我们的往往是一片漆黑，但它却可以在这些情况下依然捕捉到射线讯号。有时，尤其当望远镜对准某个明确的射线源时，它能捕捉到很强的无线电讯号，而在其他一些时候，无线电讯号则要弱一些，在观察没有任何已知射线源的地方时尤其如此。但是，不论是在对搜集到的讯号进行分析，还是对大气层或仪器造成的干扰进行排除时，天文学家们都会发现一种微弱的无线电讯号的存在——这种微弱的讯号就好像是家中调频收音机里的嗞嗞声，或像是非有线电视里的雪花点一样，它既不会变强，也不会减弱，却是一直都存在着，年复一年、月复一月、日复一日——它无所不在，覆盖了宇宙中的一切。除此之外，无论在空中哪个方向，其强度都是一样的——也就是说，它具有各向相同性。整个宇宙都淹没在这微弱却持续不断的射线当中。

在几年前，也就是宇宙时代（Space Age）的头几年里，当技术员们正苦苦寻求方法来改进美国的电讯系统时，他们偶然地发现了这种无所不在的无线电讯号。在他们的数据当中，他们出乎意料地发现了这种无论如何都不会消失的无线电讯号，但并没有意识到，这是一个重要的宇宙学发现，而只是到处寻找这讯号的可能的发射源，比如大气风暴（atmospheric storm）、地面干扰、仪器短路，甚至连无线电天线上的鸽子粪他们都考虑到了。直到后来有了专家的提示，他们才明白，这种持续信号的最可能的源头便是：宇宙本身当中那燃烧着的一部分。

人们普遍认为，这种微弱、各向相同的无线电讯号就像是一块化石，它代表着很久以前引发宇宙的那场远古事件，残存下来的这种嗞嗞声常常被称为宇宙进化背景射线，它充斥着宇宙中的各个角落，每条缝隙，包括我们身边的那些地方。它的存在符合任何一个进化型宇宙模型，但是，在今天已被摒弃的静态模型当中，我们无法找到它的身影。

宇宙大爆炸的证据：这幅全景太空图是通过捕捉宇宙深处发出的微弱无线电波而拍摄成的，它呈椭圆形，就好像地球表面的图片也往往呈椭圆形一样。从这幅图上我们可以看到，宇宙背景射线的温度在一些地方较高（右上方），而在相反的方向则较低。这种温度差异仅有千分之几摄氏度，它是由地球在太空中的运动所引起的。这些射线是多大爆炸发生后不久，高温高密度宇宙在经历普勒移动后残留下来的，如今，宇宙的温度和密度都下降了很多。来源：宇宙背景探索卫星。

人们估计，这种宇宙背景射线是远古时期那个热量极高的宇宙的残余物——这样一个宇宙在过去的140亿年左右的时间里，已经极大地冷却了下来。无论最初的那场大爆炸是引发了一个开放型的、无极限的宇宙，还是一个封闭式的、能达到特定值的宇宙，哪怕宇宙其实正经历一连串的爆炸，引发这一轮宇宙的只是其中一场也可以，不管怎样，宇宙处于初始阶段时，其中那些远古的、沸腾的、密集的物质必然会放射出热射线（就好像基本粒子在互相作用时会释放能量一样）。任何具有热量的物体都会释放出这种射线，一块炙热的金属（比如烙铁）会发出红色或白色的热光，而温度低一些的金属（比如家用暖气管）则只有当我们触摸到它们时，才能感觉到温热，它们发出的红外或无线电射线能量较低一些。当宇宙处于温度极高的起始阶段时，它必然会放射出能量极高的射线，但是随着它不断地扩张、物质分布密度不断地降低、温度不断地降低，它所发射出的射线也由致命的，高能量的伽马射线或X射线——这一般是由极高温度的物体发出的射线——变成能量较低的紫外线，可见光，或者红外线，最后变成无害的、能量最低的无线电波——通常来说温度较低的物体会发出无线电波。

进化型模型预示，大约在宇宙开始140亿年之后，宇宙——也就是大爆炸残存物——的平均温度将降低至大约-270℃。这个温度比水的凝固温度0℃要低得多，比所有原子和分子都停止运动的绝对最低温度也高不了几度。用科学单位来说，-270℃只相当于3开尔文。

为了证明这一理论，天文学家们在无线电波段的各个频率仔细地测量了这种微弱且各向相同的讯号的强度。最近几十年搜集到的数据，尤其是20世纪90年代由Cosmic Background Explorer卫星所

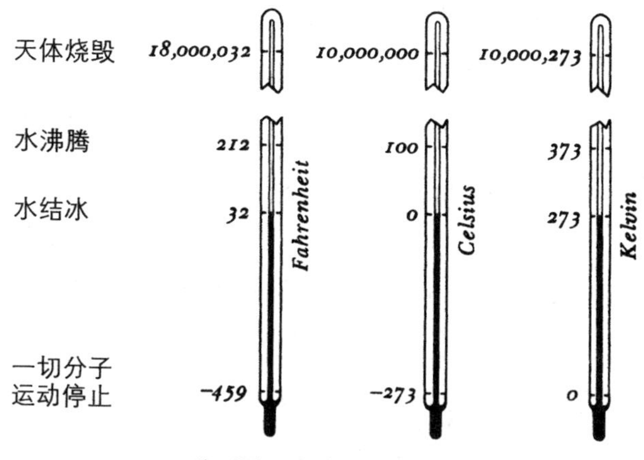

3 种不同温度单位间的换算。

搜集到的数据表明，宇宙的平均温度的确在 3 开尔文左右。此外，这一最为古老的化石遍布在整个宇宙当中，也包括地球，你所居住的房子，或者任何你待着读这本书的地方。但是，无论在任何时刻，这种宇宙射线的量都是十分微小的，总量大约只有一个 100W 灯泡所发出能量的十亿分之一。

宇宙背景射线的存在，以及星系在宇宙中的扩散，决定了静态模型不可能真实地描述宇宙。很显然，宇宙会随着时间发生变化，它根本不是静止不变的。我只能从进化模型当中选择正确的宇宙模型。若要在进化模型当中进行进一步的筛选，我们则需要更多的数据。

若要得到区别开放型和封闭型宇宙模型的最为直接的方法，我们必须估算出宇宙当中物质分布的平均密度。封闭型宇宙含有足够多的物质，能够在宇宙到达无穷之前停止它的扩张运动，而开放型宇宙当中的物质量则不足以使得宇宙的扩张运动停止下来，所以说，物质分布的密度是区别开放型和封闭型宇宙的关键指标。

企图算出宇宙中全部物质的数量无疑是荒谬的，我们都知道，作家们从来不会逐字地去数自己书稿里的字数，他们通常只是算出1页的字数，然后再将这个数字与页数相乘，便能得出书稿的大概字数，如今，他们还可以把统计字数的任务交给计算机。同样的道理，天文学家们总是先估算出某个特定体积空间内的物质数量，然后将这个数值推广到整个宇宙。这样也相当于估算整个宇宙的密度，因为密度就是单位体积内物质的量。

宇宙的密度需要达到一个怎样的量，才可以使得宇宙在扩张至无穷之前停止运动呢？这样一个所谓的“临界”密度可以通过理论的方法计算出来。对于今天这个已经变得“稀薄”的宇宙来说，它的临界密度比1克每立方厘米要小得多（1立方厘米大约相当于1枚小顶针的体积，水的密度大约是1克每立方厘米，也就是说，1顶针体积的水的重量大约为1克）。这个极小的密度值相当于在一个一般衣柜大小的空间里，只存在几个氢原子。它实在是小得可怕，在地区上的实验室里所能达到的最小密度值也比它大得多。但是，我们必须牢记，这样一个值指的是整个宇宙的平均密度值——那些巨大的星系群，还有那些几乎空无一物的星系间空间都被包括在内。

如果宇宙的实际平均密度低于这个计算出来的理论值，那么宇宙将无止境地扩张下去，将印证我们之前所说的开放型的无穷双曲线模型。但是，如果实际密度高于这个值，那么在未来的某个时候，宇宙将停止扩张，开始收缩，也就是将印证封闭型的有限椭圆模型。

暂且抛开这些理论不谈，我们到底能不能算出宇宙的实际密度呢？乍一看，这个问题似乎十分简单，我们只需要计算出某片空间领域中所有可见星系的重量，再估算出该片空间区域的大小，将两者相除便能算出这区域的平均密度。天文学家们通过这个方法计算了许多片空间领域的平均密度，可得出的结果往往比能阻止宇宙扩张的临界密度小上十来倍。我们顶多能说，这样计算得出的平均密度值与所取的空间领域内星系的多少无关，每次计算所得出的值都差不多，因数（factor）都在2或3之内。通过这种“算星系”的方法，我们得出的结果是，宇宙是开放型的，它始于一场大爆炸，将无止境地扩张下去，这样一个宇宙虽然有开端，却没有结尾。

但是——这个“但是”很重要——我们在这里必须特别说明一下，在宇宙当中，并不是所有物质都存在于闪闪发亮的星系当中，有观察表明，在这些星系之外的领域中，还存在一些看不见的物质——所谓的“黑色物质”，天文学家们是通过这些物质所产生的在星系之外的重力作用，才发现了它们的存在。而它们的范围和数量则仍然是未知数，但是，既然我们发现在星系之外也同样存在物质，那么，宇宙的平均密度值则要相应地提高一些。有了这些环绕在星系周围的、尚且无法看见的物质，我们之前的那个计算宇宙的方法便不再适用了，也就是说，宇宙有可能是封闭型的，由始也有终的。当然，在这样一个宇宙开始之前是否存在物质，或者宇宙是将永远止于某个时刻还是将进行反弹，则是一些需要我们进一步探究的问题。

坦白地说，天文学家们对于这些黑暗，或者说隐藏物质的性质可以说是一无所知，我们不知道这些物质究竟是什么，只能基本肯定地说它们存在着。我们也不大了解这些物质在宇宙当中是怎样分布的，但对于这一点，我们已经获得了一些线索。我们只能通过两种方法，间接地测出它们的作用，其中每种方法都需要测算各个星系的动态活动：首先，我们计算出的星系中的可见部分的运动速度比星系外围物质的运动速度要慢，这说明不可见（或黑暗）物质是存在的，正是因为这些黑暗物质的重力作用，星系外围的物质才没有飞散开。第二，在一些大得多的星系群当中，一些星系的运动十分剧烈，以致它们本该早已飞离其所在的星系群——除非，它们受到了某些黑暗物质的重力作用，将它们留在群里。

这种黑暗物质到底是什么？它们又藏在何处呢？在过去的几十年中，科学家们一直都在寻找普通的“重子”物质的非常规形态，他们怀疑这便是为人类所忽略的，宇宙中的一个重要的组成部分（重子中包括组成所有行星、恒星以及生物形式的原子——这些原子大多由质子和中子组成，正是质子和中子组成了我们所处的这个可以触摸到的世界，它们是化学元素周期表上的基本组成部分）。比如，一些低温稀薄物质可能会渗透到星系当中或星系之间，无线电天文学家们的仪器对这些低能量气体最为敏感，但他们所发现的这类物质却是寥寥无几。另一个可能的答案是高温稀薄物质，但是X射线天文学家们——他们的装备对温度极高的高能量气体极为敏感——却也发现，这类物质的量远远少于黑暗物质的量。还有一个可能的答案便是那些不仅体积小，而且光芒暗淡的矮星——尤其是那些在巨大的球状星系光晕中，处于球状恒星群当中的矮星——但是近年来的直接观察表明，矮星的数目其实少得可怜。而那些四处游走的压缩物质团——它们也许是没能够成为恒星的气团，或者是从前的恒星燃烧留下的残骸——曾经是黑暗物质身份的首选答案，但是，在我们所处的银河系当中并没有发现多少这样的物质团，而在更远一些的星系当中，则一个也没有发现。甚至连我们将在“恒星时代”中讨论的黑洞，也没有大量存在的迹象，因此它们也不大可能吸引大量的不可见物质。除了上文这些，还有许多其他的备选答案，但是，在这个由常态物质组成的长长的备选名单当中，愣是没有一个能够脱颖而出成为正确答案，而天文学家们为了找到它们，却做了无数次的直接观察。

相反，今天的许多天文学家们认为，这种黑暗物质的主要组成部分应该是非常态物质。黑暗物质更有可能是“非重子”的，也就是说它们的组成成分与我们所熟悉的原子大不相同。它们很有可能是以一种独特的超原子粒子的形态存在，并且形成于宇宙的早期，现今正做着迟缓而令人难以捉摸的运动。这种又被称为“低温黑暗物质”的物质有一个缩写名——WIMP，其意为：弱性互动大粒子——之所以说是“弱性互动”，是因为它们看起来距离常态物质很远；而同时它们又是“大粒子”，因为它们虽然不发光，是“黑暗”的，但却仍然会产生重力作用。这些假定存在的粒子必须一直存在到现今，数量惊人，并且遍布整个宇宙空间，只有这样，黑暗物质的问题才能够得到解决。但是，天啊，到现在为止，既没有人直接观察到这些粒子，也没有人能够间接证明它们的存在，我们也尚未发明能够观察到此类物质的天文望远镜。我们所能做到的，只是利用高能量加速器将能量转化成基本粒子，就像我们在“粒子时代”一章中将要说到的那样，但是，到目前为止，我们还没有成功地转化出任何 WIMP。而不管这黑暗物质究竟是什么，它的存在是大家都认同的，在它的性质和组成被探究清楚之前，黑暗物质的课题将一直是天文学界的顶级挑战之一。

黑暗物质的数量到底有多少呢？一些观察表明，星系可能容纳的黑暗物质的量比其中的光亮物质多上 10 倍，而且，星系群能包纳的黑暗物质比这还要多。令人吃惊的是，很可能巨大星系质量中的 95% 都是黑暗物质。即便如此，天文学家们基于当今最佳数据所得出的结论是：黑暗物质的加入至多只能将宇宙的平均密度提高到临界密度的 1/3。

因此，目前通过计算星系的方法所得出的宇宙平均密度值还是不确定的，这种计算不能够判别开放型和封闭型宇宙模型的正确与否，虽然在表面数值上，它更倾向于开放的、将无穷扩张的宇宙模式。

另一个观察性测试则旨在确认宇宙的最终归宿，就在这个测试中，我们发现，真实的宇宙比我们之前列出的那些模型要陌生得多，也复杂得多。最近的数据表明，宇宙并不仅仅是在发生变化，也不仅仅是在进行单纯的扩张，而是正以前所未有的极快的速度后退着——这个令人惊异的发现具有深刻的宇宙学意义。

和上文所说的第一个测试一样，天文学家们在这第二个测试中也试图测算出宇宙的平均密度，这一测算的依据依然是：宇宙中的各物质都会对其他物质产生重力作用。在这次测试中，科学家们还试图解答这样一个问题：重力是以怎样的速度产生能够使得宇宙扩张速度减慢的“刹车”作用？换句话说就是，宇宙进化的速度是怎样的？

如果说宇宙始于一场剧烈的爆炸，那么它起初的扩张速度必然是很快的，并且这个速度将随着时间渐渐变慢。对于任何形式的扩张来说——如炸弹的弹片的飞溅、打雷时雷声的扩散等等——其速度总是在爆炸发生的那个时刻达到最大值，而后随时间渐渐减低。我们都知道，观察宇宙时，相当于在时间轴上往回望，因此可以说，距离我们较远的那些星系所做的后退运动比起那些距离较近的星系来说，要剧烈得多。

天文学家们观察着地球附近星系的运动速度所发生的变化，并将这种变化与离地球较远的星系作了对比。从理论上来说，在封闭型的有限宇宙模型中，这种变化的幅度会比较大，因为在这种模型中存在较多的物质，正是这些物质阻碍了宇宙的无限扩张，并将扩张运动变为收缩运动，因此，在漫长的140亿年后，这些物质必然会使得宇宙的运动速度大大降低。而在开放型的无限宇宙模型中，星系后退运动速度的变化则应该会小一些，也就是说，宇宙扩张的减速速度将慢一些。

令人吃惊的是，天文学家们在20世纪90年代获得的数据没有表现出任何上文所说的减速。相反，他们对于遥远星系中超新星（爆炸恒星）的观察表明，宇宙的扩张速度在不断上升——也就是说，在加速！基本上，这些超新星的亮度都比我们预计的要弱一些，这意味着它们的位置比我们预想的要更加遥远，也就是说，它们通过某种方式运动到了比我们设想的更加遥远的位置。这样一个发现的确令人难以置信，但是，已经有两组独立的天文学家都观察到了这个现象。况且，科学与相不相信无关，毕竟确确实实有数据表明，那些距离我们较远的星系（也就是年代更加久远的星系）的运动速度比我们预想的要慢，当然，这些数据还不是很简单明了，关于它们的解释也众说纷纭，但是，如果它们能够站住脚的话，那么由它们得出的新的结论必然会迫使我们去修改已有的宇宙模型。

不过，这也并不是说天文学家们又得重新回到制图板前，这样未免夸张了些。真实的情况和那些大肆宣传的报道中所说的并不一样，这些令人吃惊的发现并不能够彻底推翻大爆炸宇宙学，它们带来的新的结论也只是迫使我们去修改以前的想法，而不是将之前的想法完全抛弃。在对这些数据的分析中，旧的观点还是能够找到一些余地，况且，一些天文学家们要么认为这些新数据还不够准确，获得它们的方法不够正确，要么认为发现这些新数据的观察过程不够客观。还有一些天文学家认为，遥远的超新星的光芒之所以暗淡，是因为古老恒星的射线受到了污染，或是因为我们看向它们的视线中布有渐渐稀薄的微尘。但是，大部分的研究者还是不情愿地接受了这些新的结论，而且，至少在现在看来，宇宙是在进行加速运动。

和任何进行加速运动的物体一样，宇宙的加速运动在过去的这段时间中表现得并不明显，但是，随着时间流逝，它的效果将越来越清晰地表现出来。那么，造成这种加速运动的原因是什么呢？坦白地说，我们还无法回答这个问题。颇为讽刺的是，这一罪魁祸首很可能是我们之前说到的那个“宇宙常量”，爱因斯坦在几十年前提出这个常量时，本是将它作为一个抵抗重力作用，从而防止他的宇宙模型坍塌的相反作用力。这个量是对于最大范围上的宇宙而言的，这也能够说明它为什么在宇宙最初的几十亿年里一直蛰伏，直到今天才作为宇宙扩张运动中的一个主要因素出现。此外，研究者们还认为，这一常量出现于“空能量”——一个与真空空间相关的概念——因此，它能够产生一种相反的、向外的推力，这种力可以在最大范围上不断地增强，抵抗重力作用。换句话说，根据量子学理论，任何一片“空的”空间领域——也就是传统意义上说的真空区域——中都激荡着能量，这些能量来自在极短时间内产生并灭亡的次原子粒子。如果不这么说，我们便违反了物理原理，尤其是海森伯的测不准原理——这一原理认为所谓的真空状态都是不确定的。因此，即便是在真空空间中，也到处存在着真空能量的作用。

话虽这么说，但天文学家们对于宇宙常量却并没有明确的概念，甚至连物理学家也无法对其准确地下定义。我们只能说，这个量与一种新的作用力有关，这个力和重力正好相反，它会随着距离的增加而增加，也就是说，随着时间流逝，它会变得越来越大，因此，对大范围上的扩张运动来说，它的作用是剧烈的，但是对于小范围上的运动来说，它的作用几乎可以忽略不计，也正是因为这样，宇宙常量对爱因斯坦的重力理论不会产生任何实质性干扰，该理论才能应用于太阳系。对我们来说，这样一个全新的力所具有的意义以及它的数值也还是尚未解开的谜，是利用当前的任何物理规则都无法解开的谜。

宇宙所受到的这种使得它运动速度越来越快的外推力也有可能来自第五原质——这个名字听起来挺玄乎。其实是这样的：亚里士多德认为，大地上的万事万物都由 4 种物质组成——空气、水、火、土——而除了这 4 种物质，古希腊哲学家们还认为有第五种物质存在，正是这种物质引发了天空中的各种现象。因此，我们只是借用了这个古老的术语（当然，只是借用它的名字而已）来描述空间时间的这个最为独特的双重作用：一方面它具有使物质聚集在一起的正向的重力作用，另一方面它还具备在大范围上使宇宙扩张不断加速的负向的对外张力。但是，假如第五原质真的存在，那么它是从哪里来的呢？它会不会比宇宙常量更加平易近人一些？

不管它究竟是什么，究竟是怎样发挥作用的，这股促使宇宙不断加速的神秘力量很显然不是来自于常规的物质或者普通的射线。在目前阶段，天文学家们给它取名为“黑暗能量”，这名字算得上是个双关语——一方面寓意该物质的性质，一方面可暗指我们对其的一无所知。

黑暗物质和黑暗能量已经成为困扰探索宇宙的天文学家们的头

号难题，黑暗物质本身——暂且不管它究竟是什么——的数量似乎就比那些构成星系、恒星、行星、生命等的常态物质的数量要多10个数量级。而现在，黑暗能量——也暂且不管这能量是什么——的数量又比这两者都要多。从数量上来说，常态物质在整个宇宙中大概只占了几个百分点，黑暗物质大概占了30%，其余的都是黑暗能量——也就是说，在整个宇宙中，多于95%的部分都是尚且未知的。对人类来说，这么一大部分的宇宙还是谜团，这实在令人尴尬，而天文学家们也为这一点深感不安。

需要特别注意的是，黑暗物质和黑暗能量还有可能只是理论上成立的推断，而在现实中并不存在。这两个量可能只是被用来维持宇宙的“平衡”——也就是说，天文学家们只是利用它们来使宇宙具备要发生“宇宙膨胀”所需要的密度值，而一旦宇宙密度等于这个临界密度值，那么宇宙将在总体上成为一个平面，它的净能量将正好为0（这些内容将在随后的“粒子时代”一章中进行简要阐述）。这个令人困扰的情况使得许多天文物理学家们感到如鲠在喉，在未来的某一天，他们也许会清楚地证明这些说法的荒谬性，尤其是宇宙能量的必需性。所有的这些不确定使得整个天文学界深感不安，似乎在下一代的科学家们力求将简单性贯穿人类这一最为宏大的智慧历险时，这些层出不穷的复杂问题将使得他们已精心搭建的小屋——那些标准的宇宙模型——轰然倒塌。

但是，本书的作者和读者是幸运的，因为，近期这些有关宇宙可能正在加速的发现并没有影响到我们对于宇宙进化过程的描述。在宇宙起初的几十亿年里，黑暗能量一直是一个可以忽略不计的因素，直到最近宇宙开始快速膨胀时，它的作用才凸显出来。人们对于黑暗物质的一无所知也不能影响到我们所讲述的自然故事，因为，黑暗物质同样受到重力的作用，重力笼罩着宇宙中的万事万物，而不管这事物具体是什么。这正如，不管宇宙的年龄是只有 10 年，还是长达 200 亿年，我们对其进化阶段的演绎都是正确的——只要我们将宇宙的各个时期都连贯地、按时间顺序排列在时间轴上。当然，宇宙进化学者们正在不断地对这个故事、这场演绎进行修改，随时将最新发现的数据包含进去。在未来的岁月里，不断加速的宇宙必将带来更多的能量流、更多的新环境和更多的有序系统——其结果很可能就是复杂系统的极度多样化和丰富性，当然，生命便是这些系统中的一个。

* * *

说到这里，宇宙的总体面貌似乎已经充分地为我们所了解，而对于它的一些细节，我们似乎还需要进行进一步的探究。目前，天文学界达成的一致是：宇宙正在不断地膨胀着、进化着，这种运动将永远地进行下去。但是，宇宙的起源、归宿以及基本组成究竟如何，还是有待我们揭开的谜。随着我们步入天文学的黄金时期，许多天文学家都认为，找到这些问题的确切答案是指日可待的。这么想也许有些过于乐观，因为，最终的解决方案必须在得到 3 组人群的认可——而这 3 组人的意见往往相左——之后，方能成立。

第一组人群是理论派，他们努力地想要留在可信、精确科学的圈子里，于是利用富于想象力的头脑，创立了宇宙模型。他们试图从理论上来说明宇宙应该是什么样子。第二组是实验派，他们不断地检验着理论的正确性，同时不断地将观察范围扩展到越来越远的宇宙领域。他们想要发现，宇宙实际上是什么样子。最后一组是那些怀疑论者，他们总是将第一组人群建立的模型归为主观臆断，把第二组人群得出的结论当作是无视观察过程中的错误、误读数据而

得出的结果。

总而言之，这 3 组人的观点都是有益的、必需的，正因为有了他们的合作和对立，我们才能一步步地接近真理。幸运的是，在我们所讲述的这个宇宙进化故事——关于从大爆炸发生后不久直到现在的自然进化史的故事——当中，我们不必纠结到底哪个模型才是正确的宇宙模型，以及宇宙模型或宇宙本身最终的命运将是怎样。因为，所有的模型都承认宇宙的扩张运动，也都认可星系后退这个不争的事实——而唯有宇宙扩张，才是引发各种秩序、各种形式、各种结构诞生的源头。

第一章

粒子时代

转瞬即逝的简单体

宇宙的起源究竟是怎样的？时间开始时究竟发生了什么事情？关于宇宙的起点，或者宇宙刚开始时的大体情况，我们有没有什么具体的发现？而这些起初的情况又发生了怎样的变化，使得宇宙最终变成了今天我们所看到的样子？

这都是一些基本的问题，却又都是一些很难回答的问题。但是，任何一个勤于思考的人恐怕都在某个时候以某种方式思考过这些基本问题。在系统化的文明已诞生一万多年的今天，21 世纪的科学似乎能够为我们呈上一些值得探究的观点，来描述万事万物的起源。

科学家们给出的那些解决方案只能说是暂定的，有条件限制的。远古时代早已过去，而对于那些从未亲眼看过的事件，我们很难给出精确的描述。但是，我们可以肯定地说，早期的宇宙绝对与

今日大不相同，在那个时候，既不存在恒星也不存在行星，甚至连原子都还尚未形成，宇宙中所有的只有能量，正是这些宇宙能量流引发了各种变化。不过，正如我们之前所说的，我们可以构建宇宙模型——根据理论观点，以及有关宇宙大小、形状和结构的数据而构建的数学草图。这些模型可以让我们了解到，在远远早于100亿年前的时候，也就是十分接近时间开端的时候，宇宙大概是什么样子的。

要想了解宇宙最早期的粒子时代，我们必须对很早、很早以前的时代进行深入的思考，想象在太阳和地球诞生之前，甚至连一颗行星或恒星都不存在的宇宙是什么样子的。想象这么古老的时代对一些人来说也许很难，但是没关系，有一个小小的窍门，它可以帮助我们来理解宇宙最早期的情景。

物理学家的主要任务是将自然界的法则应用于现阶段的事物，从而推导出这些事物未来的情况。虽然，近几年人们对“机会概率”有了全新的理解，也认为通过老式的、机械的、牛顿主义的方式推测出的结果有欠精确，但是，我们还是喜欢去主动推测事物在未来的大致走向，虽然，这些未来走向的具体细节是难以精确预料的。在探索宇宙整体这件事情上，为我们所推测的“事物”其实包含了万事万物——它并不是指某个特定的事物，而是包含万事万物的一个整体。所以，如果觉得回溯时间，探索宇宙的早期状态是个艰难的任务，那么我们不妨建立一个逆向的宇宙模型，这个宇宙模型是封闭式的，并且在不断地收缩，我们可以试着去推测，当这个模型进入最终的坍塌阶段时，将会发生什么事件。我们之所以可以这么做，是因为从数学上来说，收缩运动是扩张运动的镜像过程，也就是说，不断收缩的宇宙模型进入收缩阶段末期时所处的状态，等同于真实的、不断扩张的宇宙在大爆炸之后不久所处的状态。据我们目前所知，时间是不会倒流的，但是，我们可以利用这些建立在物理学原理上的、进行收缩运动的宇宙模型，通过推测这些封闭型模型在临近终点时所处的状态，来获得一些有关140亿年前，宇宙诞生之初的信息。

就算上文所建立的封闭性模型不够准确，真实的宇宙并不会坍塌为一点，天文学家们还是可以利用这些封闭型模型，来从理论上获得一些关于宇宙初始阶段的重要事件的信息，无论真实的宇宙是封闭型的，还是开放型的。这个例子说明，我们可以通过对称和按比例换算法——比如，按比例放大或缩小模型，或者像我们刚才所说的那样，按比例建立一个在时间上逆向的模型——在脑海中重新看到那些远古时候的，我们从未亲眼见过的情形。

研究者们需要做一些“数字实验”来排除一些宇宙模型，这些实验只是一些通过物理规则当中的数学原理和高端计算机软件而实现的数字游戏。这种试验的过程相当冗长，包含大量的计算，以及我们所说的宇宙的大致特征——那些宇宙总体上，而非细节上的特征。而实验的目的则是要测出整个宇宙在任意时刻的平均密度和平均温度。实验者每次输入电脑程序的宇宙质量、能量、扩张速度等都不相同，因而每次得出的结果也各不相同。他们将这些结果与实际观察到的、真实的宇宙情况一一进行对比，便能逐渐排除掉不可能成立的宇宙模型，将考察范围渐渐缩小，聚焦在那些可能为真的宇宙模型上。

大部分电脑模型表明，宇宙在其诞生之初只是一片混沌！不过坦白地说，我们现在还不能肯定，混沌、糊涂的究竟是宇宙起始的

状态，还是我们的电脑数据。在这里，问题又一次回到了大爆炸的起点上——对于这一奇特的“原点”状态，数学家们至今仍感到迷惑不解。我们很难想象，科学家们将用怎样的方法去解释大爆炸确切起始点——也就是时间零点——的状态，这也恰恰说明，为什么大爆炸宇宙学并不像大多数人想的那样，是一门关于大爆炸 perse 的理论，而是一幅认知地图，一幅解释大爆炸发生之后的情景的地图。

许多理论研究者们都认为，我们可以推算出宇宙大爆炸发生后极短时间——这段时间比 1 秒钟还要短得多——之内，宇宙的各种物理条件。很多模型都推测出，宇宙在大爆炸发生后万亿分之一秒的万亿分之一（即 10 的 24 次方分之一秒）的这个时刻，平均密度高于 10 的 48 次方克每立方厘米，平均温度高于 10 的 21 次方摄氏度。我们可以来对比一下：水的密度和铅的密度分别为 1 克每立方厘米和 10 克每立方厘米，原子核的密度为 3 万亿克每立方厘米，此外，我们现今所观察到的宇宙的平均密度大约为水密度的 100 万万亿万亿分之一，即大约 10 的负 30 次方克每立方厘米。这是整个宇宙的平均密度——其中包括星系、恒星、行星和各种生命，还有那些基本真空的区域。同样地，水的凝固温度为 0℃，沸腾温度为 100℃，而一颗普通恒星的表面平均温度通常能够达到好几千摄氏度，目前，宇宙万物的平均温度只比“绝对零度”高上几度，大约为 -270℃（或 3 开尔文）。

刚才提到的那段时间的确是短暂到了让人无法想象的地步，光穿过一粒质子——最小原子的原子核——所需要的时间即为 10 的 24 次方分之一秒，这段时间比一次闪电还要快，这对于我们来说，正如诞生之初的宇宙那极大的密度、极高的温度一样，是难以想象的。但是，它们的确是研究者们根据物理法则所推算出的宇宙特征，并且这个宇宙正在不断地加速扩张，越来越快地走向灭亡。天文学家们认为，上述的密度和温度，正是宇宙诞生之初的基本特征。

我们很难描述宇宙在这些刚诞生时刻的组成，不过可以肯定的是，那时宇宙中有大量的、以纯粹的射线形式存在的能量，还有各种奇特的基本粒子，至于别的组成信息，在现阶段还只是科学家们的推测。我们还无法想象在粒子时代的起始阶段占主导地位的运动究竟是怎样的，如果勇气足够的话，我们可以在之后的篇幅中讨论这个问题，但是现在，我们必须强迫自己打住。

* * *

在这里，我们将转到另一个话题上，我们将简要地回顾一下物质的基本构成，并将简单地讨论控制物质结构的基本作用力，当然，这里所说的物质仅指常态物质，即重子物质。至于黑暗物质，由于缺乏线索，我们还无法确认它们究竟为何物，因而在这里就不再对其加以赘述。

对于物质基本性质的探索并不是什么新鲜的课题，人们对万事万物组成的探索至少可以追溯到古希腊时期。虽然古希腊的哲人们都是伟大的思想家，但是他们对于物质组成的看法却是错误百出，因为他们所看重的是对大自然的事物进行思考，而非观察。即便如此，他们的观点还是广泛流传了两千多年。

直到文艺复兴时期，随着注重试验的逻辑推理的出现，“试验哲学”的研究理念才渐渐风行起来，这时，人们也终于在思考和观察之间取得了平衡点。这种研究理念十分简单：思想（即理论结论）只有在得到试验（即实验工作）的验证之后，才能站得住脚。

由此，现代科学也应运而生，随其而来的便是所谓的“科学方法”。

正如前言当中所说，科学方法并不是完全客观的，运用科学的毕竟是人类，科学家们也有自己的主观情感和个人偏好。只有在经过时间、批判和争论的洗涤之后，科学问题才能获得一定的客观性。而通过不断的反复试验，不断地搜集已被证实的数据，科学界也渐渐地超脱了个人的主观意志，取得了更为客观的视角。批判和怀疑也是现代科学方法的必要组成部分。

要说科学方法迄今为止取得的最为辉煌的胜利，那应该是1个世纪之前，物理学家们终于证明，原子并不是自然界中最小的组成单位。任何原子，不论种类——也就是说，无论哪种元素——都是由带负电的电子和带正电的原子核组成，电子围绕着原子核做着高速运动。任何中性原子所含的电子和质子在数量上都是相等的。原子核由质子和中子共同构成，它们占据了原子质量的绝大部分——而原子核的体积相对于整个原子体积来说是十分渺小的，大约相当于1粒谷子和整个足球场的区别。

20世纪上半叶，人们都认为，电子、质子、中子以及组成射线的光子是构成物质的全部基本粒子。但是，到了20世纪下半叶，物理学家们却发现了另外一组令人困惑的基本粒子。这组新粒子并不比我们已知的质子和电子来得更加“基本”，而只是活跃在我们不甚了解的次原子领域。由于我们无法观察到这些粒子，只能在它们通过实验仪器时进行观察，因此我们对它们的具体作用还不甚明了。

目前我们所知的基本粒子已有二百多种——这让人不禁怀疑，这些粒子究竟是不是自然界最为基本的组成部分。它们当中有一些像是质量很小的电子，而其他一些又像是质量很大的质子，还有一些具有奇怪的特征，让我们无从琢磨。一些粒子只能在高能量加速器——一种庞大的地下实验室，一般用来将质子和电子加速到接近光速，再使它们发生猛烈撞击——启发的剧烈撞击中存在极短的时间。目前规模最大的加速器为欧洲核物理实验室（简称 CERN）和费米国家实验室，前者覆盖了好几千千米，跨越了法国和瑞士的交界，几乎延伸到了日内瓦；后者位于芝加哥郊外的地下，面积也差不多。新粒子的产生并不是什么魔术，而是由碰撞中的能量引起的，科学家们也早已弄清楚这个物理过程。一般来说，在大约 1 微秒之后，这些新粒子又会变回能量，但是加速器的勘测仪还是能够捕捉到它们的踪迹。

我们探索自然组成的道路上充满了谬误，每当研究者们认为自己发现了一种新的基本组成部分，最后却往往被证明是错误的。如今，我们已经知道分子由原子组成，而原子则是由基本粒子组成，于是不免会想到一些新的问题：加速器碰撞中产生的新粒子究竟有多么“基本”？它们会不会是由其他一些独立存在的，更加基本的次粒子组成的？目前的理论和一些相关数据的确能够说明，在这些新粒子之下，还存在另一群更为基本的粒子。

研究者们普遍认为，在所有直径超过 10 的负 13 次方厘米的基本粒子（也称强子）当中，只有质子和中子是由一种叫夸克的单位组成的，它们构成了宇宙当中多于 99% 的重子物质。而其余的物质大多是由无因次电子构成，而这些电子不能被继续分割为夸克单元，似乎也不能分割为其他更小的单位。夸克（这个词由詹姆斯·乔伊斯在小说《芬尼根的守灵》所创造的一个无意义的单词演化而来）是一些仅仅带有小部分质子电量的微小粒子，比如，一个质子含有两个上夸克（每个上夸克都带有 2/3 的正电）和一个下夸

克（下夸克含有 1/3 的负电），而中子则由一个上夸克和两个下夸克组成。在过去的几十年中，一门复杂繁琐，却又十分成功的理论——量子色动力学围绕着 6 种名称生动的夸克应运而生，这 6 种夸克分别是上夸克、下夸克、顶夸克、底夸克、奇夸克、魅夸克。每种夸克皆由另一种基本粒子——胶子黏合在一起，但是各个种类黏合的方式各不相同。虽然这门理论的性质有些模糊不清，其中还有一些难以对付的等式，但是，对于它各个方面的研究却将二十多位物理学家送上了诺贝尔奖的领奖台，此外，它也是当今科学界许多应用广泛的产品诞生的基础，这些产品包括电视机、镭射机、电脑，以及整个基于数字芯片的电气设备产业。

几十年前，当夸克的概念首次被提出时，大家都仅把它当作一条数学上的捷径——它可以被用做人脑中记录量子反应情况的簿记系统——而并不觉得它可以提供给我们任何真实存在的研究对象。如今，加速器实验通过观察电子撞击质子之后的偏离路径，已经清楚地证明了 6 种夸克的存在。这种实验方法包含了猛烈的正面撞击，就好似我们为了弄清楚时钟的结构，而将两座钟猛烈地相互撞击一样。我们已经在加速器的残骸中发现了这 6 种夸克留下的痕迹，这些夸克共同构成了粒子物理学——一门已得到广泛认同，描述次微观现象，以加速器实验、粒子和力的量子理论为基础的学科——中“标准模型”的核心。但是，我们还没有找到令人信服的理由，来证明在这 6 种夸克之外，自然界便没有别的种类存在。不少研究者认为，这 6 种夸克还有 6 个搭档（也就是所谓的轻子），电子便是其中的一种。所有的这些发现为我们带来了一个难题：夸克以及相关粒子的广泛存在正好说明，我们之前的想法是错误的，我们还没有找到真正的物质最基本组成单位。

物理学家们正致力于在理论上（使用高度理论化的术语），以及在基本的范畴上（在比夸克还要小的范畴上）——这样得出的结论便无法通过实验来验证——探究一些几乎无法处理的数学模型，这些模型试图从粒子“弦”的角度来解释各种粒子，而非将这些粒子看作是相互独立的个体。这种研究方法又被称为“弦理论”，它仅在10的负33次方厘米的范围上观察粒子——这个范围比质子要小上20个数量级——并将它们看作是次微观物质之间的各种振动模式，假如我们能够看见这些振动模式，便会发现它们就像琴弦的振动一样，并且，这些振动发生在多于4维的时间空间里。这门理论听起来很复杂，和我们日常的研究似乎也没什么关系，但是，很多研究弦理论的科学家都认为它“十分富有美感”并且“巧妙优雅”，他们认为，弦理论是最有希望将自然界各种已知的力统一起来的研究工具。我们将在本章稍后的篇幅中再次讨论这一理论。

我们目前能够确定的是，自然界中各个范畴上的物质——小到各种粒子，大到各种星系群——的运动都只是在几个基本力的控制下进行的。力及其引起的场和能量是导致各种变化的发生的直接原因，它们是宇宙中万物的根源。在某种意义上，对宇宙本质的探索相当于是对这些力的性质的探索。我们若要揭开宇宙最深处的秘密，就必须握有力、场、能量这几把金钥匙。

重力也许是最为世人所知的力，它将星系、恒星、行星联系在一起，也将我们固定在地球之上。和其他所有力一样，它的大小也会随着相互作用的物体之间距离的增大而减弱，确切地说，它的大小和距离的平方成反比，即遵守所谓的“逆向平方法则”。不过，这条法则只能说明重力大小的一个方面，因为，相互作用的物体的质量不同，其重力也会不同，重力的大小和质量成正比。因此，一颗小小原子附近的重力比一个巨大星系附近的重力要小得多。虽然重力是已知自然力中最为弱小的一种，但是，它的影响却可以通过不断累加的方式覆盖具有质量的、非常广阔的空间范围。此外，没有任何物体可以摆脱重力，也没有什么东西可以“反重力”，对其他物体产生排斥力——最起码没有任何常态物体可以这样。即便是那些非常奇怪的，被称为反物质的东西，也只能产生重力，而非反重力。因此可以说，万事万物的重力——其中包括我们自身的重力——一直弥漫到了宇宙的尽头，这也正是重力被称作是“长范围”力的原因。我们可以肯定地说，在比地球大得多的宇宙范围之内，重力都是其中的主宰力。

电磁力是自然界的另一个基本元素，任何带有净电量的粒子——比如，原子中的质子和电子——都会产生电磁力。电磁力是大部分普通物质的黏合剂，这些物质包含了我们家中可以见到的任何东西，比如桌椅、书本，甚至还有厨房的水槽。电磁力还是黏合任何生命体中原子的力，因此一些生物学家将电磁力称为“生命之力”——不幸的是，这使得一些人误认为生命体是由某种特殊的“活力论”所控制的。和重力一样，电磁力也遵守距离平方反比规则，它的大小也会随着距离的增加而降低，但是，它也有不同于重力的地方，它既可以是引力（在相反的电性之间），也可以是斥力（在相同的电性之间）。因此电磁力之间常常可以相互抵消，当正电量和负电量正好相等时，它们可以相互抵消，这时，电磁力便失去了作用。举个例子，人体是由非常多的带电粒子组成的，这个粒子包含数量几乎相等的带正电粒子和带负电粒子，因此，人体基本上不产生任何电磁力。总的来说，在微观范畴以及更小的范畴上，电磁力比重力要大得多，但是在宏观范畴上，它的影响便不如重力那样明显。

另一种基本力叫做弱核力，它的作用范围比一颗原子核的体积还要小，比起前面两种力，它对物质的作用也要细微得多。在描述宇宙进化过程时，需要讲到这种力的时候并不多，只会提一下一种基本粒子如何在这股微弱力量的作用下转变为另一种粒子（比如在太阳核心的核反应中被释放出的神秘中微子）。这股弱小的力量还掌控着放射性原子释放射线的过程，这一点有助于我们确认日期，从而了解宇宙进化的节奏。如今，大多数科学家都认为，弱核力并不是一种独立存在的力量，相反，它很可能是作用于特定情况的电磁力的另一种形式，因此，我们常常会说到“弱电力”这个词，我们将在下个部分中讨论这一概念。

有一种力比以上所有力都要强大，那便是核力，它是由连接夸克的胶子引起的。核力所黏合的是原子核当中的质子和中子，事实上，它正是太阳以及其他恒星能量的源泉。与弱核力一样，同时与重力及电磁力有所不同的是，核力的作用范围非常有限，当物质之间相隔一兆亿分之一厘米，或者更大的距离时，它就不起作用了。但是，在它的作用范围之内，它的威力是惊人的，任何原子核内的粒子都将被它牢牢地黏合在一起——事实上，这股力量比之前那 3 个力都要大得多。抛开作用范围不谈，核力在数值上比电磁力要大上 137 倍，比弱核力要高出 100000 倍，比重力高出 10 的 29 次方倍。但讽刺的是，重力虽然弱小，却是唯一可以在任何时间影响到任何范畴上的任何物质的力。

除开上述的力，接下来就是黑暗物质了，我们已经在序章部分对其作过一些介绍。黑暗物质暗示着另一种全新的力的存在，但是，我们目前对这种可能存在的力还是一无所知。

* * *

在大多数的叙述当中，宇宙都是始于某种物质的爆炸，这种物质具有极高的密度和温度，这温度比大部分恒星的内核温度——几千万摄氏度还要高，而它的密度，甚至高过原子核的密度——几兆亿克每立方厘米。我们无法肯定地说如此高的温度和密度究竟是怎样的一种状况，也不知道该物质为何会发生“爆炸”。目前科学家们对这爆炸最为准确的描述是，在最初的时刻，一个小点向外释放出一股纯粹的放射性能量。至于为什么宇宙会在一百多亿年前忽然开始膨胀，我们也许永远也无法给出答案——这个问题如此艰深，以至于科学家们都不知道该怎样表述，才能将这问题本身完整合理地表达出来。

宇宙的诞生开始于一个温度和密度极高的“某物”的扩张。

从广义上来说，问题一共有 3 种形式，分别是“什么”问题，“怎样”问题和“为什么”问题。科学家们沿袭了从文艺复兴时期起就造福科学界的归纳法，利用天文望远镜和生物显微镜，以及许多其他的实验仪器，不断地探索着宏观世界和微观世界中的物质的性质——换句话说，他们正致力于描述宇宙当中存在的全部物质——这些物质小到原子和细胞，大到星系和动物。当然，我们对于宇宙中物质的描述还远远不够完整，因为我们连黑暗物质（更别提黑暗能量了）的性质都还一无所知。但是，我们已经发现了绝大部分宇宙当中存在的“常态”物质——也就是那些我们能够直接观察到的物质——因此，我们也能够去探索这些物质的起源和进化，即这些物质是怎样产生的，之后又是怎样发生变化的。

但是，当我们思考万物的起点时，不免会问到一些“为什么”的问题，这也是有关万物存在的基本问题，比如，我们也许会问：宇宙为什么存在？说实话，关于这类“为什么”问题，科学家们也不知道该怎样回答，这些问题的答案不是通过任何已知的科学方法可以获得的，而未来的科学发展也许同样无法解决这些问题。这就好比，牛顿曾告诉我们，当一个球体开始运动之后，假如它不受到任何外力作用，那么它将一直运动下去，但我们同样不能回答事情为什么是这样的，只知道它就是这样。我们知道不受外力作用的、运动中的球体会做什么，会怎样做，但就是无法解释它为什么会这样做。目前还没有任何方法——包括备受推崇的科学方法——能让我们解答这些“为什么”的问题，物理学和生物学的法则并没有任何成立的理由，它们就是成立。为什么宇宙会存在？宇宙存在之前又存在什么？我们也许永远也不会知道答案。

为什么我们无法得知在宇宙诞生之前是否存在物质，存在什么物质？答案很简单：我们没有数据，一点也没有。当然，不少人对这些问题建立了各种假设的答案，但是，这些假设并不是基于数据之上的，它们绝大部分只是信仰或思考的产物，虽然其中一些受到了人们的热烈支持和追捧，但它们依旧不能被称作是科学的。科学家使用的方法与哲学家、理论家们使用的方法是截然不同的，它们就像油和水一样，互不相容。说得彻底些，假如某个论断可以由实验或观察证实，那么它便是科学的，否则它便是别的什么。

我们这么说并不是要评判那些思考宇宙起点，甚至宇宙起点之前事物的人们。在很久之前，奥古斯汀便提出了一个在5世纪广受欢迎的观点：在创造天和地之前，上帝便为思考上述问题的人们创造了地狱。奥古斯汀本人认为，宇宙是随着时间一起诞生的，而不是在时间当中诞生的，他的这一想法倒是接近正确答案。如今还有许多科学家试图设计出某种实验方法，去获得一些关于宇宙诞生之前情景的数据。但是，去探究宇宙诞生之前所存在的情景偏离了我们探究宇宙起源的初衷，而变成了对宇宙起源的研究。不客气地说，对宇宙诞生之前情景的研究很可能是条死胡同——就好像中世纪流行的、研究大头针顶端究竟能停几名天使的做法一样——因为，物质、能量、空间以及时间本身很可能都是在宇宙诞生的时刻才诞生的。在大爆炸发生之前，时间应该是不存在的。对于大部分宇宙学家来说，关于大爆炸之前存在什么的问题几乎就等同于问北极点之北的地方存在着什么！

所以，在接下来的讨论中，我们会将话题限于宇宙的起点以及其后所发生的事件。我们将抛开宇宙为什么会诞生的问题，而只是谈论我们对宇宙140亿年进化史的了解。事实上，宇宙的进化历程是由许多的“什么”及“怎样”问题组成的，但是“为什么”问题并不在其列。

在其诞生后1微秒的时间之内，能量便充斥了宇宙的各个角落，各种粒子混杂在一起，在宇宙的强光强热环境中四处呼啸。这些粒子从何而来？答案很简单，它们是由射线转变而来。这些被

“物质化”了的粒子来自原始大爆炸所释放出的能量。它们的产生不是魔术，也并不神秘，而是源于一个人人皆知的道理：物质的基本组成单位是在充满能量的射线流相互发生碰撞时产生的。每天，世界各地的地下粒子加速器都在证实着能量和物质之间的可相互转换性，能量和物质均遵守这个最为著名的公式：$E=mc^2$。

在宇宙诞生的头 1 秒内，首先诞生的粒子便是夸克以及联系它们的胶子。在质子、种子，以及其他由夸克组成的重型基本粒子生成之前，宇宙中充斥着夸克-胶子等离子体，即我们日常所说的“夸克粥”(等离子体是除了固体、液体、气体之外的“第四种物质态”，它专门构成带电粒子，以质子和中子最为常见)。夸克粥这种物质似乎有些奇怪，但它却在 21 世纪最早的几个重要加速器实验中得到了证实——也就是说，它确实是一种全新的、独立的物质形

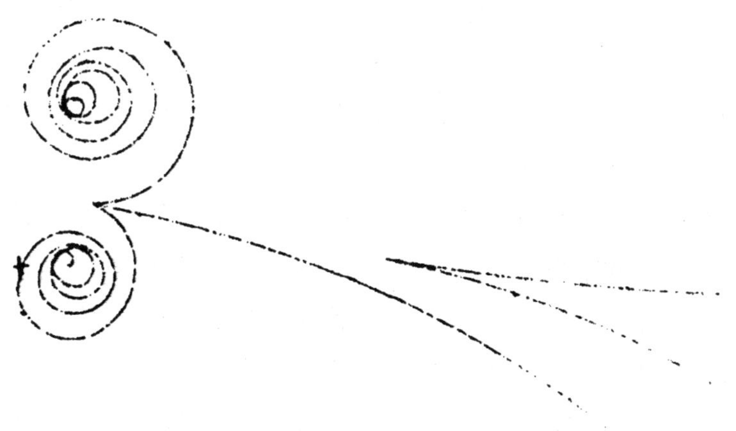

粒子形成的证据：高能粒子加速器中观察到的粒子运动轨迹常常能展示出粒子-反粒子的形成过程，在本图中，一颗伽马射线光子从右边飞来，突然地释放出能量，形成了一对电子-反电子。这对粒子在磁场中朝着不同的方向进行曲线运动，因为它们所带的电性正好相反。来源：CERN。

态。物理学家们使得两颗金原子的原子核在相当于99%光速的运动速度下发生猛烈碰撞，再对接下来的过程中释放出的成千上万颗粒子进行仔细观察，就这样，他们在实验结果中发现了四处飞驰的高能夸克–胶子混合物——它们就像是一颗颗微小的火球——这些夸克–胶子混合物每时每刻都在产生，并受到了实验室的严格控制。

在这之后很短的时间里，当然也是在宇宙诞生1微秒的时间之内，质子、中子等发生剧烈相互反应的基本粒子诞生了——这些粒子被统称为“重子”——因为它们是最重的物质种类。在那个时候，这些粒子应该都是以自由、无约束的个体形式存在，因为，诞生之初的宇宙无异于地狱，极高的温度使得这些粒子不可能聚合成为任何更有规则的物质。同时，此时宇宙中极高的密度也决定了强子们不仅与同类粒子发生碰撞，也与其他基本粒子不断地撞击着。因此在这个时候，宇宙当中的主要运动便是强子不断湮灭，不断转化为射线的过程，而这些射线又使火球般的宇宙变得越来越炙热。由于对极高能量的粒子缺少了解，物理学家们对这一令人迷惑的宇宙历史时期的了解还不够全面。

但有一点是我们可以肯定的：那时的宇宙完全被能量掌控着，一切物体都被蒸发成了气体，只有最小的物质组成单元幸免于难。而质子、中子、电子，还有许多各种各样的其他次微观粒子，都无法聚合成为更加复杂的结构。行星或恒星根本不存在，甚至连原子都不存在。整个宇宙都处于能量过高的状态，只能是一片混沌——这便是有史以来最大的宇宙“炸弹”爆炸之后的狂乱场景。

宇宙当中的基本物质一边不断地四处飞溅，一边逐渐降温，宇宙的密度也不断地下降。在大爆炸发生之后1毫秒时，原本适合强子生成的高热高密度的宇宙环境便不复存在了，而其他种类的粒子，如电子和中子则不断产生，成为了宇宙中的主要角色。一场新的物质化过程开始了，此时宇宙中的能量不断地转化成为轻质、相互作用较弱的粒子——即所谓的“轻子”，轻子产生时，宇宙中的平均密度大约为100亿克每立方厘米，平均温度约为100亿摄氏度。在我们看来，这种物理条件仍旧是极端恐怖的，但是，相比其前一刻宇宙中那极高的密度和温度，这种条件已经温和了许多。这是因为，宇宙膨胀一旦开始，便会以极高的速度继续下去，与此同时，宇宙的热量剧烈散发，其中的物质也急剧地分散开。当1秒钟过去时，正如之前的强子一样，轻子正在不断地、迅速地由射线转变而成，同时又在不断地湮灭、变回射线。就在这种次微观粒子不断生成-毁灭的平衡当中，宇宙这个大火球依然充斥着强烈的射线，如X射线、伽马射线以及刺眼的强光。

在宇宙诞生后的头几分钟里，射线的密度比物质的密度要大得多，这不仅仅是因为射线中的光子比物质中的粒子要多很多，更是因为，那时宇宙当中的绝大部分能量都是射线形式的，而非物质形式。每当基本粒子试图结合为原子，便会遭到强烈射线的击毁。这样的宇宙中不存在任何结构、组合或复杂物质，其中的信息也是少之又少，只有射线充斥在各个角落，正是因为如此，粒子时代的绝大部分都可以被称作射线时代。在那个时候，宇宙中的任何物质都只是悬浮在耀眼的射线“浓雾”当中的单薄树叶。

随着时间逝去，变化也在不断地发生着。大爆炸发生之后几百年，宇宙的密度已经降到了大约十亿分之一克每立方厘米，而平均温度也跌到了大约100万摄氏度——这些数值和今天一些恒星表面的密度温度值相差无几。这一阶段已经是粒子时代的后期，它的主要特征便是原先那个宇宙大火球的逐渐熄灭，此时，强子和轻子已经消亡殆尽。但是，就在这大火球苟延残喘时，一场巨大变故拉开了帷幕。

在宇宙最初的几百个世纪里，射线占据着主宰位置，它充斥了宇宙空间的各个角落，拥有绝对的稳固的统治权。这段时间中的宇宙还没有形成任何结构，只是一团乱麻。天文物理学家们认为，此时的物质和射线共同存在，并且在某种意义上，它们是可以相互转化的。但是，随着宇宙不断扩张，射线密度的下降速度远远大于物质密度的下降速度（这是因为，物质的分散与空间的增加成正比，但是射线还会受到多普勒效应的影响，它的密度不只是随着空间增加而降低）。这种不平衡性使得宇宙火球的密度不断减小，使得射线的统治力逐渐减弱。那片由高能量光子组成的光亮的浓雾就好像充在霓虹灯中的气体一样，开始渐渐暗淡，最后终于熄灭。从这时起，物质和射线分了家，随着这场重大变化的发生，它们之间的相互转化的关系变得越来越松散，粒子的对等性也不复存在。

在宇宙最初的几千年间，以及在爆炸发生 100 万年时——由于事情发生过程的延续性，这是我们能够给出的最精确的时间——组成物质的带电基本粒子开始组合为原子。它们自身的电磁力将它们吸引到了一起，起初这种吸引只是零星发生，随后便变得越来越频繁。这些基本粒子组合为原子的速度已经远远超过了射线分开它们的速度，事实上，随着物质（等离子体）由之前的带电状态变为中性，射线也渐渐失去了它在宇宙中的主宰地位，因为它很难对中性状态的物质产生影响。而物质则渐渐成为宇宙中的主要内容，它将之前那个火球般的宇宙熄灭了。为了纪念这次巨大转变，粒子时代的后半部分以及接下来的所有时代都被统称为“物质时代”。

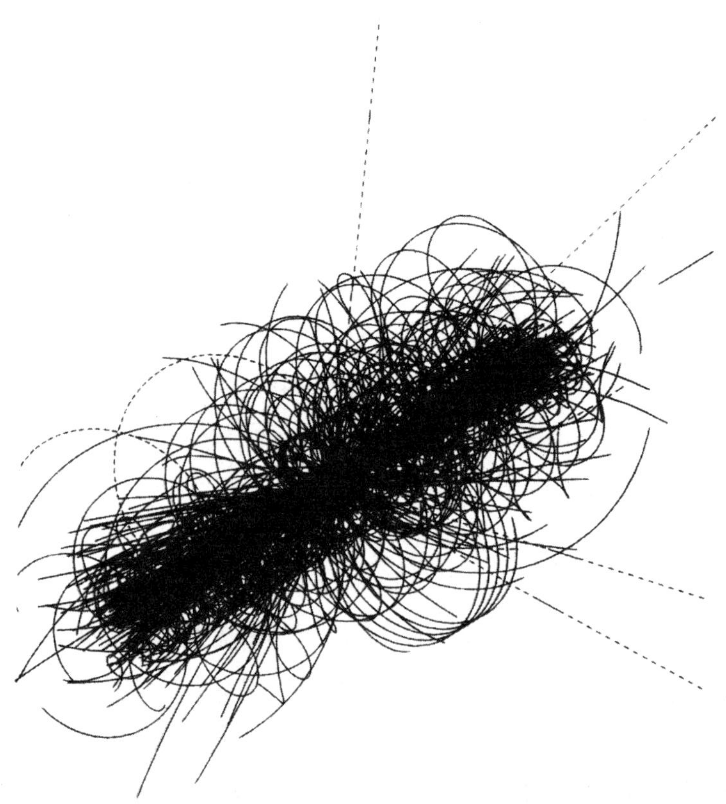

早期宇宙中等离子区存在的证据：通过碰撞物质的基本组成部分，以及观察随后的爆炸中产生的碎片，物理学家们推导出了一些有关小范围高能物质结构以及基本作用力的知识。在本图中，无数粒子在两颗金原子核发生的碰撞中产生，这一碰撞的结果便是所谓的“夸克粥”，这一状态模仿了宇宙诞生一秒之内的高温高密度的物理条件。来源：布鲁克海文国家实验室。

当“射线雾”变得稀薄，宇宙变得透明时，大多数光子便能够在宇宙中自由地穿梭。这时，物质和射线之间便发生了脱节。并且，随着宇宙不断扩张，射线不断地冷却，最后变成了序章中所说的，我们今天所看到的宇宙背景射线。光子与物质的最后一次相互

转化发生在宇宙诞生大约 50 万年时，因此，今天的天文学家们可以通过对宇宙背景射线的观察，来跨过 99% 的宇宙历史，获得有关宇宙最早期的信息。

有结构的物质在一片混乱的射线当中的诞生，是宇宙进化史上最为耀眼的两大事件之一。这标志着射线时代的告终，物质时代的开始。而这两大事件中的另一件——具有技术和感知的生命体的诞生——则要等到本书进入尾声时，才能被提及。

即便我们在序章结尾部分提到的“黑暗物质”确实存在，即便它已经占据了宇宙内容的绝大部分，在宇宙早期，它的存在是没什么影响的。至于“黑暗能量”，假如它的确存在的话，那么它的大小是随着宇宙扩张而逐渐增强的，因此，只有在宇宙诞生一百多亿年之后的今天，它在大范围上的影响才渐渐显现出来。

在物质时代的起始阶段，原子正源源不断地生成，它们几乎遍布在每个角落。射线的影响力已经十分微弱，根本不足以阻止那些湮没过程中幸存下来的强子和轻子组合为原子。这个阶段诞生的第一种元素便是氢原子，因为组成这种原子只需要一个带负电的电子和一个带正电的质子通过电磁力结合在一起。因此，在早期的宇宙当中存在大量的氢气，也正是因为这样，氢元素才能被我们看作为各种物质的祖先。

射线时代自然而然、无法抗拒地让位给了物质时代。

氢元素（及其同位素氘）并不是粒子时代生成的唯一原子，在所有的电子和质子组合成氢原子之前，另一种稍微复杂一点的元素：氦原子，也开始生成。

当两枚轻原子核融合在一起，便形成了重原子核，这是个双重的过程，一方面，轻原子核之间发生了足够猛烈的碰撞，融合在一起，生成重原子核；另一方面，带正电的原子核不断吸引相应数目的带负电的电子，形成中性的、质量更大的原子。

以氦原子的生成为例，两颗氢原子核（质子）相撞并融合所需要的最低温度为1000万摄氏度，如果温度偏低，那么这两颗原子核便会因为各自所带的正电性而相互排斥，就像磁铁的同一极会相互排斥一样。而1000万摄氏度的温度则可以保证两颗质子突破在常规温度下制约它们融合的电磁斥力，从而融合为一体。在短短的1秒之中，相撞的两颗质子便能进入核力那极小的作用范围之内，一旦它们之间的距离小于一万亿分之一厘米，它们便不再相互排斥，相反，它们此时将在核力的作用下，发生猛烈的撞击，瞬间融合为一颗质量更大的原子核。我们将在之后的“恒星时代”一章中看到，与这一模一样的过程正在恒星的中心处上演，而我们人类在

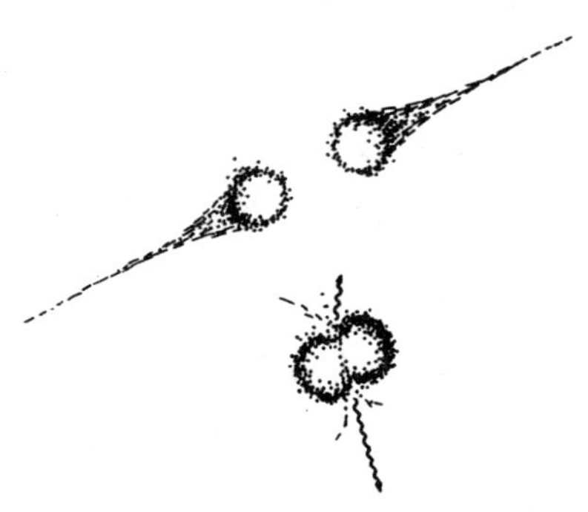

当两颗较轻的原子核发生猛烈撞击时，总是能够形成一颗较重的原子核。

进行热核武器试验（当然这些试验是在小范围内有控制地进行的），尤其在进行氢弹爆炸试验时，所利用的也正是这个过程。

早期宇宙中极高的温度为质子形成氦原子的过程提供了成熟的条件。接着，在粒子时代的后期，每个氦原子核都吸引了一对电子，从而形成中性的氦原子。根据大多数宇宙模型的数据，当时的宇宙扩张速度和冷却速度都非常快，因此只有一部分氢原子能够转化为氦原子，最后，氢氦原子的比例大约为10:1，也就是说，氦原子数目占总原子数的比例大约为10%，而在质量上，氦原子所占的比例大约为25%。

但是，在宇宙的早期，比氦元素更重的元素是很少生成的（第三号元素——锂元素——的原子核艰难地突破瓶颈，诞生了几个，但是它们的数目比氦原子的数目少了10亿倍），组成我们这一页纸的富含碳元素的纤维、我们每天呼吸的空气中的氧元素和氮元素，以及组成口袋里硬币的铜元素和银元素，在那个大爆炸刚发生不久的时期，都还没有形成。重原子的形成——从铁原子到铀原子——所需要的温度远远高于1000万摄氏度，此外，它们的形成还需要大量的氦原子。在宇宙诞生后的头几年里，最大的困难就在于，虽然氦元素正在以极高的速度生成，但宇宙的温度和密度也正在以极高的速度降低。理论上的计算表明，当宇宙中形成足够多的氦原子，能够相互作用形成更重的原子时，宇宙的温度也已经跌至带两价正电的氦原子核能够相互融合所需的临界温度之下，由于使得带多价电的原子核发生碰撞、黏合、最终融为一体所需要的动力更大，因此这个临界温度高达1亿摄氏度。此时的宇宙仍然处于高温状态，但是，它的温度已经不足以带来重原子的诞生。

和早期宇宙不断降温、密度也不断下降的情况形成鲜明对比的是，恒星内部的密集物质——在我们所讨论的这个时期，这些密集物质还远没有形成——却能够产生足够高的温度和密度，为更猛烈的碰撞创造条件，从而能够促进重元素的生成。我们将在后面的“恒星时代”一章中看到，重原子实际上就是在这些恒星的核心中生成的，当然，它们的生成发生在粒子时代结束很久之后。今天，在恒星的中央处，依旧有重元素在生成。

* * *

构成常见物质的任何一个原子都是肉眼不可见的次微观粒子，它由一个带正电的、质量较重的原子核与一个或多个围绕原子核运动的、带负电的、质量较轻的电子组成，其中原子核又是由几个质子和中子组成的。地球上能够找到的任何原子都是以这种结构组成的，它们是常见的重子物质的本质。地球之外远远近近的物质所发射出的射线也遵循这个共同的原子结构。

然而，理论主义者们却一直在思考是否有其他种类的原子存在——这并不仅仅是指除了已经发现的元素之外的其他元素，同时还指那些与我们所发现的、地球上的原子构造有所不同的原子。比如说，为什么质量大的原子核总是带正电，而把负电统统留给质量小的电子呢？一些人认为，如果宇宙的基本组成部分在质量和带电量上能够更加对称一些，那么它们便会更加符合哲学原理。换句话说，也许宇宙中也存在另一种原子，它们的原子核是带负电的，而围绕原子核的电子却是带正电的。

事实上，实验主义者们在20世纪中叶的确发现了一些质量轻、带正电的、类似于电子的粒子。这些所谓的反物质粒子除了在电性上与普通粒子相反，其他一切都与普通粒子一样。以正电子为例，它除了带正电之外，其他特征与电子一模一样。这些实验同时也证

明，当物质粒子和反物质粒子相碰撞时，结果将是碰撞双方均被毁灭，释放出的，将是以致命伽马射线为形式的纯能量。

与这相反的过程也能够发生，假如温度够高（达到几十亿摄氏度的级别），多束伽马射线之间的碰撞将产生出数对基本粒子，如，一个物质电子和一个反物质电子。这种物质和反物质由能量产生的过程（或“成对生成”的过程），依旧遵循基本的物理法则，在这个例子当中，它遵循的还是这个公式：$E=mc^2$。

许多理论上的宇宙模型都表明，这种以及其他种类的由能量转化为物质的过程，正是诞生之初的宇宙中所发生的事件。但是，我们现在很难发现有反物质存在于周围。地球、其他行星以及太阳似乎都是由普通物质组成的。一个例外便是恒星内部进行的化学反应中产生的粒子，这些粒子构成了每天照耀着我们的，令人困扰的宇宙射线中的一小部分。那些在地球上的核试验室中进行的基本粒子碰撞中产生的极小一部分物质也正是这些粒子。但是，几乎太阳系中的所有内容都是物质，而自然生成的反物质则是微乎其微。如果由早期宇宙中的原始能量转化而来的物质数量和反物质数量是相等的，那么，其余的那些反物质去哪儿了呢?

值得注意的是，反物质并不意味着反重力。和物质粒子一样，反物质粒子之间也会产生吸引力，每种物质和它对应的反物质的质量都一样，因此，重力对反物质的作用也是一样的，只有引力，没有斥力，区别物质和反物质的唯一特征便是电性。除了我们在序章中提到的、至今尚未发现的神秘“黑暗物质”之外，宇宙当中并不存在任何“反重力”的物质。

从原理上来说，并没有什么力量能够阻止基本的反物质粒子组合成为大块的物质。反氢原子、反氧原子、反碳原子，以及许多其他的反原子应该都可以形成反行星、反恒星、和反星系。虽然我们还没有发现大块的反物质，但是，这并不能说明它们真的不存在。由于反物质的原子与物质原子吸收的是同一种光子，因此，天文学家们无法确定譬如一颗遥远恒星是由物质，还是由反物质组成。物理学家们认为，光子和反光子其实是一模一样的，我们还没有发现它们之间存在什么差别，因此由一块反物质所放出的射线和一块物质所放出的射线也是一模一样的。也就是说，地球附近的阿尔法人马座恒星系统与距离我们很远的仙女座星系都有可能是由反物质组成的——但大家对这一点还是颇有争议。

虽然太阳系主要（如果不是全部的话）是由物质组成的，但是，在宇宙的其他地方，还是有可能存在大量的反物质。如果物质和反物是被分别存在的，那么，它们便能够共存。至于远古时期形成的那些反物质去哪儿了，我们只能推断说，它们正大块大块地聚集在一起，存在于距离太阳系很远的地方。假如相似的物质和反物质距离很近的话，那么，它们将互相毁灭。因此，等到我们的文明进步到了可以探索太阳系之外领域的地步时，我们必须在亲自探访这些领域之前，利用自动探测器对它们进行探索。假如这些无人驾驶的宇宙飞船突然蒸发为一团伽马射线，那么我们最好还是转而探访别处吧。

说到这里，至今科学家们还是没有任何可以说明地球外反物质微观结构的实验证据。这些反物质只是在理论上，在对称观的基础上推断出来的：最为简单的宇宙模型表明，粒子时代的能量转化生成了相等数量的物质和反物质，但是，我们至今还未能解开这个谜题。

* * *

在宇宙最早的时刻——在宇宙诞生之后远不到 1 秒钟的时候，

我们认为，那时自然界的所有力量都融合成了一股控制万事万物的统一的力量——那时的情景是怎样的呢？当我们探索那些离宇宙诞生更为接近的时刻时，我们对于所有已知力量的统一的探寻将宇宙学和粒子物理学的一些方面结合在了一起。这些探寻工作——其中共包括一些科学前沿最为独特的工作——把我们引向了颇受争议的“万用理论”。

我们将要在这个部分介绍的内容都还只是推测，它们建立在我们对已经了解的现象的推论的基础上——就好像是那些我们已经观察到的，有关空间、时间、能量的东西。天文学家们可以通过观察来探索的最早的宇宙时期距离大爆炸大约 50 万年，他们观察到的，正是前文所说的宇宙背景射线，这些射线中包含了关于在宇宙早期所发生的事件的信息。若是通过实验的方法来研究，那么物理学家们可以探索到距离大爆炸仅有 10^{-10} 秒的时刻——这段时间仅仅是 1/10 纳秒，这些实验都是在巨大的加速器中进行的，它们模拟的是宇宙诞生之后极短时间内的状态，这也是我们目前可以模仿的，最接近宇宙大爆炸的时刻。至于那些对于更早的时刻的描述，则只能被称作是推测——只是科学家们的一些想法，这些想法也许比宗教论断、哲学冥想或科幻小说要好一些，但是，具体好多少，我们谁也说不清。

在 20 世纪的最后 25 年中，将原子和分子连接在一起的电磁力以及掌控放射性物质衰减的弱核力组成了一门新的理论，这门理论将这两种力看作是同一种力——弱电作用——的不同表现。这门理论的核心部分已经得到了欧洲核子研究中心以及费米实验室的肯定，目前，科学家们正致力于该理论的扩展，好让它将联系原子核内基本粒子的力——强核力——也包含进去。除此之外，虽然我们目前还不能肯定第四种已知自然力——重力——是否也在这门理论所说的范围之内，但是，我们还是有点把握地说，也许爱因斯坦的梦想很快就要实现了，这个梦想便是，将所有的自然力都证明为是同一种基本作用力的不同表现形式。

宏观领域的宇宙学（因为重力是一种大范围上的力），与微观范围上的粒子物理学在认知上的统一只不过是宇宙进化史上的一个小小篇章，然而，它却是很重要的一章，因为，通过新近诞生的一门跨学科专题——粒子宇宙学——我们可以获得关于宇宙更早时期的许多信息，而这个“更早时期”，指的是人们通常称为“混沌”的那个时期——这个时期就像是古地图边缘上那些模糊不清的地域一样。

用简单的语言来描述，我们新近所认识的这个弱电力是这样发生作用的：在次微观（量子）物理中，两个基本粒子之间的力是由一类叫做玻色子的粒子来产生，或者维系的。事实上，我们可以将这两个粒子看作是在进行一场抢球比赛，而它们追逐的球，便是玻色子。在我们所熟知的地球上的电磁场中，玻色子的角色往往是由光子来扮演，而在强核力作用中，扮演玻色子的则是胶子。这两种玻色子的运动速度都等于光速。新的弱电作用理论一共总结出了 4 种玻色子：除了光子之外，还有其他 3 种次原子粒子，它们的名字有些枯燥乏味，分别是 W+，W- 和 Z0。当温度低于 1000 万亿摄氏度时（地球上以及如今的恒星上的温度都在这个范围之内），这 4 种玻色子便会分成两类粒子：一类是在电磁力中起作用的光子，一类便是其他 3 种带着弱电力的粒子。但是，当温度高于 1000 万亿摄氏度时，这 4 种玻色子所发挥的作用便是统一的，无法区分为电磁力和弱电力。因此，通过对弱电力作用的实验考察，我们不仅进一步了解了自然界的基本组成力，并且对于宇宙的最早期，尤其是大爆炸后大约 10^{-10} 秒的时刻，也有了更深入的认识。

人类能够通过实验证明的便是以上这些，目前，我们还没有制造出更为庞大的加速器，来产生出更大的能量，可以模仿宇宙诞生后不到 10^{-10} 秒时的温度状态。但是，科学界能够做到一点，其实已属不易——他们已经完成了科学方法的最后一步，通过实验验证了那些关于宇宙诞生后远不到一秒，万物尚未诞生时的设想。

为了考察物体在 1015℃之上时的状态，从而获得关于宇宙更早时期的信息，物理学家们正在研究一门更具概括性的理论，这门理论有望将弱电力和强核力归为一种力（但是重力尚未被包括进去）。他们提出了这门所谓的超级大统一理论（简称 GUT 理论）的许多版本，但是对于这些理论的实验验证还只是刚刚开始。与其他的已知力一样，这门理论所追求的统一力也被认为是由一种基本玻色子来维系的——由于我们无法为维系这种力的基本粒子取出一个更加贴切的名字，我们不妨将它们称为 X 玻色子。根据统一理论，在宇宙刚刚诞生的时刻，这些质量很大（因此能量也很高）的 X 玻色子起着十分关键的作用。

比如，在宇宙诞生后 10^{-39} 秒时，温度大约为 1030℃，在这个时候，除了重力之外，宇宙中只有一种力存在——这便是我们之前所说的统一力。根据统一力理论，当时宇宙当中的物质产生了一股强大的、向四处扩张的压力（用经典的话来说，压力是密度和温度的产物，因此，如果早期宇宙中的密度和温度都很高，那么它们所产生的压力也必然很大）。在这股压力的作用下，宇宙便会扩张，其温度也会随之下降。随着时间由 10^{-39} 秒走到 10^{-35} 秒，宇宙的体积便增加了两个数量级，其温度则下降到了 1028℃。

根据大多数统一力理论，1028℃是个特别的温度，在这个温度下，宇宙的扩张发生了剧烈的变化。简单说来就是，当物质的温度降至 1028℃之下时，X 玻色子便无法继续生成，这是因为在 10^{-35} 秒之后，由于温度的下降，能量变得过于分散。因此，当温度跌至 1028℃之下时，X 玻色子的消失便带来了能量的剧烈上涨，这个原理和水结冰时会释放出潜在能量（也正是因为这样，封闭容器内的液体凝固时，常常导致容器破裂）的道理有些类似。虽然此时的能量已经不够集中，无法带来新的玻色子，但是，它却可以促进宇宙的扩张运动——事实上，它可以使得宇宙扩张变成一场剧烈的“爆炸”，这场小爆炸就发生在玻色子停止生成后的那一小段时间里。

年幼的宇宙内部无疑是温度极高的，但是，宇宙同时也在不断地冷却，因此，在它不断地向更低温的阶段进化时，宇宙也经历了一系列的“冷冻”过程。这些转变过程当中，最为引人注目的便是玻色子的消逝，它的迅速消逝带来了宇宙扩张运动的剧烈加速。科学家们总是将这种以指数级别进行的扩张称为“膨胀”，在这种膨胀当中，每一小块宇宙空间的体积都翻了上百番，宇宙的体积由质子体积的一兆亿分之一增加到了橡子体积的一兆亿分之一——这是一次体积上的飞跃。在这短短的、我们都来不及眨眼的 10^{-35} 秒里，宇宙便扩张了大约 1050 倍，宇宙诞生之初的一切不规则都随着这扩张归于平顺，就好像气球充气时，它表面的褶皱会渐渐变得平滑一样。这也正是欧几里得几何（欧式几何）可以用来精确地描述宇宙的原因，虽然在巨大天体周围，空间时间会发生弯曲，但毕竟我们现在所能看到的，仅仅是整个宇宙的小小一块，而这一小块宇宙在我们看来，就是平坦的，我们就好像是趴在气球上的蚂蚁，随着气球不断膨胀，我们所能见到的球面将越来越小，而我们自己则会觉得，脚下的球面正变得越来越平坦。

在这个膨胀阶段结束时，也就是在大爆炸发生后大约 10^{-35} 秒时，X 玻色子便永远地消失了，随之而去的是统一力。而取代统一力出现的，是在今天这个更为我们熟悉、温度更低的宇宙中处处存在的弱电力和强核力。物理学家们将这样一个变化称为“BROKEN SYMMETRY”，因为，之前的统一力变成了弱电力和强核力两种不同形式的力。在这两个新力（以及重力）的作用下，宇宙的扩张运动又回到了较为缓慢的状态。之后，在大约 10^{-10} 秒时，宇宙的温度跌到了大约 1015℃，这时，第二次对称分裂发生了，在这次分裂中，弱电力表现出了它那更为我们熟悉的电磁性和弱性，正是这两种性质控制着我们所知的地球和恒星上的一切。

这种统一力的观点，以及它所蕴含的宇宙膨胀阶段的观点能不能得到实验验证呢？对于这个我们只能勉强给出肯定的答复，因为我们只能间接地去验证这些观点。毕竟，现在地球上最大的加速器也只能勉强创造出接近 1015℃的条件，并且这种条件只能维持极短的一瞬间。但是，有利于统一力产生并发挥作用的温度条件比 1015℃要高得多，甚至比 1028℃还要高，物理学家们不大可能在地球上再现这种温度条件。若要使得次原子粒子达到验证统一力所需要的极高能量，我们必须建立一个极度庞大的粒子加速器，这个加速器大到能够从地球一直延伸到距离我们 4 光年远的阿尔法 CENTAURI 星系——它将是一台真正的宇宙机器，它的能耗也将高到无法想象：它每运行 1 分钟，便要消耗掉相当于全美国 1 年能量总产量的能量！所以，虽然我们现在已经在实验室中模仿出了轻粒子时期（大约为大爆炸发生后 10^{-6} 秒）以及重粒子时期某一部分（大约 10^{-10} 秒）的物理条件，科学家们还是认为，宇宙最早期的混沌阶段的物理条件将永远是个“烫手的山芋”。

统一力理论最为吸引人的地方便是，它能够解释我们所观察到的，物质数量大于反物质数量的问题，从而可以解决我们之前所提到的那个矛盾。在 10^{-35} 秒这个时刻之前，X 玻色子的消失并不是对称的，科学家们认为，它们转化而成的质子数量比反质子数量要略微大一些，或者，电子数量比反电子数量要稍微大一些。具体来说，根据计算，每 10 亿个反质子（或反电子）产生时，都会有 10 亿零 1 个质子（或电子）产生。其中，10 亿对成对的粒子和反粒子会互相毁灭，只剩下一个落单的粒子，而正是这些落单的粒子构成了万事万物——其中包括我们自己。如果这种不平衡转化是真的，那么，我们今天所看到的物质只是宇宙中最初诞生的物质里面极小的一部分。

上面所说的预言可以通过一种直接的方法加以验证，因为质子既然可以生成，便可以被毁灭。质子并不像我们以前所认为的那样，是一旦形成便不会消亡的，我们可以利用统一力理论，来计算出质子的平均寿命。而我们算出的结果是大约 1032 年，这个年龄比宇宙的年龄要长得多！虽然万事万物最终都将消亡，但是质子这个极长的寿命还是可以保证在任何时间段之内，质子消亡的可能性都非常小。但是，自然界总的来说还是受统计物理学规则主宰的，每时每刻，每个质子都面临着消亡的可能。事实上，水是丰富的质子来源，有理论预计，在每吨水中每年将有一个质子死亡。换句话说，每个人在整整一生中都只会失去一个质子。科学家们正在对好几处地下深处的大水库进行监控，来观察其中质子的消亡，之所以选择位于深层煤矿中的大水库，是为了避开从外空照射到地球表面的宇宙射线可能引起的干扰。此外，对于质子寿命的估算也可以帮助我们来鉴别各种统一力理论，从而使得我们的理论更加贴近现实，更加精确。但是，天啊，这些理论当中最为简单的版本已然被踢出了正确理论的队伍，因为在最近几年中，我们在好几吨水中都没有发现任何一个质子的消亡。也许质子也和钻石一样，可以恒久流传，而自然界也没有我们想象的那样简单。许多物理学家则将这一事实看作是不好的兆头，因为，科学的历史告诉我们，理论上的迷乱复杂往往意味着我们走在了错误的研究道路上。

膨胀观点的一个令人好奇的地方便是，如果它正确的话，那么宇宙被置于一种介于无限膨胀和最终坍塌之间的，不确定的平衡状态。如果我们回想一下序章中的内容，便会知道，若要达到这种状态，宇宙的密度必须与临界密度完全相等——也就是说，宇宙的总重力作用必须能够精确地与它的扩张运动抵消，从而使得它的弯曲度等于 0。天文学家们已经通过观察发现，常态的重子物质的密度只是这个临界密度的百分之几，由此我们推出，95% 的宇宙都不是由常态物质组成的，而是由某种非常态的黑暗物质组成，如巨大的中微子，以及一些奇特的粒子等（但黑洞并不在此列，它是由常态物质组成的），或者是由某种物理界尚未发现的新型能量组成的。

而那个比这更早的，在 10^{-35} 秒之前，甚至在一切之前的时期又是怎样的呢？我们可不可以哪怕是从理论上去探究一下这些离著名的零点时间更进一步的时刻呢？科学家们在这个方面所做的工作可谓是困难重重，因为，要想研究时间零点附近的宇宙状态，我们必须能够将重力也包含在统一力理论所描述的范畴之中。但是，到目前为止，还没有人能够提出一套自成一体的超级大统一理论（以下简称超级 GUT 理论），因为，建立这样一套理论相当于建立一套重力的量子理论——这将是一个超越海森堡的不确定理论（描述微观世界运行的理论）和爱因斯坦的相对论（描述宏观世界的理论）、挑战人类智慧极限的辉煌成就。能够取得这个伟大成就的人，将无可置疑地获得一次全程免费的斯德哥尔摩之旅，并将在那儿获得诺贝尔奖。

根据我们目前对于强大的重力作用的了解，当宇宙中的能量比我们所探究过的那些宇宙时期中的能量都要高时，重力的量子作用扮演着十分重要的角色。具体地来说，当时间早于 10^{-43} 秒（这个时间也被称作“普朗克时间”，由量子理论的创立者之一马克思·普朗克的名字而来），当宇宙中的温度高于 1032℃时，4 种基本的已知力是作为同一种力而存在的——这种力才是真正的统一力，它通过宇宙最早的混沌时期中充斥的能量而发挥作用。从理论上来说，在那个时候，宇宙中的任何物质的温度都比氢弹爆炸时的中心点要高上无数倍，时间空间的弯曲度（爱因斯坦主义者的说法）以及不确定因次（海森堡主义者的说法）均达到了 10^{-33} 厘米（也就是所谓的“普朗克长度”），在这样一个宇宙当中，相对论已经无法全面地描述自然界的现象。只有在较低的能量条件下（也就是在 10^{-43} 秒之后），更为我们所熟悉的 4 种力才开始拥有了各自的形式，虽然它们实际上只是在大爆炸刚发生时统治宇宙的，同一种基本超级统一力的不同表现形式。

我们取得的一项进展与超级大统一理论颇为相关，对于超级统一力的探求引领科学家们走近了令人着迷的“超级对称”观点。这一观点将存在于各种力之间的对称扩展到了粒子之间，也就是说，所有的基本粒子都被认为是带有一个所谓的超级对称搭档的——这个搭档是一种极难俘获的粒子（有时也被称作 SPARTICLES），它

们和我们在通常意义上的世界中所能观察到的那些正常的粒子同时并存。天文学家们对这些粒子尤其感兴趣，因为它们生成于大爆炸发生后的早期，却在今天依旧存在。科学家们认为，这些粒子的质量很大（约为质子的100倍），很有可能就是它们组成了星系之外以及之间的黑暗物质。但是，这些通过理论推论出的粒子的存在还没有得到任何试验的证实，因此，这一观点的正确与否还有待我们去验证。

颇为讽刺的是，虽然物理学家们还无法制造出足够强大的实验设备，去模拟宇宙混沌时期的物理条件，也因此无法在实验室中再现那些很可能产生于宇宙最早期的、奇特的基本粒子，天文学家们却通过对宏观领域的探索，开始了对微观领域的统一理论的实验验证，虽然这种验证只是间接的。这一事件再次说明了跨学科研究所能带来的巨大回报，在这里，新近出现的粒子宇宙学将自然界最小的领域和最大的领域结合在了一起。

我们之前所提到的另一个进展也许也颇具重大意义，一些物理学家最近迷恋上了几十年前提出的一个激进观点，这个观点有各种各样的名字，如"弦理论""超级弦理论"或者神秘的"M理论"等等。这门理论旨在将所有的物理法则归入同一个数学框架中，也许，它是想要发现一个不足几厘米的数学公式，通过这个公式，我们可以解释自然界的一切现象——也就是所谓的万用理论！一些煽情新名词——如弦、弯曲、膜等——都是由这样一个理念衍生而来：自然界的终极基本组成部分也许并不是以点的形式存在的离子，而是一些体积微小，不断振动、伸展开来的物体。如果这样一个新观念是正确的，那么组成万事万物——近到我们自身，远到万事万物——的质子和中子便是由环状的弦或超级弦组成的。并没有人见过弦，估计也不会有人有福气见到它们，因为，据估计，它们的体积比质子的体积要小上无数倍——事实上，它们的长度只有 10^{-33} 厘米，也就是普朗克长度。根据振动模式的不同，这些次微观弦可以组成不同的物质粒子，就好像小提琴的琴弦可以通过不同的振动频率来形成音阶上各种不同的音调一样。令人遗憾的是，超级弦理论成立所需要的前提是，宇宙必须在起源时拥有 11 维时间空间，其中 7 维在临近大爆炸时“隐藏”了起来。对于一些物理学家来说，这样一个革命性的观点只能被归在科学幻想（或者宗教）的名下，但是对于其他一些科学家来说，它却有着摄人心魄的数学美感，并且，这一观点极有可能帮助他们摆脱在通往重力量子理论的路上所遇到的一大堆棘手问题。不管怎样，科学杂志上总是充斥着各种在数学上美轮美奂的理论，但是，这些理论却完全没有物理事实上的依据。虽然超级弦理论现在正引起物理学界的一场热潮，但到现在为止，还没有任何试验或观察数据可以证明它的正确性。

对于那些更为接近时间起点的时刻，科学界所建立的任何理论到目前为止还都只是推测。在我们目前的物理水平之下，任何关于 10^{-43} 秒之前的宇宙状态的讨论都只是无意义的空谈。这个研究课题尚且还无法归到科学的门下，关于 10^{-43} 秒之前的时间、空间的任何观点都是没有意义的。

说完这些，许多研究者们都认为，一旦人类建立了一门合适的重力量子理论，那么，对于最初创造宇宙万物的事件，我们将会有一个自然的认识。我们甚至可以理解那些在零点时间由虚无转化而来的原始能量，即便是在绝对真空当中——在一个既没有物质也没有能量存在的空间领域当中——粒子-反粒子对（如电子和它的反粒子：反电子结成的对）也会在极短的、无法观察到的时间内不断地出现或消失。虽然粒子在空无一物、连能量也没有的空间中生成听起来有些不可思议，但是，它们的这种生成并没有违反任何物理法则，因为，这些粒子在能够被我们观察到之前，便已经被与它相对应的反粒子消灭了。除此之外，假如这些事件并不发生，那反而会违反量子物理法则，因为，根据海森堡的原则，我们不可能确定某一系统在每时每刻所含的能量值。因此，就算空间内的平均能量值为零，在真空空间中也必须发生能量的自然量子波动。

这样说来，宇宙很可能是利用极短时间发生能量转换的，“神由无有中创造万物”的创世论（CREATIO EX NIHILO）例子，它是一个在无序的量子波动作用下，通过“自我创造”而自发产生的宇宙！宇宙中的净能量在那时、在现在，以及在将来都将会是零，全部的重力以及无数潜在的负相、吸引性的能量将恰到好处地将所有的已知正相能量（包括光、热量、质量等）抵消掉，而留给我们一个“不知所谓”的宇宙，但事实上宇宙并不是这样。宇宙诞生于一次剧烈的量子波动，这次波动促使了能量、物质、时间、空间的生成，这个说法可不可以用来回答那个由来已久的哲学问题：为什么世上总有东西存在，而不是没有东西存在呢？——显然，我们的答案是，“有东西”产生的可能性比“没东西”产生的可能性要大。宇宙的这种于虚物之中的诞生被人们称作是“免费午餐的终极版本”。

我们将上面的一些观点称作是猜测，其实是对它们的恭维。怀疑论者们认为它们根本不是真正的科学，因为它们违反了现代科学方法的重要条件：这些观点中的多数都无法得到实验的验证。但是，通过这些观点，我们的确可以看到现代科学界在新千年伊始发生了怎样的变化，我们可以看到，现代科学界的范畴已经首次将宇宙最起初的模型包含了进去。这样的变化是预示着科学和宗教开始融合并将形成一门强大的学科，还是预示着随着科学跨入它以前未曾涉足的神圣领域，科学和宗教这两大阵营将再次开战？

如果这种量子观点，或是它的一些改良版本，被证明是对宇宙诞生过程的正确描述，那么我们的星系、我们的地球以及我们自己都将是一系列无规则事件的产物，当然，这些事件都是遵守物理规则的，它们发生在140亿年前的短短一瞬间。就算这一观点并不能够正确地说明万事万物的起源，那些受宇宙膨胀和宇宙扩张驱动的，密度的次微观波动也有可能是今天那些大范围上的宏观结构的源头，我们将在接下去的章节中讨论这些宏观结构。很显然，对于时间起点处所发生的事件的量子-重力描述是今天的物理学界所面临的最大挑战，这些描述目前还没有得到多少物理学家的认可。

* * *

粒子时代接近尾声时，宇宙的进化已经进行得颇为深入，作为万物起源的那个巨大的明亮火球已经熄灭。而引起宇宙中所有变化的能量也随着时间流逝不断地发生着变化、逐渐变得分散。宇宙中的温度和密度发生了剧烈的变化。原子，主要是氢原子和氦原子，也已经形成。物质也已经取代射线取得了控制权，开启了一个全新的时代。

从这时起，宇宙中的大事件的发生频率变得不那么高了。变化依旧在发生，虽然它们发生的节奏已经有所缓慢。物质和射线之间进行的至关重要的转换在大爆炸发生后极短的时间内，尤其在宇宙诞生后的头几分钟里便已经发生。最后，这些反应便不断地减少，在粒子时代的末期，它们的数量已经很少，发生的频率也变得很低。在这最初的一个时代里，宇宙的平均密度发生了急剧的下降，在粒子时代结束之前，宇宙诞生还不到100万年的时候，它已经降到了十亿分之一克每立方厘米的十亿分之一。此时，宇宙的温度也已经降到了一个相对较低的值，只剩下几千度的温度懒洋洋地暗示着宇宙刚诞生时的剧烈高温。

随着时间流逝，宇宙不断地变得更加稀薄、更加低温、更加黑暗。在之后的几个时代里，它的进化节奏变慢了许多，但是，它还是不断地在进化。宇宙中的平均物理条件也正在不断地变化，温度变得更低、密度变得更小——一直到大爆炸发生后一百多亿年的今天，宇宙便变成了现在这种稀薄、低温的样子——它已经成为那个早已逝去的年代的壮观标本。

我们在这一章中所介绍的有关宇宙早期的理论代表了绝大多数宇宙学家的观点。虽然他们在这些观点的细节上依旧存在着争议，但是，这些观点的总体框架已经为他们所接受。对于大爆炸发生后一纳秒（十亿分之一秒）时所发生的事件，科学家们已经取得共识，但是，我们越是往更早的时期探索，我们的观点便变得越发不确定。因此，宇宙最早时刻的温度和密度值还没有明确，因为这些值的大小取决于宇宙中能量最高时，最重的基本粒子之间所发生的反应，而我们目前对这些反应知之甚少。我们不应该为这些不确定而感到惊讶，因为宇宙最原始的那个时刻早已随着宇宙的扩张，永远地消失在时间的长河里。我们只能通过一些间接的方法，借助一些抽象的公式和逻辑符号，来对自然界的最早时期进行探索。

真正让人感到惊讶的，是我们的科学居然可以建立模型，去描述这些早已逝去，也许永远也不会复返的时期和事件。并且，我们通过建立在真实数据上的模型所发现的，是一个根据推论应该处于高温高密度状态的早期宇宙，它正不断冷却、不断变得稀薄，不断地发生着从一个阶段到另一个阶段的变化，这些阶段分别包含着星系、恒星、行星和生命。

第二章

星系时代

物质结构的层级

我们人类的后代也许永远也不可能航行到离银河系很远的地方，去宇宙太空中饱览我们所居住的星系那壮丽恢宏的胜景，因为光速实在有限，而星系却又是如此辽阔。我们从图画上看到的那闪耀着无数星光、静静地、骄傲地悬挂在宇宙当中的银河系，将永远令我们心驰神往。但是，在我们那位于银河系偏僻处的地球上——地球的位置离银河系的中心处相隔接近 3 万光年——天文学家们却正在研究着离银河系十分遥远的其他星系的种类和排布。在这些遥远的星系当中，有许多在地球、甚至在太阳诞生之前，便发出了我们如今在夜空中所看到的光芒。

在太空的深处有着无数的物体，它们的模样有些奇怪，并不像是恒星。从小型的太空望远镜所拍摄的照片上看来，这些轮廓模糊的物体有着像盘子一样的凹凸形状，而不像恒星那样，是一个明亮的圆点。19 世纪的德国哲学家伊曼努尔·康德（Immanuel Kant）将这些模糊的、像发光的棉花球一样的光团称作是一个个游离在银河系远处的“小岛宇宙”。我们现在都知道，把这些物体都称作是宇宙——包罗万物的宇宙——是犯了一个明显的语义错误，但是，康德也认为这些光团距离我们所熟悉的星系十分遥远，在这一点上，他是正确的。

在那之后，大型的现代望远镜便揭开了这些光团的神秘面纱：它们是一个个的完整星系，其中每个都是和银河系一样气势恢宏的、无数物体的集合体，它们的宽度可达几十万光年，也就是好几百亿亿千米。这些星系当中充满了无数的恒星，它们由重力松散地联系在一起，每个星系当中的恒星数量比地球上有史以来出现过的人口总数还要多。这些庞大恢宏的星系静静地在宇宙的深处旋转着——它们当中充满着射线和物质，也许还有生命——让我们同时感觉到宇宙的浩瀚壮观，以及我们自身的渺小。

我们在宇宙当中，就好比是漂浮在大海上的一叶小舟，因为，宇宙当中星系的数量，就像星系当中的恒星数量一样多——全部加起来的话，宇宙当中的恒星数量也许和地球上所有海滩上的沙粒总数一样多——这个具体的数目大约是 20 万亿亿—40 万亿亿。然而，这些繁多的物质都有着特定的运转模式——它们都是一些庞大的运转模式，如单个星系的旋转、多个星系的不断后退的运动等——只要我们将眼光放宽，便能看到这些物质运转的规律。

我们从照片上所看到的星系往往是螺旋形的，就好像我们的银河系，以及我们邻近的仙女星系一样（仙女星系是我们能够用肉眼看见的唯一遥远星系，用肉眼看去，它就像是个微微发亮的椭圆形光团，镶嵌在仙女星座当中）。它们都有一个中央的粗大部位，而那些较细小的螺旋状触角则从这个中央部位延伸出来，在这些触角当中也布满了恒星。螺旋状星系在太空中的分布看起来很广泛——但这种情况也只是看起来而已——这主要是因为，比起夜空中其他形状的光团来说，螺旋的形状比较容易为人所发现，事实上，星系有很多种组成形式，而螺旋状星系并不是宇宙中最常见的星系形式。

在20世纪中叶的美国天文学家爱德文·哈勃的带领下，科学家们进行了好几十年的倾力研究，如今，他们已经发现了位于银河系之外的、距离我们的位置不远的、几乎全部的星系外物质，至少，我们已经发现了这些物质当中的常态、重子物质，毕竟，对于黑暗物质的组成，我们还不是很了解（关于黑暗物质的话题，我们曾在粒子时代中用大量篇幅进行了讨论，但是至今还没有人真的见到过这种非常态物质），宇宙中数量最多的星系的形状就好像足球一样，它们的学名叫做椭圆形星系，而其他一些星系则要粗短一些，样子有些像沙滩球。还有一些星系的形状就好像粗粗的雪茄，有些甚至像是细长的雪茄。我们从这些椭圆形的星系上并不能看出什么内部结构，它们也没有那些螺旋状的手臂。但是，不论具体形状如何，椭圆形星系中往往都存在有上千亿颗恒星，这些恒星散布在几十万光年的广阔宇宙空间之内。少数椭圆形星系的大小可以达到上述的10倍，也就是说，它们可以包容上兆亿颗恒星；而其余的那些椭圆形星系则要平淡无奇一些，但是它们仍然是庞大的恒星集合。

椭圆形星系所缺少的不仅仅是螺旋状的手臂，在这些星系当中的恒星之间几乎不存在任何低温气体，也几乎不存在任何星际物质。这一点说明，椭圆形星系的历史是十分久远的。这些星系当中的恒星在很久之前便已经由星际物质转化而成，它们的形成消耗了大量的流动气体，以至于在它们形成之后，星系当中便不再有足够的、能够促进新的恒星形成的气体。天文学家们对这些椭圆形星系当中恒星所放出的射线也进行了研究，结果也同样证明这些恒星的形成发生在远古时代。很显然，几乎所有的星际物质都在无限长的时间之前就被消耗殆尽，新的恒星的形成也正是随着这些物质的消失而停下了脚步。

这些无比壮观的星系在广阔的宇宙中静静地旋转着。

恒星在椭圆形星系当中的形成十分罕见，和这一点形成强烈对比的是螺旋形星系当中那活跃而丰富的星际物质。螺旋形星系也有各种不同的形状，虽然它们大体上都是扁平的圆盘状，就好像是两顶墨西哥阔边帽贴着帽檐黏合在了一起。大部分的螺旋状星系都有一个位于中央的凸起部位，在这个部位当中往往充斥着恒星和气体，而星系的螺旋状臂也被包裹在这种气体当中。另一类螺旋状星系的臂则要开放一些，而它们中心处的面积也要小一些。还有一类螺旋状星系的中心处很小，而从这块中心处伸出的臂则十分纤长，这使得我们很难看出它们是螺旋状的。

螺旋状星系当中含有大量的气体和尘土，这些气体和尘土混合在星系当中恒星之间的空隙里，那些比较古老的恒星往往位于星系中央那圆形的光环中，而那些较为年轻的恒星则往往处于星系那较为稀薄的圆盘处。除此之外，近几十年的研究还发现，在这些星系当中仍然有新的恒星在形成，这些新形成的恒星主要位于星系的臂中。和古老的椭圆形星系不同，螺旋形星系有着充沛的活力——这活力并不仅仅体现在星系臂的年轻上，这些星系当中的气体含量依旧丰富，它们为新恒星的不断生成创造了充分的条件。

一些螺旋状星系表现出的特殊特征令天文学家们困惑不已——在这些星系的中部总是贯穿着一条由恒星物质或星际物质组成的线性“长带”。这些所谓的“带”星系和其他螺旋状星系有所不同的是，它们的臂并不是从星系中央的凸起处延伸出来的，而是从“长带”的末端延伸出来。对于这样一条长带是如何形成、如何演变或者保持原状的，天文学家们还不甚知晓。如今，天文学家们甚至在我们的银河系的中心处发现了一条疑似的小“长带”。

最后一类星系综合了所有奇形怪状的成员，它们也是我们在宇宙中最常见到的类型。这些由恒星、气体和尘土组成的奇怪结构有着特殊的外貌，这使得我们无法将它们归入上述星系类别当中的任何一个。这些不规则的星系当中含有许多的星际物质，但是它们却没有一个规则的形状，既没有中央凸起，也没有星系臂。总的来说，不规则星系的体积比其他种类星系要小一些，因此一些天文学家也将这些星系称为矮小星系。这些星系总是位于椭圆形或是螺旋形星系的旁边，并且似乎还受着附近那些星系的控制，事实上，不规则星系是很少单独出现在太空中的，它们总是伴随着一个更大的“母”星系，这个母星系要么是螺旋状的，要么是椭圆形的。

从不规则星系与大星系的临近上，我们或许可以发现些什么。这些不规则的星系很可能是一些遭到扭曲的、原本规则的星系，这些规则星系与它们的母星系相遇后，受到了来自母星系的潮汐般的破坏作用。或者，它们是附近的大星系形成过程中遗落下来的部分，还未来得及融入大星系当中。天文学家们通过观察发现了位于母星系和不规则星系之间的、一条由氢气组成的连接带，这也表明，在不规则星系和母星系之间存在着相互作用。我们稍后讨论星系间充满革命性变化的融合和吞并时，将会再次谈到这个问题。

我们的银河系周围存在着几个相伴的小型不规则星系，其中最为著名的便是大小麦哲伦星云，它们是根据16世纪的葡萄牙航海家菲尔丁南德·麦哲伦而命名的。正是这位航海家的环球航行，为居住在北半球的欧洲人带去了有关这些发出大片模糊光芒的星云的消息。这些星云看起来就像是发出微光的大气中的云朵，我们用肉眼便能轻易地看到它们，由于它们只有在地球的南半球才能被看到，因此，最早从北边过来的航行者们都将这些星云当作是他们旅行的目标，虽然，对于居住在在南半球的人们来说，这些星云从人类文明开始时，便是令他们惊叹的太空奇观。这两片星云的大小略有差异，但总的来说，它们都比我们的银河系要小上大约100倍——也就是说，它们大约能够包纳10亿颗恒星——并且都距离我们大概几十万光年。麦哲伦星云也许是在围绕着银河系运转，就好像地球围绕太阳、月球围绕地球一样，用我们人类的标准来衡量的话，它们的运转周期是很长的，但是，它们的运转轨道目前还没有得到确认。

事实上，这些著名的天体（至少对我们这些居住在下边的人来说是这样）并不能算作是真正的星系，它们也许连不规则星系都算不上。但是，它们却包容了上10亿的太阳物质，并且宽度可达上万光年。它们距离银河系的空间长度仅是它们的宽度的一半。因此，如果真的有物质（不论是黑暗物质或者别的物质）存在于银河系那外延的光晕中——就好像很多天文学家所怀疑的那样——那么，麦哲伦星云很可能就只是一些属于银河系的光晕之内的、恒星诞生较为密集的区域。也许，今天被我们称为不规则星系的所有这类小型星群结构都只是更大、结构更为规则的星系的组成部分——也就是说，它们根本不是星系。

* * *

地球的大小是有限的，在地球之外则延伸着稀薄缥缈的行星际空间；我们的太阳系同样是有尽头的，在太阳系的外面，是几乎真空的恒星际空间；同样地，我们的银河系也是有尽头的，在它的外边是完全没有物质存在的星系际空间；也许在这之外，星系的集合排布也是有穷尽的。于是，我们不禁想问：这些星系在银河系之外的旷阔太空领域是怎样排布的呢？它们的排布是有尽头的，还是顺着宇宙空间无止境地蔓延下去？

在离我们几百亿光年的临近区域当中，有十几个已经为我们所知的星系。这些星系当中有些是十分巨大的、像银河系和仙女星系一样的螺旋状星系，这些大螺旋星系位于一些较小的椭圆形星系、不规则星系（如大小麦哲伦星云）之间。令人吃惊的是，我们在近几十年，甚至是在现在，也在不断地发现新星系的存在，如人马扁圆星系——一个新近发现的矮星系，它距离我们只有8000光年，是受银河系光晕影响最大，因而十分暗淡的一个星系。显然，这种双环相扣的星系排列是靠重力的吸引作用来实现的，就好像自然界的许多靠重力维持的现象一样——星系当中的恒星之间是靠重力维系的，恒星周围的行星、甚至地球上的人们也一样是靠重力维系在一起的。总的来说，这些“临近”星系群跨越了一片直径大约为500万光年的太空领域，在这个被称为临近群的星系群中包括我们的银河系，它是我们在太空中的临近地带。

几百万光年是一段非常辽阔的太空区域，我们对此必须特别注意两点：第一，我们在空间的单位上有了一次突然的飞跃，从银河系的几十万光年跃到临近星系群的500万光年。在宇宙层级当中，星系群代表了一个更高的级别——这个级别比单个星系的级别要高得多。第二，我们的银河系并没有处在这个临近星系群的中央处。也就是说，不仅地球不是太阳系的中心，太阳不是银河系的中心，我们的星系也同样不是庞大得多的临近星系群的中心。虽然我们总是喜欢把自己想成是处在中心的地位，但是事实上，在这庞大的、也许无穷尽的宇宙中，人类的位置并没有任何特殊、独特或者优越之处。

宇宙当中的星系数目远不止十几个，用天文望远镜看去，我们的任何一小块视野范围之中都有成千上万个星系。总的来说，根据天文学家们的估计，在我们能够观察到的宇宙范围之内大约存在40亿个星系，并且几乎所有的这些星系都比我们的临近星系群中最远的成员还要远得多。在距离我们的临近星系群好几百万光年的领域之内，几乎没有任何物质存在——既没有星系或恒星，也没有气体或尘土——那仅仅是一片空无一物的星系间空间领域。

为了更好地弄清距离我们的临近星系群很远的、太空深处领域的情况，我们对那些似乎无边无际的宇宙空间进行了搜寻，在这个过程中，我们不时地发现四处分散的“场”星系的存在。直到我们搜索到距离我们6000万光年的宇宙领域时，我们才发现了另一个星系群，那是一片千真万确布满了星系的空间。这一星系群十分密集，它所包含的星系数量远远超过了我们临近星系群所包含的40

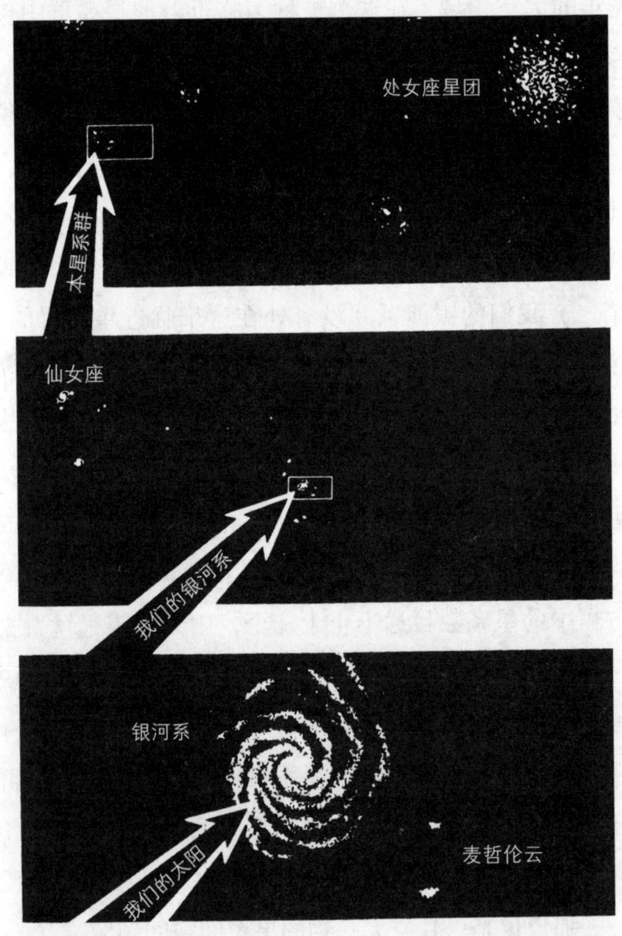

在这庞大的、也许无穷尽的宇宙中，人类的位置并没有任何特殊、独特、或者优越之处。

个，它被称为室女星系群。其中星系的数量达到了接近3000个。让我们试着在脑海中勾勒一下上千个包含几千万颗恒星的星系聚集在一起的画面吧，很显然，对于大多数人来说，宇宙中的这种物质、空间、时间的浩瀚广阔都是难以想象的。不论是对于我们，还是对于天文物理学家们来说，在脑海中勾勒出如此庞大的范围和尺度以及天体的庞大数目，都不是件容易的事情。

宇宙当中遍布着类似的星系群，它们对于我们来说是难以想象的，但是它们的存在却是千真万确的，如今我们已经通过无数次的观察，描绘出了上百个星系群的排布，并将它们记录在册。和星系是许多恒星的聚合体一样，星系群就是许多星系的聚合体，并且，在星系群之外，还存在着超级星系群（或星系群组成的群），这些超级群一般都跨越了上亿光年的空间范围。不论是我们的临近星系群，还是室女星系群，它们都只是这些更庞大的集合中的一员——当然，这些超级星系群的存在还未得到确认。这些极为庞大的超级星系群在由宇宙各种物质集合所构成的层级中占据了最高的一级——至少在我们目前所建立的层级中是这样——这些层级依次分别是：粒子、原子、分子、尘土、行星、恒星、星系、星系群以及超级星系群。

如果我们仔细想一想那些密集的星系当中的拥挤阻塞——如包含着几千个星系的室女星系群，以及包含上十万颗恒星的武仙星系群——我们必然会想到，在这些星系群当中的星系之间应该会经常发生“交通堵塞”。就好像被关在封闭容器当中的原子以及在封闭冰场上的冰球运动员会互相碰撞一样，星系群中星系的不规则运动也应该会导致这些巨大的物质结构之间的猛烈碰撞。

星系之间的确是会发生碰撞的，并且这种碰撞发生得颇为频繁，许多源自观察的证据证明了这一点。从许多天文图像上，我们都可以看到两个或多个星系之间发生的碰撞，甚至有些星系被撞得四分五裂。从许多照片上来看，一些星系虽然排列在我们的同一条视线上，但是它们之间实际上隔着非常遥远的空间距离，而另一些星系则相隔得非常近，尤其是那些同属于一个星系群的星系。至于一些星系之间究竟是发生了迎面的撞击，还是只是发生了一次相互接近式的相遇，我们并不能完全确定，因为，那些距离我们遥远的星系所发生的、能够被我们观察到的明显的运动往往都要历时上百年——这也正是没有任何人能够观察到星系碰撞的全过程的原因。

乍一想，我们也许会认为，随着星系之间发生的碰撞，必然会有多到令人咋舌的物质产生，它们的诞生还将伴随着剧烈的爆炸和激烈的火花。但是令人吃惊的是，我们设想的这种情况和实际情况并不相符。相反，这些碰撞是静悄悄进行的，随着两个星系相互渗透、穿越，两个星系中的恒星也只是相互擦肩而过，这是因为，恒星之间基本上是不会发生碰撞的，毕竟，在宇宙这个广袤空间中，它们只是如微尘般细小的物体。虽然天文学家们拍摄到了许多记录星系碰撞的照片，并且可以出示许多证明星系碰撞的证据，他们却从没有亲眼目睹过或描绘过恒星互相碰撞的画面，即便在我们可以观察得更仔细更清楚的银河系中也没有。

之所以会出现这种怪现象，是因为在一个星系群中，星系之间的联系是相当紧密的。在一个特定的星系中，两个相邻星系之间相隔的平均距离大约是100光年，这个幅度大约只是一个一般体积的星系宽幅的10倍。因此，星系们并没有太多的回旋余地，碰撞也就在所难免。相反，星系当中的恒星的分布则要稀薄得多，它们之间的平均距离大约为 5 光年，这个距离比一颗行星的尺寸要大上百万倍，换句话说，如果把我们的太阳比作一个苹果那么大，那么距离它最近的邻居大约在 2000 千米之外。因此，在星系当中，恒星发生碰撞的概率是非常低的，唯一可能发生恒星碰撞的地方便是星系的中心地区。当两个星系发生碰撞时，它们当中的恒星密度只不过是翻了一番，在这些恒星中间，还是有着充足的活动空间，因此它们不大可能会相互毁坏。我们可以肯定地说，在每个星系当中，星际物质、甚至恒星本身都是受着重力作用引起的潮汐作用力影响的，但是，即便是在星系发生迎面碰撞时，也不会有任何惊天动地的情况发生。

星系碰撞的证据；就像航行在夜空中的两艘轮船一样，这两个螺旋状星系（分别是 NGC2207 和 IC2163）正在经历一场近距离相遇。它们之间最终可能会发生一场迎面撞击。这种场景在我们已经在太空深处所观察到的许多撞击中颇具代表性，因此，它只是宇宙中的一场普通事件。在大约 10 亿年之后，当这两个星系之间发生更多的互动之后，它们可能会融合成一体，形成一个巨大的椭圆形星系。来源：天文望远科学研究所。

这并不是说，在碰撞发生时，星际气体之间产生的推动、震荡作用不会引起任何变化，事实上，这些分散的气体会引起一场暴动！在星系之间发生相互作用时，新恒星的形成就像暴风雪一样密集。最近几年来，天文学家们已经记录下了无数个“恒星爆发星系”，在这些发生碰撞的星系当中，气体被搅乱、重组，极大地促使了新恒星的形成。除此之外，那些已经形成的恒星似乎也会受到惊扰，它们就像是一群绕着灯泡乱转的飞蛾，做着奇怪的运动，其他一些恒星则好像是被发射了出去一样，顺着长达上十万光年的轨道，由碰撞发生的地点处飞驰而去。因此，在星系发生碰撞时，虽然不大可能会有恒星直接碰撞所产生的猛烈火花，电脑模拟却千真万确地表明，碰撞引起的骚动带来的新恒星的诞生使得星系的明亮度上升了 50%，并且这种明亮度上升可以持续大约 1 亿年。在本章稍后一些的篇幅中，我们将讨论在星系发生碰撞、相互吸引、聚为一体时，它们之间的融合、吞并将带来哪些革命性的变化。

我们对宇宙中大型物质结构的分级即将结束，这时，我们很自然地会提出这样一个问题：在宇宙中还有没有更大的物质聚合体呢？超级星系群是不是宇宙层级中最高一级的结构？在目前阶段，天文学家们对这些问题还没有明确的答案。一些数据显示宇宙中存在着超级星系群的集合——至少，这是一些目前观察到的面积最大的、由星系组成的并非无次序的集合——但是，这些证据并不算有力，因此大家对这个问题尚有争议。如果这些更高一级的集合确实存在，那将意味着我们的临近星系群和其他一些星系群一道组成了，以恒星密布的室女星系群为中心的超级星系群，同时，这些成千上万的星系还是一个更为庞大的、横跨好几亿光年的宇宙结构的一部分——这个尺寸比银河系的尺寸大上一千多倍。

我们从大范围物质结构的天文图上看到的最明显的特征便是不规则性：星系好像组成了一张细丝密布的网或被单，在这网的周围围绕着一些空荡荡的，被称为真空的宇宙空间。我们不妨想象一下巨大的海绵，或者庞大的泡泡浴缸。在距离我们大约 3 亿光年的地方有一条跨过天际，由好几千个星系组成的、长达 5 亿光年的拱形带，它是距离我们最近的具有上述特征的物质集合。在距离我们大约 10 亿光年的地方，还有一堵长约 15 亿光年，由大约 10 万个星系组成的“星系墙”，它是目前已知的宇宙中最大的物质结构。由明亮的星系所构成的结构就像蜘蛛网或者布满沟壑的人脑一样，而那些黑暗的往往宽达好几亿光年的真空领域中，则几乎不存在任何星系。对于这样一幅场景的较为形象的描述应该是：单个的星系，甚至整个星系群，就好像是浮在太空中的肥皂泡一样，整个宇宙就好像是一大盆肥皂水，上面布满了泡泡，而泡泡内部的空间，就好比是宇宙中的真空区域。除此之外，还有一些星系看起来像是分布在弦上的玻璃球，这是因为，2 维的太空图片显示的只是 3 维太空的切面，星系群中恒星分布最为密集的区域就是多个泡泡相互交叉的地方——也就是分布广阔的宇宙纤维交结的地方。我们从所观察到的这种“泡沫丰富”的星系模式中，能够获得一些有关人类起源的信息，因为这种模型很可能能够追溯到粒子时代的最早期。

说完这些，我们必须说明，单个星系的构成对于整个宇宙的大结构并不能产生什么作用——但是，只有通过分析它们，我们才能解析整个宇宙的结构。每个星系都只是不断膨胀的、富含泡沫的宇宙框架中的一个成员。这和人类的情况很相似，我们每个人都对地球的结构不起任何影响，但是，我们还是在随着不断漂移的大陆一起运动。从另一个方面来说，通过对这些星系的研究，我们可以获得一些有关宇宙整体框架的信息，这与地理学家探索地球结构的方法一样。用比喻的方法说来，星系就好像是一个个台球，根据它们的运动，我们可以确认台球桌的大小和形状，或者说，它们就像是高尔夫球，通过它们我们可以探测出一块草坪的拓扑结构。天文学家们通过分析遥远的星系所放射出的射线，来揭开宇宙的结构之谜，这对于宇宙学的研究来说，是一项意义重大的尝试。

我们已经讨论到了天文望远镜所能观察到的极限——起码就空间结构的大小和范围来说是这样。我们同时也将这些结构排好了顺序，一直排到了结构层级的顶端。现在，让我们暂停一会儿，来扼要地在脑海中回顾一下这样一幅图画：我们生活在地球上，地球围绕着太阳运转，而太阳，则是浩瀚银河中那无数恒星当中的一颗，同时银河系也只是我们的临近星系群中的一个成员，而临近星系群，则只是一片更大的超级星系群中的貌不惊人的一分子。这种排级还可以继续进行下去，可以将宇宙中的千丝万缕、真空空间以及那些甚至更为庞大的结构都包括进去。

在我们所排列的任何一级上，我们的地球、太阳、银河系、甚至我们的临近星系群都没有表现出任何特殊之处。很显然，宇宙中处处皆平凡。

以上便是我们在广袤宇宙中所处的地位。

* * *

天文学家们已经描绘出了远在好几十亿光年之外的星系，在这一星系范围之外，还存在着许多类似星系的物体，但是由于它们过于模糊，我们还无法将它们归于任何已有的星系类别当中。更为重要的一点是，这些遥远的天体中的大多数都有着和临近天体所不同的基本性质。总的来说，距离我们超过好几十亿光年的天体比较“活跃”，在某种程度上，它们的行为更为猛烈。从总体上来看，这些活跃星系的辐射力比那些相隔我们较近的椭圆形或螺旋形星系要大得多。除此之外，这些活跃星系还会放射出大量不同种类的射线——比如，从这些星系的核心部位有 X 射线放出，而从远离它们核心部位的区域则有无线电波放出。

我们可以用“正常”这个形容词来形容椭圆形、螺旋形以及不规则星系，这也反映出，这些天体所放出的射线是大量恒星所发出的光芒的集合。它们所发出的大部分能量都是可见光，而无线电波、红外线波、紫外线以及 X 射线的量则要小一些。这是因为恒星所发出的射线大部分也都属于光谱中可见光的范围，但是，活跃星系的情况则完全不同，它们中的一些对我们来说是完全不可见的，甚至用世界上射程最远的光学望远镜也无法看到。我们只有通过地球上的射线和红外望远镜以及那些能够捕捉到更高能量光子的轨道卫星，才能够发现它们的存在。因此，在这些活跃星系所放射出的射线中，大量恒星所发射出的光线的集合并没有占很大的比例。天文物理学家们甚至大胆地猜测，在这些活跃星系当中，也许并不存在大量的恒星。

这些距离我们极度遥远的天体具有的非常态能量以及独特性质表明，比起今天的状态，宇宙有着更为激烈的过去。它们印证了我们在“粒子时代”一章中所提出的观点：宇宙的最初几十亿年是一段极为动荡的时期，与这个时期我们所见到的时间、空间上的宁静状态截然不同。毫无疑问，在早期的宇宙中，一些物理条件和今日是完全不同的——同时结合这个观点：探索极为遥远的宇宙空间与

探索极为遥远的时间是等同的——因此，我们不难理解，为何我们所观察到的、遥远天体的年轻时的状态与我们观察到的临近天体更老一些时的状态有着很大的区别。令人迷惑的是一些威力最高的活跃星系所发出的发亮能量，它们所释放出的能量总是挑战着我们的天文知识的极限。

为了获得一些相关的感知，我们不妨来看一看：1 颗普通恒星，比如我们的太阳，每秒钟所释放出的能量大约相当于 1 颗 1000 亿吨原子弹所释放出的能量——这可真是了不起的本领。然而，我们的银河系却有着超过这上千亿万倍的能量，毕竟，在银河系当中有着上千亿颗的恒星。与此形成鲜明对比的是，活跃星系的能量一般还要比银河系的能量高上 100—1000 倍，活跃星系每秒钟放射出的能量大约相当于太阳在 1 年中所放射出的能量的总和。

现在让我们来想象一下这样的场景：在通常由一颗恒星占据的空间中，密密麻麻地挤着上千颗恒星！这便是我们在研究这些洪水猛兽般的活跃星系时遇到的最大难题。几十年前，大部分研究者都认为，这些天体所处的位置正是浩大的星系碰撞所发生的地方，但是，正如我们之前所说过的，如今已经有电脑模拟表明，星系碰撞并不能产生这样高的能量，也不会带来任何爆炸力。

一般说来，活跃星系所放射出的不可见射线的量比可见射线要多，这一点说明，活跃星系和正常星系之间存在本质上的区别。除此之外，一些活跃星系有着极为明亮的核心，而其他一些则有着像翅膀一样的巨大瓣片。这一切的特征都进一步增添了这些星系的奇特之处，使得它们成为宇宙中最难以琢磨的天体之一。也许，它们根本不能被称作是星系。

某些活跃星系的这种放射量极大的特征可以通过一个与恒星无关的机制来解释。这个机制被称为“同步加速器过程”，它是根据实验室里那些用于研究此微观粒子的加速器来命名的（实验室加速器有时也被称为同步加速器），这一非热能的运动过程描述的是带电粒子和磁场发生作用时，射线的发射情况。这一过程并未涉及任何恒星，也没有牵扯到热量，因此它被命名为“非热量”过程。在这里，射线仅仅是由高速运动、穿越磁场空间的粒子、尤其是电子所发出的。

磁场大概覆盖了宇宙中的万事万物，它不仅仅覆盖着地球、太阳以及太阳系，同时也覆盖了所有的星系。虽然漫射星系当中的磁力比地球上的磁力要弱上好几百万倍，但是，磁力仍然扮演着重要的角色，尤其是当磁力的作用总和贯穿整个星系时。对于很多活跃星系，尤其是一种名为无线电波星系的活跃星系来说，它们所放射出的射线都是由一对反相连接、面积巨大的瓣片（它们的面积往往可达 100 光年）所发出的，仅这单单 1 个天体的面积就比我们的银河系大上约 10 倍，事实上，它的尺寸已经接近我们的临近星系群的面积。幸运的是，一些此类天体的图片——尤其是离我们最近的那个活跃星系的图片（它距离我们 30 亿光年！序列号为 3C273）——同样显示了 rosseta stone（罗塞塔石碑，被用来暗喻要解决一个谜题或困难事物的关键线索或工具）的存在：这是 1 块由星系核心发射出去、飞入星系间的高速物质，它将填入离核心较远的瓣片中。这种成块的外泄物质的速度大约为 50000 千米每秒，或者说，接近光速的 1/5，一些能量特高的甚至可达到高过光速一半的速度。这些物质块不仅仅是飞往那些发出大部分可见光的瓣片处，还会飞回能量的实际产生地——星系的核心中。

已经有实验证明，当带电粒子，尤其是电子，被射入磁场当中时，它们将进行旋转运动，就像被抛入空中进行旋转运动的罗盘的指针一样。这些粒子的运动速度由于受到磁性的干扰而变慢，这使得它们的动能转变成为发射能。这也是这一过程被称为“非热轫致辐射”或“分裂辐射”的原因。在实验室中，单个电子进入磁场时所放射出的射线的量并不是很大，但是，在一个像星系一样大的天体中，射线的量将急剧升高，这是因为进入磁场的电子的量十分庞大。除此之外，在这种情况下所放出的射线从理论上来说应该属于无线电波，从实际观察上来看也是这样。

可以说，即便我们假设有多个高速运动的电子被不断射入星系的瓣片中，许多活跃星系内部的这种放射机制的细节还是尚未解开的谜。虽然同步加速过程给了我们一个很好的非常态例子，可以解释大量密集放射能的释放，活跃星系却还表现出了一种爆炸能，这种爆炸能的产生需要电子的持续加速，直到它们的速度接近光速为止。除此之外，我们还观察到了大量等离子体的存在，有时我们还发现，这些等离子体在向外部运动，从而形成这些活跃星系所特有的瓣片。这些情况都暗示着，在这些星系的核心处，有高速运动的物质在一些能量极高的事件中被沿着相反的方向猛烈地发射出去。

这股极大的能量是由什么产生的？我们能不能通过任何已知的途径来解释这些星系范围上的大释放？颇为讽刺的是，黑洞可以帮我们解决这一问题——或者说，天文学家们认为黑洞可以。但是，在我们认识这些自然界公民之前，让我们先明白一点：活跃星系并不是宇宙当中能量最高的天体。另外，那些极为明亮的活跃天体已经被跟踪调查了好几十年——它们是如此令人迷惑，有时似乎都推翻了我们目前所知的物理定律。这都是一些貌不惊人，但却极有威力的类似于行星的能量源——我们可以将它们简称为“类星体”。与恒星类似，类星体间的巨大距离意味着它们不仅能与活跃星系的能量放射匹敌，而且深化了这些问题，以下是原因：

这些类星体不仅仅是已知与宇宙中能量最高的天体，它们放射出的无线电及光学射线的种类也是十分丰富的，这些种类通常每周都不同，甚至每天都不同。这一现象的含义是十分明显的：体积如星系般的天体是无法同时进行从前至后的放射，而又实现如此迅速而连贯的时间变化的，这些放射若能同时进行，那么这些变化发生的频率将被扰乱，而不会像我们所观察到的那样精确。换句话说，根据因果关系，我们可以知道，没有任何物体的闪烁速度快于射线穿过它的速度。因此，射线每日一变的情况说明，类星体的宽度应该不会大于光走 1 天的距离，这个距离与我们太阳系的直径差不多。而类星体的巨大能量——从几百一直上升至银河系能量的上百万倍——从宇宙整体的视角来看，其实并不算多。这一切都将我们引到了密集黑洞面前——也许它们才是类星体的中央引擎。

用宇宙的标准来看，类星体的放射机制——不论这机制其实是什么——都是在一片小到不可思议的宇宙空间中进行的，这一空间的大小远不到 1 光年。让我们试着想象一下 100 个、甚至更多个星系都聚集在和太阳系一样大的空间中的情景吧，从这个情景我们可以看出，若要弄清楚赫尔克里斯类星体的情况，我们需要去想象多么棘手的情况，毫无异议，这个类星体是宇宙中最令人困惑的天体之一。

* * *

虽然在下一章——“恒星时代”——当中，我们在讨论恒星时将着重讨论黑洞，但是，最为巨大的黑洞却很可能形成于星系时代，大约在物质时代开始前10亿年的时候。20世纪90年代的观察表明，黑洞存在于大多数星系的核心区域——正常星系核心处的黑洞较为平静，而那些活跃星系核心处的黑洞则极为活跃。因此，我们不打算跳过这个重要的问题——这也是如今天文物理学界的一个核心问题——而要和大家来看一看黑洞的现象。

所谓黑洞，就是质量极大的物质存在于相对较小的体积内。黑洞既不是某样物体，也不是个洞，而是一个从头到脚一片漆黑的玩意。这样一个洞同样会产生地心引力，而且肯定是很强的引力，强到可以使它周围的空间时间发生剧烈的弯曲。它的两大主要特征——质量大、体积小——使得它能够产生极大的地心引力作用。为什么？因为万有引力定理的一半是引力的大小与产生引力的物体的质量成正比，而另一半则说，引力的大小与产生引力的物体间的距离或物体所分布的长度成反比——这正是我们在“粒子时代”中提到过的反相平方定律。由于距离这一项在定理中是2次方，因此当两个物体之间的距离减小时，其间的引力将大大增强，而物质密集的黑洞正符合这种情况。

万有引力定理——这个理论既不是牛顿的，也不是爱因斯坦的，因为他们两人都预见到了该理论——认为，当某个物体的质量达到太阳质量的3倍，同时不受到任何阻力的作用（如恒星中的热量、云朵中的自转）时，它将发生坍塌，其包含的所有的物质将坍塌为一点，这种内向爆炸是没有止境的，没有任何东西可以使它停止下来。

有没有人可以真正理解这个看起来十分荒谬的现象？一个恒星那么大（甚至更大）的物体，怎么可能会缩成一个比原子还小（甚至更小）的东西，并且还将无止境地收缩下去呢？但是，精细的数学计算的确能够预言到这种现象的存在，巨大的物体有着某种能够与重力抗衡的机制，按照预计，它将不断地缩小，变为一个体积无穷小的小点——就好像我们在“粒子时代”一章中曾说到的，代表宇宙起始状态的那个小点一样——正因为如此，一些研究者将黑洞看作是可以用来研究宇宙大爆炸的“实验室”。这些说法看起来也许有些荒唐，但是支持它们的观察数据和理论数据却是与日俱增，黑洞似乎真的存在着。

虽然那些用来证明黑洞存在的数学计算十分繁琐，并且也不属于本书的范畴，我们还是可以来看一看这些极度密集的奇特宇宙空间的一些量化指标。这里所提到的一些具体数值都只是粗略的值，因为我们对极高密度下物质的运动方式还不是十分了解，高密度物质的磁性和自转也是两种难以把握的模式，显然，我们在这一领域摸索出的物理规律还不够完备，谁要是能够在这里摸索出一些门道来，一定会名声大噪。

让我们首先来看一看逃逸速度——任意物体若要逃离它与另一物体之间的引力作用需要达到的速度。对于任何一个体积较小的物体来说——无论这物体是 1 个分子、1 个垒球、1 支火箭或任何其他东西——逃逸速度与所要逃离的物体的质量的平方根和物体半径的比值成正比。例如，在地球上，地球的半径大约为 6400 千米，逃逸速度大约为每秒 11 千米。若要在地球上将任何物体发射出去，该物体的运动速度都必须大于这个速度，这就能够解释，为什么一颗速度达到每秒两千米的子弹最后还是会落回地面上。同样的道理，宇宙飞船围绕地球运行的速度是每秒约 8 千米，但是那些行星间探测器，如发射到木星的 voyager，以及发射到火星的 viking，在发射时都要求达到 11 千米每秒以上的速度，这样它们才能够摆脱地球的重力作用。

现在让我们来看一个假设性的实验，这个实验的仪器是一把巨大的 3 维钳子，假如这把钳子足够大，能够将地球也包纳进去——虽然把地球夹在钳子里的想法有些可怕。随着我们的地球在钳子的压迫下不断缩小，它的密度也会不断地升高，因为它的体积虽然不断地下降，但质量却是一直不变的。伴随着这个过程，地球上的逃逸速度也会不断地增大。

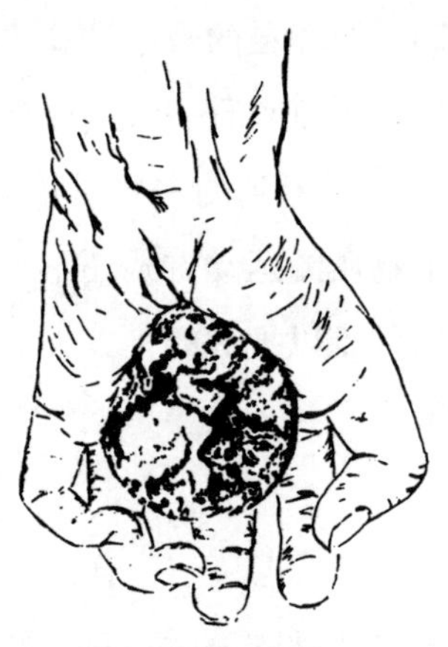

一个假设性的实验，这个实验的仪器是一把巨大的 3 维钳子。

假设我们的地球被挤压到了原有体积的 1/4，这将使得它的逃逸速度增加 1 倍。任何想要逃离地球引力作用的物体都必须达到至少 22 千米每秒的速度，假设地球还将继续被压缩，一直压缩到半径仅有 1 千米的状态，这时，它的逃逸速度将变得非常大，大约有好几百千米每秒。

事情就是这样：当一个任意质量的物体体积收缩时，它表面的重力作用将不断增强，这主要是由密度的增大引起的。事实上，假如这把可怕的巨钳能够将我们的星球压缩到直径只有 1 厘米的地步，那么地球上的逃逸速度将达到30万千米每秒。这个速度可是非比寻常，它正好等同于光速，是我们目前所知的物理规律所允许的最大速度。

所以，假如能够通过某种奇妙的手段将地球压缩到一个豌豆那么小，那么它的逃逸速度将大于光速。这显然是不可能的，因此，我们得出的结论是没有任何东西——绝对没有任何东西——能够逃出这样一个“压缩”地球的引力控制。我们绝不可能在这个地球上发射火箭，甚至连一束光都别想逃出去，任何东西都无法逃离。除此之外，在这样一个天体当中，绝对不可能存在任何信息交换，它将是一个不可见，无法与外界交流的天体，这也就是“黑洞”的由来。从任何实际意义来说，这样一个极度密集的天体相当于是从宇宙中消失了！

当然，上面所说的这个例子只是假设的。不大可能存在一把这样的大钳子，可以将地球挤压到直径只有几厘米的地步（这也是很幸运的）。但是在巨大的恒星和星系当中，这样一把钳子确实真实地存在着——它便是万有引力。这股巨大的吸引力完全可以将一些死亡恒星和星系核压缩至十分微小的体积，这种存在于巨大密集天体中的万有引力作用并不是假设，它是真实的。

万有引力无法将地球压缩，这是因为地球没有足够大的质量。地球上每一部分对其他部分产生的引力都不够强大。但是，正如我们在“恒星时代”中将要看到的，当恒星走到生命的尽头、核火燃尽时，万有引力可以将该恒星全方位地压缩起来，将质量巨大的物质压缩为一个很小的球体。

当恒星的质量高于太阳质量的好几倍时，若要使逃逸速度达到光速，它根本不需要像地球那样要让直径变为1厘米。对于一般的

恒星核残余来说，只要直径达到千米级，逃逸速度就可以达到光速。比如，质量为太阳质量 10 倍的大恒星逃逸速度达到光速所需的临界直径大约为 30 千米，在这个直径之下，该天体将消失不见，我们将无法看到、听到或者了解到发生在它中间的任何事件，因此天文学家们也将这种临街尺寸称为“事件尺寸”(event horizon)。也就是说，地球和 10 倍于太阳重量的大恒星的“事件尺寸”分别是 1 厘米和 30 千米。

我们甚至可以说，如果魔术师们可以把他们的手挤到足够小的尺寸，他们手中的硬币和兔子便能够真的消失不见。如果人的尺寸可以被压缩到 10^{-33} 厘米之下，那么这个人也能消失不见！同样地，因为我们本身的质量不够大，重力是无法将我们压缩到这样小的尺寸的。组成我们身体的原子之间的引力总和远远达不到将我们压缩到临界尺寸所需要的力度。目前也没有任何已知的科技手段可以实现这一点。

很重要的一点是：如果没有任何力量或者对抗机制，可以对抗质量为好几倍于太阳质量的巨大天体的自身引力，那么这样一个庞然大物必然会发生自身坍塌，体积将越来越小。从理论上来说，这样一个巨大天体的坍塌即便在它达到了临界尺寸时也不会停止。临界尺寸并不是实际意义上的边界，只是一个阻断通讯的值，巨大天体将不断坍缩，一直越过它的临界尺寸，并且应该会变成一个无穷小的小点——也就是极点。我们之所以说“应该”，是因为物理学家们还不能肯定这种毁灭性的坍塌会不会被某种我们尚未发现的力量阻止在临界尺寸和极点中间的某一处。这个问题同样属于量子重力学的范畴，正如我们在之前的“粒子时代”所提到的那样，量子重力学是我们尚未摘取的圣杯。

总的来说，黑洞是爱因斯坦相对论的产物，虽然对牛顿万有引力定理的逻辑推理也能够证明黑洞的存在，但是，这一定理还能够证明宇宙中的许多其他现象的存在，而只有爱因斯坦的相对论能够解释物质极度密集的黑洞的一些奇怪特征。令人颇感兴趣的是，黑洞所具有的巨大质量可以使得它周围的时间和空间发生极大的弯曲，这一点又和我们在序章中讨论过的空间时间的概念产生了联系。在黑洞附近，引力变得十分巨大，空间时间的弯曲度也达到了极限，在临界尺寸上，这种弯曲度如此剧烈，以致空间时间发生了自我重合，困住了其中的物质，使得它们消失不见。

通过一些道具，我们可以更好地理解黑洞周围的空间时间弯曲度。当然，这些有助于我们理解的道具都只是比方。这里的问题就是，正如之前讨论整体宇宙时一样，我们很难直观地想象 4 维空间的情景。下面就是一个很妙的比方，通过它，我们可以很好地理解黑洞的形成以及由黑洞导致的时间空间弯曲度：

让我们设想有一群人生活在一块巨大的橡皮毯上——也就是一张像绷床似的东西。这些人打算举办一个狂欢聚会，除了一个人之外，每个人都在一个特定的时间到达他们的聚会地点。他们的聚会发生在空间时间当中，而那些不参加聚会的人可以通过来自他人、在毯子上不断滚向他的“信息球”来获得其他人的信息。这些信息球就相当于以光速传递的射线，而橡皮毯则相当于空间时间。

随着人们渐渐会合，他们脚下的橡皮毯随着承重的不断增加而渐渐下坠，人们在某一小块地方不断累积起来的重量使得那个地方的时间空间弯曲变得越来越大。这个时候，信息球还可以到达那个离得很远，几乎站在平坦的时间空间上的人，但是，随着毯子不断

下坠，他收到的信息球越来越少了。

终于，当足够多的人站在聚会地点时，他们巨大的质量已经超出了毯子能够承载的重量，于是，毯子破了，所有聚会者都被包进了一个橡皮球中，他们随着这个球一同消失，与外界那唯一的幸存者失去了联系，无论他们抛出的最后一个信息球速度如何，它都无法逃出那块快速下陷的皮毯。

在这个比方当中，黑洞从理论上来说就是被极度弯曲的时间空间完全包裹住的，因此，黑洞和宇宙中的其他部分完全隔离开了。

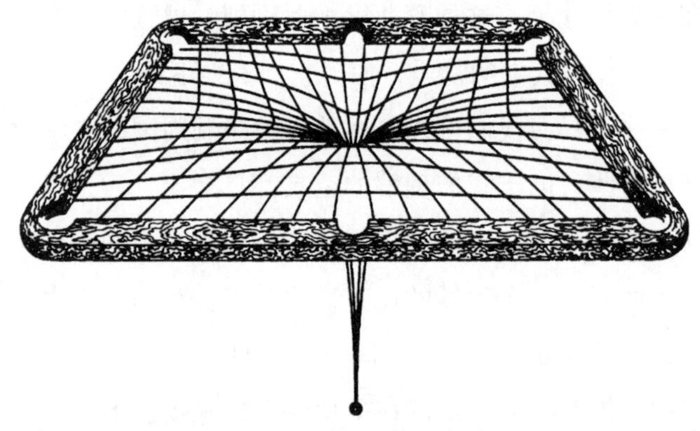

黑洞从理论上来说就是被极度弯曲的时间空间完全包裹住的，因此，黑洞和宇宙中的其他部分完全隔离开了。

我们还要提出两点关于黑洞的重要申明，第一，黑洞并不是宇宙吸尘器，它们并不会在星际空间中四处漫游，将一切物体都吸收进去。黑洞周围物体的运动和质量密集区域周围物体的运动模式是一样的，唯一的区别就是，在黑洞周围，物体是沿着或者围绕着一片黑暗、不可见的区域进行运动，在这片区域中，我们什么也看不到。无论任何种类的放射或折射射线都无法逃出黑洞的范围。

所以说，黑洞并不会到处去吸物质，但是，如果有物质碰巧因为引力的作用而掉入黑洞当中，那么它们是绝对无法逃脱出来的。黑洞就像旋转门一样，只允许物质往一个方向——向里——流动。随着它吞噬的物质越来越多，它的临界尺寸也越来越大，因为物质消失不见所需要达到的尺寸与它的总质量也有关系，这些真实存在于宇宙中的黑洞很可能正在不断地增大范围和质量，虽然增加的程度各有不同，但是每个星系都在不断地吞噬、增长。

漩涡是个很好的例子，可以说明黑洞是如何将物质牢牢抓住的。以水的漩涡为例，它们可以对附近的鱼产生吸引力，在越靠近漩涡中心的地方，水的运动速度就越大，因而，当鱼儿进入水流速度比它们游行的速度还要快的领域时，它们就会被吸入漩涡中。被吸入漩涡最里面的鱼儿将永远无法游出。

另一个很重要的方面是，黑洞附近那强大的引力会导致剧烈的潮汐压力，当一个人不幸掉入黑洞当中后，他会发现自己先是被拉得很长很长，同时又被挤压得很窄很窄。此外，他还将被拉扯得四分五裂，因为他脚部所受的引力作用比头部所受的重力作用要强，在他的尺寸超过临界尺寸之后，他将立刻四分五裂。黑洞周围的任何物体都将遭遇类似的变形和分裂。无论任何物质——无论是气体、人，还是机器人——掉入黑洞当中后，他们都将被不断拉长，不断被挤压变窄，同时不断地被加速。最后，这些四分五裂的碎片之间将发生猛烈的碰撞，使得掉入黑洞当中的物质不断升温。

掉入黑洞当中的物质很快便会被潮汐压力和撞击力毁灭，以至于物质在到达黑洞的临界尺寸之前，它们虽然游离在黑洞之外，但在它们坠入黑洞的过程中，几乎会全部被转化为热能。这些热量极高的物质在达到临界尺寸之后，便不能再向外部放射出射线，但那些临近黑洞的区域却能放射出大量的射线，这些射线大部分为 X 射

线，因为这一区域的物质热量极高。因而在遥远的观察者看来，黑洞看起来是一些发出射线的明亮光电，这似乎有悖于他们在理论上对黑洞的判断。

在明了了这一点之后，我们可以半开玩笑地说，也许黑洞研究最后将带来一些实际效益。通过某种技术，我们的后代在将来的某一天也许能够将垃圾压缩到极小的体积——这样它们就能消失了！除此之外，这些被压碎的垃圾还将释放出大量的能量。也许黑洞是医生为科技文明开出的一帖治疗环境污染和能源不足问题的良方，对于任何源远流长的文明来说，能够安全处理这种能量的技术都将是历史上的一座里程碑。

一个颇有趣味的问题是，在黑洞的临界尺寸之内究竟存在着什么？它的内部是深不见底的吗？这些问题的答案无人知晓。

一些研究者认为，黑洞的内部运转是无法为我们所知的。即便我们能够将机器人送到“下面”去探测临界尺寸之下的空间和时间的性质，它们所获取的信息也无法被发送到位于黑洞之外的我们的手中。很显然，那些用来说明黑洞内部所隐藏现象的理论将永远得不到实验验证。在这里，每个人的猜想似乎都是成立的。也许，黑洞内部的圣殿代表着我们无法逾越的认知边界。而正是因为这个原因，一些研究者偏偏认为，黑洞内部奥秘的解开是十分重要的，不然的话，我们将来会将它们神化。这听起来很荒谬，但是人类的确总是将那些物质的、无法通过实验验证的东西奉作神明，如果我们仔细想一想，便会发觉，在21世纪的今天，这样的事情还是屡见不鲜。

那么我们要如何来理解黑洞的意义呢？这些奇特天体形成的基

础是一条相对论主义的观点：质量会使时间空间发生弯曲——这是一个公认的奇怪现象，但是，这一现象已经在太阳系中得到了部分验证。质量聚集得越多，空间时间的弯曲度就会越大，呈现在我们面前的现象就越是独特。也许，一些理论家认为相对论在解释黑洞时是错误的，至少是不全面的。质量极大的天体将会无限坍塌为一个无穷小的极点的说法听起来也确实有些荒谬，即便我们开启全部的想象力，也无法想象这样的现象，它比科幻小说还要离奇，数学家们对它也是摸不着头脑。也许目前的物理定理在描述临近极点的情况时就已经不够准确，而在描述极点状态时，广义相对论简直就是谬误百出。从另一个角度来说，陷入黑洞之中的物质也许并不会被无限地压缩至极点状态，也许它们只是不断地接近这一科学领域中最为奇特的状态，这样一来，相对论便能成立了。

在很多著作，甚至是名科学家的著作中，作者写到这里时，往往开始讨论平行宇宙、多维宇宙、超空间、弯曲动力、虫洞、时间旅行、其他维度以及许多其他的“可能性”，这些东西都是遥远而美妙的，但是，它们和其他无客观依据的猜测一样，不属于本书讨论的范畴。在这本书中，我们尽力保证每一句话有据可循，我们可以讨论那些已经获得的数据，已经发现的现象，但是，我们同时也要随时承认人类认知的不足之处。至于黑洞内部的奥秘，我们只能坦白地说，科学家们对此还一无所知——在量子重力学这一前沿学科为我们所掌握之前，我们不大可能对黑洞内部的情况有任何认识。

虽然黑洞令人难以捉摸，但是它们在宇宙中的分布却似乎颇为广泛。除开我们在“恒星时代”一段中列出的那些“小型”恒星黑洞，许多天文学家都认为，更大的星系当中也明显表现出了有黑洞存在的证据，如距离地球 3 万光年的银河系的核心处便表现出了这种迹象。银河系中部的景象可谓是蔚为壮观，在那里密密麻麻地分布着好几十亿颗恒星，但是，我们却看不到这一区域的光亮，因为这里的中心部分的光芒完全被尘土遮住了，这使得我们无法通过光学望远镜来了解该区域的情况，即便是最大的光学望远镜，也只能看到我们与银河系核心之间距离的 1/10。幸运的是，我们可以利用更长的波段，如无线电波和红外线，来对这一区域进行观察，这使得我们得以对银河系的中心处进行更深入的探索（就好像我们用无线电探测器来穿过地球表面厚厚的浓雾一样）。起初，我们在最靠近银河系中心几百光年的区域中所发现的情况大大超乎了我们的想象，几十年后的今天，当我们回望当时的情景，便能看出当时的发现是典型的、黑洞存在的迹象，这种迹象很可能存在于各个星系的中心处。

通过红外线感应器我们得知，在银河系的中心处，每立方光年的区域中存在着成千上万颗恒星——这里的恒星密度比临近我们的太阳系的恒星密度要高上一百多万倍。这里有跨越好几十光年的巨大星云，这些星云富含气体，它们被包含在一些更大的，布满灰尘的云朵当中，并且排列成了一个宽达一千多光年的环状结构，这整个结构中的总物质量是太阳质量的几十万倍，它运行的速度高达每秒 100 千米。在这个环状结构的中央有一个密集的无线电波源——银河系的动力核心。

从更小的范畴上来看，有高分辨率的图片表明，在这个大环内部还存在一个直径不到 10 光年的气体环，这个小环的运转速度更大（高于每秒 1000 千米），看起来就像是一个位于银河系正中间的漩涡。这个特殊的区域与地球上的任何东西都完全不同，自从我们二十多年前发现它的那天开始，我们对它进行了密切的跟踪观察。最近，这一区域放射出了大量的X射线，这表明在银河系的正中心处存在着一个不断旋转、不断增大的白炙圆盘，这个圆盘中充满上百万摄氏度的气体。这一区域很神奇，但却绝不神秘，我们正在一步步地了解这片最难以琢磨的星系领域的性质。

一个夜晚，我们在哈佛实验室中的实验进行得很不顺利，令人颇为沮丧，于是，我和一些同事相约散步，走到了Cambridge Common（当年美国独立战争前夕，华盛顿集结士兵之地）那里，倚靠在靠近公园边缘处的一条长凳上。在那里，我们努力地去测算小道、长凳、树木的位置，希望能通过这个方法来获得一些灵感，以解决我们遇到的困难，将银河系的结构摸索清楚。我们很快发现，在不能走路，不能骑自行车，不能以任何方式在公园中四处活动的情况下，要描绘出公园的平面图是十分困难的，这种情况下画出的任何一张图都将是扭曲、含糊、不完整的。公园中的雕像和指示标——尤其是在公园中心处的大纪念碑——从远处看来显得尤其怪异，因为它们的样子和靠近公园边缘的长凳、灌木丛都不一样。我们在银河系的情况也是这样，我们被放逐到了星系的最边缘处，在这里，我们正试图弄清楚在这个被我称为家园的星系中，恒星、气体、微尘的分布究竟是怎样的。

一些解释我们目前所观察到的星系中心情况的模型显示，一个高速运转的，由稀薄、炙热、电离物质形成的光晕围绕在一个高速旋转、热量和密度更高的物质漩涡周围。这个不断旋转、由恒星、气体和微尘组成的混合物看起来是在围绕着一个高度密集的物体运转，这一高度密集天体的质量是太阳质量的好几百万倍，这个巨大的质量仅仅存在于相当于太阳系体积的狭小空间中。这样一个质量极大的密集点是有必要存在的，它可以增加大漩涡的结构完整性——这样一来，这个由气体组成的漩涡就不会发散到星系外部的空间中。高速的围绕运动必然会引起强大的离心力，虽然大量的质量会受引力作用被拉回，但是，气体还是会像自行车轮上的泥巴一样被甩出去。上百万颗恒星被压缩在一个星系系统那么大的空间中——这个概念的含义可以由简单、普及的物理知识来导出，虽然我们得到的结论有些超现实主义的味道。

虽然大家在细节上还颇有争议，但是对于这一点，科学家们已经基本达成了共识：在银河系的中心处存在着一个质量超大、极度密集的“某物”。根据我们目前的认识，这个“某物”只能是一样东西——黑洞。不过别担心，这个黑洞在目前看来已经颇为平静，几乎可以说是在沉睡，而且它和地球之间的距离是太阳和地球间距离的二十多倍。

不仅我们的银河系有一个令人头疼的核心，近期的观察显示，这种质量极大的物体存在于许多其他星系的中心处，或中心附近处。我们在这些星系中发现的迹象和在银河系中发现的一样，在一些正常星系的最内部区域，存在着气体和恒星，这些星系中很可能包括仙女座星系，根据观察，这个星系正在做着高速的漩涡运动——看起来也是在围绕着几百万倍于太阳质量的黑洞进行运动。虽然由于距离遥远，我们无法清楚地观察到活跃星系的情况，但是，有观察表明，在它们的中心处同样存在密度极高的区域，这些区域当中旋转物质的量比普通星系核心处的还要多。令人吃惊的是，在一些极为活跃的星系中，好几十亿——不是百万，而是10亿——倍于太阳质量的物质聚集在仅有几光年的空间中，正如我们接下来要说的，也许这些位于活跃星系中央的漩涡是远古时期产生星系的漩涡的残余。

天文学家们如今发觉，几乎在每个星系的中央都存在着一个极大的黑洞，正常星系（如我们的银河系）中央的黑洞要小一些，大约“只有”几百万倍于太阳质量，而且这些黑洞中的大多数（如银河系中央的黑洞）都因为燃料不足而缺乏活力。但是，那些我们认为更加活跃的星系中央却有着更加巨大的黑洞，它们往往是太阳质量的好几十亿倍。它们能释放出更多的能量，因此也就更加“活跃”，这主要是因为，我们所观察到的活跃星系都处在年轻时期，这时的能源比较充足。

虽然这一观点在二十多年前被提出时，听起来有些滑稽，但是，如今的天文学家们都已经认同，活跃星系的巨大能量正可以通过那些消失在其中央巨大黑洞里的物质来解释。正如我们在这一部分的开头所提到的那样，我们由此也看到了科学界最大的悖论之一：宇宙中最为明亮的物体产生于黑洞——这都是在达到临界尺寸之前，被吞噬、拉扯、加速、加热的那些物质所造成的。但是，那些垂直于黑洞那不断增大的面盘，令人迷惑的物块是如何克服黑洞的强烈引力，向外发射射线的，我们至今不得而知。

不难想象，宇宙中最具能量的天体——那些貌不惊人但却威力无穷的类星体——很可能也是受着超级巨大的、定期吞噬整个恒星的黑洞所控制。对于一个常规类星体来说，每年大约吞噬 10 颗恒星就已足够，而那些最为明亮的类星体则每年要吞上 1000 颗恒星，每天得吞入好几颗恒星。如果真是这样，那么类星体中的黑洞比起活跃星系中那几十亿太阳级的天体来，应该会更大、更密集、也更加非常态。无论这个观点如何令人难以接受——因为比起在时间和

空间上距离我们较近的宇宙事件来，这个观点十分新颖——它却可以解释我们所观察到的大部分类星体现象。除此之外，这一观点还可以说明那些更小的高能量范围上的动力产生过程，如正常星系的核心，以及星系中的 X 射线源等。这也暗示着，在自然界的各个范畴上，也许都有统一的规律在发生作用。

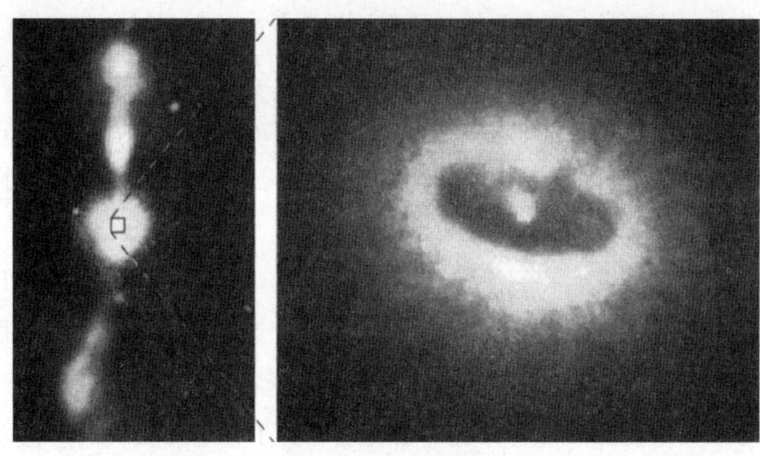

超级巨大黑洞存在的证据：左边是一幅光学照片和无线电波图的合成图片，该图片来自一个巨大的椭圆形星系（NGC4261）。其中的可见部分是该星系的中央凸起部分，而那些不可见的，发出无线电波的星系瓣则伸延了几十万光年。右图是该星系核心的近照，从照片上我们可以看出，一个由气体组成的圆圈围绕在一片明亮的中心区周围，而这一中心区中很可能包含着一个重达好几百万倍于太阳质量的巨大黑洞。来源：国家射电天文台 / 天文望远科学中心。

显然，若要完全理解星系的能量来源，我们必须将它们的核心区域摸索清楚，也许未来天文学家们可以开启这些神秘的领域，分享它们的奥秘。星系的中心区域不仅是发动变化的引擎，同时也在经历着变化，和广泛意义上的生物进化一样，黑洞既能够引起变化，同时也在不断适应着变化。但是，这两个领域发生明显变化所需要的时间差别很大——在生物学上，物种进化所需要的时间也就是几千至几百万年，但是在天文学上，每发生一次结构变化往往需要几百万至几十亿年。天文学物理学家们正在对那些完全不可见的巨大黑洞周围的区域所放射出的不可见的射线进行研究，在对星系中央这些神奇的新区域的研究上，我们还处于起步阶段。

关于黑洞，无论是大黑洞还是小黑洞，我还有必要提出最后几个需要特别小心对待的地方：我们以后也许会发现能够与万有引力相抗衡的力，这个力甚至能够抵抗质量极高、密度极大的宇宙区域周围那极大的引力。黑洞理论尚且没有将磁性和自转包含进去，并且没有人知道星系在次微观、量子领域深处的运动情况。巨大的黑暗恒星群以及极度密集的基本粒子群已经被认为是黑洞的另类形式，因为它们集合了种类繁多的黑暗物质。如果把这些问题都称为难题的话，那可真是低估了它们，因为一些世界上最聪明的人也承认，他们连如何下手处理这些问题都不知道。在世界各地的实验室中，对黑洞模型的正式研究才刚刚开始。

这一科学领域中的怀疑是正常的，除非天文学物理学家们可以给出直接的或者有力的间接证据，来证明黑洞的存在。但是，这两种证据目前都没有找到，因此，这整个黑洞的概念最后很可能只是人类的黄粱一梦——在这个问题上，数学计算若得不到通过验证的物理规则的检验和平衡，就会走入歧途。在临界尺寸之下的物质、能量、空间以及时间的性质远远不止是一个没有现实基础的、令人感到烦恼又好笑的难题。

从另一方面来说，宇宙的确是140亿年前，由一个看似孤零零的极点开始演变的。在如今被我们认为是宇宙组成部分的物质集合中，黑洞极点很可能正是一把帮助我们了解宇宙诞生时状态的金钥

匙。通过对黑洞性质的理论研究，尤其是通过对它们的物理行为的观察，我们也许可以在未来的某一天获得有关那个最基本问题的更深入的理解——这个基本问题便是宇宙本身的起源。

* * *

无论星系在宇宙中如何分布广泛，也无论它们是以何种方式发出射线，我们都不免会想到一个更为基本的问题：星系是从哪里来的？这些最为庞大的物质结构是怎样在一个饱含高温物质和密集射线的宇宙中诞生出来的呢？星系是不是通过不断吸纳已经形成的恒星而形成的？或者，恒星是在已经形成的星系中诞生的？恒星和星系究竟哪个诞生在前？最后，星系形成之后是怎样进化的？

幸运的是，比起我们之前在“粒子时代”中讨论过的那些关于射线时代的极不确定的问题，对以上问题以及其他一些有关物质时代的问题都能得到更为有效的解决。虽然在关于星系形成过程的一些细节问题上，我们还存有疑问。天文物理学家们正在研究星系起源的课题，并且已经确认了这一课题中的绝大部分问题，虽然这些问题还没有得到解决。

我们缺乏有关星系的直接的观察数据，这本身就给我们带来了最大的谜题。我们可以根据星系的构成以及它们的能量值，对星系进行分类，就好像我们在上文中所做的那样。但是，到目前为止，对于一些我们所观察到的星系性质，我们还无法通过比如简单的气体定理对它们进行解释，这一点我们将在下一章中进行详细讨论。不难想到，我们很难精确地描述星系形成、发生变化的过程，因为，我们还不是很清楚星系究竟是什么。

若我们公开地对天文学家们进行询问，那么他们会承认，关于星系，他们只有一点大体的、共有的知识。这些平凡的星系共同特征正帮我们一齐了解，宇宙中的这些最为庞大的天体是如何形成的。

首先，星系是存在的。这是个有力的论据，因为我们都知道星系的确存在，并且，人类文明必须为知道这一点而感到骄傲。因为地球上的其他生命都不知道，也不曾知道星系的存在。但是，仅仅知道它们存在并不能帮助我们了解它们的起源。星系的辽阔和壮观——它包含数不清的恒星、向四方伸展，直到我们的望远镜视野的尽头——让我们感到迷惑：这些巨大的结构究竟是怎样诞生的呢?

其次，如今宇宙中的星系都已经不再年轻。换句话说，现在并没有任何星系正处在诞生过程中。也许有些星系还在不断地吸纳物质，不断地生长、发展。但是在最近的 100 亿年左右的时间里，似乎没有任何新星系诞生。由于所有的常态星系都包含一些古老的恒星，而那些最为活跃的星系在空间上距离我们很远（因而在时间上也距离我们很远），因此，绝大部分星系都形成于很早以前。不论孕育星系的机制是什么，它在物质时代的早期必然是四处存在的。但是，如果星系的诞生在早期的宇宙中如此广泛，那为什么现在它们就不再诞生了呢?

从我们发现的数据中，可以推导出另一个事实：大部分星系中所含的物质量都是相近的。至今为止我们测量过的所有星系的容量都在 10 亿至 1 兆亿倍太阳质量之间。正常星系似乎都能包纳这么多的恒星，而那些活跃星系所包含的某种形式的物质也差不多是这个量。在我们目前所知的星系中，没有比其他星系大很多的，也没有比其他星系小很多的。它们都差不多包纳了 1000 亿颗恒星，或者与此等重的物质，正如我们的银河系一样。一些巨大的椭圆星系和一些不规则矮星系可能会分别高上或低上几个10的次方。

现在，让我们来总结、回顾、并且澄清一下：目前我们没有发现任何证据可以证明在目前阶段或是在最近100亿年中，有任何星系诞生。在现阶段，星系的确有可能在不断进化，正如我们将要在这一章的末尾部分说到的那样，随着一些物质进入已经形成的星系中，星系的体积可能还会不断增加。但是，假如在现阶段还有星系正在生成，那么天文学家们应该能发现一些体积和构成介于成型星系和真空空间之间的天体，但我们在邻近的太空区域中并没有发现这种“半成品”的存在。除此之外，在星系群之间的区域——星系间真空区域——中似乎并没有多少物质存在，很可能根本没有物质存在。无论星系是如何产生，是何时产生的，它们的形成过程必然是十分高效的，所有能被吸纳的物质都被它吸纳了进去，没有剩余一点在星系外部的空间里。

除此之外，将出现在下一章中的一些重要的理论表明，星系当中有恒星正在生成。很有可能星系的主体诞生在先，为我们如今在星系中看到的那数不清的恒星创造了成熟的诞生环境，在过去的20年中，这一思想得到了对银河系所进行的广泛观察的严格验证。我们通过观察发现，在银河系中确实有恒星正在缓慢地诞生，它们是由星系气体和尘土的混合物转化而来。最近的恒星普查表明，在我们的银河系中，每年大约会诞生10颗新恒星。

为了更好地理解星系的形成，让我们来想象一下这样的情景，在大爆炸发生后好几亿年时，一大团由氢原子和氦原子组成的巨大原子云被淹没在大量射线当中，这些射线的强度正不断减弱。这团巨大的原子云并没有将宇宙空间完全填满，它只占据了宇宙中的一部分，这部分跨越了好几百万光年。虽然此时宇宙大爆炸还在飞速地进行着，但这一大团物质却并没有无止境地扩张下去，它本身的引力作用将使得它在达到某个最大体积之后，再渐渐地缩小。自从物质时代开始，宇宙的温度和密度就下降了许多，这时宇宙中的射线也已经不那么密集，无法将原子物质摧毁，而氢原子和氦原子的数目却已经达到了足够的量，并已经开始发挥它们的整体影响力。电磁力和核力将基本粒子联系在一起形成原子，这些原子又因为万有引力的作用而结合形成原子云。所有在现阶段引发物质进化的已知力在那时已经在充分发挥着作用，使得这团原子云拥有了一定的结构完整性。大块的物质此时已经显示出了各自的不同，它们各自存在于一个不断分裂的宇宙中，这种状况与之前射线时代中万物混杂的情况截然不同。

虽然这些最初十分均匀的原子云本身较为平静，并且随着宇宙的扩张运动一道做着后退运动，它们偶尔还是会经历一些波动——这些波动主要体现在气体密度的不规则变化上。没有任何一片云——无论这云是地球上的大气云，还是我们银河系中的稀薄星际云，或是正在成型的年轻宇宙中的远古云——可以一直保持绝对的均匀状态。偶尔，云中的某个原子碰巧运动到另一个原子附近时，那么这一部分的云密度则会变得比其他部分要高，接着，这两个原子也许又会分开，刚才形成的高密度也就随着消失了，也有可能这两个原子将一起作用，再将一个原子吸引过去，使得这一部分的密度变得更高。就这样，随着这种不规则的原子运动，在云朵的任何一处都有可能会有小簇的气体产生。每一小簇都是某处气体原子密度暂时升高的产物，这整个过程和地球上发生暴风雨时云朵的翻滚运动有些相似，那些云朵不断地聚集，增大，最后达到了足够大的密度时，便形成了雨滴。

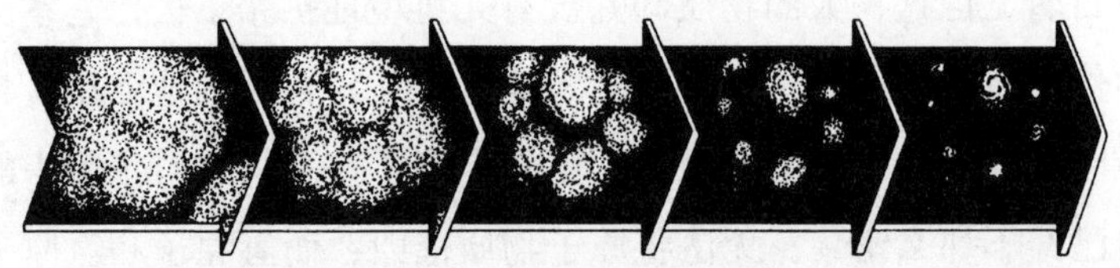

大块的物质渐渐变得各不相同。

在万有引力的作用下，云朵中的这种密度波动变得更加剧烈，更多的原子被吸引到了一起，形成了一片片的物质，这些物质正是星系萌发的种子。根据理论计算，这些偶然发生的气体波动正是今天我们所看到的那些星系的胚胎——原星系。但是——这个“但是”很重要——这些计算同样表明，由于气体原子偶然相遇的概率很低，原星系要等到今天才能开始形成，但是，天文学家们现在并没有观察到任何证明星系正在诞生的证据。我们几乎找不到任何介于成型星系状态和真空星际间空间状态的区域。

进行不规则运动的原子相遇组合成为一大股可以被称为星系的气体，这是一个极度漫长的过程——大约要花上好几百亿年。如果我们想一想星系中存在多少颗原子，便会发现这段时间的漫长并没什么值得惊讶的。我们只要稍加计算便会知道，星系中的原子数目庞大得惊人：每个星系中大约存在1000亿颗恒星，每颗恒星大约有100万 ×10亿 ×10亿 ×10亿克，每克大约含有100万 ×10亿 ×10亿颗原子，将这所有的数目相乘起来，我们将能得到一个无比庞大的值。正因为如此，天文学家们才会如此偏爱科学计算法，用科学计算法表示，这个结果将是 10^{-68} 个原子——要聚集这么多的原子显然不是件容易事。因此，在自然界中，这么多原子的偶然相遇需要花费极度漫长的时间。

但是——这个“但是”更为重要——从来没有科学家声称，星系的形成是通过偶然事件，仅仅依靠机遇而实现的。一些科学哲学家或历史学家或其他譬如后现代主义者之类的人都对科学的方法论进行过批判，虽然他们一天也没有做过科学，有时，他们会发表一些观点，来支持星系诞生于纯偶然的看法。相反，几乎没有自然科学家认为，纯偶然性在自然现象中扮演了任何角色。自然的运转总是混合着偶然性和必然性，规则性和不规则性的——这是一个基本的问题，我们在本书中将屡次提到这一观点，尤其是在后面几章中描述生命的起源与进化时。

好几百亿年的时间显然比宇宙的年龄要长得多——这意味着现阶段本不该有任何星系存在。因此，气体团中的不规则密度起伏将最终导致星系诞生的观点虽然看似有理，但实际情况很可能并不完全是这样。这些巨大天体的产生不可能仅仅受到了偶然性的作用，不过，气体云中各处密度的不规则波动仍然是一个很重要的概念，因为这一过程不需要任何未知力量的作用，也不需要任何特殊的条件，它是一个较容易为我们理解的过程。如果我们能够发现某种能够加快原子聚合的速度，从而缩短星系形成时间的机制或因素，我们便能真正地了解星系的起源。

现在让我们来澄清一下偶然性和必然性的问题：在星系的形成过程中，偶然性也发挥了一定的作用，尤其是当远古气体云受偶然拉力被拉扯成好几部分时。而物质时代中的一些必然因素，如震荡和撞击等，则很有可能促进了发展和分化的进程，使得无数的星系能够在短于宇宙年龄的时间内诞生出来。或者，也许很早之前，在射线时期的那些混乱时间中，星系的种子就已经以量子形式播撒了出去。无论这股推进星系形成过程的动力是什么，试图和发挥作用

的，必然是一种十分高效的机制。因为，根据我们的观察，几乎所有星系的主体都形成于很久之前、大爆炸发生后几十亿年之内。

目前，关于星系形成的问题是一个摆在天文学家们面前的重大难题，无数聪明的头脑因为这一问题才思枯竭，但却迟迟寻不到解答。理论研究者们喜欢研究这一问题，因为它能锻炼他们的想象力（想象那些远古时代的情景）和计算能力（他们需要跟踪星系中的无数原子），那些喜好发表奇特观点的人更是热爱研究这个问题，因为，我们并没有获得多少关于星系的确实数据，而关于它们在远古时代形成的数据则是少之又少。

不过，我们能确认一个事实，正如上文中所说：星系的确是存在的。它们数量庞大，遍布在宇宙中。它们通过某种方式诞生，并通过某种方式变成了我们如今在时间和空间中所看到的样子。接下来让我们来仔细看一看由一些理论研究者所提出的星系形成过程。

天文物理学家们正试图寻找在早期宇宙中推动气体波动的机制。如果能够找到这种加速气体密度波动的因素，那么我们就能解决星系如何形成的问题。一种可能因素是这样的：在很早之前，宇宙是十分动荡的——这并不是一个完全没有道理的说法，毕竟动荡也包括那些无可避免的、物质（气体）在一个快速运动的空间中（宇宙本身）的不规则运动。

当物质时代快要结束时，远古云中所有的原子都进入了运动状态，这不仅仅是因为它们受到了大爆炸的推动，还因为它们受到了宇宙这个火球的热量的推动。此时，这些气体有一种“定向”的活动力——即朝着外部活动，也就是沿着大爆炸外括的方向运动。同时，它还有一种“不定向”的热能——这种热能的方向是随意的，它由大爆炸后期那些明亮的火焰产生。一团团的气体就这样四处飘动，一会儿盘旋到这儿，一会儿飘荡到那儿，相互之间偶尔还会发生碰撞，与此同时，这些气体中的原子也在不断地做着无规则的运动。在早期宇宙中那些密度波动已经产生的地方，宇宙的动荡很可能还会促进涡流的产生。

这种动荡涡流就像浴缸中的水流入下水道时形成的涡流一样，从某种意义上来说，涡流本身就是一种动荡的结构。若想更加清楚地观察这种震荡，不妨用手轻轻搅动水面，或者用小勺轻轻地搅拌咖啡。涡流的旋转就是由这种振动带来的，小溪中流经小石子的水流也会自然地形成漩涡。

也许能够最好地演绎动荡产生的效果的例子便是地球上大气层中那些蓬松的云朵。在围绕地球运转的卫星所拍摄的云层顶部的照片中，这种效果尤其生动，我们可以看到，宽达好几千米的漩涡推动着大气层中气体密度的上升，当气流动荡不稳时，这种漩涡便会变得愈加明显。如果这种漩涡因为湿度的不断上升而不断扩大的话，那么它们很可能将形成低压风暴天气，有时甚至会带来横扫好几百千米的飓风。

在这个例子中，有关地球现象——地球气候——的研究能够帮助我们理解如今最为奇特、最为复杂的一个问题。行星上的飓风有着与螺旋状星系一样的结构、一样的圆盘形状、一样的旋转方式、一样的能量分布。虽然它们是两个截然不同的系统，体积也相差很大，但是，它们的很多相同之处使得我们可以通过研究飓风的形成，来获得一些关于星系形成的信息。尤其是，大部分气象学家都认为，飓风的形成需要一些震荡的“装饰”，天文学家们总是通过观察风暴的早期阶段，来推断很久之前受震荡推动、从而产生出星系的密度变化。

我们不妨进一步来思考一下这个观点，虽然随着宇宙扩张，宇宙中的温度剧烈地下降，但是，各个大团气体云中的漩涡却必须正开始升温，这是无法逃避的。漩涡不仅仅是动荡之地，同时，也是位于不断降温的云团中的、温度不断升高的结构。它的热量来自漩涡内部那些密度不断升高的原子间发生的频繁碰撞。这个过程十分简单，和我们在冬天摩擦双手取暖的道理有几分相似。

最后，每个涡流都必须将这些新获得的能量释放出一些，就像太阳或其他高热量的物体需要释放能量一样，不然的话，这些高温物体就会爆炸。处于原星系云中的涡流是通过放出射线的方式来释放热量的。因此，那些含有大量涡流的云的降温速度比不断扩张的宇宙中那些正常的、密度均等的云要快。随着温度的下降，整个云朵的体积会略微缩小，导致涡流中密度和热量的上升，而单个的涡流和整个云朵又同时以放射的方式将一些新增加的能量释放到宇宙空间中，这又使得云朵和涡流本身的体积进一步缩小。就这样循环往复，不断地收缩、加热、放射、冷却、再收缩——这一系列的过程从根本上来说都是由重力驱动的。每个涡流中进行的这种循环的速度可能会有差异，尤其是，一些涡流吸收其所在云朵中气体的本领比其他涡流要强一些。

我们很容易理解星系群的这种形成：云朵中的每个涡流都转化为星系群中的一个星系。也有可能在物质时代的早期，每朵巨大的远古云中只能形成为数很少的几个星系，之后，各个星系在万有引力的作用下聚集到了一起，形成了我们今天所看到的星系群。不管哪种方式为真，这种分裂模式都是一种“从上到下”的星系诞生模式，在这种模式中，巨大的云朵孕育了一个个星系的雏形——这一过程又被称为“独体分裂”。

如果我们对这种星系形成过程加以数学运算，便会发现其中似乎也存在一些严重的问题。从计算中我们能看出，时间又成为一个问题，但并不像上文中那样是因为涡流的形成需要过长的时间，这次的问题主要出现在影响涡流的物理事件所需时间长度的不协调上：涡流吸收并压缩气体所需要的时间比涡流本身自然消散所需要的时间还要长，也就是说，在紧密的涡流能够形成之前，它早就消散了。不断动荡的涡流的确能促进气体密度的不规则波动，但是这种促进作用不能维持到星系形成的时候。

无论哪种涡流——无论是浴缸中的还是早期宇宙中的——都是以不确定的方式产生、消失的，这些方式都遵循静态物理学的规则。无论是在地球大气层里由湿气构成的云朵当中，还是在一团由远古气体构成的外太空星系云中，涡流都会在不同的部位产生、消失、又重新产生。地球大气层中的涡流偶尔会增长为一场猛烈的飓风，而远古涡流则有可能成长为一个真正的星系，但是，它们发生这种转变的概率很低，因此动荡涡流也不可能是促进远古时代星系或类星系结构形成的唯一因素。

主流天文物理学家并不推崇那些关于星系形成的激进理论——比如，一些奇怪的理论认为，一些远古时期的密集点会不断地发生膨胀（有人将这些点称为“白洞”），但是目前这一观点还没有任何客观依据。他们回到那些基本的定理上，再一次肯定了不规则气体波动会演变为更大结构的观点——这是一种“从下往上”的方法，它是通过不断地聚集小块物质，最终达到星系的形成。但是，我们还需要寻找出，在早期的宇宙火球中，是什么促进了气体波动的不断增长。于是，现阶段的研究主要集中在寻找这些促进气体波动增长的方式上。

一个目前受到大多数天文学家青睐的星系诞生模式——它也被称为“层级聚集”——认为，早期的宇宙中并不是处处相同的。相反，早期宇宙中密布着一个个小密集点，即便在粒子时代也是这样。换句话说，早在射线时代中，涡流就已经开始形成，到物质时代早期时，它们已经变成了将要萌生为星系的种子。到了星系时代，随着这些早已经形成的气体团不断发展，至少星系的基本特征便已经形成。虽然在许多天文学家看来，这种解释像是在逃避问题，但是，21 世纪头几年中，我们通过观察，发现了大量证明早期宇宙确实并不均一的证据，这也让理论研究者们松了一口气，他们终于走在正确的道路上了。

我们得知宇宙早期情况的唯一途径便是宇宙背景射线，我们在序章的末尾部分曾经对它进行过介绍，在前面一章中也简要地提到了这个东西。这些射线产生于射线时代末期，也就是宇宙诞生后大约 50 万年的时候，这些射线如今已经将我们吞没，通过它们，我们可以获得一些关于它们诞生时期的信息。简单来说，射线会受到不断增大的物质团所产生的重力的影响，因此，分布在早期宇宙中各处的密度不同的物质团必然会使得我们所观察到的，从太空中各处发出的射线——那时发出、如今被观察到的射线——表现出微小的温度差异。这种宇宙背景射线所表现出的温度“波动”已经被我们精确到了百万分之一级，也就是说，在宇宙背景射线的平均密度为 3 绝对度，也就是 -270℃的情况下，地球轨道卫星上所安装的无线电接收器可以勘测到百万分之一度的细微温度差别，此类卫星中最著名的便是 wikinson microwave anisotropy probe（WMAP）。但是，这些差别却还是验证了大多数星系形成模式中涉及的超级星系群、真空、宇宙丝状体、泡泡等我们在太空中所观察到的物体。

总而言之，层级聚集并不是一场单独的事件，而是一个渐进的过程，它的基本思想便是：在膨胀——宇宙诞生后不到 1 秒时必然发生的事件——开始之前就已经存在的物质在极小范围上的密度变化将受到宇宙膨胀的作用，因此这种密度波动的范围将扩张到一整个星系那么大，甚至更大。在这之后将发生引力上的不稳定性，这种不稳定性在射线时代让位于物质时代时便已经存在，也许正是它带来了自身产生引力作用的物质群的形成。如果这个观点是正确的，那么我们今天所看到的星系、星系群、甚至超级星系群，都是宇宙诞生 10^{-35} 秒时发生的次原子量子作用的结果。

星系起源的证据：这个图像反映了整个天空中宇宙背景射线的温度差异，这幅图片比前言中的那幅精确得多。在这幅图中，热量变化是十分微小的，只有百万分之一摄氏度，但是，它们却表现出了明显的差异，这些差异表现为图上的灰色区域，它意味着该处物质密度的升高，因而也有可能是星系诞生的地方。来源：威尔金森宇宙微波各向异性探测卫星。

大部分人对已经被广泛接受的星系形成机制还只是一知半解，但是对研究星系形成的专家们来说，它早已经不是什么新鲜事物，我们将在接下来的“恒星时代”一章中谈到这一点。这种通过重力

作用，引起一系列收缩、升温、放射、降温，最终导致圆盘状天体形成的质量-密度波动是大自然的选择。但是，就在我们感到自己正越来越接近星系形成的真相时，另一个麻烦又横在了我们面前：星系和恒星毕竟是不一样的，星系的形成过程不仅仅包含着常态物质，在某种程度上还包含着黑暗物质，这使得问题再一次复杂起来。

考虑到早期宇宙中的普遍情况，尤其是射线时代向物质时代过渡时的情况，我们可以得出，只有那些密度高于一般值，并且所包含物体的质量高于好几百万倍太阳质量的区域才能发生收缩。但是，如果星系是在很久之前产生与常态物质（而非黑暗物质）的密度波动，那么这些密度波动必然会导致宇宙背景射线的剧烈温度差异，这种差异一定可以被今天的我们观察到，但事实上，我们却没有发现这种差异的存在。

相反，如果这个过程中包含黑暗物质的话，那么黑暗物质很可能就是我们寻觅已久的那个因素，正是它帮助了早期宇宙中常态物质的聚合。正是因为黑暗物质——不论它究竟是不是物质——与常态物质或射线之间的作用是十分微弱的，所以，它所产生的相互吸引的作用既不会受到射线的干扰，也不会体现在宇宙背景射线上，因此，这些总量为常态物质10倍的黑暗物质很有可能是先聚集在了一起，接着便加快了常态物质聚集到密集领域的过程。这种机制能够解释，为什么在明亮可见的星系附近总是存在着大量的黑暗物质，因为那就是黑暗物质首先聚集在一起的地方，正是因为有了这些黑暗物质，正常物质才得以聚集在一起，形成了明亮的星系，这些耀眼的星系就像是露出海面的冰山顶部，或是黑暗中，圣诞树上闪烁的彩灯一样。

当然，天文学家们对黑暗物质的性质还不了解，因此，以上所说的过程也有一些不确定性。坦白地说，这种不确定性是受理论研究者们欢迎的，因为这样他们就可以自由地拟定黑暗物质的性质，从而将自己所建立的星系形成模型与他们所观察到的星系实际情况统一起来——而这个过程同时也可以给他们许多关于黑暗物质性质的信息。同样坦白地说，这些理论研究者们有可能是在——当然这么说有些不大好听——自说自话，因为他们的模型是建立在大量的非常态物质的基础上，而这些物质还只是在理论上存在，从来没有被真正发现过。

无论怎样，在早期的宇宙中，当远古物质的小范围密度波动开始增长时，萌发星系形成的种子就已经播下。用宇宙的标准来衡量，这些还未发育成星系的小物质团的起始质量非常小——可能只有几百万倍的太阳质量，也很可能是几十亿倍的太阳质量，这个质量和最小的不规则星系的质量差不多。我们如今在星系群的边缘处看到的不规则天体很可能就是星系的雏形——即所谓的婴儿星系。正如我们将在本章的最后一部分说到的，已经有越来越多的人认为，今天我们所看到的大星系是由那些较小的天体不断聚集融合而成的，这的确是一个“从部分到整体”的研究方法，但它并不是以恒星、行星之类的小天体为基本点，而是以重达太阳质量好几百万甚至好几十亿倍、出现于物质时代早期的天体为基点。

这个分层聚集的观点并没有得到极其热烈的响应，对它的支持主要来自两个派别。理论上的支持主要来自电脑模拟，这些模拟过程主要反映的是常态（重子）物质和非常态（黑暗）物质在宇宙的最初几百万年中如何与射线相互作用。这些模型表明，在星系时代中，融合是一个可能的过程，也许正是通过这个过程，才形成了我们如今所观察到的、各种各样的星系。虽然这些模型使用的参数差别很大，但是，到目前为止，还没有出现任何不祥之兆——在这一系列的理论分析中，并没有任何迹象表明，我们的研究途径是错误的。

客观观察上的证据主要自来于这个发现：一些最为遥远的星系（也就是那些被我们观察到年轻时代的星系）似乎比那些临近我们的星系要小得多，也更加不规则。世界上最为强劲的天文望远镜——如环绕地球运行的哈博天文望远镜、夏威夷的凯克天文台（W. M. Keck），或者智利的大型望远镜——所拍摄的高深度照片证明了那些远离我们的不规则扁圆形天体的存在，这些天体包含着100万至10亿倍于太阳重量的物质（这些物质中并没有明显的恒星存在），往往跨越好几千光年的区域——它们的大小和面积与星系雏形应该具有的大小和面积差不多。我们所看到的是这些天体在120亿年之前的状态，也许在那个时候，这些天体正准备融合为更大的星系尺寸的天体，但是，并不是所有的天文学家都认同这个观点，因为相关的数据还有欠精确，图像还不够清晰，而这个模式也过于简单。我们还是不知道，究竟有没有人见到过真正的“婴儿星系”，或者任何正在发展成为星系的明亮天体——这是科学界尚未解开的另一个难题。

* * *

在星系和黑洞两者之中，哪个更早出现呢？换句话说，是那些质量巨大的黑洞形成在先，然后将物质吸引到它周围，从而形成星系，还是星系起初变成今天我们所看到的样子，之后，随着物质不断向星系中央移动，黑洞便渐渐出现了？这是宇宙进化史上的第一个先有鸡还是先有蛋的谜题，而这一类谜题中的大多数到目前为止还没有得到解决，或至少没有得到圆满的解决。大概是因为，对自然现象的解释并不是非黑即白，正负分明的，在现实中，尤其在我们对现实的模拟中，往往存在大片的灰色区域。

支持“由里到外”，即黑洞形成在先的想法的，是这样一个观点，在任何由重力所联系的系统中，密度最大的物体总是最先聚集在一起。星系是以黑洞为中心点发展起来的。一些数据在统计学上极大地支持了这一想法：当我们往时间深处回溯时，会发现类星体比星系的分布更加广泛——而有类星体存在的地方就很可能有超大质量的黑洞存在——这样看来，似乎黑洞形成在前。

但是，那些极为巨大的黑洞的放射作用很可能将阻碍星系在它周围的形成，这也就是说，很可能是星系形成在先，如果真是这样，那么整个过程应该是个“由外向里”的过程：最先形成的是星系，或至少是星系的大体结构，接着，恒星、气体、微尘便慢慢地聚集在星系的中央，形成了巨大的黑洞引擎。电脑模拟的确显示出，巨大的年轻黑洞所放射出的强烈气流会将周围的物体冲走，这根本不利于星系的形成。除此之外，很多超级大黑洞还在积极地吸引物质，这意味着它们的形成过程是十分缓慢的，让它们在已经形成的星系中央安定下来也许要花上几十亿年的时间。

这个问题的答案又一次落在了灰色地带中，很有可能上面所有的两种过程都有可取之处——也就是说，巨大的黑洞和包围着黑洞的星系可能是同时形成的。天文学家们最近已经发现，黑洞的质量与围绕它的星系的凸出部分是成比例的，因此，这两者的形成很可能是紧密联系在一起，在自然界中同时发生的。

我们可以换一个方法来提出这个尚未解开的谜题：是恒星形成在先，还是星系形成在先？对于宇宙进化史研究来说，这个问题的答案是十分重要的。我们可以看到，在本书中，“星系时代”是排在“恒星时代”之前的，这么做有没有什么道理呢？很多现代理论都较为青睐星系形成在先，恒星其次，行星再次的说法，但是，最近开始有一些数据对这一观点的正确性发出了挑战。

最近的一些发现表明，一些恒星应该在星系时代的早期就已经开始形成，因为根据观察，在100亿年前已经有重元素的存在，这些元素有碳、铁、硅、镁等。我们之所以知道这一点，是因为那些比一般星系要明亮好几百倍的类星体就像宇宙中光束极细的手电筒一样，照亮了它们和地球之间的星系间空间。在类星体的光谱中——它们所发出的光芒由各种颜色依次组合在一起——我们发现了重元素存在的明显证据，这些重元素的量十分微小（比太阳中重元素的量小100倍）。重元素的存在说明，在那个时候，至少有一些恒星曾经存在并且死去，因为恒星是我们已知的唯一产生重元素的地方（天文学家们将那些比氦元素重的元素都叫做“重元素”——它们有时还被称作“金属”，这让化学家们很反感）。

一些恒星早于星系形成的观点还得到了另外一些证据的支持，这些证据同样来自类星体光谱：在物质时代的早期，宇宙是被离子化了的，各处的原子都被分成了离子和电子，这一情景和射线时代充斥着等离子体的情景有些相似。这个时期紧跟在“宇宙黑暗时代”之后，它应该较为短暂，可能还不到10亿年。而在黑暗时代当中，宇宙中尚未诞生任何发光物体——不论是类星体、恒星或其他能发出光亮的物体，都还不存在。整个宇宙就是一片彻底的黑暗，这黑暗从宇宙最初的几百万年开始——此时宇宙变成了重型，宇宙扩张发生了红移，宇宙背景射线也移出了可见光的范围，进入了红外线波段——一直持续到大爆炸发生后大约5亿年时，此时，万有引力终于在局部区域战胜了扩张力的作用，开始将物质聚集为球状结构。随着第一批发光天体——我们几乎可以肯定地说，它们正是初生星系的组成部分——开始在黑暗时代中出现，宇宙便渐渐地充满了光亮。虽然在细节上还存在一些模糊之处，但是天文学家们已经对下面的信息达成了共识：

很显然，类星体是在宇宙早期诞生的，巨大恒星有可能也是这样，它们开始形成的时间不会超过时间开始之后 10 亿年。由于此时宇宙中的张力过大，同时，宇宙中的温度很高，有高温产生的热能动力也会使得较小的物体解体，因此质量低于 100 万倍太阳质量的物体应该还没有形成。在星系时代即将开始时，类星体点燃了（并离子化了）宇宙中的物质，这个过程可能还得到了由最早诞生的恒星所发出的紫外线的帮助。此外，这些最早生成的恒星还通过一系列的核融合过程，很快产生了重元素，这种核融合过程今天仍旧在恒星中进行着，这一点我们将在下一章中加以阐述。这些重元素产生的速度很快，以至于这些最早诞生的恒星如今已逝去很久，在宇宙诞生几十亿年时，便气息已尽变成了超新星（或者它们被黑洞吞噬掉了——这是有可能的），虽然我们可以在早期宇宙中发现很多类星体，但是，还没有任何观察证据可以证明这些最早诞生的恒星在早期宇宙中的存在——这意味着它们要么是以某种方式消失了（如果我们的理论是正确的话），要么就根本没有存在过（也就是说我们的理论是错误的）。目前天文学家也没有发现任何不含重元素的恒星的存在，而这正是最早诞生的恒星应该处于的状态。也许在离子化过程中只有类星体的参与，并没有任何恒星的作用。

由此得出的结论便是，大部分体积巨大、质量为太阳质量 100 万到 10 亿倍的物质块很可能形成于星系时代的早期。它们是构成星系的基石——我们几乎可以肯定，它们都是一些类星体，以及黑洞引擎，也有可能是一些巨大的恒星群，就好像今天我们看到的，仍旧存在于许多临近星系中央的球状恒星群一样。那时是肯定存在类星体的，它们当时的数目也许是我们今天所看到的好几千倍，我们通过天文望远镜，观察着正处在遥远过去中的类星体，它们所处的时间是大爆炸发生后几十亿年，这一时期正是类星体数目达到高峰的时期（在临近我们的时间和空间中并不存在任何类星体，距离我们最近的类星体在二十多亿光年之外，它是一个即将灭绝的类星体种类中的最后一个成员）。虽然我们尽着最大的努力去探索那些远古的时间，但是，大部分远古物质群都已经不见了，它们有可能很快地聚集在一起形成了星系。这些物质群，无论它们是否包含着恒星，在宇宙诞生几十亿年时，应该是不断地融合聚集在一起，形成了几乎全部的星系——也许正是因为这样，即便在我们的银河系中，大部分处于中央区域的球状恒星群的平均年龄是 120 亿年，其中没有一个星群的年龄低于 90 亿年。至于这些物质块中究竟有多少恒星存在，或者，恒星是否是在初生星系诞生之后才开始形成的，我们还不知道答案。

天文学家们正在仔细地研究来自星系和恒星的数据，争取将时间和顺序弄对。这并不一个轻松的任务，因为我们正在回顾时间，去调查那些早已经结束、逝去的事情。到目前为止，我们获得的数据表明，小物质块聚集成为星系的过程主要发生在大爆炸之后 20 亿到 40 亿年之间的这段时间里。如果只是因为宇宙的扩张运动持续地将这些星系组成物和初生星系不断地撕扯开来，使得它们之间的相互作用不断减弱，那么在这之后的星系组成则不是那么强烈。而与此相反的是，恒星的形成比率在大爆炸发生后 50 亿至 100 亿年的时间里达到了最顶峰，我们是通过追踪这些恒星发出的紫外射线——新生恒星的标志——而了解这一点的。因此，总的来说，大部分星系的诞生比大部分恒星的诞生要早得多，虽然在最近的几十亿年中，恒星的诞生速度正在不断下降，但是，现在仍旧有恒星在诞生——这也意味着，在总体上（因为我们说的是平均情况而非个别情况），星系时代是早于恒星时代的。

星系的形成是什么时候结束的呢？或者说，它究竟有没有结束？对这个问题，天文学家们有着不同的答案，这些答案的不同之处与其说是天文学上的，不如说是语义学上的。一些天文学家认为，在过去的一个确定的时间点上——如，由我们星系中的球状恒星群的年龄推导出的某一个时间点——星系的形成过程便停止了。如果真是这样，那么，所有的星系都是十分古老的，或者说，它们的年龄都差不多。而其他一些天文学家则不以为然，他们持有的证据是，在很长的时间内，许多星系都在反复经历着碰撞，并且经常与围绕在星系周围的矮星系发生融合——可能今天这些事件还在发生着，如果真是这样，那么我们甚至可以说，星系直到今天还处在形成过程中。

和进化相对应的是，星系的起源形式究竟是怎样的？对于这个问题，大部分天文学家已经给出了一个暂时的共同答案：在相对更早一些的时期，大约在物质时代的头几十亿年里，存在着某种形式的原星系。几乎所有的星系都是在很久之前同步开始形成的，它们有着简单却又各不相同的起始结构。这些结构的出现无疑是星系时代最显著的特征，除此之外，星系内部及星系之间不断进行的融合、相互作用以及重新排布都被视作是星系的进化——这些发展性的变化通过一次次成功的融合，不断地壮大着星系的体积。可以肯定地说，天文学家们有充足的证据证明星系会因外界的因素而发生进化，事实上，在今天的星系当中，这种进化依旧发生着。

研究星系形成课题的工作者们感受到的绝大部分乐趣都来自于这样一个事实：我们无法证明这一课题中各种理论的谬误性。在这里存在着很多可能为真的观点，而能够用以区别各种细节的实验数据却是少之又少，但是，这种情况并不会持续太久，因为，21 世纪的天文望远镜堪称“时光机器”，通过它们，我们可以看到在时间上和空间上都距离我们很远的地方，从而获得很多的新数据。几年之后，通过一些前途无限的新型工程——如正在建设中的斯隆数字巡天——我们可以精确地描画出几百个北方天空中星系的平面图。但是，除非我们获得的数据有了突飞猛进的增长，不然，那些终日与枯燥复杂学科打交道的研究者们还是只能在星系起源的问题上取得一点微不足道的进展，因为，虽然最近几年我们在星系形成的问题上花费了大量的精力，但是，我们还是没能建立起一个完整的、可行可证的星系形成过程。

* * *

不论星系是怎样起源的，它们必然经历了一些形成阶段，或者发生了一系列的进化，才形成了我们在天空中看到的样子。我们可以在太空中看到松散或是紧密，包含着新旧恒星的螺旋状星系，也可以观察到或大或小，仅仅包含着古老恒星的椭圆形星系，还可以看到不规则矮星系和爆炸性活跃星系，更不用说那些令人迷惑的类星体，在它们的中心引擎中可能根本不存在任何恒星。

宇宙中分布着种类如此繁多的星系类天体，以至于我们不禁要问，是否存在一种总的模式或者计划机制，可以将这些各种各样的星系相互联系起来？就我们目前所知，在这所有的星系中并不存在任何统一的确定的物理机制，各种星系种类之间也不存在任何明显的进化上的联系。无论是谁，只要能够发现星系之间存在的明显的进化联系，这种联系不必像我们在“生物学时代”中说到的物种之间的进化联系那样明显，只要像我们将在下一章中所讨论到的，恒星之间存在的进化联系一样，那么，他一定会名垂青史。

几十年前的天文学家们建立了一种普通星系间的进化发展模式，这种模式由形状接近球体的椭圆形星系开始，接着，星系的形状被挤压成了椭圆形，最后变成了封闭式的螺旋形，随后便是开放式的螺旋形，最终成为不规则星系。这个模式的中心思想是，星系起始的形状是或多或少地接近球形的，随着它们不断变老，它们的形状也受自转的影响而变得扁平，于是它们先是变成了椭圆形，接着又生出了一些螺旋形的触角，最后，它们分裂开来，成为不规则星系。但是，在这种模式中存在一个问题：按照它的描述，所有的椭圆形星系都处在年轻时代，而不规则星系则处在老年时期——这与现实情况并不相符。根据我们的观察，椭圆形星系一点也不年轻，它们包含的恒星都十分古老，且恒星之间几乎不存在任何气体和微尘，在椭圆形星系中，也没有任何表明新恒星正在形成的迹象。

另一方面，由于椭圆形星系很显然是十分古老的，那么，也许真正的进化模式恰好与我们上面所说的那个模式相反。也许不规则星系才是年轻的，它们最先形成，渐渐地转变为椭圆形星系。我们很容易想象松散的螺旋形星系聚合在一起形成更为密集的星系，最后变成椭圆形星系的场景，但是，在这样一个过程中同样存在问题，暂且不说那些形状歪曲的不规则星系如何能形成美丽的螺旋状，就单单看不规则星系和松散螺旋星系里面存在的古老恒星，我们就能发现问题的所在。简单说来就是：如果不规则星系和松散螺旋星系是星系进化过程的起点，那么它们必然是很年轻的，但事实却并不是这样。几乎所有的不规则星系和螺旋星系都同时包含古老恒星和新生恒星，而年轻星系中根本不可能包含任何古老恒星。天文学家们尚未发现任何“死亡星系”的事实也不能为我们解决这一问题提供任何帮助。

但是，常态星系的确很有可能是由一个种类进化到另一个种类的，螺旋状星系并不是长出手臂的椭圆形星系，椭圆形星系也不是没有手臂的螺旋形星系。在这些巨大的宇宙系统之间并不存在任何明显的母子关系，这个观点和认为星系共有一个祖父——大爆炸发生后气体的波动——都是表兄弟的观点一样，是荒谬的，事实上，所有星系的一部分性质很可能是由它们在一百多亿年前诞生的地方——遥远气体云中——的物理条件所决定的，另一部分性质则是由它们在诞生之后与其他星系进行的相互作用决定的。

坦白地说，这种内部影响和外部影响的共同作用和生物物种进化的方式并没有多大的不同，只不过生物物种进化的过程是物种的内部基因与它们所处的外部环境因素的共同作用。在上面的这段话当中，我们若将星系替换为有机体，这段话仍然是正确的。很显然，先天因素与环境因素之间的较量不仅仅存在于生物界。在我们这一整本书中，我们都将面临系统究竟是因为内因还是因为外因而发生变化的问题。而这个问题若套在星系，或是生物体上面，那么，我们的答案很可能就是：内因和外因都起作用。此外，和人类基因只影响着不到一半的人类活动的事实一样，星系中所发生的变化很可能主要也是受着环境因素的影响。

天文学家们的确有充分的证据证明在距离宇宙中第一次出现星系的迹象很久之后，星系会因外部环境中的因素而发生变化。正如我们之前说到过的，由于星系的大小、范围、组成等条件，它们之间发生碰撞和相互作用是很常见的事情。对于围绕在螺旋星系周围的黑暗物质群来说尤其是这样，这其中也包括我们星系周围的黑暗物质，也许所有星系周围的黑暗物质都是这样。最近几十年中我们所进行的电脑模拟表明，这些黑色环状地带在星系间的互相作用中发挥着重要的作用，同时也受到了这种相互作用的影响。

当星系沿轨道运行或是彼此相遇时，一个星系周围的黑色物质圈可能会受到来自另一个星系的潮汐力的作用，从而被分裂开。这些分裂开的物质往往会形成一个大圈，将两个星系都包围起来，有时，它们也会飞离出去，远离这两个星系。就这样，根据两个星系之间接近程度和能量转换的不同，即使很小的星系也可能使得一个较大的星系的形状发生变化。有时，电脑模拟显示，在经历几亿年的时间之后——这样长的一段宇宙时间在1分钟之内便可由电脑模拟出来——星系间的近距离接触可以使得原本没有螺旋状触角的星系产生出螺旋触角。当两个星系像海面上的轮船一样擦肩而过时，它们都有可能产生出不断旋转的螺旋触角。

这种环境因素有可能是星系螺旋触角产生的唯一原因，这也意味着“螺旋臂”是星系进化过程中增加的部分，而不是与生俱来的。如果真是这样，那么我们银河系必然也是在过去与其他星系的接触中才产生出了它的触角。而从我们对银河系中恒星的调查当中，的确可以发现银河系曾与附近星系相遇的证据，这些邻近星系在几十亿年前就被吸入了银河系中，如今已经成为那些处于银河系光晕和圆盘中的，被拉长的古老恒星群残骸。也许这些被俘的星系只是一些小型天体，就像围绕着银河系光晕运转的麦哲伦星云，或者如今已被分裂，被包纳在银河系边远处的人马座矮星系一样。另一个可能性是，银河系在很久以前曾经与更大规模的星系发生碰撞，比如邻近的螺旋形星系——仙女座星系。这个星系目前的确表现出了一些朝着我们运动的趋势，这意味着它与银河系之间必然会发生一次近距离相遇，这次相遇中产生的潮汐力将严重扰乱两个星系，使得它们进一步向椭圆形星系发展。更为可怕（根据每人观点不同，也可以说更为壮观）的是，当这两个巨大的螺旋形星系再次相遇时，它们可能会融合在一起——其结果可能是一个银河仙女星系的诞生——不过，这场相遇要等到几十亿年之后才能发生。

星系群中的星系之间可能会频繁地发生融合和吞并，这些过程将改变星系在最初形成时所具有的形态。我们必须穿越很长的时间距离，才能够清楚地看到这些进化过程，因此，我们常常利用电脑模拟来实现这种时间穿越。这些模拟星系表明，彼此相互作用的星系之间总是存在着由万有引力引起的相互靠近的趋势，这将使得星系最终融合在一起。除此之外，这些模拟过程还显示出，巨大的椭圆形星系有可能是多个螺旋形星系屡次融合而成的，这也就解释了为什么椭圆形星系总是位于星系群的中央处，而那些相对较小的螺旋形星系则总是位于边缘处。星系之间相遇、事实上经常是直接碰撞的这一过程被称为“星系食人主义”或是“星系吞噬”。但是，星系间发生相互作用的速度是很缓慢的，而且不会引起任何爆炸。上一次大型的星系进化事件大概发生于80亿至100亿年前，在这场事件之后，大部分受宇宙扩张运动作用而分散开的星系都享受了一段较为平静的时期。

除开这些美妙的名字，天文学家们搜集了大量的观察数据，用以证明这种星系食人主义的存在。我们可以从真实的照片上看到那些位于或靠近大星系中心处的较小星系正在被大星系吞噬、“消化”、吸收的过程。这种星系间的吞噬也能够解释为何超大型星系——那些质量大约为一般星系 10 倍的星系——总是处于密集星系群的中央处。离我们较近的、大约只有 6000 万光年的室女星系群就是一个典型的例子。在这个庞大宇宙群岛般的星系群的中央处，有一个超大的、好几兆亿倍于太阳质量的星系，这个星系掌控着整个星系群的动力。它不断地吞噬着周围的同伴，并且一直在静静地等待着有更多的“食物”落入它那 30 亿倍于太阳质量的黑洞所产生的强大引力场中。我们几乎可以肯定地说，那些游走在室女星系群或类似星系群边沿的小星系必然会被这些星系群中央的“猛兽”所吞噬。

这个研究理论中并不存在任何边界分明的理论，上文中的观点所代表的是前沿的思想，这些思想本身也正随着天文学家们的更新换代而不断更新。这个领域中同时也充满着令人不解的谜题：一些椭圆形星系处在远离星系群的“场地”中，这让我们很难理解它们是如何通过星系合并而形成的（也许它们将周围的物体统统吞噬干净了）。而螺旋状星系则大多位于星系群的边缘处，在这个地带，星系发生相遇的概率是很低的，因此，我们也很难解释这些螺旋星系的螺旋臂是怎样形成的（也许它们也遵守开普勒定律，沿着长距离轨道围绕星系群中央运动，从而一直都处在远离星系群中心的地方）。而那些不规则星系则无法合适地融入任何一种进化模式中——除非，它们是活生生摆在我们面前的，更大星系的组成部分（也许那些仍旧存在的不规则星系是一些尚未灭绝的幸存者）。

简单说来，由于星系距离我们太远，光芒较为暗淡，因此对它们进行观察是很难的，而解释观察到的结果则是难上加难。许多星系的奥秘还都静静地沉睡着，等待着未来的新一代天文学家用新的研究方法、新的思维来将它们解开。这些天文学家也将解开这个科学界最大的谜题——遍布在宇宙中的正常星系的起源和进化。

常态星系和活跃星系之间的进化联系更加明显一些，虽然研究者们对这些联系还存有很大的争议。按时间顺序排列，最近广受支持的一个进化过程的步骤依次是类星体、活跃星系、正常星系，这样一个步骤也体现了一个连续的宇宙能量变化过程。在这个进化过程中相邻的天体之间几乎是没有差别的，这意味着所有的星系，无论种类如何，无论处在哪个活跃级别，都有着同一种“引擎”——比如几乎存在于所有星系核心处的超级大黑洞。例如，微弱类星体和爆炸性最强的活跃星系之间存在很多相似之处，而最弱的活跃星系又往往与能量值最高的正常星系共有很多性质。根据这种宇宙进化链我们可以得知，类似于星系的天体起源于大约120亿年前，它们的起源形式是类星体。之后，随着它们那强大的能量渐渐减弱，它们转变成了活跃星系，最后，它们成为正常星系。这种存在于所有星系之间的连贯性最近得到了天文学家的进一步证实，他们认为，类星体、活跃星系以及大部分正常星系中央所发出的明亮光芒可以通过黑洞能量产生机制来解释。

这种统一性的观点还认为，所有（或大部分）星系的祖先是类星体。而星系在很久之前的状态似乎确实比现在的状态要更加活跃，这和我们观察到的，类星体的数目在过去比现在要多的情况是相符的。类星体距离我们太远，其中的恒星是不可能被清楚地观察到的，我们能够发现类星体存在的唯一的依据便是它们中间那能量极高的引擎。也正是因为它们距离我们极为遥远，我们所观察到的是类星体的耀眼的年轻状态。随着它们的核心渐渐衰弱，类星体的形状也渐渐地向我们周围那些更为人所熟悉的星系靠拢。随着核心处燃料的攻击越来越不足，它们渐渐地沉寂下来，最终变成了我们如今所观察到的，在时间和空间上距离我们较近的平静、正常的星系。

类星体最先在时间轴上出现，接着是活跃星系，接着是正常星系。

如果这样一个观点能够被证实，那么也许我们的银河系曾经也是一个明亮的类星体，如果真是这样，那是极为讽刺的。几十年来，天文学家们一直在竭力研究赫尔克里斯类星体，尤其是该类星体极为强烈的能量放射，也许他们最终会发现，我们其实正居住在一个古老的、燃烧殆尽的类星体中——这个被时间摧毁的类星体在距离我们很远的地方、在很久之前也曾经光芒四射。

根据这一类星体进化理论，我们应该可以看清楚围绕在类星体周围的星系的轮廓，无论这些星系距离我们多么遥远。直到最近，

天文学家们都还在紧锣密鼓地在类星体图片中寻找星系的踪影。到了20世纪90年代中期，哈勃太空望远镜为天文学家们省却了很多麻烦，它发现了存在于一些类星体周围的“主”星系。这些星系光芒暗淡，轮廓模糊，它们围绕着几十个明亮的类星体。类星体看起来的确是处在正常星系中央，在这中央区域之外的地方，则充满着常态物质。而那些模糊的区域很可能是尚未解体的恒星或将要成为恒星的物体。我们在一些最为深入、曝光最长的类星体图片上甚至能找到螺旋形星系存在的证据。

这样一个类星体→活跃星系→正常星系的进化过程虽然颇为吸引人，但是，它也存在不足之处。并不是所有天文学家都接受这一过程，一些天文学家认为，在这些天体之间也许并不存在任何进化关联，那些强大的类星体只不过是每个星系中都会发生的爆炸现象的极端表现。毕竟，就连银河系都在不断地向外放射着射线和物质，因此，活跃星系和类星体中必然也会发生此类现象，只不过范围要广得多。也许以上的这些天体都是同属于一个家族的成员，在它们之间并不存在任何进化顺序，就好像人类的不同人种一样，它们之间并不存在相互进化的关系。虽然每种星系或人种之间都存在很大差别，但是，一个人种并不会进化成另一个人种，同样地，一种星系也不能进化为另一种星系。相反，所有的星系很可能都是很久之前形成的普通星系，它们当中有些具有膨胀性极强的中心区域。而这些由于未知原因，膨胀性或爆炸性高于其他星系的天体就叫类星体，那些中心区域能量较低的星系就叫作普通星系。

为什么类星体可以如此剧烈、甚至疯狂地进行放射呢？我们尚不知道原因。虽然，有些人认为它们放射性强的原因是早期的宇宙中存在更充足的燃料。类星体在这种明亮的、燃料充足的状态中能维持多久？我们也不知道。但是，它们很显然不可能永远处于这种状态，除非它们整个被中心部位的黑洞所吞噬。这些问题的答案都隐含在星系中央那神秘的中央区域里，隐含在那儿的还有另一个令人称奇的观点，科学家们正为这一点而争论不休，它便是：类星体是在星系时代中，尤其是大爆炸发生后几十亿年时，伴随着超级大黑洞的形成而诞生、燃烧的。

聚焦于星系核心处的研究还在进行着，这些研究很可能会带给我们一些全新的信息，帮助我们揭开那些明亮闪耀的类星体的秘密。这些天体的能量太高、体积太小的特征使得我们很难用目前的物理规则去解释它们。但是，我们虽然对这些天体的具体细节缺乏了解，关于它们的一些主要问题已经得到了妥善的解决，而目前的物理规则也并没有受到威胁。这些疯狂猛烈的天体不仅没有颠覆我们已有的宇宙学知识，反而成为我们借以了解银河星系与早期宇宙之间联系的一个重要环节。

* * *

我们对于星系的认识，尤其是对于它们的起源和进化的认识，是远远不够的。我们还不知道，它们中的每一个究竟是怎样形成，怎样具备了各自独特的形状和巨大的能量的。而天文学家们尚未观察到任何正处在形成过程中的星系，这无疑增加了问题的难度。某一些星系看起来和宇宙一样古老，我们即便利用最好的望远镜，也无法观察到它们年轻时的繁茂情景。除此之外，就算星系真的在发生进化，它们的进化速度也是极为缓慢的，人类科技文明的历史在这些漫长的进化过程面前短于一瞬，根本无法将这些进化步骤观察清晰。如果说，我们对星系的认识是潦草模糊的，那也是因为，直到最近，星系研究才渐渐走上了正轨。

目前，星系的形成和进化给我们带来了很多的问题，这些问题超越了恒星的形成问题，毕竟，我们可以直接对恒星进行观察；它们也超越了恒星的进化问题，毕竟，我们可以清晰地对恒星的进化进行探索；它们甚至比生命进化的问题还要复杂，因为，我们可以在实践中研究生命的进化；它们甚至超越了人类智慧、文明、科技起源的问题，因为那些问题都可以通过研究化石、原始工具来得到解决。本书中讨论的所有其他问题都比星系的形成、进化问题更有根据可循，除了宇宙起源这样永恒的谜题，星系的形成问题便是宇宙进化研究中名列前茅的难题。

但是，星系却是一个非常重要的课题。除开原子的形成，星系的形成（也许还伴随着一些巨大恒星的形成）便是物质时代中的最大进展。除非我们能够更进一步地了解，重力的杠杆作用如何使得微小的气体波动转变为显著的密度变化，不然，我们就无法对星系的形成和进化获得完整的、令人满意的认识。虽然物理学家们无法在地球上建立起足够大的加速器，来模拟宇宙刚诞生时的状况，但是，天文学家们却通过对星系的宏观范围以及总体结构的研究，逐渐建立起了一些间接性的试验，来测试微观范畴中粒子和力的统一。

如今，天文学家们正处在星系研究黄金时代中的关键时刻，这个时代紧跟着恒星研究时代，大约进行了一百多年，在这之前，由于星系过于遥远、过于模糊，人类无法对其进行深入研究。即将在新千年早期露面的新型试验仪器具有更强的灵敏度，可以搜集到更多射线，同时它们还具有更高的识别度，能够明确射线的分布范围。因此，有了它们，我们对星系起源和进化的认识一定能够更进一步。安装于地球表面或环绕地球运行的新型仪器正观察着所有的天文现象——从早期宇宙中的密度波动，到星系中央开始出现活跃性、一直到星系气体慢慢转变为恒星和行星——它们必将带给我们大量令人激动的新信息，来帮助我们揭开那些最古老、最深奥的宇宙之谜。

第三章

恒星时代

锻造元素的熔炉

恒星是由气体组成的发光球体，它们的表面温度很高，内部则有着极高的密度和比表面还要高的温度。它们在所有已知天体属于中等体积，既不是最大的，也不是最小的。一般来说，一颗恒星和一个原子在体积上相差的数量级和一个星系群与一颗恒星之间体积相差的数量级是差不多的。

除开形状上的相似，恒星和那些岩石建构的坚硬行星并没有什么相近之处。一般来说，恒星比行星要大得多，温度也高得多，它们所经历的变化也与行星所经历的完全不同。恒星并没有真正的表面，更不要说像地球那样有着坚硬的固体物质。恒星是由气体组成的，这些气体由于自身的相互引力而聚合在一起，在恒星的核心处，气体被引力紧密地结合在一起，产生了热核聚变。

也正是这股引力的作用，使得聚集在一起的气体具备了一种严格的几何形态——球型。在任何受重力主导的地方，物质的形态总是球形的，这是大自然对质量足够大的物体设置的最低能量结构。我们已知的所有恒星、行星和月亮都是球形或者接近球形的。

万有引力并不是唯一作用于恒星中的力，否则，这股单方向的引力将使得恒星的体积压缩到极小的尺寸，让它们像黑洞一样，放不出任何热量和光线。在恒星当中，与重力抗衡的一个力便是高温气体产生的压力，这股压力的方向是向外的，它试图使得组成恒星的气体向外部空间扩散。在这两种力的共同作用下，恒星拥有了一个平衡结构，或者说达到了一种稳定状态：引力向内，压力向外，这也是恒星——任何恒星——的最基本描述。

我们最为熟悉的恒星便是太阳，它的质量、体积、明亮度和组成在我们所观察到的所有恒星中列于中等地位，它是一颗普普通通的恒星。正是因为太阳的这种平凡性，它对于天文学家们来说才颇具吸引力——它是颗“典型”恒星。它的邻近也为我们提供了不少便利，让我们可以更加“近距离”地观察它。太阳距离我们仅有 8 光年，比我们的另一个最近的恒星邻居——阿尔法人马座恒星系统——要近 30 万倍。因此，比起我们对宇宙中其他星光的了解，我们对太阳的了解深入得多，这颗像地球之母一样的恒星也因此被我们用做与宇宙中其他天体进行对比的标尺。

恒星之所以吸引人，有很多原因，其中最主要的原因有两个。首先，也是最重要的原因是，恒星为其所有的邻近行星提供了光和热。对于我们来说，太阳不仅仅在地球生命的起源上起着不可或缺的作用，它对于地球上生命的延续和发展来说，也是必不可少的。如果地球附近不存在任何恒星，那么它很快就会变成一个冰冷、荒芜的世界——在它极端恶劣的环境中，我们所知的任何生命都不可能存在。

第二，恒星是促进重元素形成的熔炉，在恒星当中，氢原子和氦原子的原子核之间发生了猛烈的撞击，融合在一起，形成了更为复杂的，一百多种元素的原子核，这些元素有碳、氮、氧、硅、铁等。“化学让生活更美好”，无疑是我们在讨论宇宙进化史后期时强调的一个主题（而不仅仅是句化工业标语）。化学的基本组成成分正是在恒星中诞生的，如果没有这些重元素的存在，那么如今围绕在我们周围的一切——包括土地、天空、甚至地球本身——都不可能存在。

因此，恒星是我们解开物质和生命进化之谜的金钥匙，它们是任何生命形式存在的必要前提。恒星本身也参与了宇宙中不断进行的、巨大的变化，而所谓的恒星进化过程中则包含着选择和适应——虽然这种进化没有我们将要在“生物学时代”中提到的生物物种进化来得剧烈。但是，自我们的星系在大约120亿年前的诞生之时起，已经有好几代、数十亿颗恒星诞生、存在并死去了。恒星在星系的各处生成，为行星的生命诞生及延续提供必需的光、热、重元素，也是通过这个过程，它们从之前的星系时代平稳地过渡到了之后的行星时代，它们的存在是至关重要的，是整个宇宙进化篇章中不可或缺的一部分。

在20世纪的后50年，天文物理学家们对于恒星如何由年轻转为成熟、再逐渐衰老的过程——这一过程是由多个发展、进化的步骤组成的——有了较多的了解。虽然高挂在夜空中的恒星看起来是恒久不变的——它们在那遥远的地方夜复一夜地散发着同样的光芒——但是，实际上在经历漫长的时间之后，它们的面貌是会发生改变的。位于猎户星座中的巨大红色恒星——猎户星座阿尔法星，陪伴着天狼星的白色矮星——天狗星，以及无数像太阳一样的黄色恒星，其实并不是不同种类的恒星，它们只是处在恒星“生命循环”的不同的阶段上。

无论在何种形式的进化当中，变化总是处在中心的地位上，虽然在恒星进化中，变化发生的速度很缓慢。一些恒星诞生于很久之前，已经发生了膨胀，而另一些恒星则很年轻，依旧灿烂夺目，还有一些则早已耗尽燃料、一去不复返，甚至还有一些恒星正在由星际间的气体和微尘聚合而成——这些气体和微尘分布在夜空中恒星之间的黑暗区域中。这些变化中的大部分是很难察觉的，因为，恒星的生命循环比人的寿命要长得多——它们之间的差别是好几十亿年和不到100年、或者说好几百万个世纪与不到1个世纪之间的差别。在自然界的所有进化历程中，我们的所见只不过是惊鸿一瞥的变化——这变化囊括了自然界的方方面面，它们十分迅速，有时也十分肮脏——正是这些变化帮助我们描绘出了壮丽广阔的自然历史画卷。

* * *

恒星具有重要的科学意义，在科学界，几乎没有什么比恒星发光的方式更加基本的事物，在天文学中，也几乎没有比恒星形成更加基本的东西。天文学家们真的了解恒星的起源吗？我们可以具体地描述不断变化着的星系物质是经历了哪些阶段，才最终形成恒星的吗？证据又在哪里——有没有任何试验数据可以支持我们的观点？在世界各地的天文台，这些问题都在不断受到挑战。虽然它们的答案还不是十分明了，但是，近几十年来，天文学家们已经就这些问题取得了巨大的进展，直到现在，我们关于恒星的知识已经是理论观点和观察数据的强有力的结合。

“恒星时代”一章中，我们对小于星系范畴的物质的描述要比我们在“星系时代”中，对大于星系范畴的物质的描述更加到位。也就是说，我们对恒星起源及进化的了解程度比我们对星系起源和进化的了解程度要深。比起用于解释星系的形成，引力不稳定性更适合用于解释星系当中的恒星的形成，而不管这星系是如何诞生的。和早期宇宙中的情况一样，这儿的变化也是偶然性和必然性共同作用的结果。起初，在已经成型的星系中，大片气体云的局部发生了不规则的密度波动，虽然这些偶然性的波动并不足以将大量的物质聚集为星系，但是，计算表明，它们完全可以更好——也更快——地将较少量的物质聚合为恒星。在星际空间中，不断旋转的涡流比早期宇宙中的涡流温度更低、密度更高，因此，它们更适合将小块的物质聚合起来形成单个恒星或者恒星群，在这之后，它们将收缩、升温，最后熄灭核火。

天文学家们已经建立起了细致的模型，用于描述气体云转变成为恒星所经历的阶段。这些模型和早期宇宙的模型一样，实际上都是在强大的高速电脑上运行的“计算繁多”的试验。但是，在恒星时代，我们拥有许多可以用来验证这些模型的数据。这些计算中的因数包括质量、热量、自转率、磁性、元素含量，以及其他一些星际云的典型物理指标，它们就像是一张巨大配方中的各种成分，只不过我们的这张配方是由数学计算、无数的符号等式来调和各种成分的。和任何一张新配方一样，我们虽然知道组成配方的各种成分，却还不知道这些成分具体的量究竟是多少。

在过去的20年中，科学家们建立起了浩大的电脑程序，这些程序中包含上百万行代码，有了它们，理论研究者们便可以更细致地研究数据繁杂的恒星形成问题。虽然电脑的作用只是快速地进行计算，但是，它们将这项基本工作做得比人类要好得多，它们将配方中的各种成分不断地进行配比，试图让模型做出与我们所观察到的事实完全相符的理论推论。

这些模型的精确度只能算是一般，因为，要实施科学方法的第三步，将它们付之实验验证是一件非常繁杂的工作。在这里我们不得不再次提到这个反复在本书中出现的窘境：从来都没有人看到过星际云或恒星进化的全过程。人的寿命、甚至人类文明的寿命，和星际云形成恒星所需要的时间相比，都太过短暂。毕竟，形成一颗像太阳一样的恒星需要经历大约3亿年（或100万代人）的时间，没有任何人能够在现实意义上观察到天体孕育、诞生恒星的全过程。

但是，这些恒星模型也不是没有任何观察数据支持的，我们通过对许多处于不同进化阶段的星际云进行的天文追踪，获得了许多关于恒星形成的信息。现代科技也为天文学家们提供了良好的条件，使得他们可以对星际云以及新生恒星进行观察，以获得有关恒星胚胎期发育的信息。天文学家们还对低温、稀薄的星系区域所发出的无线电波和红外线进行了研究，虽然我们在恒星的起源问题上还处在摸索阶段，但这些研究依旧发挥了重要的作用。明亮的恒星就像木乃伊一样，孕育在彻底的黑暗之中，而我们通过对无数星际云的研究（这些星际云通常处于银河系沿线、与我们无关联的区域中），如今已经可以拼凑起一幅观察图，来描述恒星形成过程中的许多关键阶段。

现阶段，天文学家们和天文物理学家们所做的工作与人类学家和考古学家所做的工作——从地球上各个不相关的地点挖出人骨和原始工具——有些类似，我们没有亲身经历过先人祖辈所生活的时代，因此，社会科学家们便翻拣着过去的人们留在各处的瓦砾堆，对先辈的遗物进行考察，试图将它们拼凑成一部完整的人类进化史。同样地，天文学家们也正在观察着散布在银河系各处的天体，试图确认它们在恒星进化过程中所处的位置，无论是地球上出土的人骨，还是分散在星系中的天体，它们都像是组成拼图的小纸片，只有在每一片都被找到、被确认并被放置在正确的位置上时，整幅图画才能变得清晰完好。

* * *

让我们想象一下，在银河系中的某处存在一大片星际空间，顾名思义，星际物质就是存在于各颗恒星之外的物质——简单说来，就是分散在夜空中无数恒星之间的，黑暗、广阔的区域之中的物质。大部分人都会觉得，在这些区域中并不存在任何东西，因为，很显然，晴朗夜空中除了点点星光之外，只有一片片漆黑，但是事实上，这一片片的黑暗只能证明人类视野的局限性。

星际区域中并没有很多的物质，但肯定是有物质存在的，星际物质的密度比恒星或行星中物质的密度要小无数倍，事实上，它们的密度比地球上所能达到的极限真空区域中物质的密度还要小（尽管这些真空区域中的空气全部被抽出，但它的每一立方厘米空间中仍然存在好几百万个原子）。即便如此，由于星际空间极度辽阔，存在于其中各处的物质累积起来依旧能够发挥重要的作用。就像一个人只要从每个北美人那里得到一便士，他便能成为百万富翁一样，只要有足够的时间和空间，那么即便极为微小的个体累积在一起，也能成为极度庞大的总体。总的来说，星际空间中存在的物质总量与恒星本身的质量总和是不相上下的。

在任何星系中，星际间介质都包含着那些最不可见最为稀薄的区域，这也是所有恒星诞生的区域。在银河系中，它形成了一张厚度为将近 3000 光年的圆盘，这圆盘跨越了整个银河系那数亿光年的宽度。正如我们在本章稍后的章节中将要提到的，我们如今也认识到，星际空间也是大部分恒星发生爆炸、步入死亡的地方。它是宇宙中物质往来最为繁忙的十字路口。

星际空间中主要分布着气体和微尘，其中大部分气体是由分散稀薄的原子组成的（这些原子中大部分是氢原子，少量为氦原子），这些原子也常常以分子的形式存在（大部分是双氢原子，即氢气分子）。星际气体的平均密度相当于每立方厘米只存在 1 个原子，而在原子聚集较多的地方，密度可以达到这个平均值的上百万倍。正是在这些较为密集的原子云中，发生了诸如恒星形成之类的有趣事件。总的来说，星际间物质分布的密度是极度稀薄的，即便我们将一块相当于地球体积的星际空间中的全部气体累积压缩起来，也无法产生像两颗骰子那么大体积的物质。

虽然星际空间中气体的密度极低，但微尘的密度却更低，在每 3 兆亿颗气体原子中，只存在 1 粒微尘。这相当于在新奥尔良体育场（世界上目前最大的室内体育场，占地总面积 21 万平方米）那么大的星际空间中只有 1 粒微尘存在。我们这里所说的微尘，是主要由重元素组成的固态微粒，它们和散落在黑板槽中的粉笔灰，或聚集在床下、衣柜中的灰尘有些相似，更像是分散在浓雾或烟雾中的小颗粒。这些微尘很可能是在古老恒星外部的低温大气层中形成的，直到今天，它们很可能还在不断形成。但是，微尘所扮演的角色，却是由空间的广阔性所赋予的，假如存在一个横截面积仅为 1 平方米的圆柱体，它从地球一直延伸到阿尔法人马座，那么在这个圆柱体中将存在1000亿亿多颗微尘。

我们也可以这样来想象星际微尘：假如我们将一颗固体微粒放大约10亿倍（或者说，将10亿颗固体微粒聚集在一起），我们将得到一块像小行星那样大的固体；若将微粒放大1兆亿倍，那么我们将得到一块像地球内核那样大的物质。在像银河系那样辽阔的空间里，再微小的物质也可以聚集成为庞大的物体。

虽然微尘在星际空间中的分布十分稀薄，但是它们的存在却使得这些区域相对混浊。如果我们可以采集到一些星系物质，并将它们压缩到地球上的典型密度，那么，这些物质将变成一场浓密的、让我们伸手不见五指的大雾。从这个角度来看，宇宙空间受微尘的“污染”是十分严重的，但是，这些微尘是十分稀薄地分布在广阔的宇宙中的。相对而言，地球的大气层中灰尘的数量比宇宙空间中要低上大约100万倍，因此，我们必须特别关注人类对地球造成的污染，因为和整个星系环境相比，地球还算是个干净的地方。

如果星际空间中的气体和微尘永远都是均匀分布的，那么，无论是行星还是恒星，甚至生命本身，都不可能诞生，天空将会是一片漆黑，也永远不会有任何人存在并探索宇宙。幸运的是，星际介质并不是永远不变的，和其他事物一样，它的组成会发生变化。

从理论上说，这些黑暗的星际区域中所包含的物质将自然地发生密度上的波动，最终将分裂成为更大块的物质，这些物质的体积通常可达几十至几百光年。由于这些黑暗区域只是——一片黑暗——天文学家们很难看清楚其中发生的事件。坦白地说，在这些黑暗区域中，我们几乎看不到任何东西——这也从某一方面解释了为何天文学已经诞生了好几千年，而人类却直到最近几十年，才对恒星的形成有了一些了解。

我们无法通过光学仪器对这些黑暗、布满灰尘的星际空间进行观察，因为，这些区域并不会发出任何光线。我们甚至无法观察到处于这些区域之后的恒星，因为它们发出的光芒受到了微尘的阻挡，无法到达地球，就好像浓雾中的车灯一样。但是，这并不意味着这些阴暗的星系区域是无从探索的，现代科技为我们带来的奇特工具，如抛物面射电望远镜以及红外热寻卫星，可以利用它们的长波短射线，探入星系间区域，为我们带来有关这些不可见区域的信息。就好像战士在晚上利用红外线感应器来确定敌人的位置一样，这些机器工作的原理与飞机在恶劣的冬日天气中正常飞行所利用的原理是相同的，通过利用红外线和无线电波，天文学家们可以捕捉到来自黑暗的星际空间的不可见射线。

通过对星际物质所发出射线的分析，研究者已经确认了这样一个理论推断：在任何星系的恒星之间那近乎真空的区域中，都有某些部分已经聚集生成了大片的气体云。这些云的大致结构和地球大气层中的不规则蓬松云朵有些相似，但是，它们之间的相似性也仅止于此，这些星际云朵的体积比整个地球的体积要大上好几十亿倍，它们同样也会聚集、分散，也就是说，它们同样会发生移动，但是，这种移动的速度比地球大气层中云朵运动的速度要慢几十亿倍。

已经有无线电和红外观测证明，星际云不仅稀薄，它们的温度也很低，在每 1 立方厘米的星际云中通常只存在不到 100 个原子，它们的温度大约在绝对零度。虽然星际云的密度会或多或少地受到云朵体积的影响，但它们仍旧是极低的，事实上，这种密度值比地球上任何一所实验室所能达到的最佳真空状态的密度还要低。相比之下，地球上空气的平均密度是每立方厘米 100 亿个原子，星际云

朵的温度通常在 -250℃，这个温度同样是极低的，因为物理最低温度（在这个温度之下，原子将停止运动）也不过是 -273℃。因此，我们可以说，星际云是一种稀薄缥缈的低温物体，事实上，这种说法低估了它们的极端条件。

现在让我们想象一下一片星际云的一小部分，比方说由一片更大的云朵中分离出来的，一小团跨度不到 1 光年的气体和微尘的混合物。由于云朵的密度很低，因此在这样一小团混合物中并没有多少个原子，但是，只要它的温度不是最低物理温度，其中的原子必然会受热量作用而进行运动，无论这些运动是如何微小。同时，每个原子也会受到来自其他所有原子的引力作用，无论这些原子的质量是多么的轻。如果只是几个原子在一瞬间结合在一起，那么，它们共同产生的引力是不足以让它们成为一个永久的独立团体的，在它们结合一瞬后，这些星际原子必然会分散开来，它们的温度虽然很低，但是，在这种情况下，它们所产生的热能还是能够将万有引力打败。

现在，让我们把视野放宽，而不是仅仅只看到几个原子。让我们设想一下 50、100、甚至 1000 个原子聚合在一起的情况，这么多原子共同产生的引力作用能不能够将它们聚合成的团队维持下去，而不像在上面的例子里那样瞬间散开呢？要想成为一个聚合紧密的团队，究竟需要多少个原子的结合？

要想知道这些问题的答案，光靠研究引力是不够的，我们也无法从任何一本科技书刊所提供的方法中找到对这些问题的回答。要想解答这些问题，我们不仅要考虑万有引力，更要考虑前文中我们提到过的几个物理因素，如热量、自转率、磁性以及振动等。这些附加的因素也同样影响着星际云的进化，它们虽然不能被称作是反重力，但是，它们所发挥的作用的确能够与重力抗衡。

以热量为例，星际云那微弱热量的绝大部分都来自原子间发生的稀少却又无可避免的碰撞。碰撞发生的次数越多，产生的摩擦就越大，热量也就更多，就好像我们快速摩擦双手时，手能很快热起来，而慢慢地摩擦双手时，手却很难热起来一样。热量能够为星际云带来一些张力，这张力与重力的作用方向是相反的。因此，我们可以说，太阳之所以没有坍塌，主要是因为它具有热量，太阳中高温气体所产生的向外的张力正好抵抗住了万有引力的向内吸引。当然，和太阳相比，星际云中的热量很低——这也是明亮恒星之所以耀眼夺目，而星际云却一片漆黑的原因。因此，在星际云收缩到一定程度，拥有一定热量之前，它所具备的细微热量实际上并不能发挥很大的作用，无法强烈地抵抗引力的影响，但是，一旦恒星开始形成，热量所产生的张力便能够与重力相抗衡。

自转——也就是旋转——也是阻挠引力的一个因素。哪怕云朵旋转的规模再小，星际云的中央部位也能够形成一个膨胀区域，这个膨胀区域清楚地表明，有一些物质想要突破重力的限制而分散开来。随着星际云一步步地朝着恒星进化，它的旋转速度也会不断地增加，就好像花样滑冰运动员收回手臂时旋转速度会增加一样——这一物理现象也被称作“角动量守恒”。任何快速旋转的物体都会产生一股外推力，旋转的速度越快，这个外推力就越大，每个在游乐场坐过过山车的人都能体会这一点。在星际气体云中，如果引力作用不够强大，那么靠近云朵边缘处的原子很可能会挣脱出去，如果随着星际云的不断收缩，它的旋转速度增加到连引力也无法维系住云朵的地步，那么星际云将发生解体，将其中的原子重新释放到星际空间中。从自行车轮上甩出的泥水便是一个很好的例子，在这

种情境中，向外的张力克服了试图将泥水留在车轮上的表面张力。星际云若想避免旋转加速可能导致的解体的命运，唯一的方法便是不断地聚集原子，从而增强其内部的万有引力。于是我们可以得出这样的结论：比起那些根本不进行旋转的云朵，旋转运动中的星际云需要更多的质量来保证它的不断收缩，最终进化为类似于恒星的天体。

磁性、振动以及其他几个物理因素也能够阻碍星际云的收缩。磁力在星际云中是广泛存在的，正如它在地球上和太阳上也广泛存在一样，只不过，星际云中存在的磁力的分布远不如地球和太阳上那样广泛。星际云中之所以会存在磁力，很可能是因为带电粒子的运动。每团星际云中还存在气体振动，或者说不规则的体积波动，这些振动的具体数据还不为人知，它们的产生很可能是由星际云之间发生的碰撞导致的，爆炸恒星发出的宇宙射线引起的冲击波振动星际云时，也可能导致气体振动。最近几十年的观察表明，大部分星际云的温度都是非常低的，它们的旋转速度非常缓慢，所具有的磁性和发生的振动也是十分微弱的，因此，这些因素各自都是非常微小的，但是，从理论上我们可以看出，再微小的因素累加在一起有时也能够产生足以与万有引力抗衡的效果。

因此，这里的情景并不是由引力将所有物质聚集在一起形成恒星的简单过程。许多其他因素也参与了进来，使得恒星形成的过程成了一个很难弄清楚的难题。我们得出的结论是，即便是那些真的会发生收缩的星际云，它们进行收缩的方式也是极度异常的，与一般星际云的动态活动及进化的方式大为不同。

现在，让我们回到最初的那个问题：究竟要多少个（氢和氦）原子聚集在一起，才能形成足够大的引力，使得一团已经聚集在一起的气体不至于重新分散到星际空间中？即便是对一片不进行旋转、也没有磁力存在其中的星际云来说，这个问题的答案也是一个十分惊人的数字。事实上，要产生足够大的引力来维系住一个气体团，我们需要近 10^{57} 个原子聚集在一起。毫无疑问，这个数字的数量级是十分高的，它比世界上所有沙滩上的沙粒总数（约为 10^{22}）还要多，甚至比整个地球上所有原子核内所含的粒子数目总和（10^{51}）还要多。它比我们熟悉的任何数字都要大，因为，地球上的任何东西都是无法与恒星相提并论的。

这个数字——10^{57} 个原子——与太阳的质量差不多，这并不是什么巧合，太阳本来就是一颗普通的、处于中等（或者中等偏下）规模的恒星，这就意味着，大部分由星系碎片转化而成的恒星都拥有这样的原子数目。总的来说，恒星都是由比这规模大一些或小一些的原子团进化而成的，我们目前所知的恒星规模从太阳质量的 1/10 到太阳质量的 100 倍，各不相等——这种差异若用天文学的单位来衡量，是十分微小的，但它切实地存在于所有的恒星之间。

星际云往往跨越了 10 光年至 100 光年的距离，它们所包含的物质比普通恒星所包含的物质要多上几千倍。尤其是那些所谓的“分子云”，它们比银河系中所有其他的天体都要庞大（除开可能存在的黑洞及其在银河系中心形成的增长盘）。这些云朵若要成为恒星的诞生地，那么它们不可能一直保持如此庞大的体积，而是必须渐渐地分裂成为更小的团体，这些小团体的尺寸通常不超过 1 光年。从理论上来看，这种分裂成为小团体的过程是由引力的不稳定性而引起，从而是自然发生的。这一过程的结果便是气体云中各处密度的差异，因此，这样的一片气体云可以分裂为 10 个、甚至好几百个裂片或者小团体，每个小团体都和它们所来自的大片云朵一样，进行着收缩运动，不过，它们进行收缩的速度要比大片云朵快得多。

事实上，天文学家们并没有证据证明恒星是单个生成的，或者说，一颗恒星是由一片星际云转化而成的。一些星际云在结束进化过程时，可以形成好几颗比太阳大得多的恒星，或者能形成由好几百个太阳大小的恒星组成的星系群。事实上，大部分星际云都能生出一整个恒星家族，或者说，许多个恒星。这些恒星体积小的居多，体积大的较少（就好像海边的小卵石数量比大卵石数量多一样）。也许，所有的恒星在出生时都是属于某个家族的成员，我们如今所看到的貌似独立地分布在太空中的恒星，比如我们的太阳，很可能是从它们的同胎小崽中跑出来的，不过，这种逃离发生在与其同时诞生的恒星完全成型以后。

一旦某个碎片在星际云中获得了独立的身份，它便开始进入一系列必然发生的变化阶段。首先，随着越来越多的原子不断聚集，万有引力不断增强，这些碎片开始发生收缩，这种收缩几乎是在它们自身重量的压迫下进行的。同时，随着它们的密度不断上升，原子之间发生碰撞的机会逐渐增多，从而使得碎片的温度持续升高。

当一片星际云碎片缩小到大约 1/10 光年时——这个体积依然是太阳系体积的好几百倍——它的温度也相应地升高到了接近 0℃。虽然比起地球上的室温——20℃——这个温度仍旧较低，但是，它比星际云分裂之前的温度要高得多。由此，这个独立的气体团便开始了向恒星转化的漫长路程，在这个过程中，它还将进行进一步的变化，变成一个体积更小、密度更大、温度更高的物体，然后，它才能成为一颗真正的恒星。

我们所做的这些描述并不仅仅是理论上的推测，通过最近二十多年中诞生的新型仪器，我们已经清楚地验证了上述过程的大致框架。通过无线电和红外线观测，我们已经获得了确凿的证据，证明大片的星际云确实会分裂成小团的气体，这些密度和温度都稍稍高于星际云的气体团的诞生是一种必然，而绝不是意外。

我们也许会认为，星际云的分裂也许可以无止境地进行下去，通过一次又一次的分裂，最后形成的碎片也许会因为体积过小而无法成为恒星。但幸运的是，在一切都变得无法挽回之前，星际云裂变的过程便会停止。不断升高的气体密度阻止了星际云的无止境分裂，避免了星际云回到最初的平均分布状态。随着气体团不断收缩，密度不断上升，射线将无法从中逃出。于是，在气体团的外排管道部分堵塞的情况下，这些无法逃出的射线将使气体温度不断升高，压力不断增强，小团气体便由此停止了分裂。

随着气体团继续进化，它的情况与电脑模型显示的基本一致：它的体积不断缩小，密度不断增加，同时它核心处和边缘处的温度也在不断升高。在进行了几万年的收缩之后，它的尺寸将变得与太阳系尺寸差不多，但这仍旧比太阳尺寸大了上万倍。在这一阶段，气体云核心处的温度将达到上万摄氏度，比人类建造的任何熔炉的温度都要高。

大约 100 万年之后，星际云碎片的尺寸降到了地球围绕太阳公转轨道的尺寸，此时，这一结构渐渐清晰的天体已经不大像是一片从星际云中分裂出的无规则碎片，而更像是一个圆形球体。它的内核温度已经稳步上升到了近 100 万摄氏度，在这样的高温炙烤下，气体团的表面开始发出光亮。虽然在这气体团中充斥着四处飞驰的、从解体原子中分裂出来的带电基本粒子，但是它们的运动速度还不够快，无法突破它们自然生成的电磁力的先例，进入更为强大的核力的控制范围。换句话说，此时气体团的温度还远远达不到引发核聚变所需的1000万摄氏度，而只有发生了核聚变，气体团才能最终变为一颗真正的恒星。不过，处在这个阶段的气体团在外貌上已经十分接近恒星，完全可以被称作是一颗准恒星——一团处于胚胎期、即将变为恒星的发光气体。

现在让我们将理论模型放在一边，来看一看是否有任何观察证据可以证明尺寸与太阳系相当、高温高密度气体团的存在。事实上，这种证据是有的。在最近的几十年中，射电及红外望远镜已经捕捉到了由小团气体发出的射线，这些小团气体处于星际云碎片的中央，它们的直径大约为千分之一光年，这正好与太阳系的尺寸差不多。根据最为精确的射电观察，我们推算出，它们的气体总密度接近每立方厘米10亿个粒子。同时，我们还利用红外线设备测算出了它们的温度：大约几万摄氏度。大部分专家都认为，这些高温、密集的气体团是真正的准恒星——它们尺寸大约与水星轨道相等，即将变成真正的恒星。

在许多类似的案例中，尤其是在那些几千光年之外的、更为著名的恒星诞生区域，如老鹰星云和三叶草星云，天文学家们都能够探测并跟踪到气体团的动态效应。这并不是说，气体团不断收缩的过程可以被我们直接看到，毕竟这种过程往往需要经历几百万年的时间——这比人类的寿命要长得多。但是，通过观察这些疑似区域所发出的无线电波的多普勒移动（这种移动以速度为特征），我们可以清楚地观察到星际云残片正在稳步地向恒星发展——更准确地说是向恒星群发展。

准恒星的热量比它们所来自的星际云的热量要高，因此，天文学家们对准恒星的搜寻转移到了光谱的红外区域。一些准恒星看起来像是轮廓模糊的热量源，但它们常常被深深地隐藏在微尘之后，无法被直接观察到。除此之外，准恒星还常常释放出强烈的气体流，这些冲向外部的气体流运动速度很快，常常可以达到上百千米每秒。从图像上我们经常可以看到有两极气流从年轻的恒星上飞驰进入周围的星际空间。这些气流有时长达好几光年，它们运动的轨道往往和行星诞生的平面垂直。这些外流的气体与我们在活跃星系周围所见到的大面积高温等离子区有些相似，例如我们在前一章中讨论过的类星体，这种气体的排泄是恒星的一种自动释放多余能量，调节能量平衡的方式。终于，这样的一颗恒星挣脱了胎盘的束缚，它的表面被释放出的气流吹散，只剩下一小部分，就这样恒星能量中的少数随着外泄的双极气流被释放出去，而绝大部分则变成了一颗真正的、发光可见的恒星，比如我们的太阳。

值得一提的是，在少数几个最为邻近的恒星诞生地，如猎户座星云中，天文学家们发现了一些环绕恒星盘的存在。虽然这些圆盘的细节需要借助巨大的天文望远镜才能看见，但是，任何人都可以用肉眼看见那团轮廓模糊的，处于“猎人腰带”下方“剑鞘”之上的星云，那里有十几颗较为年轻的恒星，其中 4 颗格外夺目，用较好的双筒望远镜便能看见，它们被称作“猎户座四边形”，这十几颗恒星散发着强烈的光芒，它们中间年龄最小的只有 10 万岁。如果望远镜的放大率更高一些的话——当然这种放大率是双筒望远镜所不能达到的——我们便能看到一些椭圆形的小点遍布猎户区域，每一小点看上去都像是一个环恒星盘。它们的大小和范围与太阳系差不多，这正符合准恒星的情况，也有可能它们是正在星际气体和微尘的大杂烩中孕育着的行星。

一些准恒星天体会释放出强烈的、高度集中的射线，这些射

线大多来自由两三个原子联合而成的分子。由于这些射线的强度极高，来源一定，它们变得难以研究。几十年前，天文学家们对某一准恒星释放出的无线电波进行了观测，这些观察的结果如此难以解释，以至于天文学家们为这些发出射线的分子取了一个“神秘波源”的名称。这些分子后来被确认是羟（氢原子和氧原子的结合）分子，

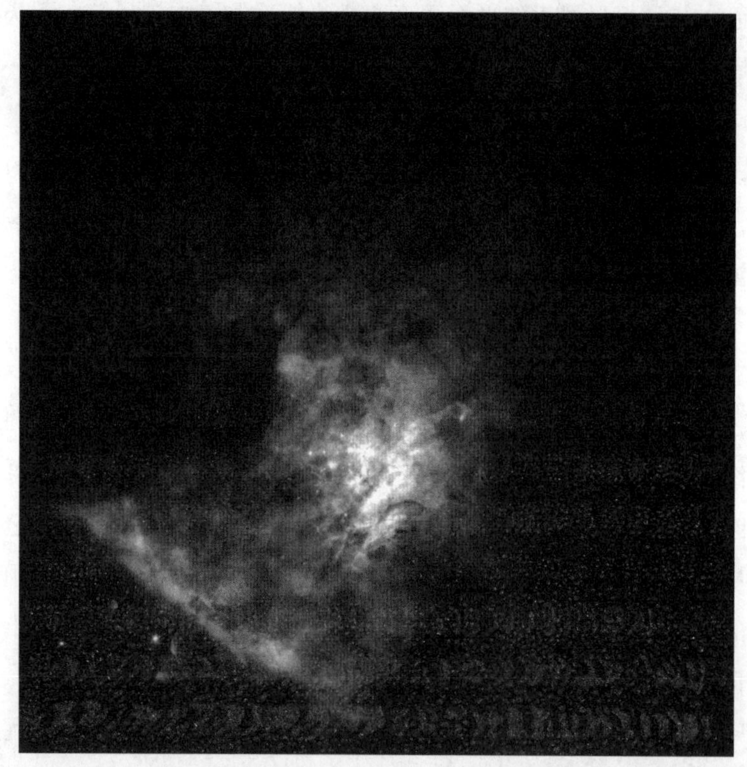

稀薄、发光的高温等离子气体星云区域便是恒星形成的标志，上图中是猎户座星云，它距离我们大约 1500 光年，也是距离我们最近的，靠近银河系圆盘处的恒星高产区。这团星云只跨越了几光年的距离，它被包含在一团体积大得多的不可见的分子云当中，该分子云的宽幅达到了好几百光年。已经有观察表明，该星云包含了几十颗年轻的恒星，以及几百颗准恒星。来源：欧洲南方天文台 / 空间望远镜科学研究所。

而它们发出的强烈信号则被我们通过一种叫做“微波激射器”的处理过程进行了放大，这一过程有点像地球上常见的“镭射”。

“镭射”这个词，已经被应用到了我们生活中的各个方面，如超市的收银机，以及压缩盘播放器等等，这个词实际上是受激发射光的简称。镭射器是一种人造工具，它可以发射出高度集中的极细光束，直到近几十年，人类的科技才能够制造出这样的工具，这一方面有赖于科技的发展，另一方面有赖于我们对分子和原子物理的进一步认识。镭射机工作的原理是将气体中的分子和原子激发起来，使得它们同时放射射线，这样便能够产生一股强大的射线流，这股射线流比任何电灯泡发出的光芒都更为强烈。

微波激射器与激光器作用原理是相似的，只不过微波激射器所产生的是微波（一种特殊的无线电波），而不是可见光。虽然微波激射器的结构十分繁杂，但是物理学家们已经可以在实验室中制造出它们，这项工作实际操作起来则需要特殊的条件和充足的耐心。如果运行正常，那么它们可以算是实际上最好的放大器，比我们的电脑和家电中使用的普通传感器效果好得多。

十分有趣的是，星际空间中的某些区域可以自然地产生出放大了的微波射线。那些被称为准恒星的气体团必然是拥有某些特殊条件的：首先，它们可以激发分子运动，其次，它们可以刺激分子并使得它们进行强烈的放射。这些气体云拥有较高的温度以及中等的密度，十分适合这种特殊放射机制的运作。因此，天文学家所观察到的由某些分子——这些分子并不完全是羟分子，还有一些是水蒸气分子以及其他分子——发出的微波激射射线可以被视作是准恒星区域存在的证据。这一类的研究已经成为当代天文物理学中最热门的课题。

分子遍布在接近真空的星际空间中——这个事实是十分重要的。这些分子若未受到保护，那么强烈的射线以及荒芜的宇宙环境必然会将它们吞噬，而这很可能正说明了为何我们总是在黑暗、密集、充满微尘的宇宙区域中发现分子的存在。这些区域便是我们之前说过的、巨大的分子云，无论在体积上还是质量上，它们都是银河系中最庞大的天体，它们常常能将整块星云吞入腹中，像靠近银河系中央的人马座 B2 这样最为庞大的星云也不例外。据我们目前所知，在银河系中存在大约 1000 片这样的分子云，其中一些要比太阳大上好几千万倍。颇为讽刺的是，这些分子云中的微尘不仅仅保护着脆弱的分子，而且也是促使分子形成的催化剂。原子可以附着在这些微尘上进行反应，并且反应过程中所产生的热量可以通过微尘散发出去，这样，新生成的分子便不会遭到过高热量的破坏。而专门研究此类现象的新兴前沿科学——天文化学——正处在起步、试验阶段，毕竟，我们课本中介绍的“普通化学”其实一点也不“普通”，它所讨论的只是我们所熟悉的地球上的化学而已。真正“普通”的宇宙化学还处在建立过程中，它建立的基础是天文学家们在更为广阔的外太空中的发现，这些温度和密度都极低的区域与地球上的任何事物都是迥然不同的。

在过去的几十年中，我们已经在光谱（光谱可以显现出射线的“指纹”）中发现了一千多种分子的存在，其中大部分都分布在内容丰富的人马 B2 区域。由于分子总是发出长波段射线，这些射线可以穿过微尘的阻挡，因此，分子也和分子云的物理、化学特征一样，是我们借以确认分子云结构的重要指标。在分子云中、一氧化碳、氨气、水蒸气分子是存在最为广泛的分子，但令人费解的是，我们在分子云最为黑暗最为密集的区域中还发现了一些颇为复杂的有机（高碳）分子，如甲醛（常用的清洁剂和防腐剂）、甲酸（蚂蚁以及其他昆虫体内含有大量甲酸）以及乙醇（也就是酒精）。由于它们的存在，天文学家们曾经推测星际空间中有可能存在生命，尤其是在20世纪90年代中期，一份射线天文学家的报告指出太空深处存在甘氨酸——甘氨酸是组成生命体中蛋白质的重要成分——之后。地球之外的领域可能存在生命的迹象或者生命本身的事实，为我们带来了另一门激动人心的交叉学科——天文生物学，我们将在“化学时代”一章中讨论到这个学科。太空中的有机分子是更为高等的物体存在的征兆——这些物体必然具有非常高的复杂性——我们将在后面的章节中对它们进行介绍。

星际分子的存在迫使天文学家们对地球之外的广阔宇宙空间重新进行思考和观察，通过这些观察和思考，我们发现，就在不久之前还被天文学家们认为是近乎真空的这些太空区域其实物藏丰富、活跃无比。一些我们在不久之前还认为只有“星际垃圾”存在的区域——夜空中，错落在星星之间的那些看起来空无一物的黑暗区域——如今已经成为一个重要的角色，它影响着我们对恒星以及生命组成部分的诞生地——星际介质——的认识。

我们对准恒星的讨论还没有完结，在我们所做的这些回顾中，准恒星还没有转变为真正的恒星。有理论表明，准恒星的状态并不稳定，因为在其内部，向内的万有引力作用与热气体的向外的压力作用并不是平衡对等的。准恒星此时的温度还不够高，因此还不能达成“引力向里，压力向外”的平衡——这是件幸运的事情，因为，假如准恒星在发生和燃烧之前就达成了热气体压力与万有引力之间的平衡，那么就不会有恒星诞生了。夜空中将遍布着昏暗的准恒星，而没有一颗真正的恒星存在。并且这样一个极度单调的宇宙也将无人欣赏，因为，在那种情况下，任何智慧生命，包括人，都不可能存在。

根据电脑模型的预测，由于准恒星受着万有引力的控制，其中的气体别无选择，只得继续收缩，不过这种收缩的程度非常小。收缩引起了温度的再次升高，但是，即便在气体收缩了1000个世纪、准恒星的核心温度达到好几百万摄氏度之后，准恒星中的能量还是不足以引发核聚变。只有当准恒星最核心处的温度完全达到1000万摄氏度时，核反应才能开始。这个时候，原子核才能够拥有足够多的热能，才能相互猛烈地撞击，并挣脱相互之间的排斥力，这个过程与我们在“粒子时代”中介绍过的氢原子转变为氦原子的过程是完全一样的。最后，当释放出的能量达到一定数值时，准恒星将停止收缩，一颗真正的恒星就此生成。此后，这颗恒星的主要功能便是不断地消耗氢气，产生氦气，同时释放出能量。

因此，尽管宇宙的平均密度和温度都在随着宇宙的不断扩张而逐渐下降，但分散在宇宙各处的，像“小岛”一样的恒星却是伴随着自身温度和密度的升高而诞生的。恒星违背了温度和密度不断下降的宇宙潮流，同时也违背了宇宙那不断变得无规律的趋势，因为，恒星很显然是一种复杂性和规则性都逐渐上升的天体，随着它们的热量及元素曲线随着时间渐渐倾斜，这一点体现得更为明显。同时，这一切也伴随着释放出的热量的不断增加，但是，这种热量流的增加也只存在于恒星所在的地方。通过这些热量流，我们可以更好地理解结构和规律在宇宙中的诞生。

恒星的核心处便是原子核进行猛烈撞击的地方，它们通过撞击，进入了核力的控制区域，同时释放出了大量的能量。和许多人的想法不同的是，恒星核心处的高温并不是核反应造成的，相反，正是这种高温条件促进了核反应的发生。只有在温度够高的情况下——也就是我们刚才说到的1000万摄氏度——带正电的氢原子质子核才能够达到足够大的速度，它们之间发生的撞击才能足够猛烈，从而使得核力的引力作用克服电磁力的斥力作用。和许多大范畴上的宇宙现象一样，这场变化的发起者是万有引力——而正是这场变化引起了核聚变，点亮了恒星——正是由于不断收缩的云朵试图将一部分引力转化为摩擦热，它才能够达到足够高的温度。

恒星一旦完全形成，便成为了一颗庞大的放射源。每一秒钟，太阳都能将6亿吨氢原子转变为氦原子，根据那个著名的等式——$E = MC^2$，它每秒钟将相当于4吨多的物质转化为了纯能量。也可以说，太阳每秒释放出的能量至少也相当于大约1兆亿颗原子弹释放出的能量。整个人类历史中创造出的能量总和也没这么多，但是太阳在1秒之中便可以实现！事实上，如果这些能量全部集中起来，可以在6秒钟之内将地球上的所有海洋全部蒸干，或者在3分钟之内将地壳熔化。幸运的是，这些可怕的能量是从恒星内部释放出来，朝四面八方发散的，而不是集中于某一处，这些均匀发散的能量，便是我们看到的恒星光芒。

我们所见到的夜空中的点点星光来自每颗恒星核心处燃烧的核火。当我们在没有月亮的晴朗夜晚仰望夜空中的点点繁星时，不妨想一想其中发生的天文活动、其中蕴含的宇宙能量。即便是如此静谧的夜晚，也蕴藏着不断地变化，即便是我们头顶上那些无比黑暗的区域，也包含着无数明亮星光的诞生。

从星系云到不断收缩的云朵残片，从残片到准恒星气团，再从准恒星到真正的恒星，这整个过程需要花费上亿年的时间。从人类的角度看来，这无疑是一段极度漫长的过程——它相当于好几十万个世纪——但是，这段时间却依旧不及恒星生命的百分之一。这整个过程中贯穿着持续不断的变形——也就是各种各样的进化——由一团低温、稀薄、缥缈的气体渐渐地变形为一颗灼热、密集、浑圆的恒星。在整个的恒星进化过程中，引发变化的首要因素便是万有引力，而它所带来的主要变化便是能量流的不断增强以及复杂性的不断升高。

* * *

一旦热力和引力达到平衡，每一颗像太阳一样的恒星便达到了稳定状态。虽然在这些恒星的表面还会有火焰、斑点或者日珥，但是，对于一个像恒星那样大的天体来说，这些都是微不足道的（虽然这些现象对恒星附近的行星来说也许并不微小）。恒星的主要任务便是在未来的 100 亿年中不断地产生能量，天文学家们通过理论和实验相结合的研究发现，太阳已经完成了它一半的任务。因此，我们的太阳可以算得上是一颗“中年”恒星，在未来的 50 亿年中，它还将继续照耀每个早晨、中午和夜晚（太阳作为一颗恒星的全部寿命大约为 120 亿年，这其中包括它变为红巨星以及白矮星的全部过程）。

比太阳更小的恒星需要花费更长的时间，才能由星际物质转化而成。由于消耗燃料的速度较慢，它们的寿命也相应地更长，在燃料低、燃料燃烧率高这一点上，这些恒星和小型汽车倒是有几分相似。例如，一颗质量为 1/10 太阳质量的恒星需要经过将近 10 亿年的时间才能诞生，而它的寿命同样可以长达 1 兆亿年。这个寿命显然比宇宙目前的年龄要长得多，因此，所有已经成型的小恒星现在应该还在不断地将氢原子聚合为氦原子，同时不断地释放出大量能量，造福其周围的行星。

相反，星际物质若转变为比太阳大的恒星，其所需要的时间则较短，有些大恒星的形成过程甚至不超过 100 万年，事实上，这些质量较大的恒星做任何事情的节奏都比较快。它们以更快的速度消耗着氢燃料，正如它们较为快速地经过各个进化环节一样。之所以会这样，是因为它们较大的质量带来了较大的万有引力，使得大恒星各部分受到更为强烈的吸引，因此其中的物质能够发生更为频繁猛烈的相互撞击，加速了它们之间进行核反应的速度。因此，和它们庞大的外表不甚相符的是，这些巨大恒星的寿命比太阳那长达上百亿年的寿命要短得多。例如，最为巨大的恒星质量大约为太阳质量的 100 倍，但是它们的寿命却只有 1000 万年。在极短的时间中，它们便会失去稳定性，和宇宙的大部分天体的寿命相比，它们的存在不过是一眨眼的事情。它们就像是耗油高的汽车，燃料消耗大，但燃烧率却很低。所以说，快节奏并不一定都是好事情，这些恒星正是因为过快的节奏，所以昙花一现，英年早逝。就好像人生中的事情都不可操之过急一样，这些恒星不停歇地消耗燃料，最终过早地将自己的生命损耗殆尽。最后，当小恒星渐渐枯萎凋谢时，那些比太阳还大的恒星已经发生了毁灭性的坍塌和爆炸，彻底地消亡了。似乎，我们的一些俗语在宇宙学中也同样站得住脚，如：长得越胖，摔得越重。

另一批值得一提的天体叫做“失败的恒星”，这些星际云在进化时，最终未能达到真正的恒星状态。木星就是其中的一个例子，在木星的形成过程中，气体团受万有引力作用，进行了一定程度的收缩，温度也上升到了一定水平，但是，由于质量不够大，其产生的引力无法将气体压缩到能够引发核聚变的程度，木星的质量仅为太阳质量的千分之一左右，因此，它根本无法进化到准恒星状态。宇宙中很可能存在很多像木星一样的密集黑暗的天体，在形成恒星的中途停止进化，并未发生燃烧。

有理论表明，重量达到木星质量12倍左右的天体即可使得一种特殊的氢元素进行燃烧，这种特殊氢元素叫做同位重氢原子，它由一个质子和一个中子组成，但是，这种燃烧只能持续非常短的时间。在任何天体当中，重氢原子的存在量都是极低的，而一旦重氢原子消耗完毕，它所进行的核聚变也会相应地停止。这些可引发重氢原子核聚变的天体被称为褐矮星，它们的质量比木星大，但却比太阳要小得多。实际上，天体的质量需要达到木星质量的100倍（或太阳质量的1/10），该天体才可以产生足够高的内核温度，以维持由氢到氦的正常核聚变过程，而这个核燃烧过程正是一颗真正恒星的标志。天文学家们还未在太阳系或太阳系附近的区域发现褐矮星的存在，甚至在距离太阳系方圆好几万光年的宇宙空间中也未观察到任何褐矮星，但是，我们现在已经在银河系之外的区域发现了它们的存在。

即便是利用最为先进的望远镜，我们也很难确认藏匿在太空深处的褐矮星。它们仅靠形成过程中剩余的热量来发光，因此光芒十分微弱，除此之外，再加上四处散布的星际微尘的阻挡，我们对褐矮星的观察变得十分困难。但是，最近我们在观察技术上取得的一些进步，尤其是在对红外光谱段的勘察上取得的进步为天文学家们提供了更好的条件，去发现更多的褐矮星。其实我们可以清楚地预见到，银河系中一定存在无数颗这样的天体，它们的数目甚至能够与恒星的数目相匹敌，但是，我们目前观察到的褐矮星却只有几十颗——这些已被发现的褐矮星往往存在于双星系统中，它们那明亮的恒星伴侣能够清楚地反衬出另一个黑暗的小个子伙伴——不过，这几十颗也已经足够证明褐矮星这一未能发育成恒星的中间状态的存在。

褐矮星与生俱来的黑暗特征使得它们与科学界悬而未决的一个重大问题挂上了钩：它们会不会是令天文学家头疼不已的，已经失踪的那些黑暗物质的组成部分？如今，天文学家们认为，银河系中存在大量的褐矮星，但是就在几年前，天文学家还不知道将这些体积小的昏暗天体归到哪个天体类别中。显然，褐矮星与黑暗物质之间很可能存在某种联系，甚至有一些天文学家认为，褐矮星当中可能藏匿着许多黑暗物质。但是，由于褐矮星是由常态的重子物质组成，因此仅靠它们是无法解释黑暗物质问题的。目前，大部分研究者都一致认为，褐矮星那微小的质量只有银河系中黑暗物质质量的百分之几。

银河系中可能存在着一群数目庞大的小体积密集天体——这些天体包括矮星、星状岩石，以及我们将在下一部分中讨论到的无数衰老、死亡的恒星——它们中间的绝大部分还没有被我们发现。这些天体的规模小于恒星，因而无法发出耀眼的、从远处也能被看到的光芒，同时它们的体积又比原子、分子要大，因而也无法通过光谱勘察到。我们几乎无法通过目前已有的任何观察手段去发现它们的存在，讽刺的是，星系空间中很可能塞满了这样的“星际篮球”，但是，我们却没有任何方法去对它们进行观察。

* * *

恒星一生中几乎不会遇到任何重大事件，只要它核心处的核反应能够抵抗住万有引力的无情扼杀，整颗恒星便能安然无事地走完

一生。我们可以推测出，在恒星的核心处，氢原子聚合为氦原子，而在它的表面则遍布着火焰和风暴，并且它的大气层会发出大量的射线。但是，总的来说，恒星处于平静期时，并不会遭遇任何突然事件，而平静期也是恒星一生中持续时间最长的时期，大约占据它全部寿命的99%。在这段时间里，恒星只是不断地“燃烧”氢气。

事实上，恒星的平静期是流体静力学意义上的，而非热动力学意义上的。而流体静力学意义上的稳定与恒星的结构整体性是相关的，尤其与恒星所达成的“引力向内，热力向外”的平衡相关。严格来说，向外推的并不是热量，而是气体之间的压力，毕竟热量是一种能量，而压力——温度和密度的产物——才更像是一种力。流体静力学上的稳定——就好像是一团“可压缩流体”（恒星常常被比作是一团可压缩流体）中的稳定状态——能让恒星在各个点上都达到稳定的状态，从而使得恒星免于坍塌或爆炸的厄运。相反，热动力学的稳定状态只有在恒星各处的温度均等时才能够实现，而恒星是绝不可能达到这一条件的。事实上，恒星当中存在明显的温度差异，其内核的温度最高，而表面的温度较低（但依旧属于高温）。这种温度差异还将随着恒星年龄的增加而扩大，这就使得热动力稳定更加不可能实现。

另外需要澄清的一点是，即便处在流体静力稳定状态，恒星（如太阳）的明亮度也会发生变化——也就是说，它发出的热量流的速度会发生变化，不过，在恒星整个一生中，这种变化发生的幅度很小。以太阳为例，其明亮度变化的幅度为每100万年增加大约1%。这种增长看起来十分微小，但是，若我们回溯三四十亿年前，那时太阳的亮度大约只有现在的1/3——这给我们理解生命的起源和发展带来了很大的障碍，因为在这个时候，地球上的温度低到连水也无法液化。我们将在“文化时代”一章中讨论这个“弱早期太阳佯谬”。

恒星处于正常、平衡状态时，将不断地产生能量，而不会发生任何激烈的变化，此时，引力和热力之间仍旧保持着平衡，这种平衡将持续上百亿年。但是在这之后，将发生一件非同小可的事件：恒星燃料的耗尽。

电脑模拟此时仍旧是我们的第一助手，通过它们我们可以了解到恒星在接近死亡时将经历哪些变化。理论研究者们列出了无数项物理和化学因素，并将它们进行了反复的匹对，建立起了一些能够描述宇宙中各种恒星类别的模型。首先，让我们来看一看太阳一类的恒星将经历怎样的死亡过程，这之后，我们再将视野扩大到所有恒星。同时我们必须记住，所有这致命的事件都是在恒星最后 1% 的生命中发生的。

随着太阳渐渐老去，它所含有的氢元素也渐渐耗尽，最起码在太阳的核心处是这样。在经历了将近 100 亿年的缓慢、持续燃烧之后，处于太阳最核心处的巨变地区已经不再含有氢原子。此时，整个恒星中几乎没有任何气体，就好像一辆行驶在高速公路上的汽车尽情忘我地持续飞驰了一段时间之后，汽车引擎将发出轰鸣声，表明汽油即将耗尽一样。但是，和汽车不同的是，恒星的燃料是不可能再次被加满的。

恒星核心处的氢气消耗完毕时，核火也会随之熄灭。但是，位于恒星核心和表面之间区域中的氢元素却仍旧在燃烧着。但是，内核是整个恒星的主要能量来源，它决定着恒星的生命，保障着恒星的稳定。而一旦内核燃烧熄灭，整个恒星便会处于不稳定的状态，因为此时内核温度降低、气压变小，但是引力的作用却不会减弱，

引力在任何情况下都是不会消失的，因此，一旦用于对抗引力的压力减小——哪怕只是减小一点点——恒星的结构便会发生变化。

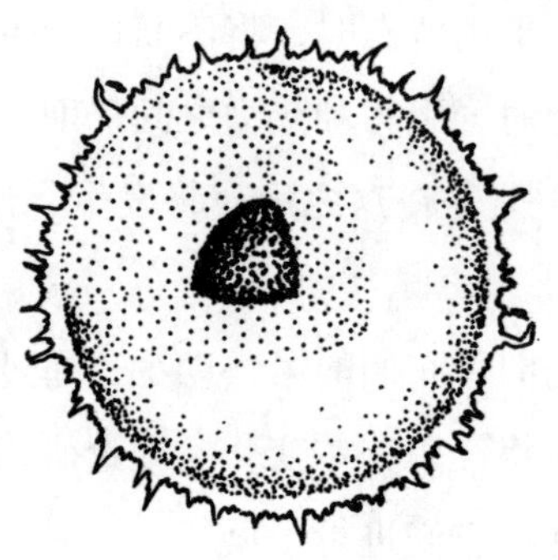

随着太阳渐渐老去，它所含有的氢元素也渐渐耗尽，最起码在太阳的核心处是这样。

如果能够继续产生热量，那么恒星便能回到流体静力学的稳定状态。比方说，假如在氢元素耗尽时，恒星核心处的氦元素可以发生聚变，成为一种别的元素，那么一切都会好起来，因为，只要能有能量生成，向外作用的气压便能够重新建立起来。但是，恒星内核里的氦元素是无法燃烧的——最起码到现在为止是这样。虽然恒星核心区域处于上千万摄氏度的高温之中，但这温度仍旧不足以让氦元素聚变为更重的元素。

现在让我们回顾一下氢元素进行聚变所需要达到的温度——1000 万摄氏度。只有在这个温度之下，两个氢原子核才能够积攒起足够大的速度进行撞击，从而突破电磁力的排斥作用，否则，氢原子核将无法进入核力的作用范围、从而也无法发生聚变。但是，要让氦元素发生核聚变，就连 1000 万摄氏度也是不够的，因为氦原子核（它由 2 个质子和 2 个中子组成）所带的净电量是氢原子核的 2 倍，它们之间的电磁斥力也就更大。因此，氦原子核只有在更高的温度下才能成功地进行聚变，这个温度究竟有多高呢？大约1亿摄氏度。

虽然无法达到这样的高温，但由氦“灰尘”所组成的恒星内核也并不能休息多久。在氢元素消耗完毕之后，恒星内核便会开始收缩，这是必然会发生的，因为内核处的气压已经无法抵抗万有引力的作用。到那时，随着内核不断收缩，其中气体的密度也将不断增大，气体粒子间发生碰撞的机会将大大增多，因而产生的热量也将增加。在这里，万有引力再一次通过引力势能转变为摩擦热能的方式，推动了整个过程的发展——事实上是推动了温度的升高。

不断升温的恒星内核继续搅动着恒星的中间层（介于恒星内核和表面之间的部分），它就像我们家中的恒温器一样，不断要求将屋内温度升高，好让室内温度保持舒适稳定。任何一颗年老的恒星都将依着本性，不断地追求更多的能量，以便重新达到平衡，而当它真的产生了足够多的能量时，其内核的收缩过程将在负向代偿的作用下停止——至少是暂时停止。但是首先，更高的温度——此时的温度已经远远超过1000万摄氏度——将使得处于恒星中间层中的氢原子核发生更为剧烈的聚变，其剧烈的程度甚至要超过之前恒星核中发生的聚变。与此同时，氦原子开始在恒星核周围不断堆积。

此时的恒星如同被判了死刑，余日不多。它的内核失去了平衡，开始了收缩，并不断地产生能量，试图能够引起氦元素的聚变。恒星的中间层为了维持某种稳定状态，正以比平时更快的速度燃烧着氢元素。随着氢元素燃烧的加剧，恒星中间层的气压变大，中间层开始扩散，即便万有引力也无法抑制这一扩散过程。因此，虽然恒星核正在收缩，中间层却在扩张！很显然，恒星的结构稳定

性已经被完全破坏了。

这样一颗即将湮灭的恒星有两个可以观察到的、有趣的特点。对于一位身在远处的天文学家来说，这颗恒星将显得特别巨大，几乎是以往体积的上百倍。而我们收集到的射线表明，这颗恒星的表面温度也比往常要低。这并不是说，有人可以在有生之年中直接观察到衰老恒星的膨胀和降温过程。毕竟，由一颗正常恒星转变为一颗年老巨星的过程要花费大约 1 亿年的时间。

恒星的第二个变化——表面温度降低——是由第一个变化——体积的增加——直接造成的。随着恒星不断膨胀，它所含有的总热量被分散到了更大的体积中，因此，这样一颗不断降温的高温恒星所发出的射线便会发生颜色转变，就好像一块处于白炙状态的金属随着温度下降，颜色会渐渐变成红色一样，整个膨胀开的恒星将呈现出一种偏红的色泽。一段时间之后——这段时间的长度用人类的标准来看很长，但用恒星的标准来看则很短——一颗正常体积的黄色恒星便会成为一颗体积巨大的红色恒星，原本光芒四射的正常恒星由此变成了光芒微弱的红巨星。

为了简要地概括这一系列的重大事件并且让它们变得易于理解，我们不妨以太阳为例。当太阳的内核消耗完氢燃料时，太阳将立即失去稳定状态。它的内核将进行收缩，而中间层则会开始膨胀，它的平静状态将被彻底打乱。就这样，太阳将变成一颗体积为正常体积好几百倍的膨胀球体，也许它将大到可以将周围的许多行星吞噬进去，这其中包括水星和金星，很可能还有地球和火星。

但是人类根本不用为这一点感到担心，就算我们在上面所说的过程完全符合真正的恒星进化过程，我们也不用担心，因为，起码还要再过上50亿年，太阳才能够进化到膨胀成红巨星的阶段。至于地球上的生命能不能够维系这么长的时间，科学家们还不能确定，事实上对于这个问题主要有两种回答，第一种是，根据之前我们曾提到的“弱早期太阳佯谬”，在未来很长的一段时间中，太阳的亮度将在每10亿年中提高1/10，很有可能在太阳死亡之前，这种情况就使得地球成为一个不再有生命存在的地方。到那个时候，无论人类造成的污染有多么严重，地球都将变成一个蒸气腾腾的地方。第二种是，随着太阳的质量降低，它所产生的引力作用将渐渐减小，因此地球的运动轨道将离太阳越来越远，地球的温度也将随着这种远离而渐渐降低，而这种温度的降低则能够抵消太阳升温所造成的地球温度上升。令人难以相信的是，虽然太阳正以每秒100万吨的极高速度抛弃着其中的物质（这个过程也被称为“太阳风”），但是，即便在10亿年之后，它所损失的物质质量也还不到其总质量的千分之一，不过，这千分之一的质量损失已经足够让太阳周围的行星游离出一段很长的距离。由行星远离所导致的温度降低是否能够完全抵消由太阳光增强所带来的温度上升？——这是一个罕见的、关系人类生死存亡的问题。但是无论答案究竟怎样，地球上的生命的有生之年还是相当漫长的，但是，地球上的海洋必然会完全蒸发，而大气层则必然会变得稀薄，最终，在大约1兆亿年之后，我们的地球将变成一颗像水星一样有着陶瓷般地壳的星球。

红巨星并不是理论研究者头脑中的幻想，它们是真实存在的。它们分布在太空的各处，其中最著名的一些甚至用肉眼就能看到——如明亮的猎户座阿尔法星，它是一颗膨胀、古老、格外鲜红的猎户座成员，它是北半球冬天天空中一个显眼的指示标。它是如此明亮，以致我们都能透过大城市充满烟雾和光污染的大气层看到它，不信就抬头看看吧！

如果红巨星内部的不平衡状态一直继续下去，那么它的内核将发生内向爆炸，而其余的部分则将分散到宇宙中，存在于这样一颗衰老恒星当中的各种力量和压力将慢慢地把恒星拉扯得四分五裂。幸运的是，老恒星中发生的收缩和扩张运动并不会无穷尽地继续下去，在恒星中的氢气消耗完毕——1亿年之后时，另一件事情便会发生——氦元素开始燃烧。此时，恒星中的自然温度调控器切断了热量的继续流出，恒星核再一次达到了稳定状态，虽然这看起来像是恒星的起死回生，但实际上，这样一个状态只能维持很短的时间。

在红巨星的内部深处，密度将不断地增加，内部压力也将不断增加，当恒星核内的物质密度增加到比普通恒星核密度高出1000倍时，气体粒子之间便能发生足够猛烈、频繁的撞击，并且能够通过撞击产生出足够的摩擦热量，来使得恒星核温度达到氦元素核聚变所需要的1亿摄氏度。因此，此时氦原子核之间的相互撞击便点燃了核火，氦元素开始聚合形成碳元素。在这之后的几个小时中，氦元素进行着猛烈的燃烧，就好像一颗无法控制的炸弹一样。恒星在这个时候居然没有发生爆炸，这着实令人惊讶。

虽然这场新的核反应维持的时间很短，但是，它仍旧释放出了大量的能量，这些能量足够让恒星核中的物质在一定程度上变得稀薄，因而能够降低内核的密度，缓解带电原子核之间产生的紧张压力。恒星内核中发生的这场小小的扩张调整将停止由万有引力所引起的恒星收缩运动，从而建立起一种新的平衡——这是一种处于量子级别的平衡，它发生在分布密集的电子之间，而这些小小的电子紧紧相邻，彼此间几乎相互接触，从而让衰老的恒星抵抗住了万有引力的作用。

另一个需要澄清的技术问题是，事实上，氦元素转化为碳元素的过程是分两步进行的，这个过程也被称为“三阿尔法过程”：首先，两个氦原子（也就是所谓的阿尔法粒子）结合形成一个铍原子核，这是一种极不稳定的原子核，它将很快（在不到 1 微秒的时间内）分裂为两个氦原子——于是这个过程便可能陷入一种无尽的循环中。但是（这也是过程的第二步），由于氦原子的密度极高，因此，氦原子核便有机会与新生成却还未来得及解体的铍原子核发生相撞，这并不是什么奇迹，也不是什么“人为”事件，在这场核反应发生、重元素诞生的过程中并没有任何超自然力量在发挥作用。相反，正是由于红巨星核中的高密度，氦原子核与铍原子核发生相撞所需要的时间才比铍原子核发生分裂所需的时间要短，而这个过程的结果便是碳的生成，碳元素是一种非常重要的元素，我们将在“化学时代”一章中谈到它。

一旦氦转变为碳的过程开始，红巨星的内核便获得了稳定，而它中间层中发生的氢元素转变为氦元素的过程便会渐渐停止。之前，恒星外层扩张的速度过快，已经超出了恒星再次建立的平衡结构的范围，而此时，恒星便能略微地进行一些收缩，将之前膨胀的体积缩小一些。和恒星生命晚期发生的其他变化一样，这种微小的体积调整发生得很快——至少在宇宙学的标准下是这样——全程不超过 10 万年。

虽然恒星发生的一系列变化——从星际云转变为恒星，直到恒

星的灭亡——所经历的时间都很短，但是，这些时间长度和人的寿命比起来，还是十分漫长的。任何一位观察者都不大可能在他的有生之年观察到一颗恒星的全部进化过程，哪怕观察到这过程中的某个环节都是不大可能的。于是，就像我们之前所说的那样，天文学家们便不断在太空中寻找处在各个进化阶段的恒星，将它们像拼拼图一样拼凑起来，试图得到一幅完整的恒星进化图。或者，用另一个比方来说，他们就像试图揭开动物行为动力学的社会行为学家一样，他们发现，随着他们的视野渐渐扩展到星系的更深处，那些展现在他们面前的恒星愈加信息丰富。最后，我们还要依靠数学计算，来使得我们所建立的理论模型符合我们实际观察到的，有关恒星诞生及死亡的数据。

正是因为我们对电脑模型的依赖，一个重要实验的结果才变得格外令人迷惑——这个谜团直到最近才被解开。天文学家们进行的一个实验直接关系到恒星内部所发生的事件，这一实验的结果与我们对恒星所作的推测并不相符。几十年来，科学家们都为一个问题而感到困惑不已：在到达地球的太阳光中，究竟有多少个基本中子粒子？“中子”来自意大利语，它的意思是“中性的小粒子”，在地球上所进行的实验中，中子被证明是重量接近于零、不带电的粒子，它们的运动速度等于光速。中子几乎不与任何物质产生反应，它们就像幽灵一般，能够自由地穿过几千光年厚的铅！因此，它们能够毫无羁绊地逃出太阳的核心，而在那个地方，中子作为核反应中的副产品，数量是很大的。一般来说，射线在被发射到宇宙空间之前，往往要在太阳的内部“漫步”100 万年左右，但是，中子却只要花费 2 秒钟，便能穿出太阳表面，进入太空，而当它在太阳核心中生成之后，只需花费 8 分钟，便能到达地球表面。因此，中子是唯一能够直接反映太阳内部核反应事件的物质。

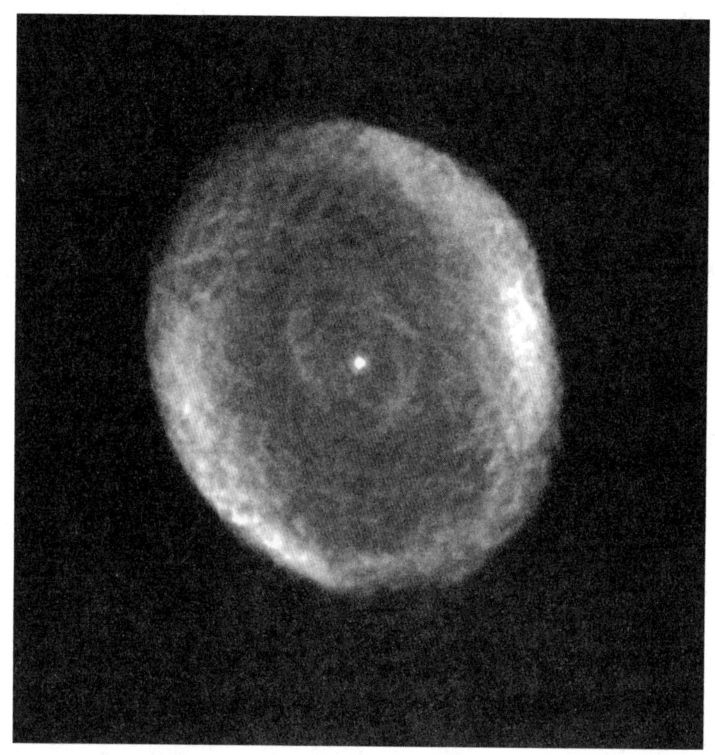

天空中充斥着成百上千颗膨胀的老年恒星，它们在银河系的中央区域分布得尤为密集。图片中显示的是螺线图星云，它在最近的几千年中膨胀成了一颗红巨星，暴露出了位于中央处的明亮的内核，或者说白矮星残骸。这团所谓的行星状星云的体积已经超过了太阳系体积的 10 倍，但它曾经也是一颗像太阳一样处于中年时代的恒星，因此，它很好地展示了我们的太阳在大约 50 亿年之后可能遭遇的命运。来源：空间望远镜科学研究所。

在太阳中形成的中子无时无刻不在轻松自如地到达地球表面，事实上，每秒钟有 500 万个中子穿越进入我们身体的每一平方厘

米，但是，我们并不会因此受到任何影响。虽然中子运动迅速，但是，我们还是可以通过一些利用特殊材料建造的专门仪器来对它们进行研究，其中的一种特殊材料有着一个拗口的名字：四氯乙烯，虽然这种物质听起来似乎有毒，但实际上却是一种非常安全的清洁剂，常常被应用在干洗业。天文学家们在一辆巨大的坦克中装了40万升四氯乙烯，做成了一个“中子望远镜”，并将它安放在北达科他州一个金矿的矿底。这样，一些到达地球表面的太阳中子便能够被勘测到，并且它们的数量也能被计算出来，不过，在每1000万颗进入坦克的中子中，只有一颗能够被勘测到。这一实验中的四氯乙烯需要具有一定的深度，这样才能避免宇宙射线，或者其他并非由太阳产生（如由超新星产生）的基本粒子所造成的干扰。虽然几十年来，这台中子望远镜的运作似乎十分正常，但是，它发现中子的频率却比理论预计要低得多，这个频率仅为每周2次，而不是理论预计的每日1次——两者之间存在大约3倍的差距。

许多年来，天文学家都在试图解释这一令人迷惑的实验结果。不论是实验研究者，还是理论研究者，他们都不愿意将实验中发现的太阳中子数量不足归结为恒星进化理论的错误。毕竟，没有人愿意抛弃这样一个看起来颇有道理的、描述恒星聚变的理论，更何况，这一理论的其他方面与观察数据是完全相符的。一些研究者（主要是理论派）认为这一结果是由实验误差造成的：也许实验的方法存在疏漏，况且，在天文学实验中，误差系数为3也并不是什么罕见的事情。而其他一些研究者（主要是实验派）则质疑着电脑模型的正确性：只要太阳核心的温度比理论温度低上1/10，太阳中子的数目便能降低。还有一些人认为，我们对古老而奇特的中子依旧缺乏了解，很有可能中子本身的性质是造成这一结果的罪魁祸首，尤其当它们的质量十分微小时。

到了2000年，这一系数为3的误差似乎得到了解决，这要归功于一些最近在加拿大和日本的新型地下实验室中进行的实验，以加拿大的实验室为例，它利用的是一个重达1000吨的注满超纯水的水球，这个水球悬挂在距离地面一千多米的地下，它的四周围绕着1万台感应器。这些实验得出的新结果表明，中子的质量的确是十分微小的——大约为电子质量的百万分之一，而电子的质量已经比质子质量小了约2000倍。但是，即便如此微小的质量，也能够使得中子的性质发生变化，甚至能够让中子转变为其他粒子，而这所有的变化都发生在中子从太阳到达地球所经历的短短8分钟之内。如今，大部分天文学家认为：太阳中生成中子的量与我们的理论推算是基本一致的，但是，这些中子中的一部分转变成了其他东西——确切地说，它们转变成了其他形式的中子——这种转变发生在它们奔向地球的路途中。而以前的实验并不能发现这种转变，但是，新的实验却能够找到它们发生的证据。如今，天文学家所面临的任务便是建立起一个标准的粒子物理模型，在这个模型中，中子的质量将会是零——这一模型的建立也是一种新型研究的开始，这种研究的目的是要解决量子理论与精确实验之间的矛盾。

如果这些新实验所得出的结果是正确的——也就是说，如果中子真的是质量微小，性质多变的粒子——那么我们难免会又一次猜测，中子能不能够解决困扰我们已久的黑色物质问题。虽然银河系中存在大量的中子——这些中子要么来自宇宙早期发生的粒子反应，要么来自恒星中发生的核反应——但它们究竟能不能解释黑暗物质的存在，还是个问题。虽然中子毫无疑问是宇宙物质的一部分，但是，它们的全部质量总和还不到星系总质量的百分之一。

无论何时，天文学家们都将对太阳中子问题的令人惊讶的解答看作是一个重大的威胁，它影响着我们对恒星进化模式的认识。如今，这一困扰我们几十年的难题更像是一个粒子物理学上的问题，而不是天文学问题。天文学家们反复地检查着理论和实验，同时也不断地进行着推理和批判，讨论着这一问题——而科学也正是通过这样的途径获得进步的——这个问题曾经让我们几乎推翻了已有的、对恒星进化历程的理解，而如今，它似乎已经得到了解决。

不确定性制约着我们对每一宇宙进化阶段的认识，星系时代也不例外。在对这一时代的讨论中，我们似乎能够勾勒出许多可能发生过的事件的大致轮廓，但是却并不一定能确定这些事件的细节。究竟是什么引起了太阳的燃烧，从而促进了这些逃出太阳、到达地球的物质和射线的产生？而周期为 11 年的太阳周期又是通过怎样的运作机制，才让太阳表面的斑点发生周期性的明暗变化？此外，日冠，或者说太阳外层大气的温度高达上百万摄氏度，而太阳表面的温度却只有 6000 摄氏度，我们又该怎样解释这一现象呢？在恒星的诞生、运转、死亡阶段，磁场又发挥着怎样的作用？

在我们看来，即便夜空中最为明亮的恒星也蕴藏着秘密，最起码，它们的历史还无法被我们清楚地认识。比如，天狼 A 星距离我们仅有 9 光年，它的亮度看起来是其他所有可见恒星（不包括太阳）的 2 倍，人类对它的观察已经进行了很久。早在公元前 1000 年，人们便用楔形文字记载了这颗恒星的存在，历史学家们认为，这颗恒星对公元前 3000 年古埃及人的农业和信仰产生了深远的影响。既然人类对天狼星的记载可以追溯到如此远古的时代，那么，它也许是个理想的观察对象，可供我们了解它的各个微小的进化环节，虽然这些环节所耗费的时间也是相当漫长的。不过，问题仍旧存在着。

在其漫长的历史中，天狼星似乎确实发生过外表上的变化，人类对天狼星所做的记载清楚地反映出了这一点。但是，古人那仅凭肉眼的观察是不足为据的。人类在公元前 100 年至公元 200 年之间所做的相关记录声称，这颗恒星是红色的，但是，现代人却通过观察发现，天狼星是白色或者蓝白色的，总之绝不可能是红色的，而根据恒星进化理论，没有一颗恒星可以在如此短的时间之内，发生从红色到蓝白色的剧烈颜色变化。恒星的任何此类变化都起码要花费上 10 万年的时间，而且，它们所发生的颜色变化通常是从蓝色变成红色。

天文学家们为天狼 A 星的这种迅速的颜色变化提供了许多种解释。有人认为，这些记载源自于古人的错误观察，还有一些人认为，在 2000 年前，在天狼 A 星和地球之间也许正好存在一些星际微尘，而这些微尘使得恒星的颜色看起来像是红色，就好像地球那布满微尘的大气层使得夕阳的颜色看起来偏红一样。还有人说，在 2000 年前，也许天狼 A 星还有一个伴侣，叫做天狼 B 星，这颗 B 星是一颗红巨星，并且是这双星系统中的主星，之后，随着它的外层渐渐扩散，B 星变成了一颗小小的白矮星，也就是我们今天所说的天狼 B 星。

但是这些都称不上是合理的解释，天空中最为明亮的一颗恒星怎么可能被错误地记载好几百年呢？而它和地球之间的星际云又在哪里？之前那颗红巨星的外壳又到哪里去了？我们不安地感觉到，也许这颗夜空中最为明亮的恒星并不符合我们目前所认可的恒星进化过程。

似乎嫌我们遇到的麻烦还不够，北极星——最为标准的航海指向标——也给我们带来了一些谜题。虽然莎士比亚在恺撒大帝的最后一节中写道“我并不像北极星那样恒久”，但事实上，北极星所发出的光芒并不是恒久稳定的，这倒也罢了，毕竟天空中有太多光芒不够稳定的恒星。但是，北极星光芒发生变化的程度也是不稳定的！而这正是我们无法理解的地方。2000 年前的希腊天文学家们认为，北极星的平均亮度比现在要暗 3 倍，如果真是这样，那么这个亮度变化的速度比目前恒星进化模型所推测的速度要快得多。当然，这些细节上的问题并不能说明我们对恒星的理解中存在巨大的失误，相反，它们预示着在恒星进化的细节上，我们还有许多研究工作要做，只要不断地完善细节，我们对恒星进化的认识就能渐渐丰满。

抛开这些琐碎烦人的小问题不说，我们对于恒星进化的认识称得上是人类天文学史上取得的最为辉煌的成就之一。在过去的几十年中，理论和实验携手并进，让我们对恒星从摇篮走向死亡的全程有了更为深入的了解。今天，恒星进化已经成为宇宙进化史篇中的一座里程碑，已经成为我们颇为了解的宇宙图景中一道亮丽的风景线。

老年恒星氦核中进行的核聚变并不能维持很长的时间，无论恒星核中存在多少氦元素，它们都会被快速地消耗完毕。正如之前氢–氦的聚合循环一样，氦–碳的聚合循环进行的速度和温度是成正比的。内核的温度越高，这种聚合反应进行的速度就越快，在恒星核极高的温度条件下，氦燃料并不能维持很长的时间——也许连几百万年都无法维持。

和之前氦核中的情形一样，碳在恒星核中的产生也会带来一系列的物理变化。首先，随着恒星核内的氦元素消耗完毕，核聚变反应也随之停止，而此时的温度并不足以让碳元素发生聚变。于是，恒星的碳核开始进行微量的收缩，温度也随之上升了一点，也就是说，恒星的自然恒温器再一次启动了，它再一次通过牺牲重力势能来获得新的能量。温度的升高使得恒星中间层以及最外层中发生的氢元素及氦元素聚变循环迅速加速，于是，年老的恒星此时仿佛变成了一颗巨大的洋葱，每一层中含有的元素种类都不同，越靠近核心处的元素原子量越大。这场更进一步的升温使得恒星的外层开始扩张，就好像前面的情景一样，恒星再一次变成一颗膨胀的红巨星。

如果恒星核的温度足够高，可以使得两颗碳原子核，或者说碳原子核与氦原子核发生聚变，那么更高原子量的元素便有可能生成。在这核反应链的每一个环节上，都有新生出的能量支持着恒星，让恒星一次次地回到流体静力学的稳定状态上。同样地，这些稳定状态都是流体静力学意义上的，而不是热动力学上的，因为，此时衰老的恒星当中已经产生了一种从内核到表面的元素种类及热量断层。也正因为这个原因，这些年老的恒星必定要比年轻恒星更加复杂。于是，颇为讽刺地，随着核聚变的过程不断发展，年老的恒星的光芒变得越来越亮，但事实上，它们正在步入死亡。

这样一个收缩-升温-聚变的循环正是许多重金属在恒星的垂暮之年诞生的途径，所有原子量大于碳的元素都是在一些恒星最后1% 的生命中形成的，当然，这些恒星中并不包括太阳。

* * *

恒星是怎样死去的呢？当它们那灿烂、漫长的生命结束时，它们变成了什么物质？要想得出答案，我们必须同时依靠电脑模型和实际观察——也就是所谓的理论与实践相结合。但是，坦白地说，这个问题在细节上还存在许多悬而未决之处，毕竟，从人类在 400

年前发明天文望远镜开始，还没有一个人亲眼目睹过一颗邻近恒星的死亡。关于恒星在临近死亡时（以及死亡之后）的活动，我们已经有了一些理论推断，在这些推断的指引下，天文学家们在宇宙中搜寻着，试图找到符合推断描述的天体。

最为精确的模型表明，恒星进化的最后阶段与恒星的质量密切相关。根据我们的经验，小质量恒星的死亡过程较为平缓，而大质量恒星的死亡过程则颇为激烈，用于区别小质量和大质量恒星的临界值大约为 8 倍太阳质量。根据我们对银河系的共同认识，只有不到 1% 的银河系恒星能够达到这一临界值，因此，我们的太阳，以及大部分其他恒星都属于小质量恒星的范围，而只有极少数比太阳重很多的恒星能够被归入大质量恒星的范围。

太阳的死亡将会是一个较为简单、平凡的过程，到那个时候，随着它渐渐步入死亡，太阳的内核将达到极高的温度和密度。每一立方厘米的内核在地球上的重量都将达到 1 吨，也就是说，在 1 粒豌豆大小的体积中，存在有 1000 千克的物质。但是，即便在这样高的密度下，太阳内核中原子核的碰撞依旧达不到应有的频率，无法将内核的温度提高到引发新一轮核聚变所需的温度值——6 亿摄氏度，因此，碳元素无法继续聚变为更重的元素。而在太阳的中间层中，也已经没有足够的物质来进一步压缩内核，因此，此时内核的密度已经达到最大值，它的温度停止了增加，氧、铁、金以及其他元素都无法在小质量恒星中形成。

像太阳一样的小质量恒星进入老年期时，会将自己推入颇为窘迫的情境中。它们的碳内核已经彻底地死亡，而围绕在碳元素之外的氦元素却在继续转化为碳元素，同时，中间层中的氢元素也还在不断地转变为氦元素。温度的升高渐渐将恒星的最外层越推越远，最后，恒星很可能将成为一个模样怪异、被一分为二的天体。这一天体被称为“行星状星云”，它的基本组成便是一圈温热、稀疏的物质围绕着一个炙热、密集的内核。

在拉丁语中，“星云”的意思是分布广泛、极度稀薄的“雾”或者“云”，但是我们不能将这些行星状星云与之前提到过的、体积更大的星系状星云相互混淆。星系状星云标志着不久之前该处有星系诞生，而行星状星云则预示着恒星的死亡。“行星”这个词也带有一定的误导性，因为这些天体其实与行星没有半点关系。这个名字来自 18 世纪，当时的天文学家无法清晰地辨认这些散布在夜空中的无数的模糊、微弱的光团，于是，一些天文学家便误以为它们是行星。后来，一些研究清楚地表明，这些光星云的模糊光芒来自一些呈壳状或环状的温暖气体，这些气体围绕着一个明亮的内核。而现代的天文望远镜则完全揭开了行星状星云的秘密，让我们得以了解到它们的真实面目。

或许这听起来有些奇怪，但是，在银河系中，我们已经发现了近千例行星状星云。虽然它们有时看起来像是一圈光星云围绕着一个明亮的内核，但是，这种环状的外观常常只是一种假象，正是由于我们的视线中积攒了太多它们所释放出的气体，这样的假象才得以形成。我们对这些天体的直接观察已经确认了我们做出的理论推测：这些天体外围的物质形成的是一种近似球体的形状，这个球形的外围正在不断地远离着一个古老红巨星的内核。当然，例外的情况也有很多，行星状星云有着很多奇怪的形状，由于恒星的自转和复杂的环境，这些不断远离的气体外壳常常会发生变形，使得行星状星云变成一种朦胧的形状。少数行星状星云的内核甚至会放出发光的气流，这些气流往往会形成一些奇特的难以言喻的形状。

而行星状星云那不断远离的外壳部分也不会发生任何离奇的进化事件。它只是不断地随着时间扩散，不断地冷却、变得稀薄，最后默默无闻地与外部的星际介质融为一体。它的主要作用便是增加太空中的氦原子数量，或许，还能增加太空中碳原子的数量。

而行星状星云内核接下来的进化过程也没有任何特殊之处，这些内核之前被掩盖在红巨星外围的大气层中央，而现在，当笼罩在它们四周的外壳散去之后，它们便显现出来。这些内核是一些较小的明亮天体，它含有大量的碳元素但是却无法进行核聚变，因此，它们仅仅依靠着以前积累的能量来发光，由于体积小，热量高，它们的外貌呈白炙状。这些收缩的碳核的体积比地球大不了多少——事实上，它们装满了核废物——它们被称作白矮星，并可以在太空中被观察到。

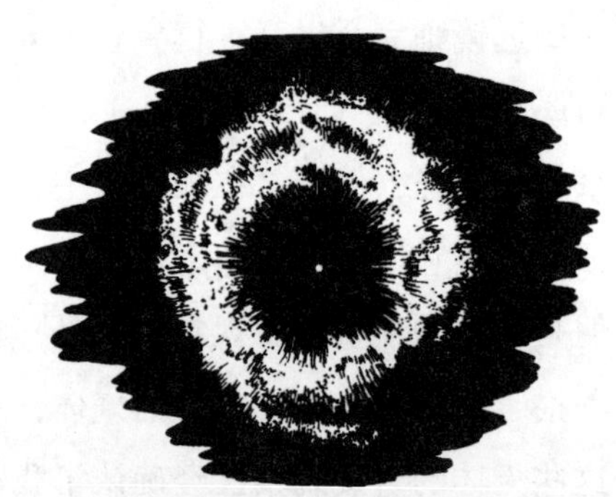

白矮星之前被掩盖在红巨星外围的大气层中央，而当笼罩在它们四周的外衣散去之后，它们便显现出来。

我们对白矮星所放出的射线进行了分析，分析表明，白矮星的性质大致符合电脑模型对老年小质量恒星所做出的推断。我们已经在行星状星云的中央发现了十几颗白矮星，但是，每个行星状星云中只可能有一颗。此外，我们还在银河系中发现了好几百颗已经失去外壳的“赤裸”白矮星，它们外围的气体早已扩散不见。在所有白矮星中，最为著名的当属天狼B星，它与明亮的天狼A星形成了一个双星系统，稍后，我们将讨论与它相关的一些问题。

因此，天文学家们已经确认了邻近宇宙中的红巨星、行星状星云以及白矮星，这些天体处于恒星老年的不同阶段，它们的性质与我们所做的关于低质量恒星性质的推断基本相符。但是，我们还是无法在有生之年亲眼目睹任何一个行星状星云外壳的扩散，这是因为通常来说，只有在红巨星外围部分的扩散进行几十万年之后，白矮星才能显现出来。

在这之后，白矮星不会发生任何特殊的变化，从任何意义上来说，它都是一颗已经死去的恒星。白矮星将继续降温，随着时间流逝，它的光芒将逐渐变得暗淡，它将由白矮星变为黄矮星，接着变为红矮星，最后凝固为一颗巨大无比的太空钻石。它们最终的状态是黑矮星——一颗冰冷、密集、燃烧完毕的天体，这样的一具恒星尸体已经彻底进入了坟墓。

没有人知道，银河系中究竟有多少颗黑矮星——这很正常，因为黑矮星是不发光的。它们的体积也是无从探测的，可能的体积范围介于正常恒星的体积以及原子和分子的体积之间。即便我们有办法勘测到这些漆黑的渣块，我们也发现不了多少个，因为小质量恒星的总寿命是十分漫长的，几乎与星系的寿命差不多，甚至更长。我们的银河系似乎还没有走过足够漫长的岁月，还不足以让其中的许多恒星走完一生，也许，在银河系中连一颗这样的恒星也没有。

而质量高于太阳质量8倍的恒星则有着完全不同的命运，总的说来，它们转变成为红巨星的过程与小质量恒星差不多，其中只有一个差别。大质量恒星的所有进化步骤进行的速度都比小质量恒星进化的速度要快，这是因为，大质量恒星较高的质量能够让它们产生较高的热量。和我们之前所说的一样，正是万有引力带来了这些热量，从而加速了所有的进化环节。这也正是质量最为巨大的恒星消耗燃料极快，寿命较短的原因，事实上，这些恒星的寿命还不到1亿年。在这些质量最大的恒星中，有一些甚至是太阳质量的好几十倍，它们的寿命往往不超过1000万年，这个长度比太阳的寿命短1000倍——这在宇宙中只不过是一眨眼的瞬间，但它却是人类寿命的10万多倍。

当大质量恒星处于红巨星阶段时，它的内核可以达到引发碳原子核聚变所需要的温度——6亿摄氏度。同样的，质量是这里的关键，质量很高的恒星能够产生很强的万有引力，这股引力比与太阳差不多的恒星所产生的引力要强烈很多，它能够将恒星核中的物质压缩到足够大的密度，让核内的气体粒子之间能够产生足够频繁而猛烈的撞击。

根据理论模型，大质量恒星进化到高级阶段时，将成为一个具有很多层次的天体，在每一层当中都同时进行着不同的核聚变反应，这样一颗恒星的内部更像是洋葱。在恒星表面之下那温度较低的外围区域中，氢元素正聚合为氦元素，而在恒星的中间层中，氦元素正聚合为碳元素，在靠近恒星核的地方，产生了镁、硅、硫以及许多其他的较重的原子核，这些原子核中的一部分继续聚合，形成更重的原子核。由于越靠近恒星内核处的地方温度越高，因此上一层聚合形成的原子核往往会成为下一层中聚合反应的原料。而恒星核中则充满了铁原子核，这是一些颇为复杂的物质，由几十个中子和质子组成，它的质量介于最重的原子核和最轻的原子核之间。

恒星每一层中发生的聚合反应都会生成不同的新元素，这些聚合反应都是由恒星的不稳定状态引起的。恒星核先是温度降低，接着便进行小幅的收缩，接着温度升高、将重原子核融合同时消耗燃料，之后，这一循环又将从头开始：再次收缩、再次升温、再次聚合，以此类推。在每一个恒星燃烧阶段，都会有能量在聚合反应中生成，这些能量支撑着恒星（起码在一段时间内是这样），抵抗着万有引力的作用。同时，在每个燃烧阶段，随着恒星内部不断进化，它的燃烧速度也在不断地增加，比如，在一颗质量比太阳质量高出二十多倍的恒星中，氢元素燃烧的时间为 1000 万年，氦元素燃烧的时间为 50 万年，碳元素大约会燃烧 1000 年，氧元素燃烧 1 年，而硅元素则只能燃烧 1 个礼拜。

随着铁元素在恒星核中不断聚集，这颗病入膏肓、余日不多的恒星在不到 1 天的工夫里，便会产生严重的问题，核物理学家认为，铁元素有着“最高的核聚合能”，也就是说，铁是最为稳定的元素。因此，有铁元素参与的核反应并不能释放出能量，铁原子核是如此密集，以至于它们在反应中将吸收能量。这主要是因为，恒星核进一步的收缩将使得铁元素裂变为氦元素，同时吸收能量，而不是释放能量。用通俗的话来说，铁原子核所扮演的是灭火器的角色，它突如其来地熄灭了恒星中，起码是恒星核中的核火。随着铁元素渐渐在恒星核中增加，恒星中央的火焰熄灭了，其中的核反应也彻底结束。

现在，恒星中潜伏着严重的危机，它已经失去了内核中核反应的支撑，也就相当于失去了稳定的基础，它的结构稳定即将遭到破坏。虽然此时恒星的铁核温度已经达到了好几十亿摄氏度，但是，它那一层层沉重物质带来的强大的万有引力作用很快将带来不可阻挡的灾难。除非恒星当中的核反应能够持续不灭，不然，任何熄火的大质量恒星都会立即遭受厄运。

一旦引力的作用大过热气体的压力，恒星便会发生内向爆炸，自我坍塌。这场内向爆炸并不会持续很长的时间，也许就发生在内核反应熄灭几分钟之后，它并不是缓慢的收缩，而是一场剧烈的坍塌。此时，恒星内部的温度和密度都将急剧上升，这将使得恒星像被压缩的弹簧一样，发生暂时的反弹，它的内核将炸裂开，外层也将分崩离析。大质量恒星发生的这种反弹运动的细节我们还不是很清楚，但是它所造成的结果是很明确的：恒星的大部分质量——包括其中形成的各种重元素——都将以几万千米每秒的初速度飞离出去，进入恒星周围的太空。这种飞离运动比行星状星云外圈的飞离要猛烈得多，恒星的绝大部分都炸裂了开来，这是一场极端激烈浩大的事件，所有比太阳重很多的大恒星都将以这种方式完结生命，而这种壮观激烈的死亡被称为超新星。

在任何一个星系当中，超新星都是最为壮烈的事件，甚至可以说，它们是宇宙中涉及能量最高的事件之一。炸裂开来的恒星碎片温度极高、它们将发出猛烈的射线，其明亮程度将高于太阳亮度的1亿倍，在几个小时之内，它的亮度与整个银河系的亮度总和相等。最后，和大部分爆炸的情况一样，高潮退去、恒星碎片的温度也将降低，但是，在这之前，大量的能量及重元素已经飞散到了恒星周围的星系区域当中。

天文学家们并不能完全确定超新星的爆炸时间及方式，这是因为，从17世纪早期开始，还没有一颗临近地球的恒星以超新星的方式发生爆炸，而理论模型也无法确认这些爆炸的细节。简单地说来就是：这一整颗恒星为何不仅仅只是发生毁灭性的内向爆炸，还要通过剧烈的外向爆炸来彻底逆转之前的内向爆炸呢？

超新星模型表明，一些重元素，如碳、氮、氧、镁、硅以及其他比铁要轻的元素是在恒星内部生成的，而比铁更重的元素则是在大爆炸当中生成的。爆炸发生时以及之后的15分钟里，中等重量的原子核被猛烈地甩到了一起，结合成了原子核中质量最大的部分，之后，中子被吸引过来，完整的原子核便形成了。大部分的稀有元素都是在这个时候形成的，其中包括银、金、铀以及钚等。因此，如今最为人们所看重的金属都是在恒星解体断气的时候形成的，这些恒星曾经是那么明亮、巨大，而如今却四分五裂、一命呜呼。只有当它们的诞生地解体之后，原子量最大的元素才能形成，这可真是讽刺。但是，由于可供原子量大于铁的元素形成的时间是十分短暂的，因此在自然界中，比铁重的元素要比那些较轻的元素少得多——这也正是它们如此昂贵的原因。

曾经的恒星变成了四处播撒的残片，这些残片与星际空间中那形成于粒子时代早期的氢元素和氦元素混合在了一起。这些由各种元素组成的混合物又可以进行新一轮的收缩、升温以及聚合反应，并通过无数次的循环，依次带来第二代、第三代以至第N代恒星的诞生和死亡。我们的太阳最起码是第二代恒星，因为它的内部已经包含了重元素，其中就有许多铁元素。而这些重元素是无法在太阳这种低质量低温的恒星中形成的，它们必定是在很久之前就已经爆炸的大质量恒星的产物。

我们怎么知道恒星的确是通过这种方式来制造重元素的呢？我们能不能肯定恒星核合成的理论是正确的呢？对于这些问题，除开我们已经在太空中发现了恒星片存在的事实之外，我们有一条客观

证据，以及一条颇具说服力的论据。首先，在过去的几十年中，我们已经通过实验得知了各种原子核被捕捉到的速度以及它们衰减的速度。这些实验工作中的一部分是用来支持美国的核武器项目的。这些数据将全部被输入高级电脑模型当中，这些模型中还囊括了大质量恒星内部各层中的温度、密度以及组成等指标，这样得出的各种原子核生成的量与我们已知的各种小于等于铁的中等质量元素的量是完全一致的。因此，虽然没有人直接地观察过原子核的形成过程——地球上进行的核爆炸试验除外——我们所得到的理论与实验的一致性却是惊人的。我们也就可以有理由认为，借助核物理以及恒星进化的知识，我们已经充分了解了大自然创造重元素的方法。

第二，我们通过对一种特殊原子核—— 一种名叫锝的稀有不稳定原子核——的仔细观察发现，重元素的确是在大质量恒星中形成的。这种原子核比铁元素要重得多，它的一生中只有一半的时间会发出射线，这段时间大约为 2 万年，从天文学的角度来看，这样一段时间是非常短暂的，这也正说明了为什么我们从来没有在地球上发现过这种元素自然生成的迹象，因为，它们早已衰退而去（但是，这种元素可以在实验室中作为副产品生成，因此我们可以通过这个途径来研究它们）。而锝元素在很多红巨星光谱中的位置却清楚地说明，它们很可能诞生在最近的 100 万年左右的时间里。因此，如今的恒星中仍旧有元素正在形成。

最后，超新星的爆炸方式与核弹的爆炸方式是相同的。在爆炸发生的瞬间，超新星所发出光线的明亮度将急剧上升，这种光亮在接下来的几年中将渐渐暗淡。其光线的这种独特的暗淡方式来自于爆炸中形成的不稳定原子核的放射性衰减。我们对地球上爆炸后的热核武器，其光线的暗淡模式进行了研究，研究表明，这种模式与超新星所经历的过程是完全相同的——只不过程度不如后者高。所以说，虽然核弹具有破坏性，但它们却可以帮助我们更好地了解自然；超新星虽然也有破坏性，但它们却丰富了自然。

超新星并不仅仅是理论研究者们的无根据推测，已经有大量的证据可以证明，在过去的许多时代中，都发生过天体爆炸。目前我们研究得最多的一颗超新星残留名叫蟹状星云，之所以这样称呼这一天体，是因为它的外形酷似螃蟹。蟹状星云距离我们大约 6000 光年，位于金牛座当中，它那闪闪发光的残片散布在宽达 10 光年的空间里。蟹状星云的光芒已经暗淡了许多，如今我们只有通过天文望远镜才能够看到它。但是，从它所释放出的物质的运动速度上——这些物质仍旧在以每秒几千千米的速度逃逸出去——我们可以推算出，在大约九百多年前，这场爆炸所发出的光亮一定能够通过肉眼看见。

虽然拉丁文中“nova”的意思是“新”，但是，今天的天文学家们已经意识到，超新星光芒的突然增强，即由几乎不可见突然变得耀眼刺目的过程，只能使得超新星在古人的眼中显得“新”。蟹状星云的前身所发生的爆炸十分剧烈，以致生活在 1054 年的古代亚洲以及阿拉伯的人们都认为，它的光芒超过了金星，几乎可以和月亮的亮度相媲美。美洲土著人也看到了这强烈的光芒，并将它记载在了美国中西部的岩石上。

毫无疑问，有许多的大恒星在更早一些的时候发生了自毁性的爆炸，从相关记载上我们可以看出，在过去的几千年中，银河系中至少存在过十几颗超新星。此外，还有更多的证据隐藏在夜晚的天

空中，证实着许多模糊恒星残骸的存在，这些恒星很有可能在有记载的人类历史出现之前，已经发生了爆炸。这些恒星残骸中，距离我们最近的应该是面纱星云，它的遗体距离我们仅有1500光年，天文学家们如今仍然可清楚地观察到它的扩张速度，并由此推算出它的前身恒星是在大约公元前18000年的时候发生的爆炸。从它散布在残片区域内的物质数量上来看，这颗超新星的亮度很可能曾超越了满月的亮度，这样明亮的一颗天体曾对当时正处在石器时代的人类产生怎样的影响，他们的神话、文化、宗教曾为此而发生了怎样的变化，我们则只能猜测了。

如今，我们已经在其他的星系当中发现了几百颗超新星的存在——其中很多超新星的亮度一度赛过了其所在星系的亮度。每个晚上都观察着茫茫夜空的天文学家们常常能够看到，某个遥远星系的某一处会忽然发生亮度的增强，这让他们认定，星系中广泛存在着大质量的恒星，同时，也让他们改进了星系进化模式中的相关推论。如果我们可以对某个遥远的星系进行一次长达1个月的录像，我们便能看到，这些星系中的超新星就像体育馆熄灯时的灯泡一样，在不断地熄灭。令人遗憾的是，在天文望远镜发明之后的这四百多年中，银河系中还没有一颗恒星发生过可观察到的此类爆炸，因此，我们也从来没有近距离地观察过超新星。

人类最近在银河系中观察到的一颗超新星引起了文艺复兴时期的一场骚动，并动摇了当时占据领导地位的哲学观念。奇怪的是，在几个世纪之前的欧洲人眼中，蟹状星云似乎消失不见了，这大概是因为当时的教会势力过于强大，宗教教条过于死板的原因，以至于虔诚（或胆怯）的人们不得不对该星云的存在视而不见。但是，分别在1572年和1604年出现的明亮天体的衰退却无法被忽视——

其中1604年发生的那次在连续好几个礼拜的白天都能够看见——这些现象彻底摧毁了亚里士多德关于地球之外的宇宙是恒定不变的论断。当时也并未有人意识到，天空中出现的这几道闪光——也就是今天我们所说的第谷星云和开普勒星云——已经播下了思想的种子，宇宙进化理论便由这些种子萌发而来，而在这一理论当中，变化是宇宙中亘古不变的主题。

蟹状星云是一颗几乎将被击得粉碎的恒星残留下的；图片上便是如今我们看到的这颗超新星的模样——这场大爆炸中产生的无数明亮碎片早在1054年就已经被中国、阿拉伯以及美洲当地的一些天文观察者们观察到，如今，这团星云所跨越的长度仅为满月半径的1/5，但是，爆炸中产生的碎片却遍布在距离它6000光年的地方，并且覆盖了好几光年的距离，这些残片中有大量的重元素。来源：欧洲南方天文台。

更近一些的时候，天文学家们跟踪到了一颗巨大的超新星，它位于麦哲伦云当中——麦哲伦云的横幅还不到2000光年，它围绕着银河系运转。这颗超新星于1987年的冬天首先被智利的几名业余天文学家看见，之后的几分钟里，全世界的望远镜都对准了它——这个后来被命名为SN1987A的天体。它是人类在过去的400年中所观察到的最为壮观的宇宙变化之一。这一质量高达太阳质量15倍的天体在生命的后期进入了极不稳定的状态，它的爆炸过程是如此剧烈，以至于那时飞散出的发光碎片如今还清晰可见，虽然，这一事件被观察到的时刻距今已有十多年，而该天体距离我们也十分遥远。总的来说，我们在这场天体大爆炸中所观察到的主要特征基本符合我们所建立的恒星进化电脑模型，这其中包括，在闪电出现的几乎同一刹那，一些瞬间诞生的中子到达了地球表面。正如我们稍后将要提到的，很可能正是这些中子——也就是我们在讨论太阳谜团时说到过的那种我们不甚了解的粒子——引起了坍塌恒星的反弹，引发了这场空前剧烈的大爆炸，而天文学家们直到今天，还在研究这场爆炸留下的残骸。

我们并不了解有关超新星的所有信息，很显然，它们在银河系中的罕见稀少为我们制造了不小的麻烦。根据我们所知的恒星进化速度，以及对银河系中大质量恒星数目的估算，我们推测在银河系可观察到的区域中（也就是那些远离银河系微尘的地方），大概每100年就会出现一次超新星。但是，在过去的1000年中，人类只发现了6颗这样的星际超新星，而在过去的100年中则1颗也没有发现。如果在上一次超新星产生至今的几百年中有新的超新星诞生，那么人类是不可能错过它的，也就是说，事实上银河系中已经很久没有超新星产生了，除非超新星产生的实际频率远远低于我们的理论推算，不然，我们现在每天都在面临着超新星诞生的可能性，我们所能做的，只有默默地希望它的爆炸不要太过剧烈——同时也不要距离我们太近。

超新星可绝不只是焰火表演，假如银河系中某颗靠近太阳的大质量恒星发生了爆炸，那么地球将连续好几个月被射线和危害生命的物质所围绕。最开始，地球会受到高能量X射线和伽马射线的突然攻击，接着便是中子，这些物质必然会击穿地球上的臭氧层，使得大气层中充满了辐射，地球上的生命将被强烈的阳光炙烤而死。而大质量恒星的最外层也将被剥离，并以基本粒子的形式形成宇宙射线，以极快的速度飞入太空，这些宇宙射线将会在爆炸发生一小段时间之后像连珠炮一样纷纷落到地面上，这样剧烈的瞬间将造成地球上生物的彻底灭亡，正如我们从已经形成几百年的化石上所能看到的那样——这些问题都属于另一个研究活跃的交叉学科，这一学科同时涉及生物学和天文学，因此被称为天文生物学。因此，我们对于临近恒星的了解——尤其是有关它们质量的知识——绝不仅仅只是为了满足研究者的兴趣，相反，我们对于临近恒星死亡方式的推断是极其关键的。目前，研究者们尤其关注的一点是，地球临近的一颗恒星很有可能会发生超新星爆炸，不过，即便这种爆炸确实会发生，我们也无力改变什么。

根据临近星系区域中恒星的有关数据我们可以推算出，在距离太阳300光年的区域中，大约每50万年就会出现一颗超新星，或者说，在距离太阳30光年之内的区域中，大约每5亿年便会出现一颗超新星。这个频率是不是过快了些？不过幸运的是，离地球较近的那些恒星当中，有一个达到了足够的重量，可以通过自动爆炸的方式来结束生命。我们还是相当幸运的，这些恒星的死亡方式似乎都将与我们的太阳一样，是由红巨星变成白矮星。

奇妙的是，我们几乎可以肯定一颗可见的巨大恒星已经发生了爆炸，但是，这场巨大爆炸中的光芒却还没有传送到我们的眼中。由于光速的有限性，我们如今见到的一些明亮的恒星其实早已经在几个世纪之前发生了爆炸，但我们却还没有观察到这些爆炸。比如，我们大家都知道的，质量为太阳质量 10 倍的参宿七星，一颗散发出骄傲的明亮光辉、距离我们大约 800 光年的恒星，很有可能在地球处于中年时就已经发生了爆炸，但是这一“消息”还正在传达到地球的半路上。而参宿七星在猎户座中的“伙伴”——有着 15 倍于太阳质量，距离地球仅有 400 光年的猎户座阿尔法星，也有可能在更近一些时候发生了爆炸。它们和北极星，红超巨星星宿二，强大的天津四星（天鹅座中最为明亮的恒星）一样，都是可能会发生大爆炸的恒星。

我们绝对可以肯定，如果天空中突然出现了这么一颗超新星，那么全世界的天文望远镜都将立即聚焦在这场盛大的烟花表演上。一些大规模的天文台，如哈佛-史密松天文物理台，都成立了“超新星警卫队”，这些小队由几名天文学家组成，他们随时待命，时刻准备在超新星出现后 1 小时之内将其天文台中的所有地面望远镜和轨道望远镜都调整到对准超新星的方向。令人记忆犹新的是出现在 20 年前劳动节同时也是周末的一次假警报，科学家们当时诧异不已地想，难道超新星是这样不近人情，居然要挑在这样一个人类节假日里发生？事实上，这一小分队的主要任务是研究超新星爆炸的早期阶段，尤其是那些爆炸中发出的射线是如何由无害的无线电波转变为可能致命的伽马射线的。

* * *

超新星的能量是无比巨大的，它能够轻而易举地在很短的时间内将周围的物质聚合为密集的物质块，就好像一把强有力的耙子可以很快地将雪扫成一堆一样。超新星能够聚集起的物质量远比其作为恒星时所包含的物质量要大得多，例如，一颗 10 倍于太阳质量的恒星发生爆炸时，它所产生的冲击波流将伸延到 6 光年之外，同时将聚集起大约 8000 倍于太阳质量的星际物质。一些新产生的冲击波流——无论这波流是来自于恒星诞生时的星云，还是来自恒星死亡时的剧烈爆炸——都会引起“第二代恒星”的诞生，而这些“二代恒星”又将发生爆炸，从而产生更多的冲击波，依次不断地循环下去，正如连锁反应一样，老的恒星会引发星际云中更深处的恒星的形成——这是一场由来去迅速的大质量恒星催化的恒星诞生浪潮。我们已经观察到了许多位于超新星残骸附近的年轻恒星，这无疑证明了，新恒星那缓慢温和的诞生往往是由其他恒星剧烈的爆炸所带来的。

如果我们可以将思维延伸得足够宽，并且回望到足够远的时候，我们便会发现，恒星就好像细菌培养皿中的细菌一样，具有很高的繁殖力，虽然这么说或许有些夸张，但是恒星的确是个很好地体现了物理进化的例子。随着时间流逝，它们自然地发生着变化，它们各层之间的温度和元素组成差异变得越来越大，它的内核温度变得越来越高，重金属开始在那里形成。随着初生的准恒星变为中年恒星，再变为接近死亡的红巨星、白矮星以及超新星，恒星的尺寸、颜色、亮度和外表都在发生着变化。最起码在能量流、物质循环、内部成分以及不稳定性上，恒星的变化历程和生命进化的历程是颇为相似的。

当然这并不是说恒星真的具有生命——这是一种常见的误解，同样地，这也并不意味着恒星所经历的是严格、狭义生物学意义上的进化——我们将在之后的一章，也就是“生物学时代”中仔细讨论这种进化。但是，它们的进化和生物进化之间存在的对等性是显而易见的，这其中包括选择、适应，甚至恒星还有后代。这一切都让我们想起马尔萨斯人口论的叙述，简单说来就是：

星际云中孕育着大批的恒星种子，在这些恒星当中，只有少数的一部分（那些比太阳重得多的恒星）才能（通过超新星的方式）引起下一代恒星的诞生，而每一代恒星都各有不同，这种差异在其包含的重元素上体现得尤其明显。这些星系云中进行的一代代恒星的传递都好像历史漫长的慢性连锁反应——旧恒星死亡时发出的冲击波引起了新恒星的诞生——这期间并不会有任何一种恒星表现出数量上的明显增加，而这种传宗接代的过程也并不是完美无缺的。那些被自然选中、能够经得起烈焰的炙烤从而产生出重金属的大质量恒星正是能够引起新恒星诞生的恒星种类，因此，这新旧两种恒星便依次地不断丰富着星际空间的元素种类，当然，这个过程往往要延续要好几百万个千年。同样地，这种丰富性的增强所需的必要（可能是非充分）条件是由环境条件以及环境（在本例中为星际环境）中可利用的能量流所决定的。

于是，这样一个循环便不断地继续着：建立、倒塌、改变——这是一种无关基因、遗传的恒星“繁殖”，而基因和遗传，则是生物进化中的宝贵特征，正是因为有了它们，生命进化的等级才能高于恒星进化。

* * *

超新星爆炸之后将留下什么呢？整颗的恒星会不会只是分裂成

无数的小块，飞溅到周围的宇宙空间中呢？对于这些问题，天文学家们还没有明确的答案，不过，根据电脑模型的推测，恒星的一部分（大约占整颗恒星的1/5）将会遗留下来。正如行星状星云在其外围物质较为缓和地飞散出去之后，其内核将会以白矮星的形式残留下来一样，大部分超新星也会留下一个小小的高密度内核。而这颗内核当中的物质和地球上的任何物质都有着天壤之别，事实上，它将处于宇宙中最奇怪的物质状态。

在恒星发生内向爆炸的时候，也就是当它发生外向爆炸之前，其内核中的所有电子都将与质子发生猛烈的撞击。只要内核处于等离子状态，那么电子是一直存在于内核当中的，但是质子却是在原子核解体时被释放出来的，原子核解体的原因便是内向爆炸的发生。结果，大质量恒星内核中便发生了一场浩大的基本粒子反应，在这场反应当中，所有的电子和质子都变成了中子和中微子。虽然中微子很快会以光速离开反应现场，但是，很多理论研究者却认为，它们是引发超新星爆炸的一个重要因素。其原因是，中微子可以将发生坍塌的内核中的能量带到恒星的中间层中，并将能量释放在那里，这些能量将使得恒星像一颗巨大的原子弹一样发生猛烈的爆炸。我们都知道，中微子只需要几秒钟便可以脱离恒星，但当它们在穿过超高密度的坍缩星物质时，中微子被堵在了路上，难以逃脱——当然这种堵塞只是暂时的，因为，它们所携带的能量很快就能把恒星的其余部分炸上西天。

恒星核之外的部分是由比中微子重得多的原子核组成的，它们裂成碎片之后，将以很快的速度飞入太空，当然这速度比光速要慢得多。我们至今还可以看到这样一些从古老的超新星残骸中飞出的一缕缕一丝丝的光线。恒星的内核是唯一留下来的东西，它完全由中子组成，密度极高，但宽度却还不到几千千米——这和类星体的大小差不多。天文学家们将这样一颗残留的恒星核称为中子星，但实际上，它并不是一颗真正意义上的“恒星”，因为，其中曾进行的一切核反应都已经彻底地停止了。

中子星的大小和地球上的一个中等城市差不多。

根据恒星进化理论我们可以得知，中子星的体积是非常小的，虽然它们的质量极大。这些仅仅由中子紧紧相扣结合而成的球体并不比地球上的一座城市大上多少。虽然体积迷你，但是这些未发生爆炸的恒星内核的质量却高达太阳质量的好几倍，这两条特征决定了中子星的极高密度。这个密度的平均值是地球上岩石密度的 10^{24} 倍，这无疑是一个极大的值，它比密度已经非常大的白矮星的密度还要高上 10 亿多倍，也就是说，少量的中子星物质在地球上的重量便可以高达上亿吨。事实上，一颗正常原子核的密度也比这大不了多少，中子星内物质的密集度几乎和一颗普通原子核内物质的密集度差不多，我们在宇宙进化史的第一章——“粒子时代”中，已经遇到过这样异乎寻常的密度值，因此，中子星可以被当作科学家们的“远古实验室”，供他们用以研究宇宙开始不久时的物理条件。

一旦恒星发生超新星爆炸，其中进行的所有核反应便彻底停止。根据计算我们得出，残留下来的中子星是一些固态天体，它们的状态比较接近行星而非恒星。我们可以想象，当一个人站在一颗中子星上的状况（当然这要在中子星足够冷却的前提下才可能进行，虽然要让中子星冷下来并不是件容易事），由于中子星上的重力极大，一个在地球上体重为 70 千克的人站在中子星上时，他的体重将相当于 10 亿千克（100 万吨）。事实上，人是绝不可能站到中子星上去的，因为那里极为强烈的重力作用会在一瞬间把人挤压成一张纸片。中子星上的重力是不可思议的，假如全世界的人都被运到中子星上，那么所有人很快会被挤压到一粒豌豆那么大！

我们是否能够确定这些密度极高的中子星的确存在呢？答案是肯定的。在过去的几十年中，研究无线电波及 X 射线的天文学家们观察到了一些重要现象，证明了中子星是确实存在的。这些观察者们对一些快速闪耀的恒星（简称脉冲星）进行了定期追踪，这些恒星会发出短暂的发射性脉冲，每次脉冲维持的时间大约为 1% 秒。每一次脉冲在放出一波射线之后，便停止发射，紧跟其后的是另一次脉冲，就这样一波接一波地无穷进行下去。我们人类对这些更替速度极快的脉冲是无法察觉的（哪怕它们发出的射线是可见光），因此，我们无法用肉眼观察到脉冲星的光闪，但是，特殊设计的仪器却可以记录下这些连珠炮一样的脉冲信号。而相邻脉冲之间相隔时间是如此惊人的一致，以至于我们可以将这些反复更替的放射当作是宇宙中的高度准确的计时器，但是，这些计时器也并不是完美精确的，因为它们同样也会经历变化，在经历了几十亿年之后，脉冲星发出脉冲的频率会渐渐下降，最后，它将步入死亡。

虽然在那些散布着超新星碎片的地方并不一定都有脉冲星的存在，但是，我们还是在超新星那些支离破碎的残骸中发现了一千多颗脉冲星。也许，这些支离破碎的残骸正是那些将自己击得粉碎的恒星形成的。我们研究得最多的一颗脉冲星位于靠近蟹状星云中央的地方，而蟹状星云处曾发生过的那场巨大爆炸早在近1000年前就已经被人类观察到，如今我们已知道，这场爆炸发生在距离我们大约6000光年的地方——因此，它发生的时刻应该是在大约7000年前。通过确认从这一残骸中飞出的物质的运动速度和运动方向，科学家们已经能够回溯这些碎片曾经经过的轨迹，从而确认原恒星爆炸发生的确切地点。而这个地点正是超新星核所在的地方，这个地方也正是脉冲星诞生的地方。很显然，脉冲星确实是那些曾经的大质量恒星的残渣——而在蟹状星云中，脉冲星每秒钟会发出将近30次信号。

天文物理学家们推断，唯一能和这时间精确的信号发射相匹配的物理过程便是一个小小的、不断旋转的放射源。只有快速的旋转——而不是脉动——才能够引发我们观察到的极为规律的脉冲。一般来说，每秒绕轴旋转一次的发射源便能够变成一个颇为奇妙的天体，而在蟹状星云中，这个旋转放射源的速度达到了每秒30次，其外观更是妙不可言。同时，只有直径小于10千米的物体才能够发出如此短暂迅速的脉冲，更为巨大的物体所发出的射线到达地球的时间是略有不同的，它们将无法形成脉冲，而是会形成一串懒洋洋的嗡嗡声。正常的恒星，甚至白矮星，若是进行如此迅速地旋转，都肯定会解体，它们的体积太大，引力大小，将不足以保持它们的整体性。因此，最好的脉冲星模型便是一颗体积小、密度大、不断旋转，并且周期性地向地球发出射线的中子星。也就是说，实验主义者的“脉冲星”与理论主义者的“中子星”其实是一个意思。

根据一些顶尖理论研究者的观点，在中子星的表面或表面附近，也可能是在中子星外部的大气层中，存在一些“热点”，这些热点不断地发射出一种像探照灯光束一般的射线。这些点应该类似于剧烈的表面震动或大气风暴，就好像太阳表面的火焰或地球上的火山一样。最有可能的是，它是一块靠近中子星极点处的区域，在这块区域中，一些从某伴侣恒星上脱离，受到强烈磁力作用因而能量变得极高的带电粒子沿着中子星的轴进行着放射——这和活跃星系的情形有些相似，活跃星系的圆盘以黑洞为中心点进行着快速的旋转，而电子则在磁力的引导下，沿着垂直于圆盘的轴进入到巨大的星系瓣中。从这时候起，磁力便开始发挥作用，而当原恒星发生坍塌时，任何磁场都将被扩大到太阳磁场的 1 兆亿倍。虽然这些充满能量的点不断地向太空中放射着射线，但是，恒星那每秒 1 转的旋转速度已经能够保证这些朝任何方向放射出的射线都犹如枪林弹雨一般，这些射线到达地球时，很可能已经是几千年以后了，它们那快速的脉动被我们的望远镜捕捉到——只要该恒星的方向正确，发出的射线能够经过地球。这一理论模型的细节信息还不够准确，研究者们对它们还存有争议，因为，他们还没有任何可靠的信息，可以说明密度如此之大的物质的运动方式。

中子星确实是一些惊世骇俗的物体，即便如此，我们的电脑模型还是显示出，它们和其他恒星一样，或多或少具有一些不稳定性。在这里，中子星的平衡并不是向内的万有引力与向外的气体压力之间的平衡。根据我们目前所知，中子星中根本不存在任何气体。其向外的张力来自紧密连接的中子本身的晶体性质：根据量子理论，某一空间内能够容纳的中子数量是有限的，因此，这股中子之间的张力完全可以抵御中子星内的万有引力。这些紧密排列，几乎相互接触的中子组成了一个坚固的球体，就好像白矮星中排布密集的电子一样，当然，中子星的密度比白矮星要高得多。各种电脑模型之间都存在细节上的差异，一些模型认为中子星的表面主要由坚硬的铁粉末组成，而另一些则认为它们是由一些全新的超运转物质组成，还有一些认为，中子星的内核是由一些尚且不明的“奇怪物质”组成的，这些物质使得中子星的铁外壳悬浮在其中，总之，21 世纪的科学家们还无法在中子星的问题上取得完全的一致。现代物理即便是在高速计算机和球体对称假设的帮助下，也无法解决这个问题，这就说明，有着极强磁性、高速旋转的物体必然有着十分不稳定的状态。中子星的根本特征便是，其中那些高度压缩的中子能够产生出万有引力也难以抵抗的张力——只有一颗中子星是例外。

根据最近的假设，星系当中应当存在质量极大的恒星内核残骸，它们的质量是如此巨大，以至于其中的引力作用甚至可以将似乎难以琢磨的，纯粹由中子形成的球体压垮。根据一些相关理论，只要在一个小体积空间（不得大于 1 千米）中存在足够多的物质（大于等于 3 倍太阳质量），由此产生的引力作用便能够超越一切阻力。在这种情况下，重力可以强大到将一整颗恒星压缩到一颗行星、一座城市、一枚大头针那么小，甚至更小！

随着一颗原本属于大质量恒星的内核不断收缩，其周围的引力作用渐渐升高到了足够的强度，即便是光也无法逃出它的临界尺寸，试图向外逃逸的光线将像地球上抛出的垒球一样，掉回内核当中。这些颇为恐怖的物体不会发出任何光线、射线，或任何形式的信息。在这种无法与外界沟通的情况下，这颗质量巨大的天体最终将发生自我坍塌并消失——它将变成一个直径不到 1 千米的“洞”，但是，任何周围的物体都将跌入洞中，并且将永远被万有引力困在洞里。这便是恒星进化史上最为奇怪的终点，之前在“星系时代”中，我们也遇到过这样的天体，并认为它们很可能是活跃星系的内核——这些天体，名叫黑洞。

如果上文中所描述的恒星最后的进化阶段是真实的，那么，以下便是这一系列事件发生的顺序：一颗质量起码为太阳质量好几倍的恒星以超新星爆炸的方式结束它的燃烧循环，该恒星之前所含有的大部分物质都将在爆炸中变成碎片飞离出去，只剩下重量仅为几倍于太阳质量的物质留在恒星的内核中，这颗尚未爆炸的内核接着便会发生毁灭性的坍塌，整个内核的体积将在不到 1 秒的时间内收缩到临界尺寸之下。于是，内核便熄灭了——它不仅仅是变得看不见，而是整个消失了——只留下一片黑色的区域，任何光线或射线、事实上任何东西都无法逃出这一区域。这便是黑洞如何成为宇宙中的黑暗区域的过程，这些恒星进化历程的奇特终点并不是天体，而是一些洞——一些位于空间时间中的黑洞。

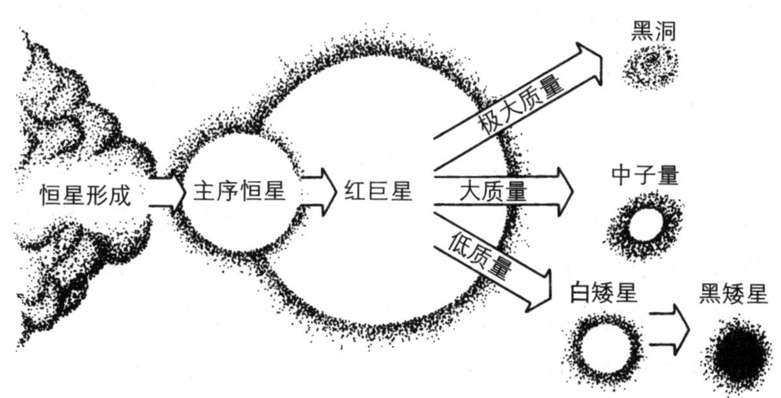

如果上文中所描述的恒星最后的进化阶段是真实的，那么这便是这一系列事件发生的顺序……

那么，这个故事究竟是怎样的？黑洞真的存在吗？或者，它们只是理论家们那丰富想象力的产物？也许，大质量恒星发生爆炸时，其包含的所有物质都变成碎片飞离了出去，根本没有内核残骸留下。又或者，在这些密度超高的物体中，依然有某种未知的力量能够抵抗万有引力的作用。以上的每种可能性都将排除黑洞的存在，究竟我们有多少观察数据，可以证明黑洞的存在？

在“星系时代”一章中，黑洞最有可能解释那些从星系和类星体中央涌出的大量能量。除开“黑洞”这个名称，这些奇特区域周围的环境很有可能是密集的放射源，这是那些掉入黑洞中的物质不断加热和放射的结果。在更早一些的时候，当宇宙还处在更为动荡的状态，还没有多少具有规则结构的物质形成时，超级大黑洞在星系中心处的产生便渐渐具备了成熟的条件。如今，天文学家们推论，我们如今在许多星系的中央处看到的——虽然这一区域不大能够被直接观察到——正是从前那些黑洞的残骸，它们的质量比恒星残骸要大上百万至上十亿倍，其中一些还很明显地在吞噬物质。对于这些理论模型的正确性我们究竟有多少把握？事实上，除开一个逐渐成形的天文学界共识：黑洞很有可能是真实存在的，我们并没有多少把握。

黑洞也许是不可见的，但是这并不表示它们没有引力，它们同样具有质量，因此也同样具有引力。因此，天文学界们可以通过探测黑洞周围空间中的引力，来验证黑洞的存在。例如，我们可以通过观察宇宙飞船或附近天体的运动，来研究黑洞的性质。任何处于临界尺寸区域之外的物体的运动方式都应该表现出有可见物质正处在黑洞当中，换句话说，虽然所有用来探测黑洞的传统手段都消失了，但是它的重力作用却一直存在着。如果天文学家们可以发现几个邻近的小型黑洞，也许我们便能进行观察——即便无法直接观察这些黑洞，我们也应该能够观察它周围的环境。它们距离我们越近（最好是在银河系中），我们便能更好地了解到它们的性质，推算它们的质量，验证我们对它们的想法。

显然，就算我们知道黑洞的确切位置，我们的科技文明也没有能力将宇宙飞船运送到靠近黑洞的区域中。但是，在星系中分布着许多的双星系统，这些系统中的恒星围绕彼此旋转着。这些系统中的恒星往往只有一颗能够被看见，而另一颗则只能通过一些间接的方法来观察，如周期性光谱移动或者星光的黯淡。当然，每颗无法看到的双星系统成员都有可能是矮星，它们被其恒星伴侣发出的明亮光芒掩盖住了。或者，它们是被星际微尘遮盖住了，因而地球上的仪器无法观察到它们，也就是说，它们不一定预示着黑洞的存在。对于大多数拥有一颗黯淡成员的双星系统来说，以上的原因都有可能是真实的，在这些情况当中，它们包含的黯淡成员并不是黑洞。

但是，少数双星系统却表现出了一些奇怪的特征，这些特征强烈地预示着黑洞的存在。20 世纪 70 年代，一些由绕地人造卫星进行的观察表明，一些双星系统会放射出大量的 X 射线，这种高频率的放射并不能轻易地穿过微尘，因此，双星系统中那个不可见的成员不大可能是被星际中的碎屑遮挡住了。更近一些的时候，我们发明了一种先进的人造卫星，它可以对嫌疑目标发出的 X 射线进行定位，这些卫星已经对好几个双星系统发出的这种射线进行了跟踪，而这些双星系统中有一些便只有一个可见的成员。在这些双星系统中，X 射线都是由好几百万摄氏度的气体发出的，这些气体由巨大的可见恒星流向它那个体积较小的不可见的伴侣。除此之外，每个可见的成员都形成了好几个恒星系统，它们跨越的空间都不超过100千米。这相当于是好几倍太阳质量的物质被压缩在一个大城市里，这种特征是明显的黑洞存在的迹象。

“经典”黑洞的一个绝好的例子便是——距离地球7000光年的cygnus X-1——这一天体显示，双星系统中可见恒星发出的大量气体都跑到了附近一个轮胎状的椭圆形物体上。这个物体很可能是X射线发出的地方，它暗示着不可见的那个成员是一个密度极高的天体——可能是中子星或者黑洞。如果是黑洞的话，那么这些气体必然将朝着黑洞移动，它们将被吸入黑洞的漩涡中，永远也无法逃出。

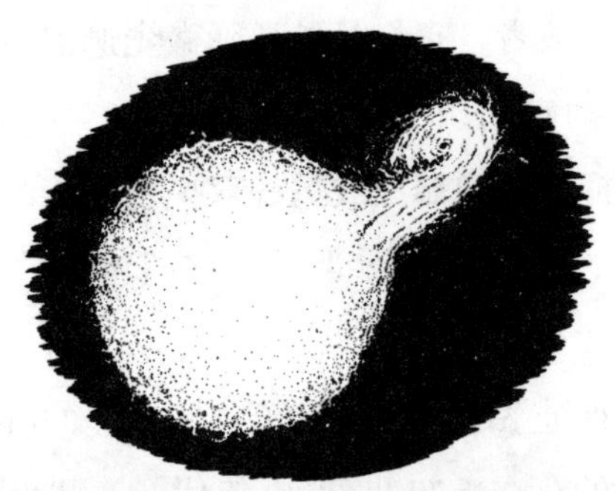

恒星发出的大量气体都跑到了附近一个轮胎状的椭圆形物体上。

其他几个疑似黑洞的天体也在被我们密切跟踪着，这些天体位于银河系内部或附近，每一个都表现出了和cygnus X-1相似的特征。而近几十年在远离我们的宇宙中，军用和民用卫星几乎每天都能探测到极为密集的伽马射线潮，这些射线很可能是两颗先发生碰撞，而后又引起超新星爆炸的中子星引起的，其中超新星将在所有物质坍塌为黑洞之前，释放出大量的平行能量。但是，我们在对这些黑洞进行解释时也遇到了很多困难，虽然，大部分的疑似黑洞都达到了中子恒星黑洞的临界质量——太阳质量的几倍。当磁力和自转的效果充分地在死亡恒星中结合时——这是目前无法做到的——我们很可能会发现，我们所讨论的这些黑暗物体其实还根本不是黑洞，而只是一些像中子一样的恒星，或者一些别的物体。

“夸克星”在我们的认识中是一种位于边缘的，黑洞理论上的替代品——也许它们仅仅存在于理论上，因为到目前为止还没有人明确无误地发现过夸克星的存在。这些奇怪的天体的密度极高，很可能比中子星的密度要高一千多倍，也就是说，比太阳内核的密度高 100 亿多倍，它们有可能是黑洞的替代品。当中子星中的中子物质因为承受不了压力而碎裂，从而将大量的中子分裂为组成中子的夸克，同时将中子星的体积压缩到物理极限尺寸但尚未使它们变成黑洞时，夸克星便有可能诞生。夸克是种奇怪的物质，正如夸克星是一种奇怪的天体，这种物质如果真的存在的话，便是它在宇宙大爆炸后不到一毫秒时诞生时的状态。

如果天文学家们可以清楚地证明临近地球的地方有黑洞存在，那么他们将得到巨大的回报。这个黑洞将成为一个奇特的空中实验室，供科学家们研究受量子重力控制的物质的奇特状态。这种奇特的现象与我们的日常经验之间有着巨大的差异，这种差异是任何其他天体都无法达到的，有人认为，它们重现了宇宙最开端时那无法想象的情景。很极端同时也很讽刺的是，这些大质量恒星焚烧之后剩下的残骸有朝一日居然能够帮助我们揭开科学界最为困难的谜题之一——宇宙起始时的那个温度和密度极高的极点状态。

* * *

恒星的进化过程很好地解释了天空中无数的恒星是如何形成，成熟，死亡的。正因为有了恒星的进化，如今的星系中才能存在数目和种类如此繁多的恒星天体，我们也才能将各种恒星天体安放在时间轴的不同位置。同时，恒星的进化历程显示出这些种类各异的天体——从星际云到准恒星到红巨星再到白矮星，以及星云、脉冲星以及超新星——分别位于我们的认识结构中的哪个位置，而我们的认识结构，则是基于变化的基础之上的。恒星物质和星际物质的各种不同成分之间的各种不同的关系形成了一个“星系生态系统”，这种进化系统几乎和热带森林中的生命系统一样复杂精细。

如果没有恒星进化理论，那么我们在太空中看到的将是一大堆互不相关，形态各异的物质。天文学家们会像集邮者一样，手头握着大量数据，却又不知道这些宇宙天体之间的关联。而有了恒星进化理论，我们便能在认知上享有更加具有优势的地位，我们可以将各种宇宙天体安放在一幅进化全景图的各个位置上，这样我们便可以看到这些天体组成的整体图景，同时也可以了解到各个具体类别之间存在的具体关系。确实，当一种天体变为另一种天体时，我们可以间接地跟随它们的进化轨迹。

和我们对星系进化的微薄了解有所不同的是，天文学家们对恒星的进化了解颇丰。恒星变化的模式，尤其是其中元素进化的模式——与之相关的理论与我们所观察到的宇宙的丰富性是完全相符的——是宇宙进化史上我们最为了解，理论发展最成熟的部分。恒星进化的课题能够很好地解释那些与银河系一样古老的恒星和那些新近形成的年轻恒星之间存在的元素丰富性上的差异：那些最为古老的恒星中几乎不存在任何重元素，而新生恒星中重元素的量是最大的。和其他一切知识相比，我们对恒星老化和元素形成的认识都是惊人丰富的。

虽然我们在本章中讲述的一些进化事件是循环性的，但是，它们必然还是会带来越来越大的能量流，最终将带来有规则结构的诞生。在星系的各个区域中不断上演的恒星诞生、成熟、死亡的过程将不断地丰富并肥沃星际空间中的元素种类，而这些元素同时也是孕育下一代恒星的种子——也是行星形成的种子。和我们故事中的其他部分一样，变化总是伴随着时间到来，而伴随变化到来的，则是更高的复杂性。

于是，这样一个循环就不断地上演着，一代代恒星不断建立、解体、变化。它们从尘土中来，又归于尘土，尘土又变成新的恒星——在这个过程中，恒星尘土参与到了某种宇宙再生当中。在旧恒星留下的灰尘中，新的恒星诞生了。确实，假如没有那些形成于恒星内核中的重元素，地球上的生命以及地球本身都不可能存在。

第四章

行星时代

生命的栖息地

行星是由固体、液体和气体组成的球体，它们的体积比恒星小，部分由重元素构成。行星世界不可能很早就在宇宙中形成，原因很简单，因为在最初的几十亿年内，宇宙中还没有构成行星的重元素。行星必须等待无数高质量恒星的诞生和消亡才能产生，恒星是目前所知仅有的适合重元素生长的场所。那么，行星，按照表面的意思来说，就是陨落的恒星的残渣——与宇宙哲学主题几乎不相关的一种球体，但却为我们这些感知生命体提供了舒适住所，我们寻求获得（或者说创造）更加广阔的视野。

行星及其斑驳的卫星的起源问题还是一个没有解决的难题，具有一定的挑战性。我们对太阳系成型阶段的大部分认识都来自于对星际云、坠落的陨星，以及太阳和月亮的研究，同时天文望远镜的远距离观测和机器人技术的偶尔近距离探测也为我们提供了一些认识的素材。现在更多的认识则来自于对近距离围绕恒星运行的行星的观测，一门新兴的令人振奋的研究掀起了近年来对行星认识之旅的热潮。讽刺的是，自从行星的初始阶段在很久之前逐渐消失之后，我们对地球本身的研究并没有为我们提供太大的帮助。

所有的迹象都表明，地球大约形成于50亿年前。最初我们的行星是冰冷的，通过足够的加热后则完全融化了，部分原因是宏观上外部小行星的猛烈撞击，但是主要归功于微观上内部平静的辐射衰减。在它存在的最初5亿年间，地球的内部在进化，外壳在凝固，并且很多气体都逃逸出去了。初期的变化是激烈的，不断被能量冲击。尽管这种变化后来逐渐减慢了，但是它造就了山脉和海洋，并且形成了大气。随着环境变化的继续，生命（包括人类）的起源和进化逐渐开始，就人类所知而言，它是宇宙进化中尤其有趣的一个篇章。

* * *

我们所居住的行星群是一个包含各种各样星体的场所。太阳系包括1颗恒星，9颗行星，100多个卫星，成千上万的直径从数千米到数百千米的小行星群，无数的大小为数千米的彗星，以及数不尽的直径为数米的陨星。地—日距离大约为1.5亿千米，这个数目被称之为一个“天文单位”，太阳系首尾大约相距80个这样的单位。这听起来似乎很长，但是它仅仅是一光年的千分之一，刚刚超过我们银河长度的十亿分之一。行星系统所占的空间比恒星之间的距离小得多——至少在我们所居住的银河系的边缘是这样——使得每个这样的系统成为太空中行星坐落的一个小岛。

离太阳最近的4颗行星依次是水星、金星、地球和火星，它们被称为类地行星，因为物理和化学特征都和坚硬的地球相似。相反的，更大的，距离太阳较远的4个行星依次是木星、土星、天王星和海王星，它们则被称之为类木行星，因为它们都比较像多气体的木星。在这两个行星组之间，距离太阳大约2到3个天文单位（大体上是位于火星和木星之间），分布着一条宽广的多岩石的小行星群，有时它们被称作“二流行星”或者是“类行星”，因为它们实际上不是星形的。冥王星，通常是距离太阳最远的行星（尽管偶尔它会跑到海王星轨道的内部来，在1979年至1999年之间就发生过此事），不属于上述的任何一个种类。比地球的卫星小很多，这个说起来古怪的冥王星可能曾经是海王星的卫星，或者是一个遥远的小行星，它并不是一开始就是行星。尽管最近有人尝试重新给它归类，说它只不过是一个巨大的冰石（但它仍然是新发现的非行星系统Kuiper带的著名成员），要根据历史的描述重新正式称之为行星看起来似乎不太可能了。

站在我们行星系统之上的优势地位来看，太阳基本上完全占据了我们的宇宙邻空间，其次就是木星。我们恒星的质量是木星的1000多倍，大约是除了太阳之外包括木星的太阳系总质量的700多倍。因此太阳包含了整个太阳系系统中99%的物质。其他的所有东西，尤其是形状娇小的类地行星和我们高贵的地球，只能类似于几乎可以忽略的残骸集合。

尽管木星也不是一个普通的天体，但是它和恒星的情况有所不同。木星刚好错过了成为恒星的机会。这个巨大的行星的组成和结构——和可能所有的巨型类木行星——很大程度上可以称之为恒星。它们含有丰富的氢元素和氦元素，这些都是很久之前从类地行星上逃逸的轻质气体。但是没有哪个类木行星能大到足够燃烧起来——凭借自身的质量在核心处发起高热原子核反应。如果木星能够多积聚几十倍的物质，那么它核心的温度就能发起原子核熔化，木星就能转变成一个矮恒星。如果这样，我们的太阳系就成了一个拥有两颗恒星的系统了，在这种天文状态下，地球上的生命是不可能存在的。

我们感谢太阳给我们带来了光明，但是却不会感谢木星。

往昔太阳系被认知的不断机械增长的复杂性——尤其是某些行星的退化运动，例如火星——在复兴时代被大大地简化了。观察（观测）和思考（理论）结合之后建立了比古代更加客观的构思模型；测试变成了调查过程中很重要的一个部分。在 16 世纪，波兰牧师哥白尼（Nicholas Copernicus）提出的“日心”（以太阳为中心）模型与古代希腊和罗马提出的混乱的“地心”（以地球为中心）模型相比有所改进。

尽管有经验数据的支持和 17 世纪两位学者——德国的开普勒（Johannes Kepler）和英国的牛顿（Isaac Newton）——的数学理论基础支撑，哥白尼模型在距今几百年之前还是很难被人们接受。

日心模型改善了混乱的地心模型。

日心学说触犯了以往所有逻辑的本质，并且冒犯了当时很多宗教教义。最重要的是，它使地球归属到一个没有中心，并且在宇宙和太阳系中很平凡的地位。地球只不过变成了众多行星中普通的一个。

尽管我们现在能认识到那些复兴工作者的看法是正确的，但是在他们那个时代是没有人能认同我们的系统是以太阳为中心，并且说地球是在运动的。关于后者的明确的证明是在 19 世纪中期才提出的，那时，德国的天文学家贝塞尔（Friedrich Bessel）首先观测到了恒星视差——太阳的年复一年的往复假象运动，实际上是因为地球的绕日运动而形成的。近年来，太阳系的日心学说已经不断地被越来越多的实验证实，最后又被近期我们的机器人到日心行星系统的空间探测证实了。

日心模型最初的动机是朴素的，至少在某些人的想象中是的。日心学说对我们观测到的很多天象都比地心学说更有说服力，更加接近自然。即使是在今天，科学家们在模拟宇宙的各个方面的时候，也还是经常被朴素、对称和美观支配。科学中那些典雅的测量结果通常都更接近现实；而那些复杂的结果通常是错误的。

对于人类来说，不断地发展并最后终于接受了日心模型在思想上是一个杰出的里程碑。认识行星系统的框架让我们最终摆脱了宇宙地心观点，并且使得我们意识到我们所在的地球只不过是绕日运行的众多行星中的一个。在大约不到一个世纪之前，美国的天文学家哈罗·沙普利（Harlow Shapley）大胆地迈出了接下来的一步，接着证明了在我们所居住的银河中，我们的太阳也不是中心，它不能以任何方式成为独一无二的或者是特别的中心。观察和试验得越多，我们就越能发现我们所居住的星球在整个宇宙中是普通的。

* * *

任何能解释我们行星系统的起源和构造的模型，都需要有足够的已知事实作为依据。这些事实依据源自于对星际云、坠落到地球上的陨星和地球的卫星的研究，同时也源自于对太阳系以内和以外的无数行星的研究。陨星尤其能提供给我们很多有用的信息，因为它们夹带着早期太阳系中尚未消逝掉的固体和气体踪迹。用辐射法对所有的陨星测得的一致结果是：我们的系统，包括太阳和地球，大约形成于45亿年之前。实验室分析最古老的月球岩石也证实了这个日期是对的，太阳自身的理论模型同样能证明这个日期。

在众多观测到的太阳系特征中，以下七点最显著：

每个行星都是在太空中各自分离的，没有任何两个会聚在一起；每个行星（但是除了土星和小行星带）与太阳的距离都是其轨道圈内相邻行星距离的两倍，这也暗示了某种几何和谐——前面提到的有序性和优雅性。

行星的轨道描绘出近乎完美的圆圈，但是有两个行星属于例外：水星因为离太阳最近，其绕日轨道显而易见是椭圆形；冥王星因为离太阳最远，而且更像一个小行星岩石而非天生的行星，其运行轨道是显著的离心运动轨道。

所有行星的绕日轨道几乎都在同一个平面上，地球的这个平面被称为“黄道面”；每个行星通过绕日运动扫过的轨道与其他的行星扫过的轨道在一个很小的弧度范围内（还是除了水星和冥王星），整个行星系统的形状就好像一个几乎平整的大圆盘。

行星绕日运行轨道的方向和太阳绕其轴自转的方向一致（从地球北部的反时针方向）；事实上太阳系中的所有的角动量——行星轨道与太阳自转——看上去是系统化的，再次暗示了高度的和谐。

大部分行星的绕轴自转的方向都是在模仿太阳的绕轴自转（从地球北部的反时针方向）；有两个例外情况，分别是金星——它是反方向自转（逆行），还有天王星——它的轴是翻转的，因此它是躺在自己的绕日轨道上自转（冥王星可能仍然不属于这个类别）。

大部分的行星都是按照其母行星自转方向绕母行星运行的；有些卫星，就像木星的那些卫星（简直就能组成一个微型的太阳系）

所有的卫星绕它们的母行星运行，基本上几乎都是在母行星的赤道平面上，这再次表明了行星系统的和谐。

最后，太阳系系统有高度的差异性：在内部，类地行星的体积小、结构中岩石多、密度高、大气适中、自转慢，并且卫星和环系统的数量也少，而在外部，类木行星都是体积大、结构中气体多、密度低、大气密集、运行快，而且卫星和环系统的数量多。

当把所有这些观测到的特征放在一起时，就能清楚地表明我们的太阳系有着高度的顺序性。尽管多样化在个别行星及其卫星中占上风，但是这个整体不属于一个天体随意自转和公转的类别。太阳系是一个临时组建的队伍，是太阳在过去的几十亿年间偶然俘获已经形成的星际体，通过慢慢积累而形成的，这个观点看起来是不可能的。我们太阳系的总体构造是如此的整齐，而且其成员的年龄也是如此的一致，以至于它不可能是毫无头绪地偶然形成的。所有的迹象都指向唯一的形成方式，是大约 50 亿年前的古老产物，但绝不是一次偶然事件的结果。

综合考虑所有这些特征是天文学家超过一个世纪以来的首要目标。毕竟，太阳系是我们在太空中长期家园的所在，所以我们最好能更加明确和仔细地知道它是怎么形成的。

尽管不是所有的这些行星特征在数百年前就为人们所知，但是现代太阳系起源理论的要点可以追溯到那么远。所谓星云模型的最初的概念是由德国哲学家康德（Immanuel Kant）提出的，但是他只不过是将前期由法国哲学家笛卡儿（Rene Descartes）在 17 世纪提出的观点做了更加详细的阐述。在这个概念模型中，一股巨大的涡状气云逐渐收缩成了中央的太阳，而行星及其卫星则被认为是这颗恒星形成过程中的副产品。但是这些哲学家没有设计出模型的精确详细资料；他们的提议就等于只不过是一些定性的预言和没有被验证的想法。

随后在18世纪，法国的数学家和天文学家拉普拉斯（Pierre-Simon de Laplace）试图给这种模型找一个定量的基础。使用角动量的论点，他运用数学的方法证明了气态天体在它们收缩的时候旋转得更快。一个旋转的群体在其体积减小的同时必定会通过增加旋转的速度来取得平衡，这很像一个脚尖着地的花样滑冰运动员，当她紧紧地缩回自己的双臂时就会旋转得更快，或者像一个高台跳水的运动员，在他紧紧地蜷曲起自己的身体时就能快速地翻筋斗。星际云最终可能会变平成为一个烧饼形状的大圆盘，就是因为这个简单的道理：重力通过物体的旋转轴能比通过其垂线更容易地将物质拉向物体的中心区域——这也是为什么一个旋转的物体会在其中心部位形成一个凸出部分。这个模型为我们今天太阳系中观测到的某些有序的结构提供了一个看似真实的起源——行星近乎圆形的轨道、它们所居住的界限分明的圆盘以及刚刚所列出的其他所有特征。这些特征是在任何银河星际云中所期待发生的简单变化产生的自然结果，是一团气体直接遵从已知的物理学法则的结果。

这个原始的太阳系不断地收缩使得整个云层随着时间的推移旋转得更快。在接近边缘的地方，向外的离心张力最终超过引力向内的拉力。这个张力使得从系统中逃逸出的气态物质形成一个薄环，然后这个环一点点地收缩，直到另外一个物质圆环在第一个环的内部沉积才停止。按照这种方式不断发展，拉普拉斯假想出一个整体的环系列在中心原太阳周围形成。每个环都理论化地浓缩，通过很长一段时间，变成一个行星。几个外部的行星可能迅速地形成了，而早期太阳系内部则继续形成内部的行星和太阳。

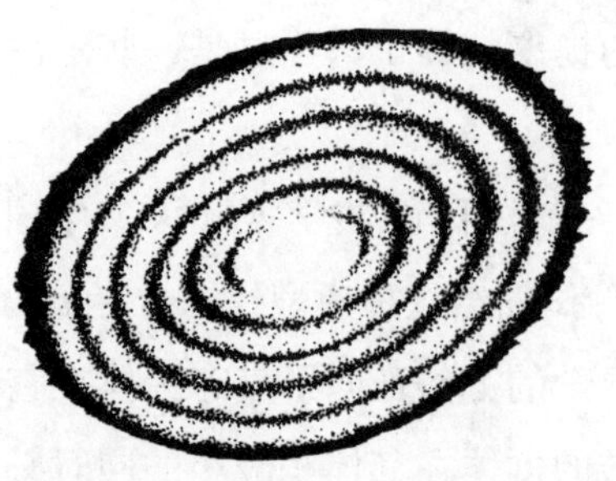

每个环都理论化地浓缩，经过很长的时间之后形成一个行星。

看上去这个星云模型是很明智的，但是它也不是没有疑点的。详细的分析显示这种环中的物质不可能形成一个行星。实际上，计算机模拟预言的结果正好与此相反。这种环有消散的倾向，因为任何一个环中都只具有丰富的热量和不足的质量。星际物质的引力聚集是一回事——在生成恒星的时候它很有说服力，因为大量的质量都通常聚集在一个典型的、寒冷的银河云层中。但是热量的凝结和原行星环是另外一回事——没有足够的物质存在让引力胜过热量，并从而聚集气体形成一个行星大小的球体。不是因为结合而形成行星的，计算机模拟预言这个环将会破裂并且消逝。

不要对拉普拉斯太严格。他没有计算机，并且说明这个问题的所有统计数据是微妙、棘手和乏味的，不过也不一定非要有一台计算机。今天的专家甚至对最好的计算机模型的某些详情并不认同，如下所述：

另外一个问题使得星云模型（太阳系起源模型）变得更加复杂。众所周知，太阳绕自身的轴旋转一周大约需要 30 天，比地球自转慢很多。太阳的这一迟缓行动让天文学家对一个很简单的原因发生了困惑：尽管太阳的质量超过所有行星质量之和的 1000 倍，它却只拥有整个系统的角动量的不到 2%。例如，木星拥有比我们的太阳大得多的动量。不仅木星绕自身的轴旋转得如此快（自转1周用时不到10小时），而且它离太阳这么远，还有那么大的质量，所以木星携带着很大的轨道动量。实际上，木星目前拥有太阳系总动量的一半还多。总的来说，4个巨大的类木行星占据了我们太阳系总动量的大约98%。相比之下，相对较轻的类地行星所拥有的动量几乎可以被忽略。

在此，困惑就是星云模型认为太阳应该占据太阳系角动量的较大部分。它应该自转得更快。毕竟，既然太阳拥有太阳系中大部分的质量，为什么它却不能同时拥有太阳系中大部分的动量呢？物体想增加它们的旋转速率时就会发生收缩，这个观点再正确不过了，例子还是前面提到的花样滑冰运动员脚尖着地的旋转方式。用另外一种方式来表达：如果所有的行星带着它们巨大的轨道动量沉积到太阳里面去，它的旋转速度将会比目前高出大约100倍。那么太阳就不是大约1个月才能自转1周，而是几个小时之内就能自转1周了。

以上提到的这些问题，还有其他一些有关星云模型的问题促使研究者考虑了其他可供选择的观念（至少在一段时间内是这样的）——具有相对较少的进化和较多的灾变观念。一个所谓的碰撞模型就包含了这个观念，当然也需要借助灾变。在此，行星被想象成是由热量和太阳与某个另外的恒星近乎碰撞而扯出的流动残骸结合而形成的最终产物。由近乎碰撞生成的燃烧着的流体被认为还受到太阳的引力，然后被俘虏到轨道中，最终形成行星。在两个恒星的近乎碰撞中肯定会伴随着显著的潮汐现象，但是在此不管这个现象，预言的结果与行星轨道的普通方位以及太阳的自转都是相符的，另外或许和近乎平面的行星圆盘也是一致的。

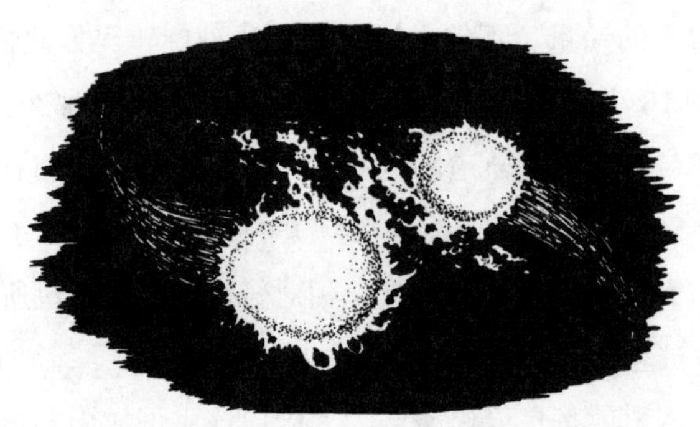

行星被想象成是由热量和太阳……流动残骸结合而形成的终产物。

尽管初次提出碰撞模型是在18世纪，但是它真正流行起来还是在大约一百多年前，当时的天文学家不但开始意识到星云模型是不切实际的，还开始发现在我们和谐的行星系统中存在着一些较小的例外情况——在这些不规律的例子有两个是：海王星有一个逆行的卫星，天王星有相当大的倾斜度。我们太阳系绝对的美观和有序的结构程度多少有些降低了，促使牵涉到意外事件或者不太可能的天体活动的暴力模型被提出。

尽管这样，直到今天还是很少有天文学家能很认真地对待碰撞模型。尽管它在某些方面有闪光点，但是这个模型依赖恒星的碰撞，仍然存在它们自有的缺陷——有些缺陷似乎还是很重大的。两颗恒星之间发生近乎碰撞是不太可能的事情，而这也就是最大的问题所在。按照地球的标准，恒星当然是巨大的，但是与它们之间的距离相比，恒星的体积其实不算什么，这在前面的“恒星时代”中也提到过。举例来说，太阳的直径大约是100万千米，而它与恒星系统中最近的一颗恒星阿尔法人马座的距离却超过了1万亿千米。概率研究提示说，考虑到恒星的数量、体积以及它们之间典型的距离，最多也只有少数此类近乎碰撞在我们广阔的银河系历史上能发生（至少在高度拥挤的银河中心区域以外）。尽管银河系中的碰撞是频繁的，并且能在天空中很多地方被清楚地看到，但是恒星的碰撞却很少发生；实际上，在我们天文学的历史上还没有被观测到过。

当然，恒星碰撞的不可能性并不能反驳这个模型的观点。如果这个观点是正确的，那我们就有理由断定我们的行星系统是天文学系统中非常罕见的类型。极少数恒星会有自己的行星，并且地外生命存在的可能性也大大减小。尽管如此，如本章后面所提到的，近期对无数行星绕其附近恒星运行的探索结果，实际上排除了碰撞模型的可能。太多的太阳系以外的行星——那些来自于或存在于我们太阳系以外的——目前正被认为是恒星近乎碰撞的产物。

但是并不能因为碰撞机会小就完全否认这个观点，还有其他几个问题也在困扰着行星起源于某种类别碰撞的假设。首先，困扰星云模型的动量难题又是一个麻烦。其次，也是更难处理的，我们很难想象从太阳上扯出的热量物质如何收缩；因为热的气体通常是会消散的。因此，尽管这种两颗恒星之间的碰撞可能偶尔会发生，但是碰撞出的热碎片却不太可能会形成行星。有些热流体肯定会返回到太阳里去，而其他的则会比星云模型环中提到的暖物质更加迅速地消散掉。第三个困惑主要关注的是每个观测到的行星所运行的近乎圆圈的轨道。如果行星是由从太阳上扯出的物质形成的，为什么它们还会绕着太阳做近乎圆圈的轨道运行？碰撞模型并不能定性地解释我们所观测到的这一天象。

目前，天文学家最信奉的太阳系形成的模型是浓缩模型。确实是前面解释的星云概念中的一个复杂的版本，这个模型集合了以往星云模型中吸引人的特征，还加上了最近星际化学（或者“天文化学”）评估，这个富有活力的跨学科区域的边缘研究在前面的“恒星时代”中提到过。理论家目前能设计出一个现代的浓缩模型，这个模型使得前面提到的几个理论问题易于被接受。而且，这个新的模型大体上还能与今天我们用天文望远镜和太空飞船所观测到的数据相符。

回到星云模型中的第一个问题，也就是它没有能力聚集环上的物质以形成完整的原行星物质球。每个环都拥有太多的热量和不足的质量而不能进行引力收缩。但是，新的改变在过去的一二十年内被提出了。我们开始意识到星际间无处不在的尘埃的重要性。尘埃粒子——固态的用显微镜可见的岩石和冰块的躯体——自由地在整个银河中分布着，毫无疑问，它们是很久之前灭亡的恒星喷射出的残骸。

我们对星际尘埃的大部分认识都来自于陨星碎片和俘获的放射物。讽刺的是，陨星碎片中的尘埃粒子仅仅只能提供间接的信息，尽管我们能触摸到它们；而当我们分析尘埃粒子放射出的红外线放射物时，却能得到更加直接的信息，尽管我们不能触摸它们。原因是，我们所能接触的尘埃都是有岩石嵌入而且已经被污染了的，但是在太空中它们是纯洁的。借助高空飞行器（U-2 侦察器）收集的亚毫米大小的蓬松的尘埃粒子属于例外情况，但是这些粒子可能会因为距离地球太近而发生化学变化，从而属于结果有偏倚的样品，并且它并不能代表在红巨星大气层之外形成的或者被超新星残骸带入到太空中的“恒星尘埃”。大多数尘埃由岩石（含有丰富的硅元素和铁元素）和冰块（大部分是污水）组成，但是也有很大一部分含有碳元素，尤其是一群有着饶舌名称的有机化合物如稠环芳烃（或简称 PAHs），类似于能在吸香烟过程中找到的苯环分子，它们能自动地耗尽。毫无疑问，有些粒子则是由前面“恒星时代”中提到的广泛分布的星际分子生成的。太空中无处不在的尘埃粒子的大小介于原子和行星的大小之间——实际上在它们演化的道路上，行星也是由原子形成的。而且，考虑到其有机的本性，尘埃有可能还是地球上生命的起源物质，这点将会在下面的“化学物质时代”中讨论。

如此微型的尘埃粒子在任何气体的进化过程中都起着非常重要的作用。这里要说的是热动力在引力存在下的工作原理。尘埃有效地将热量用红外线放射的方式辐射出去，以此来帮助含有热量的物质冷却，从而减少来自热能的外界压力，并且使得引力更加容易地导致内部收缩。这是能通过红外望远镜测得的放射物提供的关于尘埃流出和烟云流入的信息。

接着，此浓缩模型认为尘埃是自由分布在整个原始太阳系的暖气体中的，通过释放热量来冷却原行星的柔软而无定型的块状物。此外，尘埃粒子加速气体内部原子的聚集，就像一个微型的浓缩内核（此后就是这个模型的名称），在其周围其他的原子能够聚集起来，接着就形成越来越大的物质球体（这与地球大气层中雨滴形成的方式很相像，尘埃和烟云在空气中扮演着浓缩的核心部分，而水分子就在周围聚集）。简而言之，在热量推压和引力牵引的无休止的拔河竞争中，尘埃的存在通常能使得引力的作用获胜——至少通常是这样的，并且这个过程是逐步的。

说到太空中我们独特的家园，理论家通过假设尘埃组成的星际云在 50 亿年之前就存在，他们就有理由说尘埃粒子的冷却作用肯定发生在气体有机会逃离之前。因此，对充满烟云的星际物质的观测就可以暗示，但不是证明，原行星物质可能是聚集而不是消散。

埃，挑剔的问题始终会存在，至今人们还在通过观察研究，而不仅仅是在理论上来解决这些问题。

天文学家确信，在很久以前，太阳的星云形成过这样一个充满尘埃的圆盘，因为由类似的自由气体和尘埃组成的圆盘在幼年恒星的不远处被观测到过。最初测到的一个是肉眼能观察到的绘架座β恒星（Beta Pictoris），一个非常年轻的天体，离我们大约60光年远。很多数量的沿轨道绕恒星运行的尘埃吸收恒星发出的光线，产生热量，并且，就像城市夏天傍晚的公路，再向外辐射热量。当来自于恒星自身的光线被阻止了（通过合适的工具阻碍大部分光线的接收），热量物质形成的黯淡圆盘就变得很明显了——尤其是在光谱的红外区域，尘埃的辐射最强烈。尽管这个独特的圆盘的直径大约是冥王星轨道的10倍，建模暗示了一颗像绘架座β（Beta Pictoris）的恒星，可能还很年轻，只有2千万年，正在经历着它的初级阶段，稍带夸张地说，还处于它的演化阶段，正如我们的太阳在大约50亿年前所经历的那样。

原恒星形成的区域，也就是，猎户星座星云（Orion Nebula），在“恒星时代”中曾提到过，也为上述观点提供了重要的证据。直接影像显示有超过100颗新生的恒星分布在这个区域，每颗都仅仅只有大约100万岁，而且被气体和尘埃组成的圆盘包围着，能逆着星云明亮的背景从侧面影像中看到这个圆盘。在这些圆盘中没有发现行星，实际上在如此年幼的区域内是不可能有行星存在的。要想在这个气体和尘埃的大杂烩中形成真正的行星，至少需要几百万年的时间，或者可能是数千万年的时间。这种形成顺序已经在照亮星云的4颗著名的猎户座恒星中产生了，因为距离150光年，任何围绕它们运行的行星都不可能被我们目前的天文技术观测到——并且按照人类的标准，无论如何，这些行星也会因为沐浴在紫外线的辐射中而导致最终死亡。

不是所有的原行星盘都能生长成行星。大多数这种盘被幼年恒星的风暴给吹走了，此类猛烈的风暴是在恒星核聚变点燃以后形成的。这特别像拥挤的星团，就像猎户座，它里面住着成千上万的低质量、类似太阳的恒星，那里有很多巨大的恒星能够赋予星云能量。盘中的这个过程就像“适者生存”一样：能够经受住电离辐射的冲击和自由的气体及尘埃猛击的盘就差不多有机会从剩余物质中形成行星。对于很多“想要形成”的行星来说，它们就要和时间赛跑，并且要忍受严厉的辐射之苦。那些能在危险的环境中迅速结合成坚固冰球的盘可能会生成行星，而做不到这一点的那些盘就肯定不能形成行星。自然选择某些原行星来变成行星，而通过破坏它们的原料将其他的原行星扼杀在摇篮里。正如前面“恒星时代”中提到的恒星的形成一样，行星的形成也是一个不可预测结果的充满着危险的过程——有点像在充满变化和挑战的环境中的生命过程。

在靠近我们家园的地方，现在很明显地能在银河中许多地方观察到环绕行星的盘，幼年恒星的放射物加热了地其周围的尘埃，无论飘向哪里，这些尘埃总是不会消失的。它们包括著名的亮度较高的恒星绿女星（Vega）和北落师门（Fomalhaut），距离我们分别只有 20 光年和 25 光年，以及更近的天苑四（Epsilon Eridani），距离我们只有 10 光年。这些恒星以及其他的幼年恒星都能从周围的云层中发射出红外指示信号，有些信号可能会因为未被观测到的巨大行星的微扰而变得弯曲了。行星托儿所（也就是行星盘）肯定比蹒跚学步的儿童（即行星自身）更容易被发现，唯一的原因就是尘埃盘的体积大约是可能存在的行星的几万亿倍。在 20 世纪 90 年代，天文学家发现了——并且描绘出了某些细节——在青年恒星周围有许多辐射尘埃的盘状区域。这些区域有好多超过了太阳系的大小，人们认为行星正在里面酝酿着，准备形成。实际上，有些盘似乎有空洞的中心，中心的大小与我们的行星系统差不多，有可能会是新生的行星开凿出的（还未被观测到）。这些新鲜而令人激动的发现

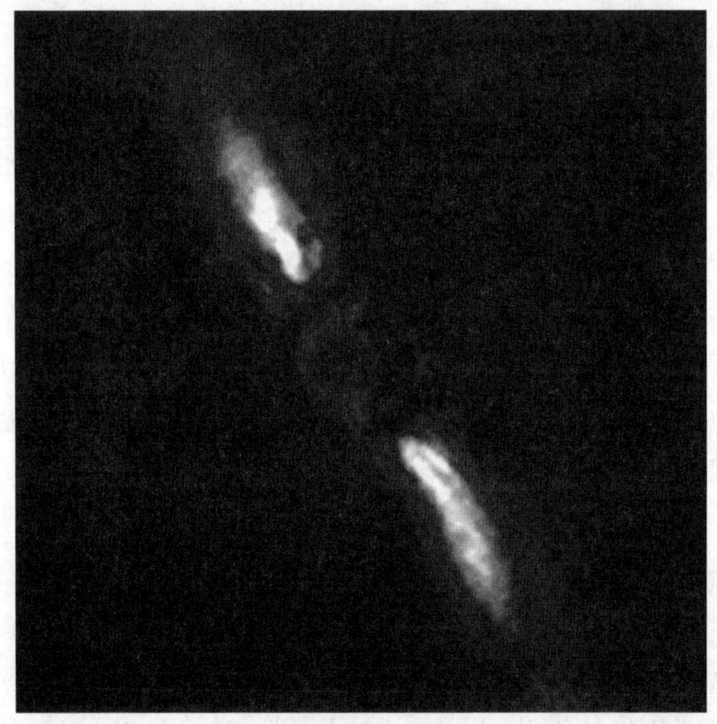

行星盘的证据

绘架座 β 是几个附近的幼年恒星（它们拥有温热物质环绕的平整盘）的首要范例。当中心恒星发出的光被阻断，并且盘能被其红外热能感觉到的时候，这样的盘尤其明显（如上图所示）。绘架座 β 大约距离我们 60 光年远，它的盘的全部范围，即上图中的光亮部分，测出大约是地球与太阳距离的 1000 倍，或者大约是冥王星绕日轨道直径的 10 倍。来源：欧洲南部天文台。

对浓缩模型很有利，它正被行星学家全力研究着。行星学家是指那些先锋研究者，他们在努力弄明白太阳系起源和演化的时候，自己开创了一个小型产业。

为了追踪行星系统（如我们所居住的行星系统）的形成，现代浓缩模型提出了以下广泛的设想，设想它是由一个巨大的满是尘埃的星际云开始。起初的云层自身可能延伸了大约数十或者数百光年，但是较小的碎片只延伸了大约1光年，它就是那个可能成为我们家园的部分。与普通的氢原子和氦原子充分混合，云层肯定会与从超新星中喷出的重元素气体和尘埃分布在一起。引力的不稳定性引起了母碎片收缩，实际上一般情况是有几百个天文单位大小——大约也就是今天绘架座β盘的大小。一直以来，它会旋转得越来越快而且变得更加平整，之后，密集的原行星漩涡会自动出现。

引起我们的星际云流入的最初不稳定性可能由很多事件促成。可能是与另外一块星际云相撞的结果，或者可能是银河螺旋交战的结果；这些类型的事件被认为只能是相关性地发生，其频率——按照宇宙标准——大约是每1000万年发生一次。但是，现在天文团体赞成的观点是：邻近的超新星可能是主谋。古老的、没有消逝掉的陨星在南极冰层上被发现，它们含有过多的某种元素（特别是某些略带辐射性的金属残渣，例如铁和铝），暗示了我们太阳系的起源是50亿年前一颗邻近的超新星冲击的结果。陨星颗粒的测定年龄也支持这个观点，它意味着超新星的爆发是在陨星浓缩成固体岩石之前不到几百万年的时间发生的。很显然，从超新星上被喷射出的残骸在我们行星系统形成之前，并没有时间与银河星云母体原始物质完全混合，这个结论可以从今天俘获的深埋于陨星内的细微包含物中测得。

这种超新星的爆发不可避免地会带来某种冲击，或者是某种压缩物质的冲击波，就像在“恒星时代”中提到的那样。在星际云母体的情况中，可能将物质堆积成厚厚的岩床，很像我们用犁刃铲雪。计算显示，冲击在较稀薄的外部云层跑得比在厚密的内部云层快得多。这种突然的压力不只是从一个方向收缩云层，而是从各个方位挤压云层。冷战中在太平洋的比基尼环礁进行的核武器测试实验就很好地证实了这种挤压作用。爆炸中形成的冲击波真切地冲击了附近的建筑物，结果是建筑物被吹倒在一起（向内爆裂）而不是分散倒下（向外爆裂）。用类似的方式，冲击波能引起星际云的最初压缩，压缩之后引力的不稳定性将其分成了好几块，最终形成恒星和行星。讽刺的是，古老恒星的灭亡可能不仅仅只是孕育新恒星所需的前提，还是孕育我们整个世界的前提。

冲击波一旦过去，在整个旋转着的原始太阳系的很多地方都有自由的气体和尘埃，而湍急的漩涡在这些气体和尘埃中被自然地激起，这个时候它们将会被平整成飞盘状圆盘。就像在银河和恒星形成的初期，这些漩涡只是任意来回的浓密起伏物。这部分涉及统计学问题。概率和机会，但也是物理法则在运转——再次是随意性和确定性的混合。这种现象，就像是用调羹搅拌一杯咖啡所形成的漩涡，或者像飓风在大西洋漫游时聚集能量一样。倘若漩涡能席卷足够的绕原太阳运行的物质，包括有足够的尘埃来冷却，那么只需要引力就能在实质上确保行星的形成了。这个过程就像在猛烈的冬季风暴中滚雪球：当雪球滚过的雪花越多，这个雪球就变得越大。按照这种方式，星子个体从卫星的大小开始增长——在碰撞中逐渐积累小的物体，还可以粘连物体——然后便在与原太阳的各种距离上形成原行星。较小的行星最终优先形成在盘的内部（这里物质的数量比较少）。较大的行星似乎更快地在盘的外部（这里居住着较多的物质）形成，因为有较大引力能够帮助和支持它们的生长——早期太阳系中富有者变得更加富有了。就像在任何一个盘中，75% 的区域属于外半盘，并且即使随着与原太阳的距离越来越远，盘的密度逐渐降低，远古时代的圆盘收藏着的大部分物质都是远离幼年太阳的。

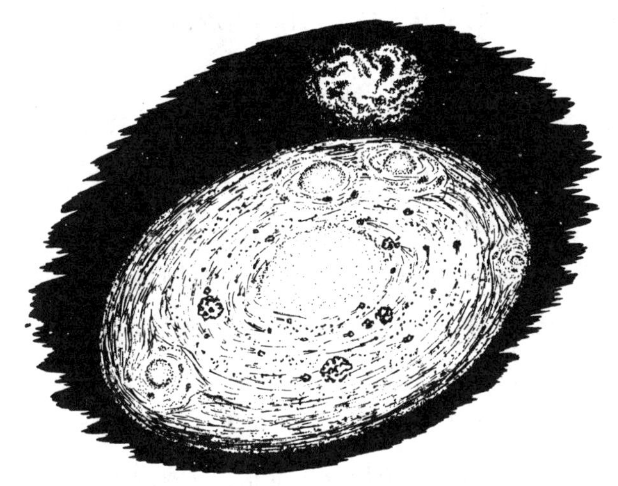

古老恒星的死亡可能不仅仅是孕育新恒星……孕育我们整个世界。

行星在自然界的卫星大概是按照类似的方式形成的，但是规模肯定更小，就像气体和尘埃的微型漩涡在它们的母行星附近浓缩的情况一样。分裂、碰撞和增长至少应该对微型太阳系在巨大类木行星的引力场中的生长有过帮助。无疑，较大的卫星也是按这种方式形成的；较小的行星则可能在母行星与小行星碰撞的过程中切下了母体某些部位；还有一些则可能被小行星给俘获了。显然，因为时间太久，某些细节已经丢失了，在我们的计算机模拟中永远不能再现，因为机会所扮演的角色是有限的。

假设增长的“扫荡”过程在整个原始盘中是相当有效的，我们就能意识到现在的太阳系是如何出现的，太阳系就是几个小而良好分布的行星围绕一个巨大的充满阳光的圆圈运行的集合，否则，它就是太空中一个空闲的区域。数学模型和陨星分析指出，9颗大行星漩涡、几十个原卫星以及中心巨大的原太阳漩涡的形成过程花费的时间不超过1000万年。然后在数千万年后，整个区域就是象征我们现在行星系统的带有大量辐射微尘的版本。清扫行星间的垃圾还需要大约10亿多年。

那些最终没能与行星或卫星相撞的天体，最终变成了在太阳内部运行的坚固小行星或者与太阳相距甚远的阴冷彗星。杰出壮观的哈雷彗星或者像英仙座（Perseids）或狮子座（Leonids）流星雨一样，每年都有降落到地球上的微型残骸，它们都是远古形成时期的遗迹。彗星和流星应该是出生和构造的预兆，而不是（就如在历史知识中）死亡和毁灭的征兆。

浓缩模型中最无力的环节就是现在太阳的动量偏小这一异常情况。对幼年太阳系的每个定量分析都指出太阳应该自转得非常快。不知何故，它肯定是异常地减慢了自转速度——单独的摩擦力在早期拥挤的原太阳盘里无疑是一个因素——但是摩擦力如何能做到这点还没有达成共识。

有些研究者指出，在20世纪60年代才被机器人卫星发现的太阳“风”可能会在50亿年的过程中对太阳的自转产生逐渐的影响——让其变慢。高速运转的元素微粒不断地通过太阳光照和表面风暴中从太阳上逃逸出来，肯定能产生细微的制动力，从而降低了太阳初期的自转速度。那是因为微粒有负载，而且被太阳放射出的磁力吸附着，所有的这些都作用为自转的恒星上的拖力。太阳每秒钟大约都有 100 万吨的惊人物质损失，这也会带走很多初期自转的能量，因为几十亿年的过程中，每个太阳颗粒都会带走太阳动量的一个微小部分。载人的和非载人的航天器目前正试图测量太阳活动的密度，尽管这方法对估算几十亿年前的太阳活动水平而言是有争议的。

其他的研究者则假设原始太阳系的质量比今天大得多，以此来解决太阳动量的问题。他们争论说，在系统形成阶段的增长过程不能成功地进展，尤其是在其内部，较小的行星并没有达到足够大而俘获轻质气体。没有被太阳或者行星俘获的物质，在逃逸回星际空间的时候当然有理由带走一部分动量。丢失或者说近乎丢失的物质，现在可能在所谓的欧特云里，欧特云是荷兰天文学家在几十年前理论化的一个宽阔的彗星库，但是一直没有测得其年龄。这个提议很难被检测，因为逃逸出去的物质现在所在的位置，目前的太空探测器是无法触及的，只有其中少数的探测器——先锋和航海家使团——目前已经能够越过冥王星的轨道。位于太阳系外部领域——或者说甚至更外面的，到冥王星距离的数千倍的，星际空间开始的地方——我们彻底不知。

为了给我们的行星起源建立一个可行的模型，很有必要定期地用现实触及基础——使用传统的，有时是审慎的真实数据现状。近年来，天文学家通过努力获得了越来越多的证据，证明所有的幼年恒星确实经历了高度活跃的进化期，例如金牛 T 阶段（第二十，或者“Tth”，金牛星座中的恒星是主要的例证）。就在这个阶段，当恒星仅在附近点燃它们的核聚变，它们的亮度超前，恒星风极其密集。反向喷射的星云粒子则会离开旋转轴，如前面“恒星时代”中所提到的，也从它们的旋转源上带走了很多质量和动量。此类双极喷射目前在很多金牛T恒星中被测到，这些恒星没有任何一个的年龄超过数百万年。

尽管我们没有早期太阳的直接信息，对其他幼年恒星发出的猛烈恒星风的观测，间接地表明了我们系统中星子间遗留的很多星云气体应该已经被吹散到星际空间中去了——并且某些系统中“丢失的”角动量也随着一起消失了。年轻的太阳肯定曾经有过一条狭窄的移动迅速的喷射流，其长度达到数光年。开启它们的是什么是有争议的问题，但是结束它们的是什么还是未知的，除了我们直接想象可能落入的物质又完全离开了。无论如何，青春期太阳的太阳风、饱含能量的光照和辐射压力可能是强烈的，而不是温和的，在形成阶段的数百万年中吹走了自由的星云盘，甚至是在氢元素开始融合之前。

不管一直持续的关于如何解决动量问题的争论，几乎所有的天文物理学家都认同浓缩模型的某个版本是正确的。然而，还没有解决细节的问题，并且仍然在持续的争论中，形成了最具挑战性问题的基础，目前正被世界各地数个领先的天文台当成边缘科学来研究。再次强调：我们太阳系起源的巨幅图片是存在的。问题是细节；我们要尽我们所能弄清楚我们的家园是如何在太空中做到物化的。

* * *

最初太阳系的物理状态的多样化，可能对类地行星和类木行星之间内容和结构的巨大差异起着很重要的作用。在此，这个形容词“浓缩的”——如在浓缩模型中——具有真实的意义。我们再次回去看热力学在引力场中的运作。

因为原始的太阳系在引力的作用下收缩，它加热、自转，并且变得平整。甚至在初始的原行星漩涡形成之前，上升的热量拆散了尘埃，形成简单的分子，然后继续分裂成原子。因为密度和碰撞率肯定都离原太阳更近，所以那里的物质应该比年轻系统远端部分的物质变得更炎热。温度梯度自然形成——所以内部区域的初始尘埃肯定会燃尽，而在外部区域的粒子可能会保持完整无缺。在浓缩系统的核心部分，当气体的温度达到数千摄氏度，它肯定会将处于冰点的水吹到10个天文单位之外，那里就是土星现在居住的地方。

这样的气体不可能一直没完没了地变热，否则整个区域都会被吹走。就像任何炎热的气体，原始的太阳系肯定会释放一部分它新获得的能量。所以，正如原太阳因收缩而持续变热一样，其外部区域则会得到冷却。结果，离原太阳几个天文单位远的重元素开始通过结晶来扭转它们的命运，从较炎热的气体状态变化到较阴冷的固体阶段（还是那样，就像今天地球上所发生的一些过程，尽管规模比较小，如雨滴、雪花和冰雹从潮湿阴冷的空气浓缩而来）。

随着时间的推移，所有地方的温度都会降低，但是太阳（暂时还不是一个真正的恒星）还处于形成阶段的核心位置是例外的，那里的温度不会降低。在原太阳之外的所有地方，在返回到原子的低能状态时，它减慢了速度，此后，有些原子会发生碰撞，并且粘在一起形成分子，接着聚集起来再次形成尘埃粒子。这就是上面所描述的增长过程，但是现在它的运转应该是更具选择性的，在早期太阳系中形成了一个成分的梯度。

我们可能会认为这很有趣，尽管早就有大量同样的星际尘埃粒子分布在这个区域，自然选择适当的机会破坏它们，随后又再次生成它们。但是，在这个过程中是发生了临界改变的。开始的时候，星际气体是与大量的各种各样的尘埃粒子一起均匀分布着的。而后

面形成的尘埃，其混合物的组成有了很大的变化，因为炎热气体变成浓缩的固体尘埃要依赖温度。收缩性的加热行为使得很多区域贫瘠化了，这就为多样化行星组成的太阳系提供了一个舞台。

在外部，初生行星系统的较寒冷的区域，距离太阳几个天文单位远，温度应该是几百摄氏度或更低，很多重元素，如碳、氮和氧，与最充足的元素氦，结合在一起，形成某些众所周知的简单化学物质，包括水、氨和甲烷的结晶体——很显然，就是类木行星大气中目前能观测到的初级元素（氦是一种惰性元素，不会和其他原子发生化学反应）。注定要成为类木行星的远古碎片，因为重力不稳定性而在相当寒冷的条件下生成了，很像前面提到的银河和恒星的形成。

为了脱离那里，增长无可置疑地也起了作用。微型冰冷粒子在整个外层星云盘中绕轨道运行，逐渐相撞并粘在一起，构成不断增大的冰块集合体，很像滚雪球。与被巨大原行星的强烈引力所牵引的氢原子和氦原子的残留物相结合，形成我们目前所知道的组成类木行星的气状和冰状的化合物。如果我们能够到达那里并且看到这一切，就能发现这些巨大行星的出现很像我们太阳的形成。但是，它们中没有一个能大到点燃核聚变，而核聚变是任何一个恒星的特点。

相反的，在内部，幼年太阳系的较温暖区域，在由气态向固态浓缩转变开始的时候，平均温度应该会达到大约1000℃。这样炎热的环境很显然是不适合冰块生存的。取而代之，大量的较重元素如硅、铁、镁和铝应该会和氧结合而形成金属氧化物、坚硬的硅酸盐以及各种各样的其他坚硬矿物。因而，内部系统的星子的属性是坚硬的，它们形成的原行星和最终的行星也都是坚硬的。

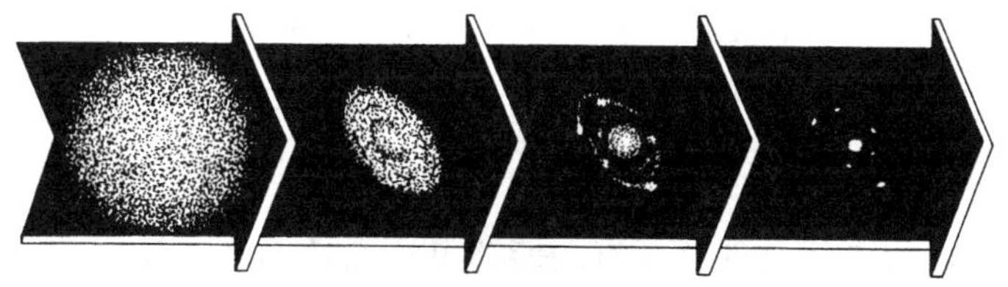

收缩性的加热行为使得很多区域贫瘠化了，这就为多样化行星组成的太阳系提供了一个舞台。

这些绕轨道运行的坚硬粒子逐渐结合形成小圆石大小、大圆石大小、千米大小和更大的物体——另外一个自下而上的情景。长得越大，重力就能帮助它们更快地结合，并且从平整的星云盘的周围区域席卷更多的物质，最终构成行星大小的天体。类地行星比类木行星的体积小，主要是因为在内部盘的物质相对缺少；它们化学物质构成的不同，主要是因为形成系统的温度有梯度。非常充足的轻元素氢和氦，以及其他很多没能浓缩成固体的气体，肯定从这些小的原行星体中逃逸了。因为内部行星的温度太高、引力太小，而不能阻止轻质气体的逃逸。微小的氢元素和氦元素之所以能粘牢，微小的氢元素和氦元素努力黏着的母体很可能被新点燃的太阳的风暴和辐射给吹走了。留下来的，正如理论模型，是一些坚硬的行星，每个都是阴冷的、怀有敌意的，并且在很大程度上是缺乏大气层的。

为何在火星和木星之间的小行星带上的无数的岩石没有结合而形成行星，还仍然是一个谜。可能曾有行星在那里形成过，然后又被吹走了，但是原因是什么还不得而知。如果真的曾经有行星在那里存在过，也应该是一个很小的行星；所有那里的小行星加起来的质量也只有月球质量的十分之一或者地球质量的千分之一。更有可能的是，这些古老的没有消逝掉的岩石（大部分的宽度都只有数

米）从来没有聚集起来形成过行星，考虑到木星引力潮汐不断的拖曳导致小行星毁灭性而非建设性的碰撞，此类毁灭性的过程可能仍然存在，以阻止任何原行星在这个带上形成。如果真的是这样，那么这些小行星就是现存仅有的能够见证大约50亿年前在那里所发生的事件的证人了，它们还握有原始的线索。

* * *

现在的舆论认为行星系统的起源，其实就是恒星形成时自然的可能还是频繁的副产物。浓缩模型基本能够解释前面提到的，关于我们今天太阳系的7个属性问题。但是，实际上那些气体原子和尘埃粒子是如何结合起来形成现在的行星和卫星的，这仍然是现代科学谜团中很重要的一个。诚然，考虑到机会所扮演的角色，我们永远不可能知道精确的细节。倒不是机会在早期太阳系事件中占有支配地位，因为科学的确定论也能起作用。但是机会在所有的进化事件中都是很重要的因子，而我们行星系统的生成也不例外。

机会、可能性、大灾难以及类似的事情，在现代科学中是真实因子，尤其是在复杂的科学中。如果说没有被很好地理解的话，它们目前至少越来越为人们所承认。所有这些随机的事件就像是不完美的媒介，帮助我们认识了（至少笼统地说是这样）很多关于大自然的背离，否则就是很有序地安排的事物。对“完美”种类的偏离大量存在于有生命的和无生命的团体中。但是，除元素粒子这个特定部分之外，机会并没有常常统治我们的世界或者我们的生命——很可能永远也不会。与流行的观点相反，机会并没有在控制着自然界中各种各样的现象。不是我们看到的周围的所有事情都属于偶然；远远不是这样。

天文物理学家为很多系统建立重要的理论模型，如这里所描述的行星，都是按照确定性科学的已知法则来进行的。但是，不可否认，这里所说的确定性，是机会的一个因素；确定性就是从可实验的机械论的物理学法则和规律中衍生的。必然性和偶然性总是携手并进的：机会对待必然性，就像随机性对待确定性一样。自然，也是因为这样的相互交换，自然界中才会出现新颖和创造性，因此生成了独一无二的形态和新颖的结构。沿着光阴之箭追溯到较早的银河和恒星时代，机会确实在我们行星系统的起源中起过某种作用——并将继续在地球自身的进化中起着作用。机会和必然性是孪生的特征，曲折地迂回在宇宙进化的过程中。我们应该再次回去讨论它们。

说到早期的太阳系，机会，不仅在太阳系形成阶段的星子随意碰撞之后形成原行星中证明了自己，而且在太阳系形成阶段之后的已成形的行星和卫星与流入的残骸相撞中也证明了自己。此类相撞的作用我们今天还能在太阳系的很多部分观察到，不仅仅只是在我们斑驳的月球表面上才能观察到。那些偶然的灾难性的碰撞的作用，很可能可以解释前面提到的很多关于行星的不规则的方面，它们是：两个巨大的天体可能相撞并且结合形成了金星，也造就了它异常缓慢的（实际上是反方向的）自转。土星很可能曾经被一个很大的天体（可能和地球的大小差不多）轻轻擦过，才使得它好像因为太过倾斜而翻了个个儿。还有，很多卫星可能是在偶然的碰撞事件中被毁坏的，这也解释了某些卫星表面奇异的地形。因为我们不可能直接验证这些断定——因为它们发生在很久之前，而且已经发生过了——我们可以恰当地猜测，太阳系中某些断然古怪的方面，尤其是那些偏离了它们有序结构的方面，可以被它的形成阶段及其之后的不可追踪的偶然事件来解释。悲哀的是，我们可能永远不能

确定地知道机会引发的特定事件，因为大部分这些碰撞之类的活动肯定在我们系统历史的大约最初的10亿年间就发生了。这些不仅仅是因为时间已经过去得太久，还因为进化的变化不断地塑造着我们太空中的家园，而变化了就回不到过去的状态。

尽管彗星和小行星总是给人带来一种灾难性的暗示，但它们并不都是“天空的害虫”，仅在半个世纪之前这些在行星间游离的天体被冠上了这个“美称”。讽刺的是，因为它们带来的损害是非常持久的，所以这些天空游民还能为我们家园的起源提供有用的信息。很多能够幸存到今天的残骸都保存有少量远古时代的固体和气态物质。特别是彗星，可能蕴藏着一种质朴的未经进化的物质，而从这些物质中我们能发现很多关于我们的星球起源的证据。在高度的椭圆轨道上运行，并且偶尔会离太阳很近，彗星经常会被发现带有黯淡模糊的光的斑块，它们的尾巴总是很优美地划破夜的长空。但是，这些“脏兮兮的雪球”不仅仅是有着升华的冰块和岩石的引人入胜的景观，或者说不仅仅是产生诗意灵感的来源。每当彗星出现在天空，我们都会认为它是来自于地外的远古信息库的消息预兆——甚至尽管它只是来自于大约一光年远的欧特云（目前还只是假定的，并未被观测到）。每个优美地滑过我们天空的彗星，都会给我们带来或多或少的关于太阳系起源的一些故事。

降落到地球表面的陨星，尤其能告诉我们关于太阳附近物质的原始情形。较小的陨星，宽度可能不到几厘米，大部分都是自由的彗星残骸群；较大的陨星，更像是从著名的介于火星和木星之间的小行星带游离出来的小行星。每个类型的陨星，都能给我们带来关于地球附近或者更远的地外物质的新颖信息，从而拓展了我们对这些事物的了解。最黑最原始的陨星，所谓的碳质球状陨石，富含有机分子，因为它们不仅蕴藏着行星和卫星的数据，还可能提供关于生命自身的线索，所以特别受宇宙进化论者的青睐。那么，在博物馆橱窗里的岩石，或者甚至是我们庭院里的石头，会不会含有关于我们的家园及其自身起源的重要信息呢?

我们应该到下一章“化学物质时代”讨论太阳系中这些外来入侵者的相关性，尤其是讨论那些幸存的能够落入地球表面的大块物质。这些是岩石和冰块组成的宇宙天体，在整个历史过程中改变了我们所在行星的地质概况，并且确切地影响了地球生物。就像生命形态中的突变，不是所有的影响都是负面的。在大爆炸时期，进化的原动力通常是加速的，准许自然界的复杂系统中存在多样化、死亡和再生。生命进化过程中的影响主体，对天文学和生物学之间的界面有很丰富的牵连——是新出现的天文生物学（跨学科科学）的关键点。

地球的卫星可能是在我们附近区域中宇宙灾难的最重要的实例，在大约 50 亿年前有机会入侵另外一个简单的气体和尘埃组成的浓缩体。月球的起源非常不确定，尽管它的年龄暗示了它的起源是发生在地球形成的同时代的事件。美国载人飞船和俄罗斯机器人探测器使团在 20 世纪 70 年代在月球的高地上采集到一颗月球上最古老的岩石，它的年龄有 45 亿年，这一时间基本和所有的陨星年龄相吻合，并且与地球和太阳的所测年龄也基本相符。很显然，在太阳系内与我们邻近的区域，月球在远古时代曾经造成过一次盛大的事件。但是，20 世纪的几个解释月球形成的理论并不能完全令我们满意。

一种理论认为月球是在地球附近浓缩的与地球分离的物体，和地球的形成差不多。然后这两个物体基本上形成了一个双行星系

统，一个绕着另外一个相互旋转。尽管很多行星学家都赞成这个观点，但是它有一个主要的缺陷：月球的密度大约只有地球的一半，并且其组成成分与地球也大不相同，这就让人想不明白为什么它们还能起源于同一个原行星块。

第二种可能性就是月球在离地球很远的地方形成，之后才被地球俘获为自己的卫星。按照这种观点，两个物体的密度和成分不需要相似，因为月球和地球大概是在早期太阳系中两个毫不相干的区域形成的。但是，这里的问题是想要俘获月球并不是一件容易的事情，甚至是不可能发生的事情。为什么呢？因为月球的质量和地球差不多（大约是地球的 1%），这比宇宙中其他的卫星与其行星之间的质量的比例大很多。不是说月球是太阳系中最大的天然卫星，但是与它的行星相比它就大得不同寻常了。数学模型指出凭地球的引力是不可能俘获月球的，也因此，月球才不会撞到地球上或者逃逸到更远的外太空去。

第三种观点认为月球是从地球物质化出来的。太平洋盆地就经常被人们看成是被挖出的原月球物质，是离心力作用于一个年轻的、熔融的并且快速旋转着的地球的结果。阿波罗早期的发现物似乎认同这个观点，认为月球的组成成分和密度与地球硬壳以下区域的成分和密度十分相似。但是最近，很多对月球成分的振奋人心的研究显示了它与地球地壳以下区域的成分有着重大的区别。而且，还有一个很大的谜团就是，地球怎么能够将一个像月球这么大的物体喷射出去，并且让它在一个稳定的轨道上绕自己运行。

很显然，以上的理论都不是很有说服力。每个理论都有一到两个缺陷。但是，看上去，它们中的某一个，或者说它们中的某个版本，应该是对的。实际上，天文学家目前很认同一个集合了以上观点最好特征的混合模型。今天最流行的模型是，假设幼年熔融的地球和一个巨大的火星大小的物体发生了一次巨大的碰撞。在早期太阳系无疑也产生了普通的影响，尽管一个如此量级的碰撞应该是接近灾难性的；但是又可能只是象征性的粗略一击，而非迎头相撞。从地球上被驱逐的物质和那个入侵的物体的一些部分相结合，然后大概就聚集成了月球。计算机模拟显示，在一个有倾斜度的相撞中，大部分成分和地球相同的残骸，应该可以被发射到一个距离是现在地—月距离 1/2 的稳定轨道上。这个事件可能会发生得很迅速，广布的物质再次聚集形成一个单一的聚合体只需要不到几周的时间，然后形成一个球形的岩石块——类似于今天的月球，也只需要不到 1 年的时间。因为地球的年龄有数十亿年，而且因为月球的潮汐作用减慢了地球的自转速度，月球就后退到现在的轨道上去了，因此保持地—月总的角动量值不变，这和物理法则要求的一样。沉积在沿着史前海岸线形成的岩石中的潮汐层支持这种动力学情景，还显示在大约 10 亿年前，地球上一天只有 18 个小时，而一年有大约有五百多天。而且，激光测量法（那时光线来回传播）测得的月球距离证实了月球以每年几厘米的距离远离地球。这个巨大的能力，不但可以解释为何地球绕自身的轴旋转得那么快，还可以解释为何地球的轴的倾斜度（形成了我们的一年四季）如此大，与轨道所在平面所形成的角度有 23 度。但是并不是所有的人都赞同这个假设，因为像其他的模型中提到的典型碰撞，如果和一个如此大的物体相撞，地球更有可能会被击得粉碎。

人类最古老的问题之一看上去是可以触摸的。距离我们最近的一个天体，实际上就是那个无数个夜晚都会带来光亮的盘旋在我们头顶的月球，它的起源问题居然没能被很好地解决。有可能我们的月球只是一次罕见事件的产物，这次事件罕见到我们不能将它拆开，然后了解月球起源的细节。有些研究者对月球的起源困惑到绝望的地步，他们甚至会争论说月球不可能存在。

自然界中有结构的物体的绝对年龄和相对年龄，能够为我们提供核实宇宙进化经历的重要线索。我们不仅试图探测很多有序系统和关键事件的明确年龄；我们还尤其需要确定，那些年龄在当时的进展是否是按照时间顺序进行的。回想到在前言中，我们说过恒星最好是比宇宙更年轻，原因很明显，没有东西能比它的父母年龄还大。同样的，在“行星时代”这章，我们需要确定地球比最年长的恒星（实际上与太阳属于同时期的）要更年轻，以免某些扰乱顺序的事情发生在我们勾画出的行星系统模型中。按照顺序，在下一章“化学物质时代”中，我们需要警惕存在于化石中的生命无论如何都会比地球的年龄更加年轻（除非是完整地来自于地外的生命）。这种类型的定时性的“明智检查”在宇宙进化情节的发展中很有用。物体相对年龄的合理和谐的顺序与它们的绝对年龄一样重要。

拿地球来举例。在过去的两个世纪中，对地球年龄的估算发生了重大的增长。最广泛引用的估算归因于爱尔兰大主教厄谢尔（Archbishop James Ussher），他在18世纪中期，利用圣经来说明地球形成于公元前4004年10月23日，居然还依据了大量理由！但是，同时期的其他研究者更愿意仔细考量地球自身而不是光来验证有关它的信仰，他们确信地球肯定比经文中所说的6000年的年龄要大很多。

尽管几乎没有学者声张其精确性，200年前，他们基本都认同法国自然主义者布封（George Buffon）观点，他认为地球的年龄至少有1万岁。有报道说，因为在当时属于异教，事实上他在他未曾发表的日记中坚持认为地球可能形成于700万年前。逐渐的，在19世纪早期，尤其是被英格兰人赖尔（Charles Lyell）(他很严重地影响了之后达尔文的思想）所主导的观点，认为地球至少存在了数百万年，大部分地质学家都纷纷接受这一观点，但是还是比我们现在所知道的地球年龄年轻了1000倍。至于说地球持续时间的特定价值，很多人之后满意地看到，按照现代地质学之父——苏格兰的农场主赫顿（James Hutton）——的话来说，就是“没有开始的痕迹，没有结束的迹象”。

凯尔文（Lord Kelvin）是一个例外。在19世纪中期，这个英国物理学家开始熟悉一门新的科学热力动力学（关于变化的热量或者能量的科学），他试图利用这门科学来计算地球的年龄，争论说引力收缩的物体会以某种速率冷却，他推理说我们的地球应该在介于数千万到数亿年前之间曾经达到过熔融状态。但是，就像在前言中提到过的一样，就是这个时间也比地球的实际年龄短了一截。在凯尔文正确地推理计算的时候，他忽略了一个很重要的现象——放射能。

直到20世纪早期，法国的一些科学家，主要是居里夫妇，从沥青油矿中分离出了镭，因此知道了重元素如何衰变成为几种轻质元素。这种在整个自然界中自发发生的衰变，为地球提供了一种额外的能源，从而也就能拓展凯尔文推断的关于地球的年龄了。其后不久，英国原子物理学家创始人卢瑟福（Ernest Rutherford）支持使用辐射能元素直接测定地球物质年龄的观点，认为最终地球的实际年龄就能被找到——哦，当然是近似的。

技术上来说，很多重核子，如铀、钍和钋的核子就天生地不稳定。如果单独放置，它们就会逐渐衰变成为更轻的核子，在过程中还会放射出某些元素粒子和能量。这些变化都是自发地发生的，不需要任何外界影响（无论是在被控制的核子反应堆中还是在未被控制的核子反应堆中，辐射能元素衰变过程中释放的能量都能够推动核聚变）。但是，“母”核子衰变成更加稳定的“子后代”的过程并不是立即完成的；它的发生有其特有的速度——用核子的半衰期来测量。正如在实验室中测到的一样，半衰期非常多样化。举例来说，一点点的钋样品的半衰期要数百万年，而一点点的铀样品的半衰期则要 7 亿年。因此，如果我们能测得某个已知元素的不稳定母核子在（比如说）岩石中保存到今天的量，并且能够测得其稳定的衰变产物的量，那么我们就能确定此衰变开始发生的时间。这种方法被地质学家广泛地应用，这样测得的年龄的准确性就会提高几个百分点，但是仍然是有限制的。

辐射能时间测定法所需要的条件是，在辐射能物质衰变的过程中，岩石要保持固体状态。如果岩石在这个过程中会熔融，我们就没有理由期望子核子还待在其母体原先所占的地方，那么整个方法就行不通了。于是辐射能时间测定法测得的时间就少了讨论中的岩石从熔融状态变化到固态的时间。在很多情况下，考虑到多数岩石在过去经历过某些加热过程，限制就会相对降低。

在 20 世纪的前 50 年，辐射能方法测得的地球年龄有 10 亿到 30 亿年的差别。因为在 20 世纪后 50 年中，我们加深了对核子物理学的认识，所以能在我们的地球上找到更加年老的岩石。今天，在格陵兰岛和拉布拉多半岛发现的最古老的岩石，测得其年龄大约有 40 亿岁，因此证明地球的年龄应该不会少于这个数字。此外，因为地球自身也有很大的区别——它最重的元素主要分布在地核部分，相对的，其轻质元素就分布在较靠近表面甚至是表面的部分——它肯定在早期的某个时间曾经熔融过，以免重元素不能沉积到地核部分去。结合热力动力学测得的岩石冷却速率、辐射能测得的陨星和月球高地上的岩石的时间，以及对太阳进化状态的理论研究，最后都聚于一点：我们的地球年龄大约为45亿岁。

对地球估算年龄的不断变化，是理解科学方法如何达到最终确定的客观判断的一个很好例证，尽管有时会被个别研究者的主观幻想和偏见所影响。在整个过程中，一群科学家在检查、确认和优化实验测试，这将会使得个别研究者的主观主义思想得以压制。通常，几年的集中研究能给正在研究的问题带来很多客观性的，但是有些特别复杂的问题——例如本例中先前关于地球的年龄，在伽利略的年代认为和地球绕太阳运转的年龄差不多——则会持续几代，因为有来自于被传统、宗教甚至政治培养的文化和机构的偏见的干扰。

今天，人类有了足够开放的思想，准备不断地修正我们的模型来反映新的理论观点和更好的实验测试，科学家坚持认为，自然通过展现真相生成了某种客观的测量方法，从而授予我们更趋完美的“事实近似值”。就是按照这种理论，科学才能不断地进步，无论是在定量上所述的一个更加完整更加精确的知识，还是在定性上所述的一个对此知识更加丰富的理解。

* * *

我们不能探测到地球最初50万年历史中的地质学记录，这是关于地球起源的最棘手的方面。对地球自身的研究竟然对此毫无用处。来自于这个临界时期的证据，肯定能提供地球生成时期的幼年环境，但是它丢失了，肯定是在很久之前就融化了，腐蚀掉了，并且慢慢地消退尽了。我们所确认的是，几乎在每个方面，我们的地

球及其所拥有的环境，在几十亿年前和我们现在居住的世界肯定是截然不同的。

在脑海中绘一幅图画，我们可以想象，在地球形成后不久，它是炎热的，没有海洋、没有氧气的，并且遭受着内外各种能量的攻击。太阳的紫外辐射、猛烈的雷电、放射着的岩石以及强烈的火山，所有这些都在新生的地球上肆虐。这个时代有密集的陨星降落，也就是众所周知的大爆炸时代，肯定使得我们早期的地球在其最初的50万年左右的时间内就像一个地狱一样。我们只要看看离我们很近的非常斑驳的月球，就有足够的理由知道，当时的地球实际上处在一个被彗星和小行星频繁攻击的地带。整个地球球体肯定一直从表面熔融到其核心处过，地球在发生地震的时候就像摇铃铛一样，地质学家通过地震推断地球由内而外的结构完全不同。在地球形成阶段之后不久，密度大的铁—镍合金肯定就往下沉积到地球的中心，而轻质的花岗岩—硅酸盐岩石则向上浮在地球的表面。逐渐的，这个不平静的地球慢慢地冷却了，破裂了，散发出了蒸汽，并且生成了海洋和大气。

地球的原始大气几乎含有所有的最丰富的元素——氢、氦、氮、氧、氖和碳——还有一长串的微量元素。这些气体与形成我们太阳系的星际云气体的构成很相似。但是初级大气不会停留很久。最初100万年的地球表面比现在的炎热很多，那个时候存在的大气气体有很多后来都逃逸到外太空去了。重力没能制止早期的炎热气体逃逸。

几种贵族气体——那些惰性的不易与其他化学物质发生化学反应的气体，例如氖气、氩气、氪气和氙气——的相对稀少，对地球没能保持其原始大气是一个最好的例证。如果我们的原始大气还在，即使是被后来的进化事件修饰过，那些惰性气体保存到今天的量应该可以与太阳上存在的相比。显然，大爆炸、表面的高热量和猛烈的太阳风对于这个幼年的地球来说，是不堪忍受的。所有的类地行星都没有保留从原始太阳星云那里起源的大气。

尽管地球原始大气有损耗，但是现在还是有大气存在于我们的环境中。如果它不存在，我们也不可能生活在这里。因此，我们呼吸的大气应该是我们地球在后期形成的二级大气。而且，因为行星的存在就像我们后面“生物学时代”中所提到的那样，这个二级大气还要进化，然后才能变成我们现在所能呼吸的大气——因此，我们应该正确地称呼现在存在的供我们呼吸的大气为“第三级大气”。

原始地球与我们现在居住的地球大不相同。

冰块是从外部开始向内凝结，基于同样的原理，逐渐冷却的原始地球的表面应该就是熔融的地球上首先固化成为岩石的。而位于外壳之下的强烈的热量要用某种方式释放出来。形成的结果无疑就是火山、间歇泉、地震以及其他各种各样从地表的缝隙中放出蒸汽和被压抑的热量的地质活动。这种类型的“除气活动”甚至在今天还在发生，尽管只是在地球上的某些地方发生，并且也不是那么频繁。但是几百万年前，这种类型的地质活动无疑是非常广泛而且频繁的。仔细观察现代的火山，就能发现肯定会有很多水蒸气、二氧化碳和氮气，还有很多灰烬和尘土。无疑，还有一些较少数量的氢气、氧气、碳和其他气体也存在于行星的这些早期爆发中。计算得出，在地球以往的历史过程中，有足够的气体从地球内部经过裂缝散发出来，然后生成了大部分现在的大气。大气的其他部分大概是来自于彗星和陨星，它们能用大量物质刺激幼年地球，其中包括生物前分子。甚至在现代，每年还有大约 4 万吨的地外物质降落到地球上，不过大部分都在大气中燃烧掉了，或者掉进了海洋。

因此，我们目前大气的起源是陆地除气作用和行星间袭击的结合（然后再被生物学事件所改变）。实际上，地球的大气目前还是在继续调整着，因为有火山偶尔爆发时喷出的气体和热量，还有来自于太空的天体残骸。但是，今天的大气不是直接源自于星际气体混合物。因而，地球二级大气的成分与宇宙丰富元素的平均体是大不相同的。相反的，木星和其他类木行星的大气富含氢气、氦气还有很多其他轻质气体。这些行星足够大，所以它们能留住直接从星际物质生成（已经发生了的）的原始大气。

地球的大气和海洋如此相关，它们几乎毫无疑问地，至少部分是毫无疑问地来自于同一个源头——我们行星的内部和行星间的火流星。说到海洋，地质学家争论说，当充分的冷却后，水蒸气浓缩汇聚了第一份液体水储备。最终，水蒸气是火山爆发放出的物质的主要成分，并且集成今天地表的含水的岩石（主要是硅酸盐，还含有水的成分）所贮藏的水比所有海洋水的总量要多几倍。但是来自于内部的除气作用可能并不是主因，因为我们行星上的水含有的某些化学物质（同位素），其细微痕迹表明它可能来自于外太空。

回旋于地质学家之间的讨论焦点是海洋形成的速率和时间选择。我们不能确信，地球是否是在早期行星历史上，一次性就通过除气作用形成了海洋——这被地质学家称为“打饱嗝”理论。或者有可能海洋的形成需要一段时间，是在一系列的火山爆发事件中从地球的内部逐渐形成的。少数研究者争论说，一部分（或者可能是全部）地球水体可能是，含水丰富的彗星和陨星在地球最初的100万年中无数次与地球相撞的结果。但是这里包含一个化学物质异常：地球水的形成与俘获行星间天体并不十分相符。3个最近经过地球的彗星——哈雷在1986年，百武（Hyakutake）在1996年，以及海尔—波普（Hale-Bopp）在1997年——都有一种放射物，披露出它们重水（氘）的含量是地球海洋水的两倍。

最有可能的是——就像宇宙进化经历中很多其他问题一样，它们并不是非黑即白，或者非此即彼的——地球巨大的海洋水体是从内部和外部一起形成的，并且之后，随着内部的除气作用和外部的大爆炸不断减少，地球自身的循环系统开始运作。当岩石被加热的时候，其含有的水分被强制进入了海洋，例如靠近火山或者海底断层和山脊的岩石。自然，大部分今天的海洋水通过全世界的海洋山脊系统已经循环过好几次了，频率可能是1000万年一次。最近，我们发现有水直接从某些水线以下的出口冒出。这是直接从地壳以下发源的水，然后增加世界的水供应，还是已经存在的海水通过这个出口循环的水，我们不得而知。

地球的海洋和大气逐渐稳定。当早期行星上的活动慢慢平息下来，大气冷却，使得引力能够留住它不让它再逃向外太空。一部分氮气和其他气体发生化学反应，还有一部分则仍然以氮气的状态自由存在，它现在还占有我们大气的很重要的比例。气态水蒸气变成

液体水，然后再通过降雨落到地球的海洋里。释放出的二氧化碳在水存在的情况下和硅酸盐岩石发生化学反应形成石灰石。无论如何纯氧气在原始地球上就应该存在，但是肯定很快就通过与氢气发生化学反应生成水，或者与地表矿石反应生成氧化物，如铁锈和沙——这些东西在今天的地球上到处都是。可供呼吸的氧气和保护性的臭氧层较晚才出现，是在植物在地球上生长之后才出现的。

在地球二级大气的庇护下，它的某些化学物质可能还会进一步与其他化学物质相互反应。不需要外界的影响，这些气体就能相互碰撞、粘连并且发生反应形成一种稍微复杂的气体如氨气和甲烷。化学家几乎每天都在工业化的和学术性的实验室中验证这些反应。理论学家了解，电子间的电磁力使得这些简单的大气原子自发地结合，然后形成稳定的气体分子。

有时，这些自发反应的分子产物变成另外的化学反应中的反应物。但是，这些另外的反应并不是自发的。实验室实验证实，简单的分子如氨、甲烷和水蒸气，需要一些能量才能结合。这个能量，在某种程度上来说，就是帮助化学反应发生以生成更大的分子的催化剂。实际上，它并不仅仅是一种催化剂。能量的应用形成了一个新的谜团：它能合成更加复杂的分子，比一群自由的分子和简单的分子偶然形成的反应复杂得多。正如我们将会在“化学物质时代”中会看到的一样，所生成的分子，是我们生命结构中的一部分。

* * *

地球的岩石表面或者说岩石圈——我们对地球最熟悉的一个部分——很有趣，不仅仅因为我们靠它来生活，还因为它美学上所拥有的美景和科学上偶尔会发生的事件。就地质来说，地球是有生命的，它内部在沸腾，外部在爆发。这些变化仍然在影响着我们在太空中的这个家园。

火山是岩石圈活动尤其明显的指示剂——熔融的岩石和炎热的灰烬通过地面的裂缝或裂纹上升。尽管今天它们很少发生的——罕见，而且壮观，足够使它们成为新闻报纸的头版头条——火山是地球今天活动的证据，还有当地壳在突然的压力作用下移动时产生的有规律发生的地震同样也是地球活动的证据。追溯以往的事件，地质学研究岩石、火山岩和下层土壤地基后，发现很久之前的地球表层活动比现在频繁得多，而且大概还比现在激烈得多。

加拿大岩石的大板层并排平躺着，但是随着时间不断地推移，100万年来，其变化很大；它们的毗邻的板层对表面岩石形成了大规模的推撞。沿苏格兰海岸的悬崖则展示了，水平岩石层在千年的沉积中沿海岸生长，但是现在它上面生长的几乎都是垂直的岩石层；显然是某些类型的表面剧变，推压一部分岩石到另外的岩石上面，才形成了这个悬崖。还有很多其他的关于地球表面及其附近的活动证据，尽管有很多古老事件的证据都被风和水完全侵蚀之后消逝了。

目前最活跃地方的地图，显示它们是不均衡地分布在我们地球上的。实际上，这些地方的轮廓很好地勾画了活动的线条，或脆弱的断层，地壳岩石移动（如在地震中）或风化岩上升（如在火山中）。仅仅在几十年前，地球表面的大约12个巨大“盘子”和板层才被这些断层勾画出来。之所以叫做“盘子”，是因为它们的大小、规模和形状就像反倒过来的盘子，这些板层的广袤的水平延伸（一般是数千千米宽）通常使得它们垂直的厚度（大约100千米深）相形见绌。

特别的，最显著的断层之一，是将北美板块从欧亚板块分离出来的那个断层，而且还继续延伸至南美板块和非洲板块。贯穿整个大西洋中间和一直从北部斯堪的纳维亚延伸至南部好望角的，是中部大西洋山脊——一条很细的，几乎全部浸没在水中的断层，仅在冰岛次级大陆有一段浮出海平面。这个山脊，近年来，海洋学船只置放的微型潜水艇勘测到的众多较小的裂缝和水下沟渠中，它是最著名的，而且给人印象最深刻。

刚意识到这些巨大的板块在缓慢地向四周滑行的时候人们确实很吃惊，但是现在已经完全理解了——其实是在地球表面的漂移，因此就有了这个流行语“大陆漂移”。正因如此，板块运动在地球表面造就了地表山脉、海洋沟渠和很多其他大范围的特点。板块运动实际上也形成了大陆自身的形状，因此又形成了一个正式语“板块构造学”——构造学是由“建筑学”这个词衍生而来的，意思是建筑或构造，在本例中就是板块运动“构造”了山脉和海洋。

板块构造的证据。

无论如何，我们并没有说板块移动得很快。我们脚下的土地，感觉就是坚实的陆地。尽管在地壳变硬数百万年之后，板块现在还仍然是在移动，但是移动的速度极其慢。板块移动的速度很典型，每年不到几厘米，或者说与我们指甲生长的速度差不多。但是，就是在这么缓慢的速度下，在地球这么长的历史中，每个板块的移动距离还是很大的。例如，即使 1 年只移动 2 厘米，但是在 2 亿年的过程中，两块大陆也能分离 4000 千米——而这正分别是大西洋的宽度和年龄，但是并不是巧合。按照人类的标准来说，这确实是一段很长的时间，但是却只是地球年龄的 5%。

因为板块向四周移动，碰撞就变得普通，一整块大陆就撞进另外一块里面去了。但是，这和两辆车子的相撞并不相同，车子相撞之后会停下来，而板块因为它如此巨大，有着巨大的动量，并不容易停下来，它们会在接下来的数千年（如果不是数万年的话）时间内持续慢慢地相互渗入。喜马拉雅山脉，珠穆朗玛峰就是其中的一个例子，是两个板块相撞后形成的结果；印度次大陆每年以 5 厘米的反常快的速度向北往欧亚大陆推进，这不仅仅举起了高耸的喜马拉雅山脉，甚至还托起了现在的西藏高原。大陆间的这种相互推进，大约是从 5 千万年前开始的。阿尔卑斯山是大陆相撞结果的另外一个很好的例子，因为意大利北部，大部分属于非洲板块，向北缓慢地往中欧推进；伴随着这个碰撞，还有很多残骸产生，目前正在慢慢地重塑崎岖的幼年阿尔卑斯山。相反的，美国圆形的重度侵蚀的阿巴拉契亚山脉证明了造型运动在大约 3 亿年前达到了高潮。

不是所有的板块都经历过迎头相撞事件；很多是滑行或正好与另外一个擦肩而过。北美最著名的活跃地区，加利福尼亚的圣安地列斯断层，可以解释这种不那么激烈的板块相互作用。当太平洋和

北美板块相互摩擦的时候，这个断层能造成很多地震活动。这两个板块不是按照相同的方向也不是按照相同的速度在移动。尽管很确信它们之间有相互接触，就像一个没涂润滑油的机器，它们的运动不稳固也不平滑。更确切地说，急拉的和突然的运动每次都会导致漂移性的压力超过阻止性的摩擦力。

几串证据支持了地球板块构造的观点，而最具明显的证据是地理学。只要看着地球主要大陆的地图，我们就能很容易地发现它们的组合就像一块块的比萨饼，尤其是非洲和南美海岸线的构成，更像一块比萨饼。最东部的巴西海岸巧妙地与非洲象牙海岸啮合，并且其腋窝在尼日利亚附近。更远的北部，西非完美地嵌入加勒比海和墨西哥海峡的海洋空洞。更远的南部，西南非与巴西南部海岸、乌拉圭和阿根廷相互协调。诚然，考虑到北大西洋的“残骸”，包括冰岛、格陵兰岛和英国列岛，北半球的组合没有如此完美。但是，欧洲西海岸与中大西洋海岸和北美的新英格兰海岸组合得很好。而且，沿着大西洋两岸的岩石构成也很相似。

显然，庞大的陆地肯定在过去的某个时候支配着整个地球。只要知道板块的矢量（方向和数量都有），地质学家就能追溯出它们以前的运动（通过测量银河增长的速度，然后逆向就能在大脑中形成早期宇宙的模型；或者通过研究事故残骸来重建交通事故发生之前的情景，都与此十分相似）。地质学家发现的是一个单纯的古老超大陆，被称为泛古陆，意思就是“所有的陆地”，并且包含有地球上几乎所有的旱地。北边是劳亚古大陆，南边是冈瓦纳大陆，两者被 V 字形的水体古地中海所分离。剩余的部分则应该完全被液态水覆盖。

泛古陆实际上存在于什么时候呢？现在大陆板块的位置，以及预估的它们漂移的速率，暗示了泛古陆应该是在大约 2 亿年前的地球上的主要大陆特征。那个时代，恐龙支配着整个地球，它们能够徒步经过波士顿，从俄罗斯漫游到德克萨斯州，且不用经过任何水体。大约在那之后的 2 千万年，冈瓦纳大陆和劳亚古大陆被不明原因分开了，大概就在今天的墨西哥海湾附近。再之后的 3 千万年——即距今 15 千万年前——冈瓦纳大陆自身分裂成很多块：就是我们今天所知道的南美、非洲和澳大利亚。其后不久，劳亚古大陆也分裂了，而且似乎更加激烈，因此生成了北美、欧洲和北大西洋里的一些较小的片断。

如此古老的超大陆的存在，和它随后的分裂，能够解释迄今罕见的几个发现。例如，当登山者在 50 年前到达珠穆朗玛峰的时候，他们发现了鱼和蛤壳的化石。似乎只有板块造型才能解释海洋化石如何能存在于几乎是地球上最高点的地方。无论是什么造成了泛古陆的分裂，它的大陆分裂片断还在继续移动。特别地，因为印度开始了其向北穿过古地中海的缓慢旅程，沉积在古代海洋底部的海洋生物化石，就很显然地被推到了欧亚大陆上的喜马拉雅山脉上。

板块造型缓慢地重塑着我们地球表面的形状。在某些情况下，海底被完全推向世界之巅。在另外的情况下，巨大的水下山脉慢慢地浮出水平面了。还有一种情况，整个次大陆完全被淹没了。在人类开始加深对附近行星的探索之后，如果能够发现另外有某个行星上的世界也因为物理事件像地球一样被如此激烈地重塑（而不仅仅是表面的侵蚀）了，那肯定很有趣。迄今为止，我们认为不会找到这样的行星，这在“行星时代”的后半部分会提到。

有功则赏，大部分地理学谜团在 20 世纪早期就被一个叫阿尔弗雷德·魏格纳（Alfred Wegener）的德国气象学者解决了，但是

很少有人相信他。认为巨大的岩石板块能够在地球表面漂移的观点在20世纪60年代之前看起来是荒谬的。但是，当突然有了很多新证据，观点变化起来很快。在20世纪60年代中期，拥护大陆不可能漂移观点的理论地质学家可能还有市场，但是到了20世纪70年代，他们就完全没有市场了。

古生物学（paleontology）——研究死亡有机体形成的化石（在希腊语中，"paleo" 表示 "古老的" 的意思）——进一步论证了板块构造的观点。例如，Mesosaurus（淡水中生活的爬虫动物，大约存在于3亿年之前，在大约2亿年前灭绝）化石，仅仅在地球上的两个不同地方被发现过。一个地方是现在的巴西东北海岸的一个较小的部分，另外一个地方是非洲西海岸，离今天的加纳很近。如果非洲和南美一直是被广袤的大西洋分隔开的，这种爬虫动物不可能在通过长途游泳而横跃两个海岸之后还能生存下来。即使它们真的能在那么长途的跋涉之后生存下来，因为它们出发和登陆的地点正好是两块大陆相撞并啮合的地方，它们生存的机会也会很渺茫。一个更加理性的判断就是，非洲和南美以前是连接在一起的，而这种爬虫动物就生活在冈瓦纳大陆中部的一小块地区。同样地，相同的蜗牛化石在新英格兰和斯堪的纳维亚被发现，以及在南美西海岸和东部澳大利亚发现有袋动物的化石——在这两个案例中，也和其他很多例证一样，这些动物不可能通过游泳横跨如此宽广的海洋。

第三个关于板块构造的证据来自于海洋学——研究海洋动力和历史，及其物理和化学行为的一门科学。很多被海水淹没的活跃地方都形成了海面下的巨大裂缝系统——中部大西洋山脊是一个最好的实例，它向今天的大西洋中部伸展了1.5万千米。不仅仅从海船上放下的水下潜望镜能勘察到这个巨大的断层，而且机器人潜水艇也能设法从海底山脉两边的很多地方找回海洋地面的样品。他们发现，位于水下山脊附近的海洋地面物质相对年轻，而距离山脊很远的地方的海洋地面物质则相对较老。

观测到的这些事实能够说明，沿着中部大西洋山脊，炎热物质从裂缝中上升。按照这种方式，有些板块就被推远了。北美和南美板块基本都是向西移动，而欧亚板块和非洲板块则是向东漂移——这实际上就是上面提到的地理组合所暗示的趋势：大西洋两边的板块大概从 2 亿年前就开始漂移了。自然，海洋学者从未找到大西洋海洋地面的任何部分比这个时间还老。美洲东海岸以及欧洲和非洲西海岸附近被水淹没的岩石，通过辐射能测得其年龄大约是 2 亿岁；而中部大西洋山脊附近的生命则只有数百万岁。

最后，第四个证据也能支持板块构造理论的观点，尽管这里的数据不是那么有力，它们的暗示也不是那么明显。这个证据是由古磁学——研究古代磁学——所提供的。日常生活经验告诉我们铁是有磁性的；实际上，任何含有即使是少量铁矿石的金属通常都是受到磁化的。但是，当铁被加热到大约 700℃的时候，它就丧失了磁性特征，变成了自由推撞的个体原子（这就是为什么磁热力计经常在沸腾的木质熔炉边上跌落的原因）。炎热的玄武岩——黑色浓厚的火山原料——被注入微量的铁以及从海洋山脊裂缝中上升的物质后，也是没有磁性的。但是当玄武岩冷却后，就马上有了磁力，每个铁原子有效地对地球磁场做出反应，就像一个罗盘针。在冷却的同时，铁原子按照地球磁场的方向排列，当玄武岩固化成为坚硬的岩石之后不久，里面所包含的铁的方向就被固定了。因此，海洋地面物质就贮藏了地球磁力历史。

在这里，我们还要考虑中部大西洋山脊。从山脊附近取来海洋地面样品，对它们进行测试，测得沉积的铁的方向与地球的南北保持一致，那么这就是近期才上升的“新鲜”玄武岩。但是，从离山脊很远的地方取回来的样品，其中沉积的铁并不是与地球南北方向保持一致的，它们之间往往有一个古怪的角度；这些就是较早上升的“陈旧”玄武岩，而且它们还遭受了从那时到现在的附近板块的翘曲、扭转和漂移。向后追溯，海洋学者利用所包含的铁以及地球的南北极方向来推断板块过去的位置。它们重新调整部分海洋地面成为南北方向，并且从而推断过去 2 亿年里板块漂移的近似距离。当这些完成之后，这些古磁学数据也倾向于支持地球上存在过一个古老的超级大陆的观点。

古磁学研究促进了最近几十年中一些新的非凡的发现，它始终培养着另外一门丰富的跨学科交互作用——介于地质学和天文学之间，并且可能还有生物学。在这些发现中，最重要的是发现了在这么长的地球历史中，地球的南北极翻滚了好几次。听上去就很令人惊奇，北磁极，现在在北极区，有时候它还在南极区，而南磁极有时则停留在被我们现在称为地球北极的地方。这种来回反转在过去的 2 亿年中无规律地发生了数百次，并且在那之前可能还发生过数千次。尽管如此，它在人类时间表中发生得并不频繁，磁反转在过去的 1 千万年中不过发生了 12 次。北磁极位于北极区持续了过去的 75 万年——现在它大约在地理实际北极 1000 千米以西，位于加拿大的威尔士王子岛。仅仅在 20 世纪，地球磁场就减少了好几个百分点，可能预示着在接下来的千年中又将有一个很大的反转。

这些事实我们都是从中部大西洋附近挖掘的海洋地面样品中测得的。自从海洋学者按照海洋地面与山脊东面和西面的距离来测定海洋地面的年龄，当地球磁场改变其方向的时候，它们就变成了测定磁力标记的样品。海洋地面就像一个巨大的磁带录音机，从山脊中央流出很多物质，停留在山脊的两边，并且留下了日益增多的更远更古老的记录。炎热物质首先从山脊的裂缝中上升，之后它们就快速冷却、固化，并且结合截留的铁矿石，贮藏下当时地球磁力的记录。当推动板块的时候，这些物质就从山脊上展开。按照这种方式，水下的数据就能揭露大西洋形成和生长的历史，以及磁力变化的原因。

到底是什么导致了地球磁力的这种反转呢？研究者暂时还不能很确定地知道，那些显然是偶尔颠覆地球上液态铁——镍核心的稳定旋转。金属核心很可能就是我们行星磁力的来源——地球发电机（电子引导它的旋转）形成一个磁场，很像所有的电磁石。它可能是在普通旋转速率的核心中的一个固有对流的不稳定性，可能甚至是某些更加引人注目的事情，例如地球与宇宙天体如彗星或小行星的相撞。这种灾难性的事件能通过晃动截留的液体来颠覆核心的旋转，因而在普通场中产生巨大的破坏，并且为它的改变准备了机会。

无论起因是什么，磁反转应该不是在瞬间发生的。磁力大概需要一段事件来逐渐减弱，最后完全消失。同样的，重新建立磁场可能会需要更多的时间——大约数百年，甚至数千年。如果真是这样，那么每次磁反转发生，磁气圈（包含范艾伦辐射带，它能保护地球表面免受来自外界的辐射）消失，可能需要的时间按照任何有生命物质的标准来看，都是很长的。如果没有这个保护“伞”偏移或阻碍来自外界的带电宇宙射线粒子事件，生物系统肯定会受到伤害。

间接证据可以说明过去曾有生命体受到过此类威胁。记录了古代生命形态的化石显示，偶尔，曾经一度很繁盛的植物和动物会突然灭绝。没有人知道它们为什么会毁灭得如此快，在后面的“生物学时代”我们会提到一些可供选择的观点。甚至连恐龙，这个曾经在1亿年前高度统治我们星球的物种，好像也是在一段相对较短的时间内就消失了。小行星碰撞可能导致了生命系统中大部分的灭亡，但是它们的结果可能还包括，造成气候和海平面的变化，还有磁场的反转。对海洋地面物质的分析确实指出某些生命物种的灭绝和地球磁力的反转是有关系的，尽管这个分析目前还有争议。磁力转变可能会给某些物种判死刑，但是它也有积极的一面：在海洋地面所找到的样品中其他的化石，也能证明有全新的物种出现。

没有人能很确切地知道是什么造成了（或可能现在还在造成）地球上磁场反转的发生。但是一致的意见看来就要到来：当地球的磁气圈崩溃，流入的高能量粒子（大部分来自于太阳）很可能破坏臭氧层，并且增加了大气中辐射原子的数量。这些原子可能会被植物吸入，接着又被动物吃进去，当然也包括人类。尽管遭受了更高水平辐射的植物和动物不会直接死亡（因为大气还能提供有力的保护），但是癌症细胞肯定会增多，而且生物进化的正常程序也会被破坏。一些基本生物分子，包括基因，将会遭受破坏，在某些系统中一代接着一代地形成繁殖错误，或突变。

但是，与通俗观点相反，并不是所有的突变都是负面的。有些突变是有利的，使得生命形态更好地适应地球环境的变化——简而言之，进化。突变就像进化过程中的发动机，如果没有它们，生命就不会复杂化得如此迅速，我们会在“生物学时代”讨论这些。当磁气圈突然关闭，发动机很明显会加速。

我们应该也能逐渐意识到，沿着时光之箭，在特定的时代，无论怎样的物种支配生命，很大程度上是因为那个物种与它所处的环境有着最适宜的关系。因为最适合它周围的自然环境，使得它能够生存下来，有时还会很繁荣。一个很好的比喻就是被幻灯机良好聚焦的图像。突变（或者说稍微改变幻灯机的焦距）可能伤害到支配物种（或者说所投影的图像的质量）。相反地，次要的物种（或者说聚焦之外的图像）可能会从增加的突变中找到更适合自己的东西。在任何一个时期，都是支配物种最有可能因为突变而变得很差。人类现在就是地球上的支配物种。

大西洋海洋地面仍然在生长，使得北美板块和欧亚大陆板块慢慢分离，还有南美板块和非洲板块也在分离。潜艇探险队证实了中部大西洋山脊仍然是活跃的，炎热的玄武岩正在通过裂缝和裂纹上升，这些裂缝和裂纹环绕地球有数千千米，就像一个巨大的棒球上的裂缝。地质学家估计地球表面上的其他板块也在被类似的上升物质分离着，目前还只是部分地观察了海洋山脊。海洋学者目前正在重新找回从太平洋和加勒比海海底取回的样品来研究，这些地方海洋地面的活动也将会被曝光。在接下来的几十年，我们肯定会对所有的主要水底裂缝形成更好的理解，地球内部的炎热物质就是通过这些裂缝渗出的。

因此我们面临了现代行星学的一个中心问题：是什么（尽管很慢）推动了我们地球上的板块，让它们漂移的？换言之，海洋地面分布的来源是什么？答案都指向对流机制——基本上就是地下热通过循环向上转变——在这里，就是地壳内的熔融物质的巨大的循环模式。对于这种物理过程来说，这些条件是十分完美的，业余地质学家詹姆士·赫顿（James Hutton）在二百多年之前就预知了这一点；但是直到上一代才有他的追随者被发现，部分原因可能是因为他不善于交流科学发现。

我们今天所知道的是：海洋地面覆盖着一层沉积物——泥、沙和经过数百万年不断从海水中沉积下来的海洋有机体的尸体。在这些沉积物下面，则躺着大约 50 千米的花岗岩，这种低密度的岩石构成了大陆。更深的则是暖和的部分熔融的玄武岩层。再下面就是地球的核心了，那里的温度最高能达到 5000℃——和太阳表面的温度差不多！这实际上就是一个完美的对流装置：较暖的物质躺在较冷的物质下面。暖和的玄武岩需要上升，就像我们大气中的热气体或炉火的烟。它们就是这么通过大部分由花岗岩形成的外壳上的裂缝和裂纹的。偶尔，这种裂缝也会出现在大陆性的陆地中央，形成壮观的火山，如意大利西西里的活火山埃特纳（Mount Etna）山或美国怀俄明州黄石国家公园里的老忠实（Old Faithful）间歇泉。但是，我们所知的大多数地表断层都位于水下，原因可能很简单：地球大约有 3/4 的面积都被水所覆盖。中部大西洋山脊是最主要的实例，而且，甚至这么长的海底系统还只是 6 万千米水下山脉链的一部分，这个山脉链是在形成阶段因为原先完整的大陆崩溃而形成的。

不是所有外表温热的玄武岩都能挤过裂缝和裂纹的。有些会被推回去。因此，在上层，上升和下降物质形成一个巨大的循环模式。这种对流循环经常会延伸到外壳的 1000 千米以下，或者说是距离地球核心的 1/5 处。它们也是很慢的，每年才能漂移几厘米，而完成一次循环大约需要数百万年。玄武岩缓慢地在裂缝下循环，毕竟是半固体，就像温热的沥青，而且移动得并没有气体在空气中或沸水在水壶中那么平滑。结果是上升的物质最终水平地分布在上层表面，因而在板块稀薄的表面上形成一种拖力（摩擦力），并且使得它们在地球表面上滑行或者漂移。

所以说，地球很像一个引擎——一个遵守热力学法则的加热引擎。而这个热力装置的关键就是温度梯度。因此，能量自然地从热的地方向冷的地方跑，也就是，从任何一个行星的内部往外部跑。对流循环使得地球冷却，并且以最快的方式让热量逃到空间里去。因为岩石导热功能差——只要在炎热的晴天触摸一下石板冰冷的底部就能知道了——所以传导能量不是好的选择。换言之，构造，即通过循环的岩石由内向外不断地除去内部热量，是最有效的方式。这样的话，大自然很自然地就会毁坏所有的梯度，即，通过真正的平衡来达到最低可能的能量状态，在某个时候——当然肯定是数十亿年之后——行星的进化就会停止。

这些板块到底要往哪里移动呢？假设温热的玄武岩通过裂缝和裂纹持续上升，而且不停地在板块坚定的旅程中赋予它们能量，那么，我们能不能预测出巨大的陆地在相对不远的将来所处的位置呢？通过推断板块目前的矢量——再次说明，就是它们漂移的数量和方向——地质学家有理由能测出未来多少年内大陆板块将会位于何处。举例说明，5 千万年以后，大西洋将会变得比现在宽大约 1000 千米；在太平洋板块上就没有很大块的陆地了，这个海洋板块大概将继续被其他大陆板块如向西移动的南美板块慢慢吞噬掉。澳大利亚，实际上是印度板块的一部分，它的移动速度在所有板块中是最快的，每年大约能移动 8 厘米，将继续它往北向欧亚大陆的移动。几百万年以后，注定会有一次巨大的碰撞并且完全更新南亚的地形。印度自身将会继续向北推进，就像现在，还会使得喜马拉雅山脉的高度增加。考虑到非洲板块向北的移动，地中海注定将会被大雪覆盖数百万年（阿尔卑斯山就能供滑雪用，当然，前提是气候变化不会太快）。作为太平洋板块的一部分，南加利福尼亚将会从南美板块分离出去，而且大约 2 千万年之后洛杉矶将会变成旧金山的市郊，而在 5 千万年后它会变成阿留申群岛的沟渠。

* * *

我们坚持通过将地球的特征与其他的类地行星作比较来获得更多的关于地球的进化知识。跨学科的比较行星学最近盛行起来——在邻近太阳系的多样化世界研究广泛的对比性的特征。什么使得地球与其他的行星如此迥别？为什么惟独只有我们的地球拥有碧蓝的天空、液体的水和温和的气候？并且为何在太阳系中只有地球才能被生命体居住（目前为止，我们所知道的是这样的）？

拿陆地来举例。地球上的陆地，稍微比海平面高，是长期的板块造型活动造成的——而这种活动在邻近的其他任何行星上是不存在的。我们视陆地为当然，因为那是人类生活的地方。我们甚至倾向于集中精力研究天文学家在遥远的太空中拍下的地球宏伟的照片。但是，大部分地球是被水覆盖着的；我们行星表面的典型风景显示地球上四面八方都是水——这就是为什么天文学家从轨道上回头看地球的时候，称地球为“蓝色的大玻璃弹球”。实际上，地球上形成陆地所需的条件可能与太阳系其他任何地方都不一样。这些条件形成积极的构造运动，地质学上活跃的行星标志，并且干旱陆地上的生命从此得益。

相反的，从地质学上来说，水星已经走到了尽头。与太阳更近的距离可能很早就关闭了它的板块构造运动，假设它曾经有过此类运动的话。地球和金星与太阳的距离有着数千万千米的差别，可能足够让地球与其最近的亲戚金星的关系变成了遥远的表亲。更多的太阳热量看上去完全使金星脱水——它表面的温度炎热到 500℃，几乎能使铅熔化——使得它的表面和上层太干而且太有浮力而不能下沉回到其内部去。激烈上升的火山岩、化学物质的除气作用，还有表面的推挤，这些都是伴随在地球构造运动中的，而在金星表面这些是不可能发生的。机器人雷达观测这个完全隐蔽的行星，特别是麦哲伦号宇宙飞船在 20 世纪 90 年代探测到的数据，显示了那里几乎没有近期发生断层、山脊或者火山作用的证据（尽管古老，但是休眠状态的火山也能被观测到）。表面特征可与地球相比，比如高出的陆地伊师塔地（Ishtar Terra，在北半球，与澳大利亚一般大）和阿佛洛狄忒台地（Aphrodite Terra，沿赤道，与南美洲一般大）显然没有移动很多，或一点也没移动。炎热的金星似乎在过去大约 50 万年中都属于不活跃状态（因为干燥的岩石比含水的岩石坚硬），而且将自己装入一个单一厚重的外壳之内——至今有一个外壳可能贮藏了它在地壳变形时最后努力的记录，比如说形成的最引人注目的地形学特征麦克斯韦山脉链（Maxwell Montes），它的高度比地球上的珠穆朗玛峰还要高。因为金星的体积比地球小，所以行星学家猜测它比地球老化得快，如果这样的话，它最近的过去就能预示着地球不远的将来。讽刺的是，金星火山表面是在大约 7 千万年前重新形成的，也是在它进入休眠状态之前，这更像幼年地球开始固化的阶段，因此，它也能告诉我们一些关于地球遥远过去的事情。

说到火星，这个红色的行星已经在地质学上死亡了很长时间了。它所储藏的内部热量在数十亿年前就已经用完了，除了几处火山还存在，它几乎关闭了所有其他的表面活动。这里的问题就是体积：火星的体积比地球小很多。很多人认为火星的大小和比例与地球有可比性，但是实际上它的质量比地球小 10 倍。与火星相比，金星更可以被称得上是“地球的姐妹行星”。因此，火星从未有足够的热量，来熔化它的整个内部，来形成球体磁力，或形成很多

（如果有的话）板块构造。自从大约40亿年前的大爆炸时代开始，它就好像是一个只有一个板块的行星。火星的地形学可能已经被封锁（也可能是冻结）了30亿多年——这就是为什么它的一些固定火山岩地点曾经的活跃度比地球上的火山广泛得多（达到数千千米的范围），例如奥林帕斯山（Olympus Mons，太阳系里最大的火山）和塔西斯火山群（Tharsis Volcanoes）。那么，火山表面可能会给我们提供关于地球进化早期的信息——在地球板块开始移动之前——关于这个时间段的地球知识我们正好相对缺少。

另外一个很好的关于比较行星学的例证是由大气——还是金星、地球和火星上的大气——提供的。尽管在形成的初期它们有着几乎相同数量的氢、碳和氧，但是这些元素在类地行星上发生了不同的进化。而这些不同主要是因为行星自身的质量不同，而且与太阳的距离也不相同。当联想到不动产价值——地球的和地球外的——其底线大部分相同：大小、位置和时间性。

在这3个邻居中，在我们内圈的姐妹金星能接收到最多的太阳能量，实际上差不多是地球接收到的能量的2倍。尽管今天我们不可能在这个行星的温室里找到液态水，但是在它早期历史中，当太阳照射没有那么强烈的时候（40亿年前的光照强度大约是现在的2/3），金星可能拥有广泛分布的海洋、湖泊以及河流。当太阳随着自身的恒星进化而慢慢地增加了对外的辐射时，这个行星被慢慢地加热了，而且水分都蒸发了。同时，金星的火山不断地向其大气中喷出二氧化碳。没有水将碳变成坚固的碳酸盐，如碳酸钙、石灰石或珊瑚（如在地球上的情况），金星上二氧化碳气体的增多不受限制——简言之，金星上大部分的碳元素都存在于其大气中。导致的结果就是“失控的”温室效应，允许太阳能量穿透浓密的大气层，但是阻止它的某些红外线辐射，一直这样下去，就使得金星的表面太过炎热而无法支持原始生命的生存。

相反的，地球与太阳的距离足够远，因此能留住它所拥有的液态水。当水蒸气上升到我们的大气中，它就冷却浓缩成小滴，形成云层，再变成雨水降落到地面——这就是“水循环”。地球还能通过板块构造来循环它的碳元素，而这种作用在金星上是不可能实现的。甚至在今天，二氧化碳还在地球的火山上发挥着除气作用，如沿着俄勒冈州喀斯喀特山脉（Cascade Range）的火山，它在陆地上受侵蚀，在海洋中就溶解，形成碳酸，最终与海洋岩石发生反应而形成石灰石外壳，接着，又在数万至数十万年后释放出二氧化碳——“碳循环”——所有的这一切都阻止了温室效应气体的形成。水存在的延长使得海洋生物体的进化成为可能，然后，也就是现在，通过构成贝壳和骨骼而进一步移除空气中的二氧化碳，这些贝壳和骨骼随后又会降落到海洋地面并且再次形成岩石——最著名的此类地质学特征就在英格兰多佛的白崖（White Cliffs）。很久之前，大气的稳定状态——化学物质和热量都达到平衡——很显然已经达到：火山作用有规律地向大气中喷出二氧化碳，于是二氧化碳被植物和岩石截留。我们空气中的一少部分二氧化碳气体也形成了一个比较微弱的温室效应，因此增高了我们的表面平均温度达到水的凝固点之上。我们的气候比金星的气候缓和得多，尽管人类正开始修补这个微妙的平衡。我们目前正在大规模地污染着我们的空气，以及采伐森林，这就使得二氧化碳的含量和地球的温度都会升高；这些都是事实。

火星可能也曾经有过一个温和湿润的气候，在其表面也有液体水。大量的空中照相证据在实质上证明了有大量的水流过宽阔的海峡和一些较小的支流，甚至可能在巨大的湖泊和火星海洋里淹没过这个行星的1/3。勇气号和机遇号太空飞船在2004年登上了火星，确认了火星上曾经泛滥过很浅的海水这个观点。但是因为仅仅只有地球质量的1/10，火星没能留住它的原始大气。考虑到它从未开始过构造运动（似乎它以后也永远不会），火星没能生成其他的大气。结果就是，尽管二氧化碳气体含量很高，但是最多只能形成微弱的温室效应。没能“留住一滴”水，大部分水都消散到太空中去了。那些在早期没有逃逸的水，现在都完全凝固在两极和永久冻结带了，因为火星看起来正在紧握这个永久的冰川时代。

令人惊奇的是，类木行星的某些卫星也能为地球的行星进化提供更多的相关信息。例如，木星的卫星木卫四（Callisto）上有一个深陷的冲击弹坑，可以追溯到大约40亿年前，也就是太阳系的萌芽阶段。因为它没有内部能量来源，而且因为与木星的距离较远而没有潮汐作用（没有形成裂缝或者被加热），木卫四没有再次铺上新鲜上升的物质。这使得这个斑驳的被打扁的物体成为太空中所知的最古老的表面，并且因此它还可能会告诉我们一些太阳系形成不久后的情况。相反的，木星另外一个著名的伽利略卫星，木卫一（Io），它的绕木运行轨道与木星很近因此有很大的潮汐力，这就导致了火山作用，将这颗卫星表面上有关以前的所有线索都擦净了。

地球上早期大气与泰坦（Titan）上的相反情况也是很有益的。这颗土星最大的卫星（实际上比水星和冥王星还要大）拥有丰富的甲烷和氮气，以及一些由碳元素组成的化合物。在太阳光的作用下，这些气体经历了一系列复杂的化学反应，生成烟雾弥漫的烃类烟雾。可能最显著的是，这些化学反应及其生成的有机物质，被认为和地球上几十亿年前大气生成的产物很相像，那还是在地球上的生命到来之前，空气中也没有丰富的氧气。泰坦就像是一个化学“工厂”，它可以提供关于很久以前地球上生命起源以前的引起生命的重要步骤的大量信息。这是目前正在途中的首要行星任务之一：耗资数十亿美元的卡西尼使团在1997年从地球上发射出去，并于2004年抵达土星。在土星的卫星群中遨游的时候，卡西尼母舰发送了一个叫做惠更斯（Huygens）的小型探测器到泰坦的大气中去，以便于找寻关于它的过去（也有可能是我们的过去）的未解之谜。尽管这个实验还在进行中，早期的结果显示了暗淡的橘黄色地形，上面还散布着满是烃类淤泥的冰冻山谷。

尽管我们不能探测到很多关于地球的早期历史，但是，处于一个很讽刺的地位，我们能够研究宇宙中其他世界的最早阶段的历史。有些行星和卫星实质上变成了化石或者废墟，告诉我们关于地球的起源是：我们自己的行星不可能变成那样。当我们获得更多关于它们物理和化学性质的大范围的数据后，我们对大约50亿年前地球上到底发生了些什么逐渐获得了更好地了解。这就是科学方法最普通的运作方式：不确定地慢慢地向未知领域（既指真实的行星间地盘，也指理论领域）摸索和探查，就像行星学家探索地球最初历史的问题上一样，他们现在逐渐获得了进步，并且不断接近现实。

* * *

偶尔，比较行星学被利用得过了头——过高利用了它的能力。几十年前，太阳系被判断为一个很简单的地方：只是流行天体中的平民而已，并且通过解释金星的化学和气候，也给予了我们更多对地球全球变暖的认识机会，或通过监视和模型化木星巨大红色地点来预测地球将来的温度，或通过一般地观察其他的行星来获取更多关于地球的信息。但是，尽管有一些遍及太阳系很多行星和卫星的共同特点，过去几十年的太空飞船探测发现显示了太空中和我们邻近的天体是非常多样化的。我们的期望多少有些降低，因为我们关注的焦点已经从探索天体的相似处变成了探索它们的差别：火星被封锁在一个永久冰冻的时代；金星是一个被包裹在不能移动的外壳下的令人不舒服的场所；类木行星和它们的卫星则是一套全副武装的奇异球体物质，既不像地球也不像月球。考虑到我们地球上有如此多的生命形态，我们现在考虑的是物质世界如此多样化。考虑到最近观察行星和它们的卫星所得的丰富详细的观察数据，我们对比较行星学的简单分类和睿智洞察力的使用有所减退。我们现在需要的是更好地对整个行星家族的统计学进行分析，那也表示要找到更多数据——当天文学家最近开始发现了几十个太阳系以外世界的时候，这些实际上就已经发生了。

浓缩模型所持的观点是：在太空中生成我们家园的时间并不是独一无二的。即使考虑到在很久之前发生的众多变化中机会所起的作用，天文学家仍然能明确地判断出自然地导致太阳及其行星家族起源的潜在的和确定性的顺序。大部分恒星都被期望有某种类别的行星系统，如果我们能够找到它们并且绘制出相应的天体图，那么真实的统计学将会支持这门比较行星学学科的。在银河系的所有恒星中，即使仅仅只有 1% 的恒星有行星系统，那也仍然有数十亿恒星是有行星系统的。当然，每颗恒星都应该可能有一个以上的行星围绕它运行。

理论是一回事，但是观察资料是完全另外一回事。直到 20 世纪 90 年代，天文学家才发现了其他的行星围绕恒星运行的系统的可靠证据。过去几十年的科学文献被“太阳系外行星”（简称为“系外行星”）围绕太阳以外的行星运行的主张所扰乱。但是没有任何早期主张能够被确定，而且大部分最终都被取消了。尽管我们有着很强的愿望，并且想努力证实我们的行星系统在太空中并不孤单，但是关于其他地方多重性行星的问题，天文学家也是近期才确信的。这些情况很快就都改变了，因为新的望远镜技术和强大的计算机功能都使得这些探测变得切实可行，尽管是间接的，但是却很明确，确定有行星围绕某些附近的恒星运行。在21世纪的起始阶段，我们知道有一百多个这样的系外行星围绕恒星运行——这个数字比我们太阳系的行星个数的10倍还要多。尽管目前为止所发现的陌生行星的特征可能和我们自己系统中的情况大不一样——没有任何一个与地球类似——但是它确实为我们提供了一个世间系统的范例，通过它，可以大体上测试我们关于行星起源和进化的观点正确与否。

目前几乎还没有任何太阳系外行星的直接图像。关于它们的存在，到此为止大部分还都是基于推断。天文学家很少有关于它们的照片，即使是目前最好的照片也是暗淡模糊的。大部分行星围绕其他恒星运行的系统可能都是因为太暗淡和离它们的母恒星太近而不能被今天的望远镜所解决。取而代之，用来寻找遥远行星的技术是基于对它们母恒星发出的光线的研究，并不是从行星自身反射出来的光线。

当一个行星沿轨道绕恒星运行时，引力先是从一个方向拖拉，然后又在另外一个方向上拖拉，使得中央的恒星有微弱的“晃动”。行星的质量越大，或者恒星的质量越小，上面所提到的晃动就会越大。但是，远隔万里，我们并不能直接观察到恒星运动中的这个晃动。取而代之，就像它们的质量一样，新行星的存在是推论的结果；在恒星往返移动于我们的瞄准线时，使用大小适中的望远镜来监测恒星光谱的转移。这又是著名的多普勒作用，很像跟踪银河后退，或者像在高速公路上逮捕违章超速驾驶者。这里，运动中的恒星所发出的光，其波长变短或延长，是因为运动逼近我们或离我们远去，这就揭示了，有未被观测到的天体在绕这个恒星运行。

第一个被我们按照这种方式发现并确认的，此类拥有一个行星的恒星系统是飞马座 51（51 Pegasi），它是与太阳孪生的并且距离太阳很近的一颗恒星，但是仍然有 40 光年的距离，它正好就在飞马座正方形的外面，我们用肉眼能观察到。对这颗恒星放射线的分析，结果暗示它有一个质量大约是木星一半的行星，并且绕其运行的周期只要几天时间。那是一个相当短的时间段，也就是说，按照牛顿引力法则，这个外来的行星肯定离它的母恒星很近，类比的话，实际上比水星的轨道还要靠内，因为水星绕太阳公转的周期是 88 天。这第一个被发现的系外行星是古怪的，很少见，并且与太阳系的情况十分迥异——一个质量令人惊奇的行星，处在一个极其古怪的离心轨道上，几乎正好紧接着它的母恒星。更令人惊奇的是，这个趋势在过去的几年中一直持续着，因为越来越多的行星围绕恒星运转被发现，“木星之热”就是对它们的称谓，巨大的行星在距离恒星很近的轨道上运转。轨道的向内迁移，尤其对于那些巨大的行星来说，它们巨大的潮汐作用可能会使得它们向母恒星盘旋，这在所有的行星系统中可能是一个普遍的动力特征，在我们太阳系中可能已经发生过了。

目前为止，发现的一个最有趣的太阳系外系统之一是仙女座埃普西隆星（Upsilon Andromedae）。3 个行星绕一颗很像我们太阳的恒星运转，这个系统离我们只有 44 光年远。所有这 3 个可疑的行星质量都和木星差不多，而且轨道还都在类比情况下木星轨道的里面。很显然，这个行星家族与我们的太阳系并不相像。但是，哪个才是正常的系统，它们还是我们？实际上，按照我们的标准来说，最近发现的行星都是很特别的，但是谁有权声称我们的行星系统才是标准的呢？目前所测到的所有恒星中，证据显示只有 5% 的恒星有系外行星，而且还都是附近的恒星（在几百光年的距离之内），因此大部分恒星的行星特征还是一个谜团。

但是，这些新的行星发现物不但奇怪而且还在意料之外，几乎都得到了观测的偏爱。用来探测系外行星的技术对巨大的行星最敏感，因此早期的结果都偏向于这些天然的巨星这并不奇怪。要想探测到体积和质量都较小的行星，那些技术还不够精确——假设那些较小的多岩石的行星存在的话。仍然令人迷惑的是这么多木星大小的新行星距离它们的母恒星如此近。最不可思议的，它们中还有一部分可能最后会被证明是褐矮星，或者“失败的恒星”，并且也不是天生的行星。那就是说，有些可能还是双-恒星系统，它们目前作为行星系统的状态是被识别错了。当行星和太阳类的恒星之间的分界线是相差木星质量的大约 70 倍，那么行星与矮恒星之间的差别倍数就可能只有木星质量的大约十几倍——目前新发现的天体和后者数值正好差不多。虽然如此，今天的天文团体仍然一致同意，不是所有的新天体都可能是褐矮星。至少有些会是真实的行星。我们的太阳系在太空中并不孤独！

木星大小的系外行星激起了我们的兴趣，但是我们会自然而然地（并且沙文主义地）想知道：还有其他的“地球”存在吗？我们所居住的地球到底有多独特？唉，这个问题如此难解，所以我们要

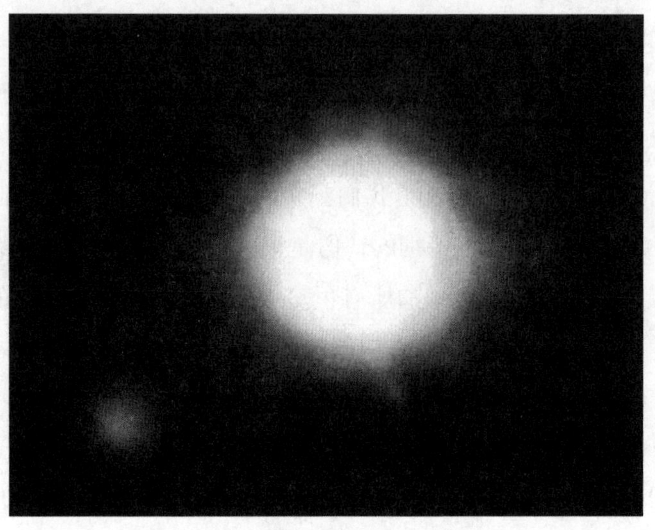

系外行星证据

太阳系外行星的少数直接照片目前出现了。近期才发现的那些行星，大部分都是使用间接的方法找到的，就是通过追踪它们母恒星的微妙的引力。上图中显著的图像，是由智利非常大的望远镜通过热敏感应光谱红外部分所拍摄的，可以看到在较大的母恒星 2M1207 附近有一个暗淡的行星（左下方），它是一颗暗淡遥远的褐矮星，距离地球大约 200 光年远。目前所发现的所有系外行星，比如图中的那个，它的质量就是木星质量的 5 倍，很像我们的类木行星，并且因为它们中大部分的轨道都离母恒星很近，所以正如我们所知道的，它们并不适合生命体居住。来源：欧洲南部天文台。

一直探询答案。正如在前面的“恒星时代”中提到过的，天文学家还没有发明出一种可以在附近太空中停留的体形娇小而紧凑的暗色物体。强调一下这个恼人的限制，和它自身一样具讽刺性：我们能够发现像恒星一样大的物体，因为它们能自己发光，使得自己可见。而且我们也能发现像原子一样小的物体，大部分是通过它们发出和吸收的光谱射线的方式测得的。但是我们很难测得介于这两个极端之间的任何东西，除非它们离我们很近，就像小行星。距离我们很远的介于恒星和原子之间大小的物体大部分都不能被探测到，除非它们受到某些附近物体的引力拖拉，那就可以被探测到——目前为止情况就是这样，如地球般大小的行星太小，因此不能使得它们的母恒星发生足够的晃动，所以我们发现不了。

在目前所发现的那几十个恒星所处的系外行星中，没有出现体积小且多岩石的行星。在我们太阳系中，木星处在太阳周围一个近乎圆形的轨道上，这被判断为一个稳定化的影响。木星在动力学上帮助调节地球和其他类地行星的轨道；它的引力潮汐可以抑制大型轨道的离心率，使得行星的绕轨道运转更加容易。木星还能帮助保护太阳系的内圈部分，不让巨大的岩石向内圈移动。这个巨大的处在外圈的行星，实际上就是一个清道夫，使用其巨大的引力和横截面将我们的行星系统清扫得相对干净，因此就保护了内圈的类地行星免受很多外界的恶性冲击。相反的，对于那些新发现的太阳系外系统，因为正有木星大小的行星在内圈椭圆形轨道上运行，这就意味着，在很久之前曾有类似于地球的小行星在内圈被毁灭，或者被这个系统驱逐出去了。

结果就是，天文学家发现了，我们系统之外的行星系统存在的清晰的无可辩驳的证据。这是一个好消息，因为它支持了行星是恒星形成时的天然副产物这个观点。但是这些新结果也是未决的，因为它们与我们太阳系的情况大不相同。让浓缩情景模型在银河的很多角落和缝隙中运作，这样想可能有点愚蠢：所有的此类陌生系统可能看上去就像我们的系统——尽管这也是仅仅几年之前理论家所认为的。现在，有了实际数据的武器，天文学家迅速地改变了原先的观点，不断地使他们的模型与现实世界相互协调。

尽管在这个迅速展开的领域有大量的新数据涌现，还是没有人愿意放弃这个能够充分解释太阳系中如此多总特征的复杂情景模型。对我们所居住的行星起源来说，浓缩模型仍然是最可行的解释。最新的某些计算机模型暗示了行星系统看上去应该更像新发现的太阳系外的数据所揭示的那样：巨大的木星规格的行星在很近的离心轨道上运行。那个不寻常的情况反而有可能是我们的太阳系。这个新领域是数据所趋，只有更多的观测才能让我们更加有把握。

我们还会有这样的想法：如果在稳定的轨道上运行的类似于地球的行星真的是由冷却的气体和尘埃构成的话，那么太空中应该会大量出现这些天体，正像它充满了恒星和银河。但是我们的感觉是不自在的，因为我们还没有完全的把握。那么，宇宙中类似于地球的行星到底有多普通或多罕见——或多特别？

* * *

现代行星学家所发现的关于太阳系的情况比以往所有年代的历史记录之和都要多。就像较早的复兴时代，我们现在正生活在探索的另一个黄金时代——对与地球环境完全不同的陌生世界的探索。很像几个世纪以前的探险者，冒险乘船寻找地球上的新世界之旅，今天的科学家借助机器人技术在我们的太阳系中艰难地搜寻着。这些努力仍然在进行中，但是这些结果已经很好地改革了我们现在对于宇宙邻近区域和地球自然历史的认识。

我们的太阳系为太阳和大批其他的物质对象提供了场所。我们微小环境中的居住者，行星、卫星、彗星以及小行星都是众所周知的。这些独特的行星和它们混杂的卫星所拥有的宽泛的物理和化学性质，容易使人产生一种印象：我们的太阳系中充满着残骸，或至少是极大的多样性——在我们太阳系的历史中留下一个更加激烈同时更加发展的时代。我们能否很现实地期待解决所有这些天上的谜团，并且解释形成我们行星起源的所有事情？我们认为，答案是：可以。

每颗行星都为加深我们对行星进化的认识做出了贡献，就像恒星也为我们提供了更多关于恒星生命循环的信息一样。大部分行星及其卫星目前正处于不同的发展阶段，就像红巨星和白矮星代表了截然不同的恒星进化一样。类木行星是凝固在时间中的银河片断，它们因质量不够而不能成为恒星，同时也因为质量太大而不能形成多岩石的表面。说到变化的程度，这些气状的世界主要都是通过引力不稳定性形成的，储藏了早期太阳系的质朴特性。相反的，质量较小的类木行星，主要通过增长而形成、进化了大量冷却和结晶化的坚硬多岩石表面，同时通过除气作用形成了大气和海洋。在这些小的行星中，至少有一个能够进化出生命。

说到太阳系，它不仅仅是行星垃圾的集合。每个行星以及和卫星形成的家族都能告诉我们一些事情，一些关于它们起源和进化的事情。每次一个新的航天探测器勘测到一个新的行星——目前还有更多的机器人也正在途中——我们就能够获得更多关于奇异地形、外来大气以及比较行星学的知识。我们知道了每个行星是如何来适应整个体系以及伟大太阳系的总历史，因而能够帮助我们形成一个值得人类自豪的行星传统。

特别地，地球能够留住内部的热量，然后就能继续进行一系列的表面活动。但是，它的外部已经冷却到能够允许引力将空气和水留在它的表面。因此地球还在继续进化着，但肯定是缓慢并且微妙地进行着。与太阳保持相当的距离，加上大气的覆盖，保持了地球表面的温度，这使得水能保持在液态——目前所知的任何能够适于生命体居住的环境中一个明显很重要的因素。可以确信的是，我们的行星的很多关键贡献——而且它们也是钥匙，是非常特别和唯一的，比如构造推动力、液态水、自由的氧气和生命自身——就是依靠行星在所在行星系统中的大小、位置和时间性来实现的。如果以不带任何人类中心说的想法来说，地球似乎就是那个在正确地点正确时间的正确物体。

第五章

化学物质时代

物质加能量

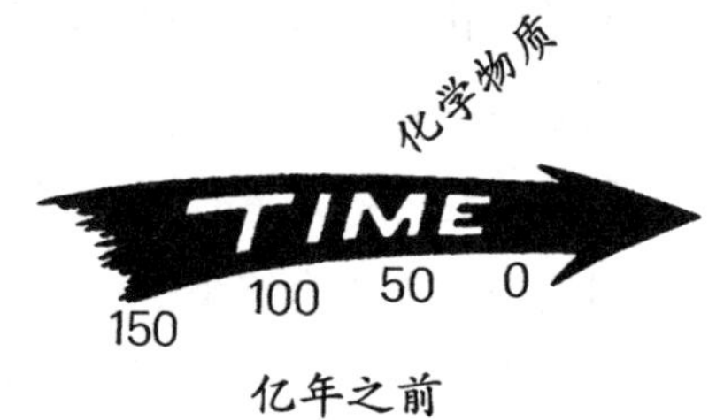

地球上几乎所有的元素都比氢和氦重。化学家知道空气、陆地和海洋中的部分物质是经过在恒星中心煅烧之后形成的，我们没必要知道得像他们一样精确。重元素在宇宙复杂的进化中是基本先决条件。我们周围的很多东西——包括我们体内的物质——都是“恒星材料”，尽管听上去好像很不可理解，但是它碰巧就是事实。

拥有液态水的蓝色海洋，部分物质也是由重元素组成，因为水分子不仅仅是由两个氢原子构成的，它毕竟还含有一个氧原子。仅仅是温度和密度偶然的结合，不像任何其他所知的行星或卫星，它允许巨大数量的水能够保持液体的状态，这些水足够覆盖我们行星表面积的 3/4。被潮汐似的引力所牵引，而且偶然能蒸发到空气中，不料竟会浓缩形成雨滴落回地面，水是改变我们地球环境的一个不可或缺的部分。

我们呼吸的空气和行走的大地也都含有丰富的重元素。地球大气主要由氮和氧组成，它经常受到不均衡的太阳热量和变化的天气的影响，然后形成汹涌的云层遥远地支配着我们的行星。富含矿物的土壤和富含硅土的岩石构成了广阔的灰褐色地面，从空中看它是不变的，用我们的双脚来感觉它是稳定的，但是它却在以不易觉察的速度在我们的地球上漂移着。令人惊奇的是，铁在地球元素中是最丰富的，很久之前它沉入到地球的核心部分去了。

海洋学变化、气象学变化、地质学变化：所有这些变化一直在宇宙中我们的家园里发生着。化学物质变化的作用不少，因为最终重元素要开始相互作用、发生化学反应并且变得复杂化。

地球上最引人注目的重元素集合体是生命。植物、动物、真菌类和细菌广泛分布在我们的生物圈内 —— 在陆地上、在海洋里以及遍及在空气中——尽管仅仅只是在地球过去历史 1/10 的时间，它们中的有些部分变得更大、可移动并且感觉灵敏。用特殊的表现手法和生动的透视方法来看，由重元素组成的男人和女人们存在的时间肯定比地球历史 1% 的 1/10 还要短。

及时联系前面的章节，不光我们的行星自由分布着古老超新星所熔合的重元素，我们的身体也是这样的，当然还有早期宇宙祖传的元素氢。宇宙进化的主要时代是相互交叠的；我们的故事变得更加跨学科了。“生命主要由幻觉组成”这句老谚语用在这里再合适不过了：我们的化学物质组成，其实除了天上的根源就没有其他什么东西了。从字面上来说，很多恒星的灭亡，才导致了我们的诞生。

任何地方的生命看上去都能在生物学上适应地球，但是适应是一个需要无限努力的过程。变化是不可避免的。没有任何东西是永恒的，什么东西都不会永恒。气候在改变。阿尔卑斯山正在构成。大西洋在变宽。即使是我们强健行星的岩石固体表面也会发生地震和漂移，进化时间表与人类生命跨度相比是无边的。我们看不到的东西就很难相信，但是我们所能看到的仅仅只是短暂的时间间隔。即使是人类文明的1万年，在这个永不停息的变化景象中也只是一眨眼工夫。

让我们沿着时间之箭（当然是在地球上）来调查化学物质时代在很久之前开始通向生命的显著变化过程。这里，变化步调建立了，伴随着新的有序系统出现了更大的数量、更大的差异和更壮观的景象。额外的变化，自然的或者制定的，在今天的生命形态中能够生出更加聪明的，甚至可能更加睿智的生物，或者某天使地球变得不适于人类居住了。我们的命运再次包含了机会以及必要性，在这件事情中没有什么东西是注定的。

* * *

需要用很多天文学和物理学（或者“天文物理学”）的概念来解释物质的起源和进化，我们目前认为某些生物学和化学（或者“生物化学”）的观点是生命起源和进化的主要方面。就是这两门活跃的跨学科创造了宇宙进化的本质。

我们现在正在跨越联系物质和生命的门槛。尽管生命自身无论从空间还是时间上离我们都更近——实际上，我们就是生命——但是那并不代表我们就能比理解物质更好地理解生命。原因就是生命系统比任何没有生命的物质都要复杂；一盆简单的盆栽植物都比最闪耀的银河更加复杂。就像某些丢失的环节牵制我们对遥远的恒星和银河的认识一样，缺口也困扰着我们对地球生命历史的了解。

至今，我们对化学、生物学和文化的进化，每天都有新的发现、测试和精化。这些进步在我们探询事实的道路上为我们带来了更大的客观性，还有更大的发展。在本章“化学物质时代”，我们探索的是构建生命并最终成为生命的方式和方法。

让我们首先问一个问题：什么是生命？然后马上我们就会发现被难住了。相反的，世界上所有的物理学家，不管他们的国界和信念是什么，都一致认同对物质的定义——任何拥有质量并且占据空间的东西。物质是宇宙中最基本的原料之一，关于从夸克到类星体如何运转的问题，我们有很确定的观点（至少是可探测的普通物质）。但是要生物学家给生命下一个清晰的、简洁的、标准的定义并不容易。问题还是在于生命的复杂性。生命如此错综复杂，虽然我们自身就是生命活生生的例子，但是它还是那么难以描述！说老实话，关于生命真正的特征，生物学领域一直没能达成一致意见。

通常，生物学家都试图在作用上从生命的实践特征方面来定义它。通过生命的某些贡献，我们可以知道它的一些重要特征，尤其是那些与物质有区别的特征。例如，*我们可能会怀疑生命系统与非生命系统的区别在于整体大于部分的总和。*一个单独的细胞因为从生命有机体中被取出来而死去，因为那个细胞与整体中其他细胞的相互作用对该细胞的健康至关重要。另一方面，单个细胞在适宜的实验室环境中拥有最优化的温度和密度——所谓的培养基——这个细胞在其原始的有机体之外照样能够活跃。

乍一看，我们可能会以为上面斜体字所提到的特征就是生命独特的特征。但是再一想，这个特征并不专属于生命，因为它也可以是物质的属性。来看看这个，想象从一颗恒星中挖去一小部分，这颗恒星本来可以很正常地将氢熔合成氦。但是从恒星中挖出的那一块物质却不再具有释放核能的功能了，因为它会很快消失到太空中并且变冷。但是，如果那块物质能处于其他的物质环境中，这些物质有适宜的温度和密度，那么它就能像以前一样再次放出光芒。

这些陈述并不是为了说明恒星也在某种程度上拥有“生命”：情况正好相反。它很精确，因为我们能确信炽热的恒星不可能拥有生命，这个比较是为了让我们知道要定义生命有多么难。因此，我们不能声称“整体大于部分的总和”是生命系统专有的属性。这个属性也能被应用于很多没有生命的物体上，举例来说，一块手表肯定不只是齿轮和弹簧（或者硅片和电路）的总和，尽管它确实是由齿轮和弹簧制成的。一块手表的结构是由原子构成的，但是功能却是报时！

生物学家经常说自我修复的能力是生命系统的特别属性。例如，手指上一道很浅的口子，通常会很快愈合并且此系统也将继续生长。另一方面，前面所提到的被挖出一小块物质之后的恒星也会最终“治愈”自己。这颗恒星可能会做一些调整，最终引力向内的拉力和热量形成的向外的压力之间获得新的平衡。恢复原先的球体外形，这颗恒星还会继续发光，就像一个很平常的恒星一样，尽管比之前小了一点。

我们可能会说生命系统有一个特别的属性使得它们能够对未知的情况作出反应。但是，同样地，上面提到的恒星，它也不能预测到自己会被挖出一小块，但是它也照样能对这个未知的情况做出十分恰当的反应。恒星能够做出反应，并且适应还能适应新的环境。

再生能力很明显是生命系统的特别属性。但是，我们可以想象一个浓缩的原恒星，可能会因为越来越快地旋转，而分开成为两个分离的原恒星。在这个过程中，角动量有时被认为是再生（或者至少是细分）媒介。不可否认，这个例子发生的概率可能很低，但

是，自宇宙诞生以来的几十亿年来，它还是不可避免地发生了好多次。我们银河系中的某些双恒星系统就是通过这种方式形成的。更好的“恒星再生”的例子可能是“恒星时代”结尾部分所提及的恒星有序的形成过程，为什么某些恒星震荡性的死亡能够自然地引起其他恒星的形成？此外，骡子不会生育，没有生育能力的人也不能生育，因此再生并不是生命的权威性的最独特的品质。

诚然，有些属性真的是关联生命的而且还是生命才具有的。生物科学家经常提出生物系统能够从经验中学习。大部分生物体确实有某些类型的记忆能力。但是，某些非生命系统也能记忆，甚至是从经验中学习，比如说下象棋的计算机。当一个有良好编程的计算机犯了一次错误之后，它就永远也不会忘记这个错误。这些所谓的中枢系统网络能够在它们硬件记忆库中储藏错误，以后绝对不会在相同的情况下再次犯相同的错误。因此，很少有人能够在象棋比赛中打败计算机，更加没有人能在象棋闪电战（每步移动的时间都是很短的）中打败计算机。因此，有些先进的机器，虽然它们还仅仅是物质的集合体，但是它们看上去能够从经验中学习，很像我们的生命系统。

最后，生命在作用上通常被定义为具有完整的分级功能。生命系统的大部分行为都是由化学物质荷尔蒙控制的；荷尔蒙又受一种隐秘的器官腺控制；腺是由脑细胞控制的，一直持续下去。此类分级刻画了所有的生命系统包括从变形虫到高级的人类的特性。但是，相似的，我们也能认为非生命物质同样被分级功能控制：月球的运动受到地球的影响；地球的运动受到太阳的影响；太阳又受到银河的影响；接着银河还会受到超银河群的影响。很多物质系统都有着分级的功能，和生命系统十分相似。

值得强调的是，想详细说明任何能够应用于生命而且只能应用于生命的特征是不简单的。很显然，在有些情况下，适用于生命的特征同样也能应用于物质。简而言之，看上去在生命体和非生命体之间似乎并没有明显的分界线——物质和生命之间没有明显的区别。

所有这些反复的讨论就是为了强调一个概念：生命令人惊奇地难下定义，即使是在作用上。古人看到，甚至是在生物学家中也很流行："当我看到生命的时候，我能了解生命"，这很具有睿智，但是在科学背景下这一点用也没有。关于生命的特殊定义在本章"化学物质时代"的末尾将会被提出。

那么，生命系统和非生命系统在种类上看上去并没有差别。它们的基础特性并不容易区别。但是，生命系统和非生命系统在程度上确实存在区别。所有形态的生命都比任何形态的非生命物质复杂得多。

结果，我们有理由假定生命仅仅只是物质复杂性的一个延伸。如果正确，那么我们周围的所有东西——银河、恒星、行星和生命——物质领域的所有已知物体可以组成一个盛大的相互联系的系列。这就是宇宙进化跨学科科目的关键点、真正的灵魂所在。

"化学物质时代"主要的问题是从简单到复杂的自然路径：它总是从物质到生命吗？换言之，生命的起源仅仅只是一次自然的事件，或者说它可能是必然的吗？考虑到物理和化学的定律，还有适当的因素和大量的时间，生物学看起来就自然地产生了。基于现代科学已有的知识，从原子到分子到生命的过程上看，它就足够简单了。但是这并不是一件确定的事情。

一个很重要但是还未被解答的问题所涉及的是从物质到生命的

方向和自然路径。复杂物质最终变成生命是不是只有一种方式？或，分子集合能用很多方式来形成生命吗？这两个选择和宇宙进化的基本观点是一致的，但是在宇宙的任何地方形成生命的机会关键在于两种情况中到底哪一种更合适。

一种情况对应描述一种从物质到生命的路径。如果环境因素不是相反的，而且时间是充足的，物质变得越来越复杂，直到最终某个系统象征着一个单一的细胞，生命就产生了。我们无法知道这个化学进化过程通常会持续多长时间。时间的长短可能只是由周围的物理和化学资源来确定。温度、密度、能量和原材料在生命的起源中都起着重要的作用。此外，错误的开始可能也能使生命几乎形成（或非常短暂地形成），不料竟会很快就被破坏了。

如果在某个特定的复杂物质一旦达到的情况下，生命就能确实形成——非常重要的门槛——我们十分有把握确信生命不仅仅只是物质进化的自然的结果，而且还是一个不可避免的结果。从物质到生命的一个相当直接的进化路径，在很大程度上增加了生命在宇宙中某处存在的机会。

另外一个方面，如果物质能够通过很多方式变得很复杂，但是只有一种（或很少）最终通向生命，我们没有理由断言物质必然导致生命。生命实际上是物质进化的自然结果，但不是必然的结果。第二种情况暗示了很多复杂的物质集合形成所谓的“生命”可能并不需要跨过那道门槛。如果真的是这样，地外生命存在的可能性就很小。

在这两个极端情况之间，可能还存在着其他真理，生命起源的可能性是适度的，而且地外生命的存在不好也不坏。再次强调本书的主题：自然不是黑白的两极分化，而更像是充满了灰色的中间地带。

* * *

自从人类第一次凝视我们的地球，也就是我们在太空中的地盘时，他们就开始探索生命起源的问题了。这种科学通常会引出感情——第一，因为它牵涉到我们自己；第二，因为生物化学家还没有获得关于我们行星上生命起源详细过程的全面理由。

很多人都不加犹豫地接受某些原理，其中有一个就是，人们都相信生命是由上帝或神灵创造的。这种由超自然的过程产生生命的神学或哲学观点是一种信仰。诚然，这可能是一个很完美的信仰，但是它仅仅只是一个——信仰——没有明确的信息，科学实验室或法庭无法证实生命就是由某种超自然的存在所创造的，因此不能接受这个观点。很久之前某人或某事将一个已经成型的生命放在了地球上，科学家无论如何也没有明确的数据可以支持这个观点。此外，我们也没有已知的方式来检验是否是神灵的干涉创造了生命。

当涉及上帝，科学就是不可知论者——不是无神论者，某些人总是宁愿错误地理解那个沉重的措辞——仅仅是不可知论者。除了个人情感或文化底蕴，大部分职业科学家都不知道上帝或者神灵是由什么形成的。我们只是没有真实的数据来做出判断。

认为生命是偶然因为某种生命力过程就出现了，这种信仰完全处于现代科学领域之外。今天的科学方法，是通过实验或者观测来给出充分逻辑理由的一种哲学方法，不能用来研究生命起源于超自然的观点。因此，这样的观点，即使在原则上也无法被证实，注定要一直作为一种信仰来存在，从而是处于科学学科之外的。

关于生命起源的几个可供选择的理论不需要借助超自然的帮助。它们都依靠自然定律，并且可以被实验测试。因此这些理论是

基于科学而不是神学的，而且只有其中的一个理论通过了时间、批判和辩论的考验。

首先，生命在地球上可能是通过胚种产生的，胚种就是“无处不在的细菌”。这个观点，也被称作外生，主张微小的生命有机体从外太空来到地球。一个小行星或者是彗星，可能包含有原始的细胞或简单的细菌，可能在过去的某个时间降落到地球上，经过几十亿年的进化，它们变成了今天地球上广泛分布的生命形式。但是，没有陨星——降落到地面的小行星和彗星的残骸——曾经显示过带有真实的生命。

胚种的基本原则认为，源自于其他某个地方的原始生命，是通过碰撞而被放置到地球上的，那个与地球碰撞的主体本来就藏有生命。但是，大部分宇宙科学家争论说，未受保护的简单生命不可能在经历了外太空如此严酷的环境之后，或者经历了跃入地球大气这个炽热的过程之后还能存活。在行星和恒星太空间有高能量的辐射和高速度的粒子，而且在空气中下降时是有强烈的摩擦和骤热的过程的，任何形式的生命在降落到小天体的表面之前都会被毁坏。另一方面，微小的孢子可能会在这样严酷的情况下生存，倘若它们被深深地埋藏在岩石里的话。如果说最近生物学家学到了任何关于生命的新知识的话，那就是他们了解到生命是很坚韧的，而且能够在极端的环境中存活下来。

（古怪版本的胚种观点，可能是它们中最古怪的，认为地球上的生命是在无数的年代之前由外星人倾倒在这里的！同样的，外星人可能还故意在我们的地球上播种了，只要他们有传教士的热情。这些观点，以及其他关于胚种的奇异变量理论，几十年来激起了科幻小说作者的热情，但是职业科学家都认为它们完全只是“垃圾理论”)。

胚种理论的一个相关方面最近变得流行起来——有人称它为“弱胚种”——仅仅只是生命的因素，而不是生命自身，从外太空被送到地球上来。在过去几十年中，匆忙发现恒星间存在的有机分子，正如在前面的“恒星时代”中提到的一样，有些研究者提出，需要的不是生命自身，而是形成生命所需的化学物质，它们可能被深埋于彗星或者小行星中，然后降落到地球上来。之后，这些分子就能像种子一样通过自然的化学方式发生反应，逐渐形成生命——内生，下面就会解释到。确实有些陨星，特别是含碳的球粒状陨石，含有很多碳元素而且由最古老的小行星衍生而来，含有一系列包含生命模板的化学物质，显然能够在地球大气的兜风旅程中生存下来。这颗叫做默奇森（Murchison）的陨石，在1969年陨落到澳大利亚默奇森附近，是地球上几十亿年前，这类火流星包含能够形成生命物质的最好例证。另外一次，在还有几天就要进入新千年的时候，一颗陨星降落在加拿大育空地区，显示含有泡沫式有机小球团，与那些在实验室制成的生命起源模拟品很类似，在本章后面将会描述到。更有甚者，在人类最近通过哈雷、海尔·波普（Hale-Bopp）和百武（Hyakutake）调查内圈太阳系的时候，在某些已经被透彻研究的彗星上，清晰地探测到了一些简单的有机物。这些发现显示了，生命所需的分子完全可能在行星间或恒星间环境形成，而且，它们还有可能在穿过炽热大气降落到地球上之后，没有受到任何伤害。

另一方面，很多生化学家争论说，有机化学物质可以很容易地（或者可能就是如此）在地球本土上形成，不需要借助外星的力量来解释地球上的谜团。即使胚种概念某天变成了关于生命起源的

更有说服力的观点，它也不可能属于关于生命起源的合格的正确理论。“强胚种”（完整的生命降落到地球上，就像是天赐的）只是将生命起源的问题转移到宇宙中其他未知的场所罢了。

关于生命起源的另外一个理论——最终直接形成生命本身的理论——如名称所暗示的一样，是自发产生的衍生物。在这里，生命被认为是在特殊的非生命排列中以突然并且完全发育好之后的形式出现的。这个观点在大约 1 个世纪之前是很受欢迎的，但仅仅是因为人们都被自己的感觉给误导了。比如说，小蠕虫经常出现在腐烂的垃圾中，老鼠有时看上去直接从脏兮兮的亚麻布制品中蹦出来。这些现象曾经被看成是从腐烂的生命尸体自发产生新的生命衍生物。但是，尽管这个观察是正确的，但是对这个观察的阐释却是错误的。刚刚 1 个世纪以前，大部分自然学家只是没有意识到，苍蝇通常在垃圾上产卵，之后这些卵会被孵化形成蠕虫。类似的，老鼠不是从污染的亚麻布中产生的，尽管那些地方是它们通常的藏身之所。

当科学家开始仔细地操作实验室实验之后，这个自发的衍生物理论就被证明是错误的。19 世纪法国化学家巴斯德（Louis Pasteur），是首先在无菌环境下操作此实验的研究者之一。通过使用特殊处理的仪器，他就能证实，任何一小块体积的空气都会在看不见的污染物中含有微生物。如果不特别注意和精密检查，生命物质通常会与非生命物质接触，所以给人形成一种错觉，就是生命突然从之前并没有生命存在的地方形成。但是，通过加热空气而且因此破坏了微生物，巴斯德完全否定了生命直接从非生命衍生而来的观点。一旦灭菌并且隔离，空气中就没有生命，即使是微小的生命也完全没有。

关于生命起源的第三个理论就是所知的化学物质进化理论。生命起源以前的变化慢慢地改变了简单的原子和分子的结构，形成生命所需的更加复杂的化学物质，这被今天的大部分科学家所赞同，化学物质进化的中心前提规定生命自然地从非生命形成。在这种认识下，化学物质进化理论和自发衍生物理论很相似，但是时间尺度是不同的。化学物质进化不是突然发生的；相反，它进行得非常缓慢，最终从简单的结构构建出复杂的结构。这个现代理论暗示，生命在地球上是非生命物质经过相当慢的进化之后形成的。到底有多慢，而且是从什么时候确切地开始的，我们都不能确定。

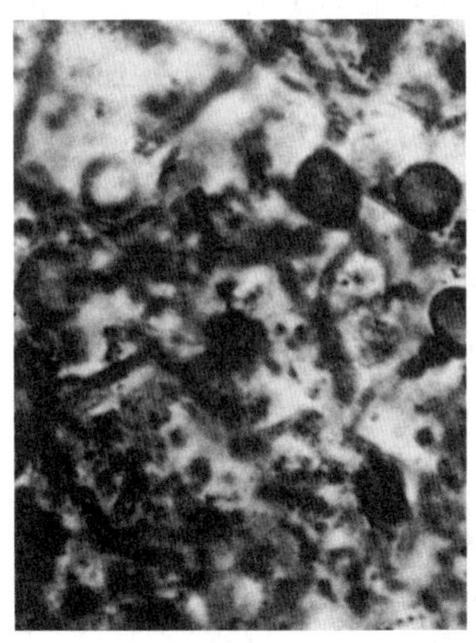

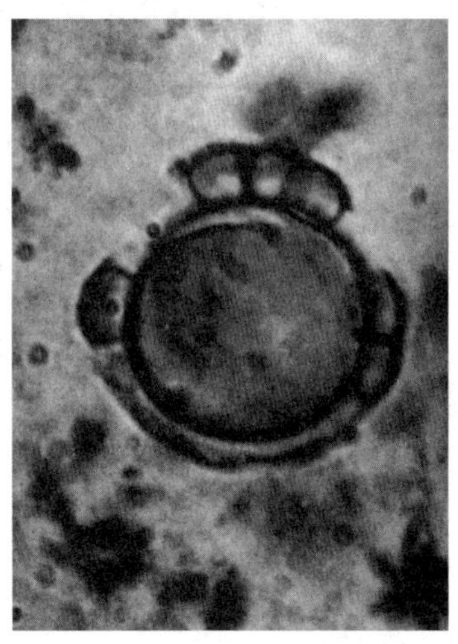

古代细胞证据

左边的照片，由显微镜所拍，显示了几个形成化石的细胞，在加拿大的岩石中被发现，放射测得其形成的时间是在 30 亿年前。这些原始有机体的尸体展示了半渗透壁和较小的附着球状体的同中心球体。右边的图像是左图中的任何一个球状体被放大之后的清晰图像。化石的内壁大约是千分之一厘米（或者 10 微米）厚。很像现代的青绿海藻。来源：美国哈佛大学。

对化学物质进化发生的时间尺度进行估计，能够通过研究化石来推测——被保存于古代岩石中的坚硬的有机物尸体的骨骼轮廓或骨骼特征。例如，放大很多倍的水成岩，显示了古代个体细胞在化石中的痕迹——目前所知的最简单的生命。放射测试证实，这块岩石的年龄应该是介于距今 20 亿至 40 亿年前的古代。这也是化石所形成的年代，个体细胞大概就在这块岩石正要固化的时候陷于其中，它是目前所发现的最古老的化石。

知道地球起源于 45 亿年前，而且这块最古老的岩石就是在其早期的熔融阶段（大约 40 亿年前）结晶而形成的，我们就可以推测生命大约是在地球形成之后的 10 亿年起源的，而且不会早于地球表面冷却达到足以适合生命存在的 5 亿年之后。就像那些还没被发现的大概藏于地球某处岩石里的化石，甚至更加古老，我们猜测大部分原始生命形态可能需要不超过几亿年的时间，从非生命通过化学进化成为生命。令人信服地，它们可能需要的时间更短，甚至只需要千年或者几个世纪。生命起源的历史和发展速度的线索，似乎不仅仅只是存在于化石中，还存在于现有有机体的细胞和分子中。

* * *

从生物学、社会学和文化方面来看生命，它可能会看上去很复杂，但是从物理和化学的方面来看，它就相当简单。当简化到它的组成部分，生命最基本的成分——任何生命，从细菌到鲸，并且还包括人类——其实都无异于是二十几个分子。因此，要理解生命特征的本质，我们不需要杂乱地来研究整个有机体，比如说整个人的躯体，同时代生命的分子本性就够了。

所有的生命系统都是由细胞构成的，这个最简单的物质形态有着生命最共同的属性——出生、新陈代谢和死亡。从原始的细菌到聪明的人类，基础的单位就是细胞。要理解化学物质进化——在原子和分子间发生变化，最终形成生命，就在本章“化学物质时代”——我们只需要考虑一个细胞的构造。

细胞是很微小的，厚度大约只有1毫米的1%（或10微米），因此凭肉眼是看不到的。大约1000个这样的细胞刚好可以装进本句末尾的这个句点里。显微镜观察显示大部分细胞（不是所有的）中最复杂的部分是中心的核子。包含有数万亿个原子和分子，这样一个生物学核子应该不会与恒星核心处产生的小得多的原子核相混淆。就像鸡蛋中的蛋黄，一个细胞的生物学核子周围充满了没那么复杂的浓密液态细胞质。整个单细胞生命形态都装在半透膜中，原子和分子可以自由地经过半透膜出入。

那么，细胞是最简单的生命形态——解剖学结构中的“砖块”。但是，它们比最简单形态的物质——原子中的元素粒子——要复杂得多。实际上，值得强调，简单的细胞比任何已知形态的没生命物质都要复杂得多，这就给沿着时间之箭从简单到复杂、从物质到生命的进化级数以证明。

变形虫，所有初级生物中的一种，仅仅由一个细胞构成。更加高级的有机体通常会包含很多其他的细胞，常常是巨大的细胞集合。例如，一个成年人，在他的内脏、皮肤、骨骼、毛发、肌肉和身体的其他部分中大约含有100万亿个微小细胞（尽管仅仅只有1/10，或者说10万亿个细胞是真正的人体细胞，其他90%是蠕动在人体内细菌的细胞）。每个这样的细胞又含有很大数量的——数万亿或者更多——原子和分子。先进生命形态的基本物质密度实际上是很大的——每立方厘米大约有2亿个细胞——这就是为什么有些研究者把细胞的紧密度看成是衡量复杂的基础尺度。但是，复杂性肯定比结构上的密度的内涵多。

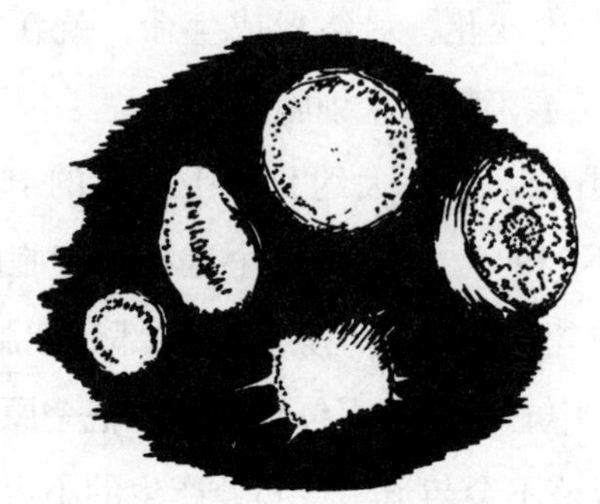

简单的细胞比任何已知的无生命物质都复杂。

在每一小段时间中，甚至只是 1 秒钟的长度内，就有巨大数量的细胞因为衰老和死亡的过程而被毁坏。所有生命系统在整个成年的过程中仍然能维持一个适当不变的大小和外形。因此，当一些细胞死亡的时候，其他的细胞肯定正在形成。我们的身体和所有其他生物的躯体持续生产细胞核、细胞质和细胞膜来维持自身的生命。它们能做到这样，是生命的两个基本模板之间通过一种很奇怪的相互作用达到的。任何生命系统中细胞质的支配性基本元素是蛋白质，由希腊语衍生出来的一个词汇，意思是“最重要的”。不是某个物质的名称，而是整个分子类别的一个术语，蛋白质含有大量的碳元素。实际上，人体干燥体重的 50% 都是碳元素的重量，主要是因为每个人身体都含有几万个蛋白质。

这种有生命的“有机的”物质与明显没有生命的物质形成鲜明的对照，比如说一块混凝土板或一小撮盐。那些被说成是“无机的”东西，因为它们主要由矿物质组成。没有生命的物质不含有蛋白质，而且它们的碳含量经常会不到它们总体重的 1% 的 1/10。

所以，碳原子在生命系统中起着重要的作用。它们在蛋白质中起着很重要的作用。毫无疑问，碳是我们生命中最重要的元素。

蛋白质由什么构成的呢？除了含有很多碳之外，今天活着的宽泛的细胞谱中存在无数不同种类的蛋白质，在这些蛋白质中能不能找到一个普通的名称呢？回答是肯定的，因为实验显示，蛋白质是由规模不大的分子组成的，这种分子叫做氨基酸。尽管化学家能够通过人工的方法合成很多这种酸，只有 20 种（再加上两种比较罕见的）这样的结构单位就组成了地球上生命中的所发现的数百万种蛋白质——不仅仅是人类的生命，是所有的生命。氨基酸是这两个基本生命模板中的一个。

氨基酸不是十分复杂的物质。最简单的糖胶，是 5 个氢原子、2 个碳原子、2 个氧原子和 1 个氮原子组成的分子集合。这些原子之间是通过电磁引力相互连接的——包含电荷的内聚化学链。最复杂的氨基酸是色氨酸，由 12 个氢原子、11 个碳原子、2 个氧原子和 2 个氮原子构成。

原则上，可能存在的最简单的蛋白质在理论上应该是由两个糖胶氨基酸结合成的。倘若从 1 个糖胶中移走 1 个氢原子，而且从另外 1 个糖胶中移走 1 个羟基，1 个电磁链就能结合它们。这样，合计就脱出了 1 个水分子（这个过程被叫做“脱水缩合”），而且保证这两个糖胶有很强的化学链连接。

实际上，生命更加复杂，而且生化学家并没有找到有这么简单的真实的蛋白质，因为这样 1 个二酸分子（或者“缩二氨酸”）没有展示任何有关蛋白质的普通功能——或工作任务。实际生活中已知的最小蛋白质之一是胰岛素，它由 51 个氨基酸连接起来，就像线连接珍珠一样。与前面章节中提到的原子特征相比，这个最简单的氨基酸分子的质量是氢原子质量的几千倍。

另外一个有名的蛋白质是血红蛋白，它是人类血细胞中的重要成分。血红蛋白的结构中包含有大约600个氨基酸，但是这20种不同类别的氨基酸中只有一种正常地参与生命。血红蛋白的生化作用（还有所有其他蛋白质）是高度专一的：从经验中我们可以知道，在输血的时候，一种血型不能代替另外一种血型。各种各样血型的区别，部分是因为氨基酸在蛋白质中的顺序不同造成的。因此，蛋白质的物理和化学行为——仅仅是一条很长的，连在一起的氨基酸集合——不仅仅依赖于氨基酸的数量，同时还依赖于氨基酸组成蛋白质时的顺序。

在更大的规模上，蛋白质赋予细胞一些功能，然后细胞赋予整个生命有机体功能。最终，生命的总体特征是由氨基酸的种类和顺序决定的。仅仅是这种数量和顺序，就能将人和老鼠区别开来，或者是将一只鸭子和一棵雏菊区别开来。因为氨基酸种类很少而且相对简单，所以生命本身的基本特征也不会很复杂——至少在显微级别上不会特别复杂。

讨论完蛋白质的分子结构，我们开始回到前面所关心的问题上去：蛋白质是如何在有机体中运作，而保证它们的生命的？更详细地说，在所有的生命系统中，是什么化学过程结合氨基酸来补充死亡的细胞质的？无论是什么过程，肯定是最重要的，因为蛋白质的生成在任何有机体中都是绝对重要的——不是某些随意组合的蛋白质，而是所需种类的蛋白质，它们的氨基酸按照顺序排成一行。要理解蛋白质如何构建正确的数量和顺序，我们需要讨论核酸，另一种生命基本元素。

核酸，就像蛋白质，是一种长链分子组合，大部分都含碳丰富。因为，这些酸首先是在生物细胞核中被发现的，所以得名核酸。尽管化学家知道很多种类的核酸，还是和蛋白质一样，核酸也是由少数的几种化合物构成的，被称为核苷碱基，这些东西是生命模板中的第二个重要组织。这些碱基的生化作用可以由核酸中最著名的——脱氧核糖核酸，别名 DNA 来诠释。

大部分 DNA 分子都是由一长链的 4 种基本碱基——腺嘌呤、胞核嘧啶、鸟嘌呤核胸腺嘧啶——不断重复构成的。第五种核苷碱基——尿嘧啶，被用在其他核酸的构建中，尽管不是在 DNA 中。这 5 种碱基在核酸中所起的作用就和 20 种氨基酸在蛋白质中所起的作用一样。每种核苷碱基稍微比氨基酸复杂一点点，也是碳、氢、氧、氮原子组成的分子集合 ——简写为“CHON”。这些基团的某些部分会弯曲，而且自身连接在一起形成一个环，因此也就变得更加稳定一些。

但是，乍一看，DNA 就像是一个精心制作的分子，它真的不仅仅只是由 4 种基团组成的长链，它形成延长结构中的横档，就像螺旋状的脊椎，或者叫“梯子”。DNA 分子中的每个横档是由两个互连的（或成对的）基团组成，给了核酸著名的双螺旋结构。但是，实验证据显示，所有的 4 种基团并不是均等地连接在一起的。胞核嘧啶通常是与鸟嘌呤配对，形成双螺旋中的一支，而腺嘌呤只能与胸腺嘧啶配对，形成另外一支螺旋——C 和 G，而 A 和 T，所有的初学生物的学生都是采用这种熟悉的押韵方式来帮助记忆的。环形分子的结构，尤其是它们间的电磁力，不允许性质相反的其他任何结构相结合。另外，DNA 梯子两边的直链或者双链，部分组成糖（碳—氢和磷—氧化合物），连接碱基对，帮助 DNA 分子成型。

DNA 仅仅是很多不同种类核酸中的一种，但是它从其他核酸中脱颖而出，是因为它的一个很重要的能力：DNA 能够自我繁殖——有效繁殖。仅次于细胞的级别，DNA 分子就像拉开拉链一样打开梯子两边的双链。核苷碱基在细胞核中可以自由地移动，然后就和每个断开的链连接（在催化剂酶的帮助用下）。结果就从原来的一个 DNA 分子变成了两个 DNA 分子了。胞核嘧啶只能与鸟嘌呤配对，腺嘌呤只能与胸腺嘧啶配对的事实，就能保证这两个“后代”繁殖品与原先的“母”DNA 分子一样。新形成的 DNA 分子就撤退到细胞核的两个对立面上，之后这个分子就被分成了两个，每个新的细胞都含有一整套 DNA 分子。

保存原样结构的原始 DNA 分子是最重要的繁殖特征。关于一种类型的细胞的特有职责的所有信息——无论是血细胞、毛发细胞、肌肉细胞还是其他任何细胞——都从老细胞中完全遗传到新生成的细胞里来了。因此，“子”细胞的生物学功能与“母”细胞保持完全一致。这样，DNA 分子，其功能单位是基因，就负责一代继承一代的遗传功能。

正像蛋白质中氨基酸的顺序，核苷碱基的顺序和它们的数量在核酸结构中也是极为重要的。核酸分子中的碱基顺序详细说明了某个特定基因的物理和化学行为。依次类推，生命系统中的所有基因集合起来形成基因码——系统中所有的细胞及其功能的物理和化学属性的百科全书式的纲要。实际上，生命系统的这两个最重要的特征——结构和功能——主要依赖于细胞中的核酸分子，因为这些是传递下去的物质实体，或者说从一代细胞遗传到下一代细胞。

与另外一种类型的信息存储相互类比——比如说这本书——每个个体碱基可以被看成是词语，碱基对是句子，那么整个 DNA 分子就是一本说明书。词语和句子必须要有正确的顺序，才能给这本

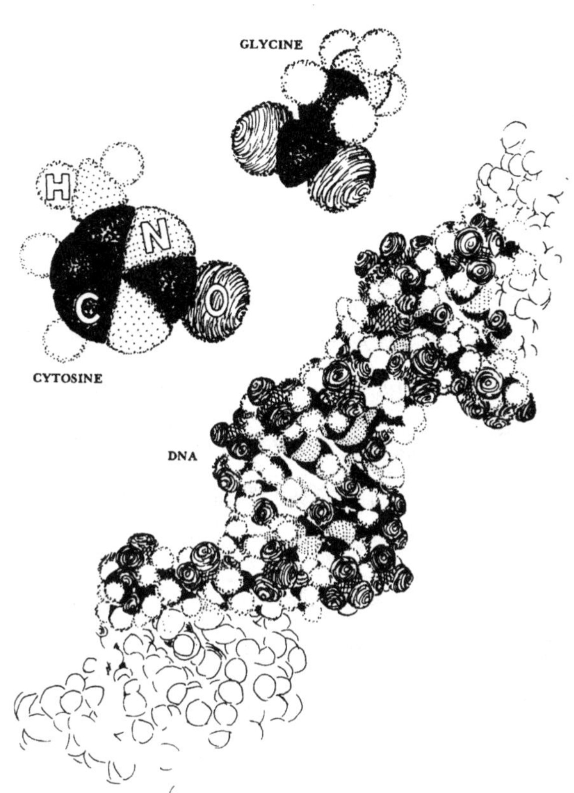

在人类、老鼠或微生物中，基因指挥生命，而蛋白质维持生命的健康。

书意义。这类说明书的整个藏书室就是由基因码组成的任何生命有机体表现出的各种各样的功能。简而言之，一整套 DNA 分子实际上就是每个生命形态的信息——蓝图或总体规划。

所有生物的自然属性最终是由它们 DNA 分子的结构来描述的。这些分子不仅详细说明了一种类型的有机体在构造和个性上如何与另外一个有机体相互区别，而且说明了分子内部物理和化学活动是如何适当调整，然后满足分子的总体活动，最终达到它应该表现的那样。

乍一看，一个分子能完成所有的这些事情看上去似乎不可能——即，规定今天世界上无数生命形态的行为。毕竟，DNA 仅仅只有 4 种类型的核苷碱基。但是 DNA 是所知的最大的分子。在高级的有机体如脊椎动物中，一个 DNA 分子能够拥有 1 亿个碱基或 100 亿个分离的原子，这个分子如果首尾相连地延伸下去则大约有 2 米长；在人体内，大约 2 米的 DNA 被挤进了人体的每个细胞中，而如果将一个人的所有 DNA 分子全部展开则可以达到 10 亿千米，或者说是太阳与地球之间距离的几个来回。在上面的类比中，DNA 碱基相当于一个词语，那么一个单一的 DNA 分子就能形成一本 100 页的书。因此，碱基结合的巨大数目保证了生物的多样性，每个生物都有自己不同的外形、风格和个性。但是，在显微水平上，所有的生物——没有例外——基本上都是由这二十多个相同的酸和碱基组成的，这也正是我们所知道的生命模板。

地球上所有生命的普遍分子含量是我们最好的证据——每个有生命的东西追根求源都有一个单一细胞的祖先，也就是所谓的 LCA，或最终共同祖先（数十亿年前的）。关于前面我们对蛋白质合成的疑问，持续生成的细胞质的蛋白质高度利用细胞的核酸。活动发生的典型顺序一般如下：仅次于细胞的级别，DNA 分子从生物核中传送相关的 RNA 分子到细胞质中。RNA 代表核糖核酸——普通双链 DNA 的较小单链版本（在 RNA 中，胸腺嘧啶碱基被尿嘧啶碱基所取代）。RNA 分子就像一个信使，将 DNA 分子的指令信息带出来。一旦在细胞质中，单链的 RNA 就能吸引自由的氨基酸到其未成对的碱基上来。只有某些氨基酸才能成功地附着在 RNA 的碱基上，因为 RNA 的电磁力吸引某些氨基酸而抵制另外一些。一段时间之后——通常是几微秒——单链的 RNA 分子被适当的氨基酸分子填满了它的链，部分是通过偶然的碰撞和黏着。但是，它不光是机会使然；这些酸还会通过自身的电磁力来相互附着，这也是受物理定律控制的。最终，当长链的氨基酸分子完全集合在整个信使RNA分子长度内，链就会松开并且移动到细胞质中去。蛋白质就形成了。再次强调，这不是随机形成的普通蛋白质。更确切地说，这就是按照RNA分子提供的指令形成的特有的蛋白质，要考虑到机遇（随机的碰撞）和必然（连接力）。按照这种方式，RNA作为一个命令，或蛋白质分子被构建的模板——在细胞核中与DNA分子自身形成的一个模板。

细胞质的蛋白质生产高度利用了细胞的核酸。

因而，这是蛋白质在生命有机体中不断补充的高度简化方式。所有的生命系统就是按照相同的方式生长，并且最终获得生物稳定化的结果。整个过程现在正在我们的体内发生着。当然，不同的有机体有不同的基因，因此生成不同的蛋白质——同源的双胞胎除外，它们拥有相同的DNA。事实上，生命要复杂得多，因为一个基因不会只生成一个蛋白质。一个基因通常会生出很多种蛋白质，这也部分解释了为何人类有几十万种不同的蛋白质，但是所谓的人类基因组——我们所有基因的总和——仅仅包含有大约3万种基因。

基因和蛋白质：前者指导繁殖，从生命的一代向下一代传递的遗传通道。后者指导新陈代谢，每日吸收食物（高级能量）和排出废物（低级能量）。基因确定生成蛋白质的处方，但是蛋白质才是

组成（结构的）砖块和细胞的动力，从而承担了大部分的（功能性的）工作。无论是在人体、老鼠还是微生物中，基因指挥生命，而蛋白质维持生命的健康。

* * *

现代生化的主要谜团在于生命的手性——那就是，生命分子有着某种优先的方向趋势，或者说是“右手或左手的习惯”。很多生命都被说成是天生的左手习惯，尤其是它的氨基酸。没有人能够令人满意地解释清楚为何生命是如此的不对称。但是，被破坏的对称看上去似乎是地球上生物和生命的中枢，就像物理和物质行为是早期宇宙的中枢一样。整个自然界的起源和进化的过程是复杂的，不对称性可能就是它的本质先决条件。

很多分子展示了两种互相成为镜像的结构。这两个结构的化学分子式是一样的，但是分子中某些原子的方向却正好互相相反，一个的左边为另一个的右边，一个的右边为另一个的左边。例如，两种形式的丙氨酸是可能存在的，一个是另外一个的镜像，就像我们的左手和我们的右手一样。

通过观察极化光通过分子的行为来确定分子的方向。这种类型的光，有定向平面振动功能，当碰到一种物质的时候它会向左或者向右旋转。生命的关键分子——尤其是形成所有蛋白质结构的这 20 种平常的氨基酸——几乎是专有的左旋种类，因为光线通过它们的时候是向左旋转的。相反的，形成 RNA 和 DNA 的核苷碱基和糖则趋向于右旋。“右手或者左手的习惯”是地球上生命的最显著的特征，但是我们却不理解它。

生命的氨基酸的左手习惯尤其令人迷惑，因为，当在实验室中人工合成这些分子的时候，它们显示的是左旋和右旋构象的混合物。此外，如果一个右旋的氨基酸被卷入一个生命有机体中，控制蛋白质生成的催化剂马上就会毁坏它。不仅如此，当生命有机体死亡和腐烂的时候，热起伏随机地改变分子的形状，因此最终它也将成为左旋和右旋均等的混合物。为什么地球生命仅仅使用左旋的氨基酸（或右旋的核酸），这是化学进化中未被解决的最大谜团之一。

一种可能性是，地球上第一个有机体的发生只是因为机遇，才形成左旋的。如果生命在地球上只形成过一次，那么它的所有后代就都是左旋的了；生命的连续性仅仅就是繁殖的过程。还有一种较低的可能，可能在几十亿年前的某两个不同的时间，左旋和右旋两种有机体都形成过，但是左旋被证明为是最优化的品种，从而消除了所有其他的竞争者。例如，生成一个最佳的氨基酸或健康的维生素的能力，可能会提供这种优势。如果矿物质作为生命起源的催化模板，就像本章后面提到的那样，某些结晶体可能会吸引不同程度地吸引左旋和右旋的氨基酸。例如，岩石方解石（一种可以形成石灰石和大理石的普通矿物质）确实显示了这种不对称的属性，可能是一个决定了的选择或者说不是纯粹的机会事件，这似乎可以解释为什么生命如此偏爱左旋。

但是另外一个很具迷惑性的观点成了物理和生物的分界面。简言之，生命的左旋性可能就是源自于基本的自然力量。弱核力只能在小于核尺度的范围内运作，因此通常被认为是对原子物理无用之物而被遗弃，更别说分子生物学了。但是，正如在前面“粒子时代”中所提到的一样，弱核力现在是和电磁力一起出现的，通常被生物学家称为“生命力”。因为在核实验室研究的某些弱相互作用事件确实显示了某种手性习惯比另外一种手性习惯要优先（在弱放射性事件中，更多的元素粒子是按顺时针方向旋转而不是按逆时针方向旋转），左旋和右旋分子的总能量可能有一个非常小的（迄今还没被测试到）区别。如果是真的，那么左旋的氨基酸有利地被选中了，肯定是因为左旋属于能量低的状态，从而符合了自然的选择。

在极化的辐射中能量波具有明确的方向，这又是另外一种可能，因为有机分子的生成需要能量的驱使。我们很确信能够测到有圆形极化的光线从遥远的超新星发出来，它们的辐射电波可能是从坍塌的中子恒星放射出来的，尽管这种特有的辐射从未在太阳的光线中被测到过。这些光波是按照螺旋状方式移动的，在空间传播的时候既有顺时针方向也有逆时针方向。研究者指出这类光线能够让化学反应向着生成一种手性分子的方向进行，同时会损害另外一种手性分子——这种优先选择可能会影响早期地球上生命的生物分子起源。说到更近的地方，恒星形成的区域，例如猎户星座星云，放射出极化的红外射线，也可能是偏向于左旋的恒星间有机分子，只要被埋藏于彗星、流星或行星间尘埃中，这些分子就能抵达地球。

尽管这些观点大部分都还处在猜测阶段，它们还能够作为边缘科学的例证，如物理、化学和生物的相互作用。我们现在基本能确信越来越需要这种跨学科的研究，尤其是当专家们要解决不均衡的自然手性的时候。

* * *

感激现代的生命是一回事，但是要理解在几十亿年前它是如何从非生命物质起源的又是另外一回事了。我们能够确信原始地球上生命的基本元素本来就存在，或者是自然地就出现了吗？此外，我们能断定，在几十亿年前地球严酷的环境里，那些非生命模板能够形成简单的生命细胞吗？这些问题可以很好地在实验室中研究，因为今天的大气和地球表面与早期地球截然不同。现代化学实验模仿我们幼年行星的地球物理环境，显示的结果暗示了对这些问题的肯定回答。

首先，再次想象大约40亿年前原始地球上的状况。物理学已经完成了形成地球的任务，化学正处于运作中，但是生物学还没有开始。正如在前面“行星时代”中所提到的那样，地球大气会相互作用，还会与能量一起来合成更大的分子。在这个变复杂的过程中并没有什么不可思议的事情发生，如果环境因素不是很不利，而且能量的力度也是合理的话。运转的化学能够自然地生成生命的模板。

用能够装水和一些气体的试管样的装置，在实验室中建成一个模仿地球上早期海洋和大气的传动装置。这些气体——通常是氨、甲烷、氢，有时还有二氧化碳——是用来模仿地球上的二级大气的。尽管对现在的生命来说它是有毒的，但是这些气体的混合显然正是生命起源所需的。同样的，盛了液体的烧瓶是用来模仿原始的海洋或者此类的有水的池塘。通过加热这个“海洋”，海洋中的水就会蒸发上升然后与“大气”中的其他气体相互混合，于是它最终浓缩形成“雨滴”，再与某些新形成的化学物质一起落回来——所有这一切其实都是模仿我们今天地球上每天都在发生的蒸发—浓缩—沉淀这个熟悉的顺序。当这个装置被关闭，允许气体无休止地循环，但是不能“逃逸”——“隔离装置”——就没有其他什么更多的事情发生了。在没有能量的情况下，这些气体仅仅只是在这个装置中不断地循环，但是不会改变，不会自发地相互作用。例如，甲烷分子和水蒸气，即使是直接接触，还是需要一点点外界的帮助才能发生化学反应。而这个帮助就是某种催化剂：能量。当能量进入到这个实验中——“开放的系统”——它就会破坏每个小分子的连接链，使得这些自由的原子和分子反应后变成更大更复杂的分子。

为了加速这个反应，化学家通常会增大气体的浓度，比我们所认为的很久之前地球上的大气浓度要高。或者，有的时候他们会增大能量的强度，比我们所猜测的几十亿年前地球上的能量要强烈。这样的话，分子之间相互碰撞的概率就会大大增加，才能在大约几周的情况下完成这个实验。这样肯定会带来一些不切实际的甚至是相反的情况，但是，很明显，我们的研究者在有限的职业生涯中，而且只能负担得起一年时间的情况下，他们肯定是等不了几亿年来看他们取得的实验结果的。

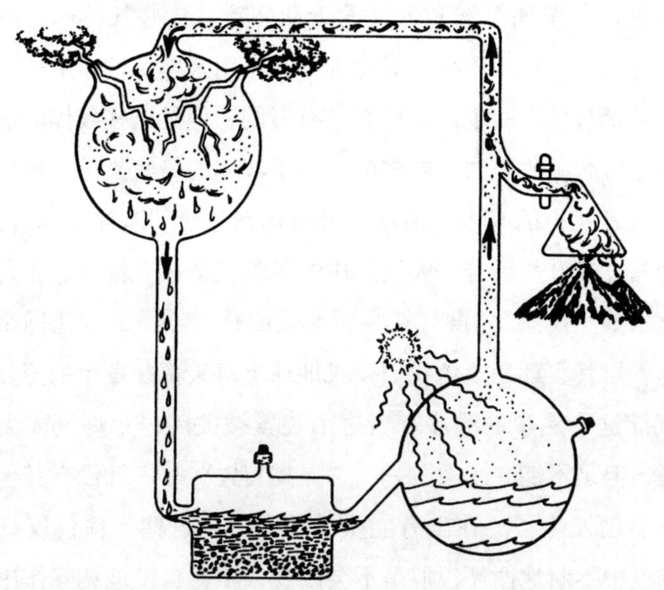

没有蠕虫或蛆从这个原始的汤池里爬出来——怎么也不会。

在给气体增加能量几天之后，一种浓密的红褐色的汤汁一样的

物质聚集在容器底部。化学分析显示这种黏糊糊的产物——有人称之为“黏性物质”，还有人称之为“绿藻类层”——含有比原先反应物更加复杂的分子。但是，我们可以确定，没有蠕虫或者蛆从这个原始的汤池里爬出来——怎么也不会。也没有一个简单的细胞，甚至连一条DNA链都没有在这个试管条件下生成。但是很多分子产物，我们所知的生命先驱，是在这里生成的。包括几种氨基酸和核苷碱基，它们是组成所有现代生命的模板。在这些所确认的黏性物质中不是所有的酸和碱基都与地球生命的酸和碱基相同，这个“温热的小池子”很像查尔斯·达尔文在19世纪中期提出的理论，它被认为是地球上早期海洋的很好的近似值，由于引力不断的牵引，较重的大气分子会落回到海洋中去。

生命前的酸和碱基成功构造的诀窍不是很严格的。从本质上来说，这个实验可以在平常的浴缸里进行，尽管可能会弄得一团糟而且是不被推荐的。在过去的几十年中，气体混合物、能量来源和“烧煮”的时间，完全根据不同的化学家的情况而定。结果却总是不变的，合成的复杂有机分子中是没有氧存在的。即使有少量的氧气在这个试管中，这些气体就会氧化，整个构造活动就会变得不稳定，但是仍然没有有机的分子生成。讽刺的是，即使今天已经存在的大部分生命体都需要氧气，但是这个气体如果处在与现在相同的生命的形成阶段，它显然就是有毒的。这就是为什么我们在今天的海洋里不会看到新的酸和碱基在漂浮：因为我们现在的环境里充满了氧气。

这里还有一个重要的问题，就是实验中所用的能量的多少和种类。假定有足够的正确类型的能量出现在早期的地球上，这样想合理吗？在实验室中，总是用电极照射试管中的气体来模拟早期的地球能量状况的。实际上，这些电能闪光可能是由史前的暴风雨闪电提供的。毋庸置疑，闪光放射出的能量还可以模拟很久之前地球上存在的其他几种类型的能量。除了闪电，丰富的火山活动和自然辐射活动肯定也存在，这两种活动也可以产生能量。宇宙射线和快速移动的粒子大概存在于遥远超新星的残骸中，也会给我们的地球带来能量，就像它们现在还会做的一样。即使是地球早期大气中的雷鸣，也能生成足够的能量促成我们实验中的化学反应发生；如果打雷能够震碎我们的窗户玻璃，它就肯定也能破坏（帮助重组）化学物质的键。陨石大爆炸还是一种能量来源：当巨大的岩石穿过大气的时候，它们产生的摩擦力通常能够通过加热而引起化学物质的反应，而它们坠落时产生的摩擦力就更能如此了。

这些能量大部分都是局部化的，因此只有在早期地球上隔离的地方，这些能量才能达到足够的浓度来破坏老的化学键、生成新的化学键。但是，太阳能是广泛分布的，几乎能到达地球表面上的每个角落。普通的太阳光线并不足够引起很多化学物质反应，但是太阳的紫外辐射光线能够做到。在生命之前的地球上，也是没有氧气的，因此幼年的地球上空就没有臭氧层环绕，所以紫外辐射线很容易到达地球表面。显然，几乎相同的太阳能量，现在是在维持生命，而几十亿年前是在帮助创造生命。像这样的实验室实验是很有意义的，因为它们最终证明了生命的分子模板能够由严格意义的非生物学（如化学的）方式，通过很多种方式用早期地球上已经存在的东西生成。但是，这些基本元素并不是生命自身。值得强调的是，黏性物质里面发现的有机分子仍然比一个单一的细胞要简单。合成的氨基酸和核苷碱基实际上比我们现在生命本质的蛋白质和核酸要简单许多。那么，这些在原始汤池里的酸、碱基、糖是怎么聚合形成蛋白质和核酸的呢？答案是，这种稀释的有机黏液肯定还要进一步浓缩，然后才能允许更强和更干燥的相互作用发生。

正如前面所提到的，如果除去一个水分子的话，两个氨基酸分子相连就能变得复杂一些。很多氨基酸分子的这种脱水缩合就能形成分子链而变成复杂的蛋白质了。核苷碱基和能量丰富的糖成功地联合也能同样生成冗长的核酸。

例如，热量能够从酸和碱基的混合物中蒸发一些水出来，尤其是在古代海洋的海岸线或者是在礁湖的入口处。浅水体中水的不断重复进出，可能会导致在低潮时日常支流中的分子暂时性干燥，随后，当海洋的高潮到来时，那些分子就会进一步相互作用。

相反的情况——寒冷——也能有效地从有机混合物中去除水分子。水凝固的话就从液体变成了冰块，这样就使得酸和碱基更加浓缩而连接得更紧了。规则的冰冻和解冻能够允许生成更大的分子链。

第三种实际上能够去除水的机制是当反应物仍然在水里面时，尽管，这听起来似乎不可能，但是它确实一直发生在生命有机体中：我们体内的细胞主要由液体组成，它们每日都生产蛋白质。它们是通过催化剂做到这一点的——催化剂在这个过程中属于第三方，它就像掮客一样加速过程的进行。尽管，在今天的生命体中，催化剂是在促进缩合反应，但是在原始的海洋中，它大概还不存在，化学家推测40亿年前应该是有其他的催化剂存在的。例如，某种类型的黏土一般是由于岩石风化而形成，很多研究者都认为这是海洋、湖泊和河流边缘形成更大有机分子所需的平台。黏土，有很多分层且表面带电，不仅能作为掩蔽酸和碱基的小隔间，还能作为聚合它们成为很长的黏性物质的模板。

化学家还没有十分确定，第一个蛋白质和核酸是否真的是由这些方式中的任何一种生成的。关于生命前分子如何逐渐结合形成某种确实能够被称为生命的东西，化石记录大概还不能为我们提供十分准确的路径。但是，在由小的氨基酸分子和核苷碱基聚合形成更大的蛋白质和核酸的过程中，加热、冷冻和催化剂作用都是看上去真实的媒介。而且，有些还因为它们的亲水性（喜欢水）和恐水性（排斥水）的特征而卷曲、交叠。就因为这样，它们变成了薄薄的隔膜包围之下的化学物质的细微袋子。不知何故，它们被认为形成了看上去像细胞的东西。

一个简单的细胞也比这些生命前分子复杂得多。为了找到这棵进化树的根，蛋白质和核酸如何形成如此重要并且更加复杂的生物学化合物，生物化学家目前正在试图理解这个过程。但是，在这个领域的理解是受到限制的。研究者也仅仅只能推测，早期地球上这些分子不断地相互作用，最终肯定能生成类似于今天蛋白质、DNA和简单细胞的东西。

近年来，越来越多的实验室实验都支持这个观点。模拟原始地球环境不断能量化和脱水缩合的反应，生成了比氨基酸和核苷碱基还要复杂很多的有机分子。特别有意思的是，在热量的影响下，大约10亿个氨基酸分子能够连接起来组成一个小的集合。这些“类蛋白微球体”（还被称作“凝聚层小滴”）确实很像蛋白类物质，它们不会在水里溶解。仅仅只有大约1%毫米（或者10微米）厚，所以需要借助显微镜才能被观察到，这些并不是我们所知的著名蛋白质，如胰岛素和血红蛋白，但是，是更简单的蛋白质类化合物，它们与生命起源物质的关系还不是很确定。化学分析确定，这些微球体会形成浓密的有机物质小包漂浮在一种似水的大部分是无机的流体上面。用显微镜观察到，它们闪着光，就像漂在水面上的小滴油，或者在鸡肉汤上面漂着的小滴油脂。有些化学家认为这就是标准的蛋白质，但是有些化学家还是不确定。

值得注意的是，实验室实验中生成的这种类蛋白微球体多少表现得有点像真的生物细胞。这种微球体有半透膜，能让外面的小分子进来作为“食物”，但是里面生成的大分子却逃不出去。某些排泄出来的“垃圾”是显而易见的，但是，大体上，这些类蛋白呈现出了一张吸收物质的网，在某些方面很像今天的生物化学细胞。实际上，这些古怪的化学物质小包在过程中是会变得更大的。

因此，我们可以宽泛地想象这些类蛋白微球体就像是在进食、生长和排泄——可能就是原始的新陈代谢。不仅如此，当实验的传动装置在流体中制造湍流的时候——类比早期海洋波浪的行为——某些较大的微球体会破碎变成较小的，这也暗示了原始的繁殖形态。某些较小的第二代微球体会消失掉，显然就是“死亡”。其他的放大了看上去就是它们的“父母”，只是通过另外的“繁殖”行为分裂产生的（尽管这些微球体肯定没有足够的基本模板信息来知道自身的繁殖）。环境的选择也正在进行。

总而言之，这些魅惑的类蛋白微球体大体上都近似于简单的细菌细胞，尤其是稍后在“生物学时代”中提到的发现的化石记录上最古老的并经过详细检查的古老细胞。这些微球体，有些“进食”，有些“生长”，有些“繁殖”，还有些会“死亡”。它们能被称为生命吗？大概不能：有些研究者几乎肯定地说它们不能被称之为生命，因为这些微球体还缺少核苷碱基或者说基因码。但是，又是谁说的，第一批细胞喜欢蛋白质新陈代谢或基因繁殖？甚至还说这些原细胞就能象征现代的细胞？物质和生命的区别没有很明显的分界

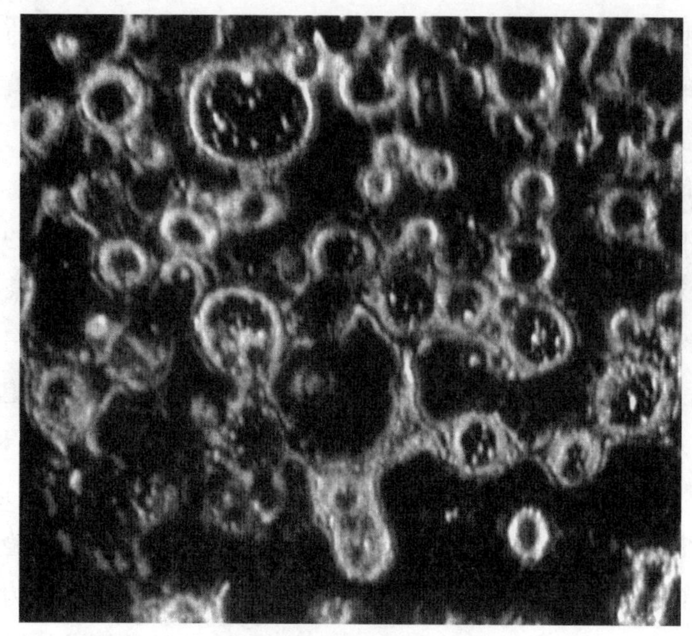

实验室生成的有机分子证据

这些富含有机分子的油滑空滴，是通过将冷冻的原始物质暴露在强烈的紫外线辐射中生成的。当浸入水中，这些古怪的小滴就表现出细胞样的结构；大部分的厚度大约有 10 微米（或者千分之一厘米）。尽管没有生命，但是它们至少能够支持生命模板可以在极端的环境中生成的观点，例如在水下出口或者恒星间的空间。来源：NASA。

线。而且生命自身也是很难定义的，就如前面提到的一样。

生物学家争论的焦点大部分聚集在：变形虫肯定是有生命的，但是有机汤池中的分子内含物却不是。类蛋白微球体显然是介于两者之间的某种东西。但是如果它们不是地球生命系统的祖先——一种原生命——那么，大自然肯定是对现代科学开了一个十分恶意的玩笑。

这种介于生命与非生命之间的间隔经常会困扰科学家，也会以相同的方式困扰外行人。化学进化的重要观点是足够直接的：生命是从非生命进化而来。但是，除了来自于生物化学的直觉和实验室对原始地球某些类似事件的模拟，介于生命有机体和非生命分子之间模糊领域内自然生成的复杂系统，我们还有没有任何直接的证据呢？很幸运，答案是肯定的。

病毒粒子是最小最简单的实体，有时是有生命的——“有时”是因为病毒表现出来的特征既有非生命分子也有生命细胞。病毒（virus）是一个拉丁词语，意思就是“有毒的”，它们当然是普通的导致疾病的过程，但是它们似乎也握有生命起源的线索。尽管它们的形状和大小都只能通过显微镜观察到，所有的病毒都比典型的现代细胞要小：有些只含有几千个原子，而且厚度几乎只有 1 微米，或者是 1 米的百万分之一。至少说到尺寸，病毒看上去似乎填平了生命细胞和非生命分子之间的空缺。

病毒既含有蛋白质还含有 DNA（或者 RNA），尽管没有更多的其他东西——没有未附着的氨基酸或核苷碱基，它们是生命系统生长和繁殖的正常方式。那么，病毒怎么能被认为是有生命的呢？如果是单独的病毒，肯定是没有生命的；病毒脱离了生命有机体肯定是没有生命的。但是，当处于生命系统中，病毒就具有生命的所有特征。病毒通过将自身的 DNA（或者 RNA）注射到健康的生命有机体细胞中而存活，之后病毒的基因就控制了这个细胞，并且变成了控制细胞化学活动的新主人。然后病毒就利用可以自由出入细胞的氨基酸来生长和繁殖自身的复制品，一般会剥夺细胞通常的功能。有些病毒能够迅速广泛地繁殖，传播疾病，而且如果没有被发现的话，还会最终杀死它们所入侵的有机体。

因此，生物化学家也不知道，到底应该将病毒归入生命系统还是非生命系统。它们的状态由它们所在的环境所决定。即使是在现代世界，生命也会不易觉察地藏入非生命体中。病毒就是处在这个灰色的不确定地带。

关于实验室模拟生命起源，最强烈的呼声之一就是需要能量来推动实验。这对于类蛋白微球体来说，是最有疑问的，因为它们需要大量的热量才能形成，可能需要能够使火山沸腾那么多的热量。但是谁说火山在这件事情上是没有帮助的呢？因为它们肯定在地球幼年时期频繁并且广泛地发生着。

生命是在原始海洋的表面形成的，如果我们愿意放弃这个观念，“行星时代”中提到的水下构造的裂缝和海洋山脊能够成为生命起源的更好场所。因为在那里，有高度集中的能量，而且还没有很多氧气存在。近期微型潜艇探测到的很多事实证据，都让海底热液出口越来越受到欢迎，被推测为就是地球上生命出现的地方。沿着中部大西洋山脊和加拉帕哥斯群岛附近的复杂生态系统，居住着很多各种各样的生命形态，这些生命形态都是已知存在的，而且实际上还很旺盛，它们的能量都来自于海底的热量，完全独立于太阳之外。

被称为“黑色烟云”（因为它们富含铁和硫黄）的海底热液出口是海底地面上狭窄的裂缝，受到压力的热液（能够达到几百摄氏度）就是从这个裂缝喷出的，喷出的形状就像一个罗马喷泉。这些热液，富含从熔融的岩石下面滤出的金属物质，与上面温度低很多的海水相互作用，生成强热的梯度来增强热量的流动。这种热流体是从位于海底硬壳顶部的满载矿物的“烟囱”里上升的，然后跨过渗出的矿物岩浆，在热液出口处，至少是在其附近，驱使并且维持很多生物学活动——但不是我们所熟悉的生物圈中的任何常规生命

极端环境生命的证据

一个小型的可载两人的潜艇（被称作 Alvin，部分是从底部来拍的）拍下了这张海底热液出口，或“黑色烟云”的照片——在东部太平洋水底山脊的很多处中的某一处。当滚烫的热液从出口管（近乎圆形）的顶部向下倾倒时，富含硫黄的黑色烟云则滚滚前行，给很多能够在全黑的并且没有氧气的环境（就在热液出口附近）里生存而且生长旺盛的奇怪生命形态提供了一个很奇怪的环境。

形态。考虑到它们惊人的高温环境和嗜热的细菌，通常被称为“极端微生物”或者“嗜热生物”，是其他罕见热液出口生命之一，既不需要氧气也不需要阳光。所谓的原始细菌，相对较新发现的生命领域，可以追溯到某些最古老的生命形态，与 2 米长的蠕虫、10 千克重的蛤蜊和特殊细菌共存的非凡团体，在这个我们位于地表的人看来很不舒适的环境中照样很茁壮地成长。

海底的热液出口，可能就是在几十亿年前驱使生物出现的自然引擎。它们在位于或接近地球表面的生命的形成上，确实有一定的优势，提供了一个有丰富热量，没有自由氧气，并且能够不受外来紫外辐射和小行星大爆炸（使得早期地球就像严格意义上的地狱）这种严酷现实干扰的相对较好的环境。在这些出口的附近区域肯定能形成位于地质框架之外的生物，即使仅仅只有一个场所，也能够成功地架起行星时代和生物学时代之间的桥梁。

近年来，另外一个不同的观点越来越受到欢迎，它认为生命起源既不在地球表面之上也不在地球表面之下，也强调了真正困扰“化学物质时代”不确定性的因素。在这里，这个问题所涉及的生命起源的地点可能更加宽泛：生命起源是发生在地球上的任何地方，还是地外太空的某处？是内源还是外源？一些天体生物学者认为地球上的陆地、海洋或者空气都不可能是适合有机分子首先生成的地方。他们说，即使是海底的热液出口也是不可行的，因为那里的热量太高而不适合酸和碱基的存活——实际上，比早期地球表面或其大气的环境更加恶劣。

问题还是能量，就是是否有适量的能量——最适宜的值，既不会太多也不会太少——来供给化学物质反应的动力。此外，地球早期大气可能没有足够的原材料供给化学反应，因此它们在任何情况下都不可能变得重要。少数研究者争论说，很多（如果不是全部的话）有机物质结合起来形成第一生命细胞，这事更像是发生在星际空间，然后它们被深埋于彗星、流星或者行星间尘埃中而降落到地球上，有一部分在大气中降落的时候设法避免了被烧毁的命运。

有几个证据是支持该观点的，某种弱胚种论认为生命分子成分被完整地带到地球上来——尽管不是已经形成的生命本身。首先，如在“恒星时代”所提到的星际分子，很多星际分子都含有碳，并且至少它们中有一种据说（但是还没被肯定）就是氨基酸糖胶。其次，实验室实验证明，当水、甲烷、氨和一氧化碳的冰冻混合物——正是在近乎真空的星际空间找到的物质——被暴露于来自新生恒星的紫外辐射中，结果就是很有迷惑力的，而且可能比某些更早的对幼年地球化学模拟的结果更加现实。当这些受辐射的冰块被置于水中，就形成了一种油腻中空的小滴，尺寸大小和细胞差不多，还有明显的构成有机物质的膜。如前面提到的类蛋白微球体，这些星际间小球在本质上既没含有蛋白质，也没含有 DNA，但是结果却清晰地显示了，即使是这个陌生寒冷的实质真空的银河空间，也能适合于简单的原细胞结构形成——尤其是当它们被放置到善于接纳的海洋里的时候。第三，彗星和陨星是已知的能够贮藏有机物质的天体，尤其是彗星，通常被称为“脏兮兮的雪球”，主要由刚刚所描述的星际间混合物组成。既然彗星的碰撞被认为能够给地球带来水资源，那么我们只需要迈出一小步，就可以想象，所带来的水资源中已经含有生命的模板。

认为有机物质以行星间残骸的形式从外太空不断地降落到地球上的观点，当然是看似真实的。月球上的弹坑资料显示，地球在 40 亿年前稍晚的时候还经历过一次大爆炸时代，仅仅比出现在化石记录中最古老的生命形态稍微晚一点点。地球上每年还会有数万吨的地外物质降落下来，甚至就是现在。认为化学物质进化发生在太空中的概念看上去是必然的。过去二十几年对彗星、陨星和星际间气体的分析无疑证实了有机化学物质广泛分布于宇宙中间。但是，外生是不是使得复杂分子首先出现在地球海洋的主要方式，这仍然是不确定的。生命的起源，还有银河的起源，代表着所有宇宙进化的两个最主要的缺少的链环。

* * *

对于任何生命起源的情景来说，能量是一个绝对的要求——还有原材料。实际上，能量看上去是进化的所有方面中最重要的部分，不管这个进化是否牵涉生命系统。无论是死气沉沉的物质还是生气勃勃的生命，没有能量，它们就都不能进行由简单到复杂的状态变化。复杂的物体有某些组织，任何种类的组织都需要能量——来形成，来维持和取得进一步的变化。无论是恒星还是人类，即使是结构完整而且高度进化了的物体，没有先进的物质形态，它们都不能维持自身规则的能量流动。这种能量就是一种原料，某种食物。

在刚刚所描述的实验室模拟情况中，所谓的能量就是闪光放电模拟用来破裂小分子化学键的“爆炸性食物”。有一部分能量被吸收了，使得分子片断能够重新结合形成较大的原子集团；还有一部分能量加强了需要结合在一起的化学键——重组——形成新的更加复杂的酸和碱基。有机浮渣漂浮在原始海洋的表面或接近表面的地方，因此这里变成了一个巨大的能量仓库。

需要不断重复地赋予能量——也就是规则地喂养——来建造微球体、小球或者我们之前对它的称谓：原细胞实体。一旦形成，这些有机小滴甚至需要更多的能量来维持它们越来越复杂的分子结构。它们很可能是通过吸收有营养的可以自由出入半透膜的氨基酸和核苷碱基来达到目的。然后，这些原细胞通过在形成酸和碱基的原子中破裂某些化学键来释放能量。按照这种方式，它们就是通过从周围的环境中吸收微量能量来达到本质上“进食”的目的。

为什么这些原细胞要从紧邻的环境中获得能量呢？为什么它们不继续使用外部的能量，如太阳辐射、大气发光或者火山活动的能量？答案是，首先帮助形成原始的原细胞的能量通常太严厉而不利于继续维持它们。随着分子变得越来越大和越来越复杂，它们同时也会变得更加脆弱。它们必须通过吸收能量来进食并且给予自身生机，但是这种能量必须是轻微的和温和的（这有点像灌溉植物和将它溺死之间的区别）。微小的酸和碱基能够通过原细胞膜上细小的缺口，含有数量正好的能量。它们使得原细胞能够免受原先生成原细胞所需的严酷能量攻击而存活下来。尽管，化学家没有直接的证据证明更加高级的生命祖先的集结，实验室研究强烈支持如上面所述的两个步骤：首先需要中等剂量的能量来合成这些先驱，之后又需要更加温和的能量来维持它们。

依照情况而定的证据和生物化学的洞察力，导致科学家猜测类蛋白微球体或者类似它们的某些东西，能够保护自己不受几十亿年前生成它们的能量的破坏。这不是没有道理的，自从地球在那个时候迅速冷却之后，它的地质活动就变得比以前少多了。随着时间的流逝，火山、地震和大气风暴就慢慢地减退了。因为地球除气作用而变得浓厚的大气，也能减少太阳紫外辐射的能量达到地面的量。很多生命起源以前的微小集合体，大概在稀薄的水层下面找到了栖身之所，它们能吸收透过大气的超级强烈的太阳辐射。

生物化学家仅仅只能假定，从这一点开始，至少有一个原细胞最终能够进化成为大家都认同的真正的生命细胞。但是，在化石记录资料中还没有发现生命前进的阶段。实验室对早期地球情况模拟生成的分子结构，并不比类蛋白微球体的结构更加复杂：这些有机

小球体，既不拥有遗传 DNA，也不拥有与大部分同时代细胞相同的明确核子。唉，研究者目前还不能解释第一个蛋白质怎么从一个并不含有核酸的中间体演变而来的，特别是从核酸到蛋白质变化路径的信息，而它被认为是现代生物学的重要教义。

问题首先是蛋白质或者核酸——也就是“原生物”或者“裸露基因”——就像是又一个鸡还是鸡蛋的似是而非的论点，而且代表了所有宇宙进化最大谜团之一。很可能，新陈代谢和繁殖的能力是并行地发展的，但是我们还不是很确定。这个进退两难的局面的唯一出路就是 RNA-DNA 的单链表亲——既能作为繁殖者也能作为催化剂，就像既是鸡也是鸡蛋。如果真的是这样，那么可能 RNA 或者它的某个版本，在原始汤池中，在 DNA 和蛋白质之前生成 RNA 的主要先驱。这些“核酶”（与蛋白质酶催化的类似物）在几十亿年前可能有着双重身份，储藏少量的信息，并且催化自身的繁殖。最终，那个“RNA 世界”肯定进化成了今天更加复杂的，使得 DNA 和蛋白质相互分离的，尽管是补充性的角色之一。

其他生物化学家则辩驳这个观点，认为某种有代谢作用的能量驱使物质应该出现在 RNA 之前。这个鸡还是鸡蛋的问题，直到我们理解了潜在的化学酶促反应使得有机物质原材料转变成为 RNA 自身，才能够被解决。这是达尔文关于生命以前分子的进化理论——最适当的化学物质的变化、竞争、选择和扩充。简单分子的变量一再经过大自然的试验，按照热动力学的规则行动，还有能量的帮助形成的原代谢方式（被称为硫酯耦合），最后集合成通往 RNA 世界旅途的更大分子。

诚然，没有人对这些生命起源情景的正确性能够有十分的把握。一个显著的缺口困扰着我们对精确事件的直接认识，这就是介于生命先驱分子的合成和第一个真正细胞的出现之间的缺口。考虑到这些事件发生在几十亿年前，那么这些不确定性就应该不会很令人吃惊。

＊　＊　＊

复杂概念不断涌入我们的宇宙进化故事。尤其是现在，我们就要讨论到生机勃勃的生命形态，大家都认同它们比任何非生命系统都要复杂得多。很快，我们将会面对引进的一个更加可观的重要问题：人类大脑内的神经网络是如何获得所需的复杂性来建设社会、制造武器、建造大教堂、建立哲学以及做到类似的一些事情的？人类如今创造出如此多的文化书籍——包括本书——作为宇宙进化的一部分，恒星熔化了重元素，或者行星养育了生命的起源。

当联系本章“化学物质时代”，我们看上去好像跨过了一条分界线——介于非生命和生命之间的分界线。但是实际上，这里是没有分界线的。为了强调本书最主要的论点，当按照年代顺序探测从非生命系统到生命系统——主要就是从物理和化学到生物——随着时间的变化，更复杂的系统出现了（每个都是按照顺序的）。但是正如稍前所提到的，如果仔细检查，生命系统与非生命系统在本质上并没有不同。科学家从来没有发现什么锐气生机给予生命某些特别的超乎常规的质量。取而代之，自然界中的所有有序系统在种类上并无不同，只是在程度上稍有不同 —— 即它们的复杂程度。那么，我们所指的复杂性是什么，同时它是怎么在时间过程中出现的呢？

大约介于宇宙大爆炸和人类形成之间的中点是一个很好的地方，也是值得我们更有技术性地注视有序系统起源时的更加出色的行为过程。我们已经接触了一个宽泛的物理非生命系统，包括银河、恒星和行星；我们将要接触整个生物学生命系统，包括植物、动物和我们自己。所有的这些系统是否能被归入一个随着时间推移不断复杂化的连续频谱中？这个现实性到底有多大？而且是什么机制——可能甚至只是单一的一套统一行为——带来所有这一切令人印象深刻的顺序和组织？

将复杂系统带到一个普通基础上的唯一办法，也就是“讨论同一个问题”，就是求助于热动力学。那是因为，我们所知的所有大自然定律中，热动力学对变化和能量的概念最有发言权，尤其是能量中的变化，看上去就是所有有序系统起源和进化的关键。在严格意义上，“热动力学”就是“热量的运动”的意思：在这里（并且与更宽的希腊语内涵保持一致，就是运动时的变化），一个更有深刻见解的解释就是“能量的变化”。

所有科学中最基本，并且最珍贵的定律之一，就是所谓的热动力学第二定律（第一定律仅仅表述了任何变化的前后总能量总是守恒的）。第二定律指出随意性或者无序性在任何地方都是在增加的，其技术术语是“熵”。换句话说，每次只要有能量交易发生，大自然都是需要报酬的。而报酬就是推动变化的潜在能量变少了；但是能量并没有损失，暂时得不到只是因为它还有更实用的工作需要做。这是真的，因为热量（也就是热的能量）自然会从热的地方流向冷的地方，无论是在气体分子中、银河的恒星中还是在我们的血肉之躯中。最终结果就是能量差别减少了，因而使得事件停止，梯度变平，熵始终不可避免地增加了。

自然极力拒绝真空；有人说它极力拒绝任何类别的梯度。一般情况下，物质和辐射趋于分散状态（就像香味从香波瓶子中逃逸出去一样），也就是，想要占领它们还没达到的地方——而且一旦达到，它们就会在那里寻求自然的均衡或者平坦状态，即平衡。一个很简单的例子就是，钟摆在到达它的中间位置也就是最低位置的时候，就会最终停止摇摆；能够持续周期性地来回摇摆的时候，是因为它有不平衡的动量，但是一旦达到平衡状态它就会不再工作。为了减少论点的长度，咱们这里再给出另外两个例子，势在必行的热动力学第二定律实例就是纸牌做的房子，一旦建成，就时刻有着坍塌的趋势；相反的，随意摆放的纸牌集合不会有集合成某种结构的趋势。类似的还有，水会自己流向低处，但是我们从来没有看到水会自己从低处往高处流回大坝的顶部。这些都是“孤立系统”的经典例子——那些与外界环境完全隔离的系统——在这里事情只会朝着一个方向发展。大自然被认为是一个不可逆而且不对称的系统。

相反的，大自然中还存在一种“开放系统”，在这里，能量（有时也会是物质）从系统之外的环境介入。这将会带来很大的不同。例如，我们能够通过使用一些能量（还有一些耐心，这也会燃烧能量的）重建纸牌房子或者通过紧发条（也就是赋予它能量）让钟摆继续工作。水泵能够将水从较低的湖泊传送到较高的大坝上，但是那也需要湖泊——大坝系统之外的能量介入——还是从外界获得的能量。通常情况下，有能量流过的系统就是不平衡的，因此它们通常被称为开放的、不平衡的系统。

能量（或者物质）输入任何系统，都能潜在地生成有组织的结构。无序（或者熵）事实上能够在任何开放系统内部减少——我们已经很确信，在银河、恒星、行星和生命形态中就是这样的——即使无序在宇宙的其他任何地方都是增加的。这种“构造的岛屿”并没有违反热力学第二定律，因为系统及其环境的净无序性总是增加的。运行水泵——或我们工业文明中任何此类设备——所需的能量是由环境提供的，赋予今天的技术社会以能量，也慢慢地破坏了环境的平衡。钻井取油和燃烧石油给环境带来的无序性，比照亮一个家庭或驱动一辆汽车的能量所获得的有序性（或者理念结构）要多。说实话，热力学第二定律对大自然并不是一个友好的合乎环境的法则，但是它确实容许了某些组织的临时性出现——如人的有代表性的大约 70 年的存在，恒星和银河的几十亿年的存在。

人类用来建造任何东西所需的能量——如一幢纸牌搭建的房子、一张桌子、一把椅子、一辆汽车，或者其他任何东西——都是来自于我们所进食的食物。我们确实要依靠周围环境的能量来源——本土的植物和动物，还有更加基础的太阳。依此类推，太阳的能量又来自于银河，特别是将母银河星云的引力势能能量转化成引发恒星核聚变的热量。再类推，银河还处在所有其他的银河之中，它们的存在也是早期宇宙梯度建立的——可能由宇宙膨胀所合成的能量流，打破了物质和辐射之间原始的对称，因此，建立了无处不在的有序系统的生长最后所需的不平衡状态。

回顾早期宇宙粒子时代中极其炎热和密集的环境中的一瞬间。在中性原子开始形成之前 ——宇宙大爆炸之后，那个基本阶段的变化持续了大约 50 万年——物质和辐射一直是紧密结合的。在辐射时代，平衡是占优势的，只要单一的温度就足够说明物质和辐射—— 一种缺少顺序或者结构的物理状态，实际上就是最大熵或者最少信息内容的一种状态。平衡系统是简单的系统，描绘它们所需的信息量很少。

这也就带我们进入了复杂性问题的核心了。按照某种方式，一个系统的复杂性，是通过描绘这个系统所需的信息量的多少来衡量的。实际上，它还和已知质量系统中流过的能量的多少有关。复杂性：在一个结构中互连部分的错综的状态、复杂的因素、多样化或者包含物——有很多不同的成分，还有很多相互作用的一种性质。

在早期宇宙，物质和辐射之间的温度梯度的出现几乎是零信息量。那里没有结构，没有可感知的顺序，未组合的元素粒子散乱分布在一个均衡的辐射场中，没有比这更复杂的特征。说得更明确点就是，经过宇宙大爆炸之后，几乎所有的东西都只是均匀、无秩序的癫狂状态的一部分。尽管温度迅速下降，但是只要一个它，就足够描述宇宙早期历史，因为之后过大的浓度才形成了很多碰撞，因此保证了平衡。一旦物质和辐射分开，尽管平衡被打破，对称被破坏，但是物质时代开始了。从那以后就需要两个温度来描述物质和辐射的进化。因此，宇宙热量梯度自然而然地形成了，本质结果就是形成能量流来供应运转——实际上就是“建造东西”。

那么，正是宇宙的膨胀使得混乱变成了顺序；宇宙进化的过程本身就产生了信息。这个顺序是怎么变成银河、恒星、行星和生命形态的，我们暂时还不能给出详细的解释。但是我们现在能理解自然系统是如何最终出现的——有序的物理、生物和文化系统能够通过熵的局部减少来创造并且维持信息。

此外，因为有两个温度描绘物质时代的分叉——也就是随着时间的推移，区别一直增长 ——它们从热力学的离开（即使是在今天也是这样）允许宇宙生成越来越多的信息。那是因为能量流也会因为离开平衡而增加，并且伴随着它们的还有促进顺序增长的势能。看上去似乎有一种方式可以用来帮助我们理解这些，至少撇去细节笼统地说是这样，在宇宙无数的年代中所观察到的复杂性增长——不仅仅只有恒星和银河，还有细胞或者收缩的肌肉的复杂结构，更不用说人类大脑复杂的中枢神经构造。

对死气沉沉的无生命物体的描述已经够多了：我们现在进入“化学物质时代”，也就是生命本身的门口。在这里，我们能更清楚地看到机会在宇宙进化的所有方面所起的作用是有限的。自然，机会不可能是变化的唯一道具。决定论——意味着既不是简化法也不是机制，而是简单地服从于准确的自然法则——肯定在所有变化的事情中起了一部分作用。

考虑生命起源分子的先驱，正如在本章前面提到过的一样。简单的分子，如氨、甲烷、水蒸气和二氧化碳，在能量存在的情况下相互作用，生成更大的分子。最终产物不仅仅是随机的分子分类；它们组成了 24 个氨基酸和核苷碱基中的大部分，而这些分子是地球上所有生命都拥有的。不管这个化学进化实验是如何操作的（假设模仿我们原始地球上的气体，在氧气存在的情况下，受到实际数量的能量辐射），试管中所俘获的汤样有机物质，总是生成相同的一定比例的类蛋白化合物。这里所要表明的就是，如果原始的反应物仅仅是在机会的作用下重组成为较大的分子的话，生成物就有几十亿种可能，而且每次的实验结果肯定都是不一样的。但是本实验的结果并没有如此多的种类。所有种类的简单原子和分子随机组合的可能结果，就是形成无数的基本有机集团和化合物，但在这之中，却只有大约 1500 种出现在地球上；这些构成地球生物本质的集团，又是基于仅仅只有大约 50 种简单的有机分子，也就是上面所提到的酸和碱基中最重要的。机会之外的某些因素肯定会被牵涉到生命起源之前的化学中来，但是不需要诉诸神秘主义。另外一个因素就是电子键的影响，很自然地存在于微小分子中——支配和结合小分子变成我们所知的适合于生命的大分子，因此保证了产物结果的稳定性。对于相同的原子和分子来说，环状排列（如苯分子）比线性排列要稳定得多。复杂分子形成所需的时间并不长，肯定没有概率理论中对原子偶然集合所预言的时间那么长。简言之，众所周知的电磁力作用就像一个分子筛或者概率选择器，仅仅促成某些结合而拒绝其他的结合，并且因此支配某些随意组合形成有序组织。

比构成生命的简单酸和碱基更加复杂的分子，更加不会因为机会而偶然合成。例如，最简单的蛋白质是胰岛素，由51个氨基酸以某种特定的顺序沿着分子链组成。概率理论告诉我们，随意集合正确数量和顺序的分子的机会是：如果20个氨基酸都牵涉进来，那么结果就是$1/20^{51}$，也等于$1/10^{66}$，或者是百万万亿、万亿、万亿、万亿、万亿分之一的概率来自己形成胰岛素。这很显然是一个巨大的排列，假设在整个宇宙历史中，我们每秒钟能够对这20个氨基酸进行数万亿次的随意组合，但是仍然不能通过机会生成该蛋白质的正确成分。很显然，仅仅从原子或者是简单的分子开始，要合成更大的蛋白质和核酸，如果全靠随机机会的话，肯定是更加不可能的，更别说是形成一个人。这完全不是用超自然力作为论点；相反的，还是顺序的自然力制服了机会——就像前面“银河时代”中银河起源的情况一样，大自然是不能靠机会，而且仅仅只靠机会就能形成银河的。

无论是在天文学的原子中还是在化学的分子中，这些都是自然成对的参与者彼此斗争——机会和必然——的经典情形。而且选择的机制也在运转——但是并不是简单地选“入”“赢家”和选“出”“输家”。选择的过程，基本都是由物理学支配的，负责消除某些系统。这些系统就是，无论是分子还是银河，与它们变化着的环境不协调的系统。在所有这种现象中，包括生命本身的变化，机会的成分通常是存在的，但是限制机会的决定性物理定律也同时存在——限制机会的效力和随意性，确保即使有机会存在，结果也照样稳定。两者一前一后，通常在很多类型的系统中引发变化（这就是机会的部分），随之而来的是，那些不符合改变了环境的系统则必然被消除（这就是决定论的部分）。我们都知道，机会、必然和选择都是关于生物进化的现代达尔文范例的本质特征。

在下一章“生物学时代”的开始，我们如何分析生命系统本身，包括生物学结构和功能，更别说企图定义生命？无疑，在生命起源和进化的同时，熵肯定是减少的，因为生命系统是聚集的能量和很多顺序的显而易见的仓库。和前面一样，再次提醒，热动力学就是关键。与宇宙中其他的物体一起，我们能够运用信息能容和能量流动的概念来描述生物学组织的结构和功能，实际上也就是定义生命本身。

考虑到所有的东西，生物学系统最好用它们连贯的行为来解释，因为它们维持有序性需要很多代谢类和合成类的化学反应，还需要很多控制生命活动的各种各样的行为速率和时间的复杂机制。但是，这并不意味着生命违反了热力学第二定律，这是一个常见的误解。尽管生命有机体设法局部减少熵，但是它们这么做的同时，它们周围的环境是要有所付出的——简而言之，增加了剩余宇宙的熵的总和。

通常认为，生命体是通过从周围环境吸收可利用的能量来暂时智取常规熵的。即使“智取”是一个过于强烈的动词，但是，它暗示了生命不知何故是位于通常的热动力学范围之外的。实际上，生命体将关于什么是真正热动力学的传统研究，延伸到了真正非平衡的热动力学领域。在它们的起源和进化过程中，它们这样做是因为地球上自然产生了温度梯度。这些热差的来源是什么，还有最终运用到生命过程中的能量来源又是什么？在地球上，这些来源就是我们的太阳。能量从炎热的（大约 6000℃）太阳表面流向相对较冷的（大约 25℃）地球。地球上所有的植物和动物都是依靠太阳来生存的，太阳的能量能够转变成有用的功。植物直接使用太阳光进行光合作用，将水和二氧化碳变成有营养的碳水化合物；动物则通过进食植物和其他动物来间接地获得太阳的能量。

相反的，如果没有能量的输入，所有的生命体，就像大自然中所有的其他东西一样，都会趋于平衡状态。仅仅只是抽动一下手指（或者仅仅只是在阅读本页时稍微地思考一下），人类都需要消耗能量，并且最终会疲劳。没有进一步的能量输入，任何一个不确定的行为，都会将我们带向一个只有混乱或无序的平衡状态。人类通过使自身远离平衡而设法维持生命的事实，证明了我们处理能量流遍我们身体时的最佳进化能力。就事实而言，未取得的平衡可以被看做是生命的本质前提，甚至是操作定义的角色。我们再来看：

生命：一个开放连贯的时空结构，通过流过它的能量而远离热动力学平衡——一个以碳为基础的系统，通过以水为基础的媒介以及更高形态的代谢氧来运转。如本书术语表中所列出的，该定义的第一部分（一直到破折号的部分）可以应用于银河、恒星和恒星，还有生命。只有生命定义的第二部分才是专门针对我们所知的生命系统的。考虑到前面描述生命时所提到的困难，这个冗长的定义并不全是不切实际的，为了分析所有的有序系统而公然整合出来的一条定义，而是在“讨论同一个问题”。精心制作的定义有助于统一科学，诚然，它也是本书的主要议程。

作为人类，我们依靠周围的能量来源（主要是来自于植物和动物）而维持一个合理舒适的稳定状态。正如所有的开放系统一样，我们通过调节输入能量和输出损耗的速率，强调了“稳定状态”，我们能够获得某种稳定性——至少能表示，我们活着的时候是通过大致恒定的能量来保持在平衡之外的。用一种荒诞并置的术语，我们还可以将我们自己描绘为“动态的稳定状态”。不幸的是，我们因为辐射能量到环境中而浪费了太多的输入能量；温血的生命形态通常会比其所在的周围空气要暖和。但是辐射出的能量是符合热力学第二定律的，因为大自然是有自己的规则的。相反的，有些输入的能量能够给有用功以能量，因而帮助我们的生命和躯体维持有序性。一旦这种能量流动停止，动态稳定的状态就要终止，我们就会变化到更加普通的“静止”稳定状态，也就是我们所知的死亡，在那里，随之而来的是完全的腐烂，我们的躯体会达到一个真正的平衡。更加明确地说，一旦我们停止进食，我们就会死亡。

在这里，我们的一条食物链中可能会包括草、蚱蜢、青蛙、鲑鱼和人。按照热力学第二定律，在食物链的每个环节都有一些可供利用的能量会转化成为不能被利用的能量，因而也造成了环境的更加无序状态。整个过程的每一步，蚱蜢吃草，青蛙吃蚱蜢，鲑鱼吃青蛙等等，有用的能量总是在损失。为了让更高级的物种持续减少熵，所需的前一个低级物种的数量是令人惊愕的：维持一个人一年的生存所需的鲑鱼大约是 300 尾。这么多的鲑鱼，又需要 9 万只青蛙来维持一年的生存，依此类推，青蛙要挥霍掉 2700 万只蚱蜢，这些蚱蜢又需要 1000 吨的草。因此，要让一个成年人保持“有序状态”——也就是活着——仅仅一年的时间，需要的能量等于是几千万只蚱蜢或者 1000 吨草。

那么，人类维持自身的平衡就只要以环境的无序性不断增加为代价。实际上，每个生命体都是在向环境索取的。环境没有衰退到平衡状态的唯一原因就是太阳每天不断的照射。整个生物圈是一个不平衡的系统，就是因为有来自于太阳的热量所造成的很多环境能量。因此，地球稀薄的外层皮肤就变得肥沃了，使得我们和其他有机体能够存活。

这个观点值得进一步探讨。假定地球大气层和外太空达到了热量平衡。所有的输入和输出地球的能量都将停止，使得我们地球上的所有热力学事件都会在一个短得令人惊奇的时间里衰退掉。粗略估算显示，地球大气热能储藏会在几个月内就耗尽，地球海洋里所潜伏的能量也会在大约两周的时间内就被用完，并且任何机械能（如大气循环和天气活动）将会在几天之内就消耗殆尽。所以，我们确信，如果将地球的能量预算放在一个长远的立场上来看，地球的原始能量来源和它最终的败落都不会发生在地球上。

在任何既定的瞬间，不仅只有生命才是有序的蓄水池，进化本身看上去也从无序孕育出相对更多的有序来。正如我们将会在下一章“生物学时代”所看到的一样，任何后继（并且成功的）物种都会变得更加复杂，而且还因此更加有能力俘获和利用可得到的能量。在一个系统中，物种的级别越高，流过它的能量密度就越大，而且它给地一日环境所造成的无序就更大。唉，我们可利用能量的主要来源——太阳，自身也会有停止运转的一天，因为它一直通过增加熵来“污染”行星空间。

所以，当认为进化是一种进步的时候要小心。进化培育出始终复杂的有序小岛，但是代价却是在太阳系以及更远的宇宙中的某处形成了更大的无序海洋。

这种推理到底有没有根据？我们能够在那唯一的一页，或者可

以说是平坦的竞争场地上实际地来检查所有的有序系统——生命系统和非生命系统吗？实际上是可以的，而且，大部分此类系统随着时间的推移都表现出了不断增加的复杂性。能量流在开放、不平衡的系统中输入和输出也是宇宙进化的一个不可分割的部分，但是在这里我们只能勾画出主要的结果。我们能够说，能量概念本身就是科学中一个很强大的统一因素；能量可能是大自然中最普遍的流通（一个更加技术性、更加详细而且定量对待有序系统热力学的方法，在我近期的另外一本书中可以找到：《宇宙进化：自然界中复杂性的上升》）。

我们简要地评估一下几个经历了物理、生物学和文化进化——即，银河、恒星、行星、植物、动物、大脑和社会——的有序结构系统的能量预算。对于这些系统中的前面几个来说，能量来自于物质引力转换成的热量、光和其他类型的辐射，就像前面几章中介绍的。对于植物、动物和其他生命形态来说——如本章和接下来几章所介绍的——能量来自于我们的母亲恒星：太阳。对于社会系统来说，能量流也是促进我们现代化和技术文明所需的日常工作关键的驱动力。

实际上，我们关注自身的能量变化应该比关注绝对的能量数量要多一些——尤其是要关注能量密度中的变化。毕竟，银河肯定比任何一个细胞的能量都要多得多，但是银河同时也拥有巨大的体积和质量。更恰当的是，能量密度是标注任何系统的有序程度或者复杂性的最好方式，仅仅因为辐射能量密度和物质能量密度是描述早期宇宙事件的两个量。引进一个更好的量：速率，能量通过已知质量的复杂系统的速度。按照这种方式——被称之为标准化——所有的系统都能通过一个公平平均的频谱作比较。增值术语“能量速率密度”，就是天文学家所熟悉的光与质量系数，物理学家所熟悉的功率密度，地质学家所熟悉的辐射通量，以及生物学家所熟悉的代谢率。所有的科学家，都会在自己的专业领域中对这个术语有不同的称呼，但是都能认识到它的重要性。现在，因为今天的公开智能议程统一了这些自然科学，能量速率密度有效地联系了好多学科，而且它的典型意思也很明确：在单位时间里，通过既定系统单位质量的能量多少。拿恒星来举例，特别是一个普通的恒星，如太阳。天文学家知道太阳的发光率和它的质量，因此很容易就能计算出它的能量速率密度。还是流过恒星的能量流使得在恒星形成时期的引力势能能量变成了成熟时期恒星所辐射出来的光。这样的恒星，在核聚变中利用高级能量来生成更高级的组织，只是要以周围的环境为代价，因为这颗恒星也能发出低级的光，通过比较，这里是一个高度紊乱的实体。即使这是一个相对的陈述：这里所指的“低级”无序的太阳光，在到达地球之后，与之后地球所发出的更低级（红外线）的能量相比，就会变成高级有序的能量形态。

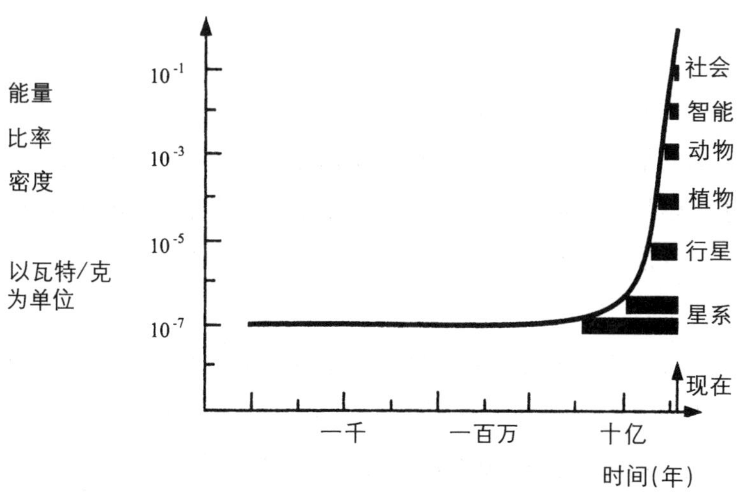

大部分这类结构，随着时间的推移，都展示了不断增长的复杂性。

此外，因为恒星会进化，所以它们的复杂性也在增长。宇宙膨胀并不是宇宙结构顺序的唯一来源。在局部范围内，引力所控制的系统的进化——也就是恒星的进化——也能生成信息。正如“恒星时代”所描述的那样，恒星是源自于化学和热量均匀的银河云中的浓密气体和尘埃。起初，一颗幼年恒星仅仅只有从核心到表面相对较小的温度梯度，而且它的组成也是很统一的，基本都是由 90% 的氢和 10% 的氦组成，通常还会分布有一些微量的重元素。随着恒星的进化，它的核心变得更加炎热，就像一个宇宙自动调温器，它的大小也会有所调整，核聚变一直将它的轻质核子变成更重的核子。随着时间的推移，这样一个天体就会变得在热量上和化学上都不均匀了，因为核心附近的热量和重核子都大增了。结果就是，一颗成年的恒星会逐渐变得更加有序和更加不平衡——实际上就需要更多的信息来描述它，因为对热量和化学有差异的系统进行完整的描述，肯定比对更简单的初始均匀状态的完整描述所需的数据要多得多。

行星比代表性的恒星（或者银河）要复杂得多，因此它们肯定会有更大的标准化能量流。例如，驱动地球气候圈——今天我们地球表面的最令人难忘的有序无生命系统——的能量速率密度大约是代表性恒星或银河的 100 倍（气候圈由大气层的底部和海洋的顶部组成，它能够控制空气、水、风和波浪的机械循环所引起的气象气候变化）。

生命系统甚至需要更大的能量密度，这不足为怪，因为任何形态的生命显然都比非生命系统要有序得多。光合作用的植物所使用的能量大约是恒星的 1000 倍，而定量配给人类一天的食物比这要多大约 20 倍——再次强调，假设那些能量流在每个系统的物质中都是标准化的。尽管通过一颗恒星的总能量流比通过人体的要大很多，但是后者的能量速率密度却大很多 —— 这是将我们与恒星作比较的时候，一个尽管正确却令人十分吃惊的事实。

接着，我们的大脑使用的能量大约比上面提到的多10倍——合计比恒星速率多10万倍，“一个比一个厉害”。人类大脑如此高的新陈代谢，大部分都是为了维持无数的神经元的电子活动，这证实了大自然不成比例的能量都投资到大脑中去了。仅仅只占人体质量的2%，但是却使用了人体吸入能量的大约20%，我们的头盖骨——已知宇宙中最精致的物质块——是对优越的很显著的例证；优越，用进化的术语来说，就是超越强壮肌肉的大脑。

全体文明——所有人类的开放系统形成现代社会，并从事它日常的能量丰富的活动——目前位居复杂性频谱的最高点，展现了几乎比恒星或者银河多100万倍的能量速率密度。全世界超过60亿的居民，抛弃很多社会政治的不正常不说，他们全体共同地工作，来操纵我们的现代技术文化，使之成为一个开放的、复杂精美的社会系统。一个不可思议的实例是整体比部分之和要多：一群有智慧的机体共同作用的结果比所有的个体单独行动结果之和要复杂得多。

无论以何种方式，这都不能说明某种类型的有序系统能够进化成为另外一种系统。恒星不能进化成行星，行星不能进化成生命，动物本身不能进化成大脑。更恰当地说，崭新并且更加复杂的结构，会因为能量流变得更加盛行且更加局部化，随着时间的逝去而偶然产生。银河提供了适合于恒星形成的环境，某些恒星也孕育了有益于行星形成的环境，而且至少有一个行星孕育了适合于生命起源的成熟环境。

那么，随着复杂有序系统的出现，复杂性就会跟着增长；依此类推，在整个自然历史过程中，系统周遭的环境不可避免地要受到熵增加的破坏。进化产生产物的速度是迅速的，进化过程本身是凌乱并且不定向的。当能量流停止，系统就会衰退回到它们原先的平衡状态：当太阳停止发光，它就不再是一颗恒星了；当生物圈结束，植物就会死亡；当我们挨饿，人类就会灭亡；所有这一切都会以它们原来的元素状态返还给大自然。值得注意的是，这两者——局部的复杂性和总体的熵——都能够增长，并且是同时发生。暂时性的有序系统深刻体现了宇宙进化过程中参与者的多样化，这一切都符合最珍贵的物理学定律（实际上是物理学定律最好地理解了它）——即，反握时间之箭的热力学定律。

* * *

理论认识和实验模拟暗示了，生命是已知的化学定律在原子和分子领域运转后产生的逻辑结果。没有哪一门新科学需要理解生命的复杂性，倘若我们愿意信奉开放系统的不平衡热动力学概念，实际上生命的复杂性随着进化而增加。当回归到本质，生命除了其复杂程度比银河、恒星或行星要高之外，并没有更多的不同。所有的这些结构系统，包括生命本身，通过从周围环境吸收能量和向周围环境释放熵来不断增加它们的有序性。时间和能量很显然是大自然的关键部分。“遵从能量”在任何复杂科学中都像格言一样重要。

宇宙进化的故事不仅能追溯到生命的开始，还能在实质上追溯到时间的开始。它还包括使很多复杂系统（生命系统和非生命系统）有序化的科学事件，这也是我们现在讲述的这个故事的主要特征。古代的赫拉克利特，他提出了古代哲学基本正确的观点“所有的事物都是在变化着的”，虽然如此，对今天聚集了丰富详细信息所支持的崭新科学哲学，他还是会感到惊愕的。

但是，生命起源的详细信息——尽管它是原子和分子在能量富足的环境中相互作用的自然结果——我们手头暂时还没有，部分是因为确实的证据在几十亿年前就被抹去了，部分是因为实验室实验还没有生成比生命先驱更加复杂的化学物质。特别地，一个相当大的缺口就能将生命模板早期进化与第一个生命细胞的晚期进化相互分离。本章“化学物质时代”，在关于化学进化终止而生物进化开始的模糊区域，勾画出了一个科学的共识。

能够明确的是，如果没有太阳将引力能量和核子能量转换成射线向外散发到不可饱和的空间中，那么地球生物圈生成能量流所需的热量梯度就不能维持。如果外太空不断地被辐射淹没，那么所有的温度梯度都将会消失，其中，我们地球上和地球之外的很多其他有序结构也都不会再存在。因为宇宙的动态进化是所有东西——包括（至少在地球上包括）生命本身的起源和进化——的顺序和能够维持的基本先决条件，而宇宙的膨胀支持这个观点，所以那个空间将永远不会达到饱和。在宇宙进化的世界观中，所有包含生命的推理，对于微小的观测者和巨大的宇宙来说，都是连贯的。

第六章

生物学时代

复杂性持续

宇宙进化的情景现在已经初具模型。从恒星原子到行星分子，我们探索出了一些似是而非的方式，而且，顺着流动的能量和不断增加的复杂性，我们就可以探测银河、恒星、行星和生命。实际上，生命的起源看上去就是物质进化的自然结果，进一步来说，生命的进化过程，就是随着时间的过去变化就越多的自然过程。

要掌握生命的整个景象——从过去到现在，从土豚到绿皮密生西葫芦——我们必须利用比简单物质分析更加专业更加简化的方法。单一的细胞就足够能展现生命与非生命之间的运行区别，但是这些不够阐明地球上所有生命的全部领域。为了理解生命真正的复杂性——包括它的结构、功能和差异——我们一般需要调查整个有机体，而且通常还要联系更宽泛的种群。基于相同的原因，没有人通过碾碎一辆汽车并且测量其基础的原子和分子，就能学会它的内部运作方式，整体探测生命才能有效地补足它们构成细胞的微观观察。而且，如果生命形态的微观研究主要需要的是化学领域，如前面“化学物质时代”，那么它们的宏观研究就彻底地掉进了生物学领域，因此，“生物学时代”就到来了，至少是在地球上是这样。

在这里，我们会遇到地球上的植物和动物。玫瑰和驯鹿、郁金香和海龟、常绿植物和大象，还有很多无数更多的物种。它们都是从哪里来的呢？认为它们突然就完整地出现了，这是一个很有趣的观点，但是自发的或者奇迹的创造物在科学上是没有任何意义的。没有哪怕是一点点的客观证据可以支持它。

基因结合化学记录，就是地球上生命的惊奇故事。收集数字基因组的生物学家们，现在正在与擦洗化石骨骼的古生物学家们共享他们的才能。结果能够提供越来越多的关于这个故事的有力的详细信息，定期在这里发表几篇很受欢迎的文章，偶然又在那里出版几章全新的篇章。再三强调，在地球的这数百万个千年中，有些生命形态出现了而另外的生命形态却消失了。有些物种能够存活几个世纪，而有些则刚刚出现就很快灭亡了。难以置信，所有生命形态中的 90% 以上曾经很昌盛过，但是现在却都灭绝了——成为时间的牺牲品。

只有一个因素似乎能够在地球永恒的历史中保持不变：变化本身。变化的现象看上去确实是所有结构的起源、发展和命运的特点，包括生命体和非生命体。

* * *

第一个生命细胞到底是什么样子的呢？科学家也不是很确定，因为我们缺少地球历史的前 200 万年的数据——这个时期就是我们所知的太古代。它们可能更像实验性的实体——微生物是很脆弱的，因此很容易就被强烈的能量爆发所摧毁，但是它们又很强健，因为它们繁殖得很快，所以能够产生很多后代。

有一件事是确定的：第一个细胞，通常被称为异养生物（因为它们需要外界有机来源的营养），无论如何都要找到足够的能量来维持生命和组织它们自身。它们大概是通过漂浮在海洋表面或者接近表面的地方，吸收早期有机海洋丰富海水中的酸和碱基，才能找到能量来源的。这种通过俘获小分子以及小分子的损坏——被称作发酵——所取得的能量，在今天的地球上还在被使用，如单细胞微生物（大部分是酵母）在啤酒桶中将谷类变成酒精，将淀粉与限量的水混合之后生成生面团，另外还有很多此类方法被用来增加茶、烟草和干酪的风味。但是，原始的异养生物不可能无限地从它们起源的有机物质中获得食物。毕竟，持续不断的时间在环境中已经造成了不可逆转的变化。

当地球冷却之后，几种能够生成酸和碱基的能量来源开始慢慢地减少。地质活动和大气活动也减少了，而且因为空气中的气体越来越多，所以太阳辐射中的紫外光到达地球表面的量就变得越来越少了。实验显示，这些变化情况对继续生成供应异养生物的食物是无益的，这也就是为什么今天我们能在海洋和河流表面看到厚厚的有机酸和碱基层在漂浮的缘故。

尽管早期的地球水体有丰富的有机分子供应给异养生物，越来越浓密的大气和频率越来越少的构造运动，随着时间的推移，对异养生物来说，就意味着越来越少的食物供应。所补充的食物远远不够它们所消耗的，有机液体食物渐渐地变少了，这给不断增加的细胞造成了危机。于是，那些原始的细胞就在搜寻越来越少的酸和碱基供应的时候需要相互竞争了。最终，这些异养生物挥霍掉了海洋上漂浮的每一点有机物质。通过闪电、火山或者太阳辐射所产生的酸和碱基的有机产物，远远不能满足越来越多的异养生物的胃口了。

分子食物的缺乏，对生命早期的发展来说，是一个近乎致命的缺陷。如果什么都不改变，地球上最简单的生命形态将要走向它们进化的终点——被饿死。而且地球也将会变成一个贫瘠的没有生命的岩石体，我们的故事就会中断。幸运的是，有些东西确实改变了。这也是势在必行，因为没有东西不能变化。而且，有一个变化的发生使得我们的故事能够继续——没有某种设计，也不是机会使然，而更像是机会和必然这两个普通的组合在很长的时期内运转的结果。至少在部分上来说，成功的进化通常就是在正确的地点正确的时间所发生的情况。

其他的细胞——植物的祖先，被称作自养生物（因为它们是自供营养的）——发明了一种新的获得能量的方式，因此孕育了一种独一无二的形成生命的机会（有些研究者主张第一种细胞可能已经是自给营养的，直接从环境获得能量，而完全跳过了异养的阶段）。这种新鲜的生物学技术要使用二氧化碳，二氧化碳是发酵过程中的主要产物。当最早的细胞正在海洋中为进食有机分子而忙得不亦乐乎的时候，它们也因此而污染了大气，更高级的细胞则学会了从这些污染物中获取能量。在这种情况下，能量不是得自于所消耗的气体，而是得自于另外一个众所周知的来源——太阳。这个新发明的过程是光合作用，它可能是历史上代谢发明中最伟大的一个。

这里的关键是叶绿素分子，一种绿色的色素，其原子排列方式特殊，当光线到达植物的表面时，叶绿素就能将光线俘获到它的分子中去。含有叶绿素的高级细胞能够通过某种化学反应从普通的温和阳光（不是严酷的紫外辐射光）中获取能量，这种结合太阳光的化学反应能将二氧化碳和水转变成氧气和碳水化合物。氧气会逃逸到大气中去，而合成的碳水化合物（糖）就成为它们的食物。那么，这也是细胞的另外一种“进食”方式，或者说它从周围环境获取能量——而且，它的名称（*photosynthesis*）：*photo* 的意思是“光”；*synthesis* 的意思是“合成”。

某些原植物、微生物细胞是如何发展光合作用的呢？我们十分确定，是原始细菌发明了光合作用，而不是植物本身，因为植物出现的时间要晚得多。但是，除了假设随机的事件最先在某些早期细胞中改变了 DNA 分子，然后它们吸收所需的太阳能才能生存，生物学家对它们是如何做到光合作用的还不是很确定。它们不再需要在原始海洋中为得到有机酸和碱基而相互竞争。它们是被大自然选中了的，因为它们能够适应变化的环境。光合作用带来了一个很大的优势，因为新的细胞只需要无机物质就能够生存了。在地球上的第一次生态危机中，自养生物很显然是更加适合生存的。

早期生命形态只能依靠海水中的有机分子存活，而这些有机分子又在不断地减少；光合作用将这些生命形态从这种局面中解放出来了。不再需要异养生物的发酵了。在一段时间——很长一段时间——之后，自养生物不仅变成了很多种类的细菌，而且还变成了如今散播在地球表面上的植物。

光合作用的过程一直持续到今天，因为植物每天都需要阳光来生成碳水化合物作为自己的食物（也为了代谢功能和纤维素结构）。植物释放出氧气，接着，动物，包括我们自己，需要氧气来呼吸。实际上，光合作用是地球上最频繁的化学反应。以总数表示，每天大约有4亿吨二氧化碳与大约2亿吨的水相互混合，生成大约3亿吨的有机物质和另外3亿吨的氧气。尽管这些数字都很庞大，但是，相对于用来完成这些的原料来说，它仍然是很小的一部分：今天全球光合作用和氧气产物的一半，都是由单细胞海洋浮游生物来完成的，这些生物生活在海洋的顶层，那里有足够的阳光渗透进来供应它们的生长。

因为失去了食物来源，古老的原始异养生物自然就只能选择灭亡了。能够更好地适应环境的自养生物则自然而然地生存了下来。地球正在以合理有效并且直接的方式使用一种重要并且充足的能量——来自于我们的母亲恒星。它不完全是在30亿年前开始的。

顺便说一句，经历无数年代的光合作用也是形成化石燃料的一部分原因。已经死亡腐烂了的植物，被埋压在泥土和岩石层之下，经过数百万世纪的化学变化形成了石油、煤和天然气。这些化石燃料，因为在它们的碳水化合物中储藏了很多太阳的能量，造就了今天的工业文明。但是，那些燃料是不能被更新的，至少在短于数千万年的时间内是无法被更新的。能量经过几十亿年在有机体内沉积，而这些能量会在很短的时间内就被耗尽——石油和天然气会在21世纪之内被耗尽，并且煤也会在之后的几百年内被耗尽。再次强调，事物必须改变，正如它们以往一直在改变一样。

细胞能够利用阳光，对于地球上的生命来说，它就是具有双重成就的伟大价值。太阳不仅提供了最终的能量来源，而且确保了可靠的食物供应，但是，因为它帮助生成氧气而彻底地改变了地球大气。氧气成为早期大气中的污染物，这是自养生物光合作用的一个不可避免的结果，就像自养生物因为产生的二氧化碳而污染更早的大气一样。不厌气性的有机体都逃不出这次“氧气大屠杀”。

大气变化对地球上的生命的数量和种类都产生了巨大的影响。光合作用释放氧气到大气中，而在大气中原先并没有这么多的（甚至没有）氧气，这一切保证了不仅在环境中会发生巨大的变化，而且在依靠此环境生存的生命形态中也会发生巨大的变化。与太阳的紫外辐射相互作用，2 价的氧分子分解成为 2 个氧原子。3 个氧原子在大气高处重新结合，形成了更大数量的 3 价的氧分子，或者说臭氧（由希腊语衍生而来，意思是“嗅”，有刺激性气味的臭氧，通常能够在热敏复制或者复印机械附近被闻到，因为它们使用的是紫外辐射）。臭氧现在以一种稀薄的外壳形式完全包围了我们的地球，海拔高度大约在 50 千米，有效地保护了地球表面，使其免遭有害的高能量辐射之苦。

当在过去的某个时间臭氧层变成熟之后，抵挡早期地狱般的世界而存活，不再需要依靠水层、岩石层或者其他的物体屏障层的保护了。水面上的生命变得可能了，最终地面上的生命也变得可能了。有机体正在随心所欲地分布于我们地球的每个角落。简言之，生命能够渗入以前它们没有到达过的许多地方。

所有的这一切并不是发生在一夜之间的。臭氧层过滤大部分有害的紫外辐射是需要很长时间来使自己变得足够浓密的。这是一个加速的过程：生产氧气的自养生物生存的机会不断增加，因此开始繁殖。它们生出的后代越多，被释放到大气中的氧气就越多。更多的氧气就意味着更多的臭氧，也意味着更多的来自于臭氧的保护，因而又增加了生存的机会。但是，保护性的臭氧积累还是需要时间的。可能需要自光合作用之后的大约 20 亿年时间，海洋中液化的铁能够与任何自由的氧气相结合，这样就会消耗大气中的氧气，一直到任何水体中的这种铁和氧气结合的产物都达到饱和为止。

地球早期大气的模型暗示，臭氧层开始形成，或者说至少是氧气开始增加，大约是在200多万年之前就发生的。那个时期的氧化铁（被称作“红层软岩”沉积物或者带状铁形成物）沉积记录（现在我们开采这些沉积物，是为了得到其中的金属来制成钢铁），支持了氧气不足地球大气成分1%的观点，比今天我们在享用的20%要低很多。某些古代的化石，形成的时间比这些沉积物还早，确实显示了叶绿素产物的证据，暗示了氧气之后被释放到大气中——但是我们不知道释放的程度。另外的模型暗示，氧气一直到大约50万年前才达到目前的水平，而且也是在那个时候臭氧层才能有效地防止太阳的有害辐射。化石证据也能支持这个观点，因为生命大约在6亿年前变得多样化并且普遍起来，在那之前，只有原始生命形态的存在。之后不久，复杂的生命有机体的数量和种类快速地多起来——第一个量级的种群爆发。

谁应该为这次生物学活动的爆发负责呢？氧气的累积应该会是一个主要原因，它为生命有机体提供了一种新的更加有效的获取能量的方式。第一个最原始的生命形态是通过发酵进食的，高级生物开发出来的光合作用能够生产食物，取代了前面的发酵。最后，甚至更加高级的有机体——形成动物的先驱——开始把氧气作为它们的重要营养来源。通过使用氧气，机体能够从相同数量的食物中获得更多的能量。结合保护性的臭氧外壳，全球氧气的可用性意味着生命能够存活下来，并且还能在任何种类的新的栖息地进行繁殖。

早期生命在之前的严酷环境中挣扎过，而这个环境已经消失了。对于生命来说，地球变成了一个相对舒适的地方。而且这些时代的先锋有机体利用了它们更加友好的环境。局部化的复杂性将要

急剧上升。

既然光合作用能够产生氧气，应该会有其他的过程会用到它。大自然大部分都是共生的，就像今天的地球和动物之间有着内在的相互关系一样。另外一个过程是呼吸，就是一种吸入氧气然后释放能量的化学反应。吸取氧气（“呼吸”）帮助有机体消化体内的碳水化合物，产生的废物就是二氧化碳和水。那么，呼吸就只是光合作用的相反过程了，但是两者之间还有一个很重要的区别。在光合作用中，需要吸入能量来生成碳水化合物，而在呼吸过程中，很多能量要被释放掉，因为氧气破坏了相同的碳水化合物的化学键。通过氧化消耗的食物提供了集中的能量来源，这是对动物很有益的一个特点，而随着时间进化的步伐，它们将会需要更大的能量流。

因此，我们就是古代异养生物的现代版本么？在某种程度上说，我们是的，但是我们比原始生命要有效得多。地球大气中氧气的增加，最终使得某些生命形态通过呼吸氧气然后进食糖类所获取的能量，比最简单的生命形态在没有氧气存在的情况下通过发酵获取能量的大约多20倍。我们人类，就像所有的动物一样，是这个古老进步的受益人，成为生物学能量恢复的最高级形态。

今天，这两种行为——主要就是植物的光合作用和动物的呼吸——指挥着整个地球生物圈的能量流和原料。供给生命的能量是单向的：它仅仅只向着一个方向流动。能量来自于太阳，然后被光合作用所俘获，被呼吸过程所释放，而且在生命过程中被消耗。一直以来，二氧化碳、水和氧气不断地相互转化。这些材料通过完全循环的方式被不断地重复使用：植物利用动物造成的污染物，而动物用植物造成的污染物，大自然知道怎么来循环。

植物的光合作用和动物的呼吸指挥着整个地球生物圈的能量流和原料。

* * *

科学家是通过什么方式知道以前地球上的生命如此有趣的情节的呢？不注重准确的详细信息，我们如何能勾画出如此久远的古代事件的轮廓呢？答案的一部分是，我们有很多保藏在地球古老岩石中的线索。这些线索大部分就是生命有机体的尸体。

生命形体通常在它们死亡之后就开始腐烂。一旦聚集能量的方式终止了，无序性就乘虚而入。熵也要来收费了，不可避免地按照热力学定律增加了。死亡的有机体迅速分解——即使是它们的骨头也会最终分解——在几天之内，从前的蛋白质就变成了腐臭的垃圾。这就是所有的生命形态，包括人类，向地球偿还它们原先所借用的元素的方式。

某些特殊的环境能够抑制腐烂，包括冰冷的极地区域、高山顶部和深海的沟渠。低温和水埋葬都能延迟损坏，因此，沿着河流或者海岸，死亡的生命系统可能会被夹在沙层之间，并且被水沉积下来。火山熔岩是另外一个生命形体能够被埋藏而且能够被保留的地方，这种情况下是灰烬隆起的土堆。沉淀性的沙或者熔岩堆积物随着时间的过去，就会变成坚硬的岩石，埋葬着有机体的尸体。因此，即使古代有机体的肉体通常部分会腐烂，它们的骨骼结构有时却能保存下来，直到后来被自然因素（如地质剧变）或有计划事件（如考古学考察）所揭露。这些罕见的遗体，或者说化石，就是那些曾经活着的死亡有机体的可视的踪迹。即使是没有骨骼的细菌，偶尔也能留下微化石，微化石很小，因此要借助显微镜来分析它们。

对所掘出的化石进行详尽地研究，使得古生物学家能够收集一部分早期生命的记录。他们就是钻研生物、化学和地质学结合点的人，寻找灭绝生命的化石残迹的时候，在泥土和岩石中挖掘。使用各种测定年代的技术，他们能够大致确定各种各样的有机体生于什么年代，有时还能确定它们的死亡原因。更加有效地，化石记录有时还能显示，在无数的年代中，全新的生命形态如何出现，而其他的怎么消失。有些生命种类存活了很长的时期；其他的看上去在它们出现之后不久就灭绝了。

如拇指规则，我们能够大体地说，最古老的岩石仅仅嵌入了简单的生命，而年轻的岩石包含了更加复杂的生命。它比稀奇的观点少一点，比被经验主义证实的真相多一点。生物学物种的化石记录为很多历史时代趋势提供了清晰明白的证据。那个趋势，就如银河、恒星和行星，是一个复杂性不断增加的趋势。

所有的化石放在一起，就能叙述地球上的生命丰富而又多变的自然历史。最古老的化石通常都会有一个球形的细胞样的结构，就像现代的蓝藻（现在被称作藻青菌）——有绒毛的细菌浮渣，今天能够在湖边、小溪中和庭院里的游泳池中找到。不是非常复杂，这些富含碳的微化石缺少发育良好的生物核子，展示的是一个简单朴素的形态学特征：仅仅只有几微米厚；它们中有些还是单纤维的，就好像这些细胞是松散的连接在一条长长的链子上似的。但是，如果说化石中的生命形态——微生物的技术称谓是原核生物——是遗体的话，这就很具争议性。它们无疑应该是微小的碳沉积物，通过往陷在岩石中的矿物上浇水的行为产生，并不是生命本身。尽管现在的污染物不能被完全排除，但是，专家们一致的解释是，这些发现物实际上就是真正生命的古老化石，可能是通过一分为二的方式无性繁殖的自养生物遗体。有些化石看上去确实显示了启发性的证据，就是那些通过简单的二元分割形成的细胞。

很多最好的原始太古代细胞的化石都只是在最近的 10 年中才被发现。被发现埋藏于南非，特别是西澳大利亚的岩石中，已知大约有 35 亿年的历史，这些最古老的细胞被推算大约就生活在那么久远的过去。说实在的，古生物学家也没有测定化石本身年代的方法；就更别说这些最古老的遗体化石本身了。更恰当地说，它们是留有碳沉积物的化石，而这些碳沉积物曾经就是细菌，放射性技术对测定 4 万年前的碳就无能为力了。但是，看上去那些时间较后的藻类不可能会被埋藏在如此古老的岩石中。

至今还没有发现任何最古老的异养生物的化石。微量的碳元素（以石墨斑点的形态存在）最近在西格陵兰岛的大约有 40 亿年历史的亚开里亚（Akilia）岩石中被发现，但是，这些最古老的岩石因为高温和高压而严重变形了，所以大部分原始的有机信息都丢失了，因而声称生命起源可以追溯到那么久远就是微弱和可疑的。比细胞小得多的分子能够渗透进入几乎所有的东西，但是惟独不能进入最浓密的岩石，因此没有很好的方法可以知道，埋入岩石中的氨基酸和核苷碱基是否是与岩石本身一样真正古老的生物信号。即使古生物学家有搜寻生命前有机物质的方法，但是他们好像什么也没找到。早期的异养生物大概挥霍掉了每一个可供利用的有机物质，因此没有在地球上的任何地方留下关于原始有机体的任何信息：它们完全吃掉了这些证据。因此，科学家就不能估测自养生物压倒原始的自养生物所需的时间，或者说那些异养生物首次出现的地点。我们最多只能断定到那么远，生命起源的时间可能不晚于地球形成之后的 10 亿年。它也很有可能比这更早出现，但是到底有多早，我们现在仅仅只是在猜测。

相对更近（尽管仍然是古代）的生命证据，已经在地球上的很多地方被发掘了。例如，安大略的苏必利尔湖北部就是一个古代化石特别丰富的地方，并且用放射性方法测得那里的岩石大约有 200 万年的历史。没有哪个著名的科学家会怀疑生命的这个证据。而且，这些古老的生命形态肯定是通过某种方式光合作用而成的，因为通常能够在它们附近找到叶绿素。

在这个加拿大古老的岩石中所埋藏的都是完整的被称作叠层细胞的群落——分层的细菌微生物群落，形成的圆柱体大约有半米高，当原始的自养生物聚集起来，它就形成了，而且陷于沉积物中，这些沉积物之后又变成了坚硬的岩石〔水下叠层的生命证据，与它们古老祖先的大小和形态都很相似，现在它们就是海洋食物链的基础，今天能够在浅海如巴哈马的 Exuma Sound 和澳大利亚的鲨鱼湾（Shark Bay）中都可以找到它们，这些地方的海水都因为太咸，而导致植物和动物都不能饮用〕。仔细研究这个具有 20 亿年历史的岩石，能够发现至少一打明显不同类型的藻青菌，比现代细胞简单很多。通过显微镜仔细观察，能够发现这些古代细胞都缺少良好发育的生物核子，并且因此仍然是原核的。撇去它们明显的丛群不管，每个这些古代细胞都能自我运转——即使是没有很好地被保存的叠层，也很确信它们是死去了很久，被埋藏了，并且被塞进了有 30 亿年历史的澳大利亚岩石中。所有的比 10 亿年还古老的化石细胞都表现出单细胞的结构，好像它们都没能来得及与邻近的细胞相互结合。原因可能是营养不良，由空气中氧的水平上升引起的。

形成已经有一到两百万年历史的岩石分布在地球上，通常含有被完好保存的自养生物遗体。仅仅在澳大利亚一处露出地面的岩层里，就发现了至少 20 种不同类型的能够被追溯到那么久远的微化石，它们大部分在结构上都与蓝藻类似。更重要的是，这个时代末端的化石，记录了第一个真正有机体的出现——相互关联的细胞群体，也是现代植物核动物的祖先。简而言之，大约 10 亿年前的某个时间，生命达到了一个全新的稳定时期。

组织在复杂性中代表了截然不同的进步。对于细胞组织而言，生物学家一般认为能够交流信息、分享资源并且就像一个团队一样相互合作。就像无生命的恒星和银河，叠层的较早的微生物细胞也是聚集起来的，但是它们都不会表现出团队合作或者相互交流。一旦细胞中出现相互协作，生物学组织就会发展到相当有序的复杂性程度。

它们是如何做到的呢？细胞是如何学会相互交流的呢，大概是为了共同的利益？很显然，有些细胞设法从原核的阶段进化出来，变成了真核细胞——有性繁殖的生命体，有真正的生物核子，包括

古代生命的证据

这些半米高、棍棒形状的叠层生活在澳大利亚鲨鱼湾的浅水区。在这里还有其他很少的类似的地方，海水总是因为太咸而不能供动物饮用。在大小和形态上，现代的叠层就像它们至少是20到30亿年前的祖先一样。它们代表了已知的最古老的原核单细胞群——不是真正的多细胞体，但是简单生命的丛群在变复杂的道路上开始了艰难的跋涉。来源：澳大利亚地质学社团。

遗传DNA分子。被称作“共生”，表示两种不同的有机体组成的相互利益共同体，这个过程最初的形成是，一个能量匮乏的细菌细胞漂浮在海洋里，被另外一个原核细菌吞食下去，这个原核细菌具有能够生成燃料丰富的分子三磷酸腺苷（缩写为ATP）的能力。而这个细胞很快就意识到了拥有内部能量工厂的利益，并且成为这个外来者体内的永久居民了。

已知最古老的单细胞真核细胞（也被称作原生生物）化石大约形成于20亿年前，间接的化学证据暗示，它们出现的时间可能比那还早大约10亿年。这肯定不是一个巧合，第一个真核细胞——所有植物和动物的共同祖先——所出现的时间，正是地球大气中氧气量增加的时间。几乎所有的真核细胞都需要依靠氧气来生存，而大部分的细菌当它是致命因子。虽然如此，有些细菌还是设法想出了某些策略，能够在氧化的大气中生存下来，大部分是通过寄生的方式找到庇护所而幸存的。

今天，在每个人体（真核的）细胞的内部深处，我们能够看到成百上千的细小结构（“线粒体”），它们普遍被认为是早期（原核的）细菌的后代。细菌族群变成了任何植物和动物体内细胞中的不可或缺的旅客。依靠人体生存并且生活在人体内的细菌比地球上的人类还要多；数百万的微生物生活在我们的内脏中，帮助我们消化以及生成重要的维生素。这些细菌是新陈代谢的奇才，它们赋予更高生命形态以能量，使得各种各样的重要功能成为可能，这些功能包括运动所需的肌肉收缩功能和生成更多细胞的蛋白质构造功能。这些细菌团体就是线粒体，通过燃烧（呼吸）我们所进食的食物来赋予细胞活动以能量。细胞通过利用蛋白质运送 ATP 经过线粒体膜到达细胞质来获得能量，有点像加油站油泵的管口，作为媒介将燃料从油泵传送到汽车油箱里。共生是生物进化的重要发明之一——有些人说它是生命历史中最重要的事件（除去生命的起源）。至少，共生确保了细菌的未来，就是作为有核细胞能量的重要捐客。但是，讽刺的是，它也是一个进步，结束了微生物在地球上独立自主支配生命的权力。

有性繁殖如何在 10 亿年前或者更长的时间之前压倒无性繁殖的呢，而且它是如何能够从那时到现在，一直活跃在很多单细胞有机体和几乎所有的多细胞有机体中的呢？有性繁殖难道在日常竞争中具有某种优势吗？所有的东西都是平等的，无性繁殖（仅仅包括基因分离和分割）应该在简单的大地上盛行，必须找到一个配偶所需付出的额外努力限制了有性繁殖（包括额外的基因混合和配对）的成功——但是，有性繁殖统治了生命之树上的绝大部分。大部分研究者争论说，性通过促进基因多样化而大大加速了生物进化的步伐——仅此一点就应该足够让大自然选择有性繁殖，只要单细胞真核细胞能够解决如何做到有性繁殖。但是，可能因为证据不足，它仅仅只是觉得性对鸟类、蜜蜂以及我们都是有益的。观点大量存在，大部分都和——要么是性集合了为了我们共同利益的有益突变，或者是性从母体染色体中清除了有害的突变有关。前者确实能够加强生命的多样性，而后者是在履行重要的进化编辑工作，以免有害的突变聚集到个体或者种群中来。无论是哪一个，生物学家都在对它们进行实验，并且将有机体的种群从水蚤提升到蚯蚓，由此测试了世系的合适性，尽管在这之中强加了突变。迄今，结果还是一半一半的，大概是因为这两种机制都在运转——性选择有益的突变并且拒绝有弊的突变——大自然采取的另外一种“灰色折中”。

在大约10亿年前的时候，单细胞生命已经在地球上存在了超过200万年了。它的基本细胞变大了10倍，也更加复杂了，而且还可能有更加多样化的功能。此外，这个时代的化石细胞显示了关于真核细胞的清晰而广泛的证据，与单细胞细菌相比，它们有很多不同的结构。更加高级的生命根源于简单的生命，尽管这两者有时会同时存在。同等重要的，某些10亿年前的有机体通过团体共同工作，找到了提高它们存活能力的方式：它们变成了多细胞而且相互协作。

但是，都是10亿年前的：原始海洋生命繁荣，尽管没有很多其他的生命。没有化石记录显示有植物在那个时期出现在地球上。没有动物在地球表面附近爬行、游泳或者飞翔。而且十分确定的是，男人和女人就更加不可能在那个时期出现在进化的地平线上。

* * *

在天体物理学和天体化学交界处接通另外的天体生物学，地球之外的生命也隐现了——尤其是火星化石证实或许已经出现过的可能性。其他陌生世界（例如类木行星的卫星欧罗巴和泰坦），生命可能存在的前景都是令人愉快的。生物学家最近拓宽了他们对生命的视野，不仅仅局限于地球的极端环境如前面“化学物质时代”所提到的热液出口，还显然延伸到了我们太阳系的其他地点。

在过去的一代中，有几个机器人围绕火星运行了，甚至还登上了火星，最重要的一次是1976年的*海盗*计划——可能是迄今为止美国国家航空航天局（NASA）的最大胆的一次科学任务。天文学家严重怀疑火星上目前没有液态水的存在，减少了那里目前存在生命的机会。但是，在过去，流动的水和较浓密的大气（还是那样，要“盖上那顶盖子”）肯定孕育出了适合于生命出现的条件。而且还有可见的证据证明很久之前火星上确实有流动的水，包括贫瘠的海洋存在的可能性，这些大概发生在不到10亿年前，在这个行星进入它目前的冰川时代之前。*海盗*登陆者计划执行某些简单的实验，来探测火星上的生物活动或者至少是有机物质，希望能够有某些微生物生命形态能够幸存到今天。结果什么也没找到。

但是，*海盗*实验所搜寻的只是现在还活着的生命。火星上很久之前死亡的生命化石——简单的细菌生命所持续的时间可能先于那令人窒息的寒冷的到来，我们都知道这样的寒冷肯定不允许任何生命持续——可能能够显示基本生命的古生物学证据。如果严寒的冰川时代也在10亿年前让地球进入极度的冰冻，那么地球上仅有的生命证据也只能是微小的微生物遗体化石——那我们肯定就不会在这里考虑这些问题了。

令人惊奇的是，一个能够寻找到化石的地方就在我们的地球上。古生物学家认同，在地球表面上所找到的一小块陨星碎片，实际上是来自于月球和火星的。这些陨星显然是在很久之前的某次碰撞中被发射出来的，被猛烈地抛向了太空，逃离了它们的母体，并且最后被地球的引力所俘获，最终降落到地面上来了。这些岩石中最魅惑的无疑是大约一打来自于红色行星的——陷入它们的气体正好与现在火星大气相符合——并且它们中肯定有一块可能藏有过去生命化石的证据。

宇宙射线在通往地球的路途上被接收到，基于对这些射线的评估，大约 1600 万年前从火星表面发射出来的陨星，我们将它归类为 ALH84001。这块变黑的岩石本身，大约有 40 亿年的历史，大小和重量都与柚子差不多，于 1984 年在南极洲的阿尔兰山（Allan Hills）上被找到，干净的陨星总是降落在这个贫瘠的冰冻地带的山顶上。打开这块陨石，并且仔细检查它的裂缝和裂纹，科学家能够在里面发现圆形褐色的碳酸盐物质“小球”，这些小球的大小和本句末尾的句点差不多，有点像在“化学物质时代”中讨论的研究生命起源实验中的那些小球。因为碳酸盐只会在有水的情况下才能形成，那么这些小球就能暗示，在火星历史上的某个时间曾经在它的地面附近有过二氧化碳气体和液态的水。这正好符合了前面的推断，在轨道照片上所显示的山谷和支流，明显就是当火星的气候更加湿润和更加温暖的时候被液体水所开凿出来的。

认为 ALH84001 岩石中包含了火星原始生命起源踪迹的主张，主要来自于我们对地球细菌的认识。地球上的细菌所具有的结构确实与火星小球相似，而且它们也会生产含铁丰富的化学物质结晶体，结晶体是细小的泪珠状的，就被嵌在碳酸盐溶解的地方。此外，这块岩石上还有 PAHs 的痕迹——一类凌乱分子的化学名称，就是已知的稠环芳烃——通常能够在地球植物和其他有机体的腐烂产物中找到。所有的这些数据都不能个别地证明地球上是否能够发现生命，但是把所有的数据都结合起来更不能证明火星上是否能够发现生命。虽然如此，就像在科学中经常说的那样，特别的断言需要特别的证据。

最后一个关于火星的证据是最富有戏剧性的——而且也是最具有争议性的。通过功能强大的显微镜，用一个比较小的比例放大，能够清晰地看到在 ALH84001 的碳酸盐小球内有蛋形的结构。而且，这些就是被某些科学家认为含有原始有机体的化石。在外观上，显微照片显示了弯曲的蠕虫样的结构，很像地球上的细菌。但是比例是任何阐释中最重要的部分。这些微小的结构仅仅只有几微米宽，或者说大约比地球化石中的古代细菌细胞小 10 倍（因此体积就小 1000 倍）。很多生物学家都认为，如此微小的化学物质包肯定不会有我们所知道的生命所具有的功能。而且，火星岩石中也没有包含氨基酸、细胞壁、半透膜或者任何体液内部腔体——所有这些特征，都是地球上即使最古老最原始的化石生命中都会有的特征。

大部分专家都认为我们在火星上并没有找到生命——即使是化石生命也没有找到。他们坚持认为，所有的这些陨星数据都只能是化学反应的结果，而并不需要任何形式的生物。碳酸盐化合物在所有的化学领域中都很普通；能够在很多无生命的地方找到 PAHs（例如，冰冷的冰块中，星际云团中，甚至是汽车排除的尾气中）；细菌不需要生产结晶体；而且我们也不清楚这些细小的蠕虫样结构到底是动物的、植物的，还是仅仅只是矿物的。在未被陨星搜索者拾起之前，ALH84001在一万多年之前肯定是对任何地球元素开放的，因此，被污染可能是一个潜在的最大的问题。正如很多科学的前沿，早期的先驱结果界线总是不能如人所愿地清晰分明。

说到底，如果断言火星生命存在的主张胜过了科学界健康怀疑论的话，那么这些发现物将会作为最伟大的发现，在历史上一直延续下去：我们现在——至少曾经——在这个宇宙中并不孤独！痛苦的是，如果生命确实是起源于火星然后才到达地球的，那么我们就全部变成火星人了！

当考虑到逆境中生命的存在，我们不能太快地排除只有极端特征的环境。在前面“化学物质时代”中提到的水下热液出口，对于生活在地球表面或者接近表面的生命来说，就是很恶劣的地方，但是，就是有一些与地面上生命不一样的生命能够在那里繁荣昌盛。海底火山活动溢出滚烫的富含硫黄而缺少氧的热水，但是也能通过化学合成——光合作用的类似物，但是却是在完全黑暗的环境中进行的——的方式设法孕育了“极端微生物”的生命。在这里，温度接近于，而且有时会超过水平常的沸点，照样有大量的有机体群落生存并且兴旺了起来，它们进食氢、二氧化碳和自然的硫，而排除有毒的（对于地面上的生物而言）硫化氢。多种深海动物，就像蛤蜊和蠕虫一样与细菌形成共生伙伴，细菌是通过硫而不是光获得能量的。撇去这些断然古怪的情况和更加古怪的有机体不说，我们已知的所有极端微生物所栖息的环境，也仍然是以碳元素为基础的，就像我们所生活的地球表面或表面附近的更加传统的生物圈一样。

对于大量生命活跃于按照人类标准来说很是恶劣的极端环境中，黄石国家公园中的火山似的热泉，是另外一个奇异地点的很好例子。在那里有丰富的微生物种类，不包括普通的类型，但是，奇怪的是，这些微型有机体的很多基因都与我们的相似。在分子级别上，这些炎热的小东西更像真核细胞而不是细菌；实际上，它们与传统细胞的差别，比人类与螃蟹的差别还大。尽管在公众的眼里，微生物通常与疾病和腐烂联系在一起，但是，这些嗜热的小东西可能会为我们提供重要的关于最早生命形态如何使用无机营养（没有碳的存在）和地热（没有太阳辐射）来维持生命的。以碳为中心的新陈代谢和日光维持的光合作用出现的时间相对较晚。

生命的一种绝对非正统的种类——实际上是一种新拟定的血统——就是太古代细菌，通常会出现在我们认为绝对不会存在生命的极端环境中。这些微型有机体仅仅生活于没有氧气的生态系统中，例如在海洋地面、在下水道中或者是在热泉渗出所流经的地壳。古生菌（这是它们的简称）通过将二氧化碳和氢气转化成甲烷而维持生命，甲烷是天然气的主要化学成分（也解释了为什么它们中有些被称为“产烷生物”）。如此炎热的无氧环境，就如地球在其最初的大约10亿年的情况差不多，这意味着古生菌的年代可以追溯到普通细菌形成之前。因此，今天的古生菌可能就是地球上最古老生命种类的相对没有变化的后代——因此它们就是超级简单的原物，与地球上，所有后来都经历过进化的生命形态相比，它们就是那个“最后的共同祖先”。

我们所不清楚的是，是否这些厌气的海洋生命就是我们所熟悉的生命的祖先，然后最终来到了地球表面，或者，相反的，是否这些古生菌仅仅只是曾经在地球表面上的原始生命，为了有毒的氧气最后设法潜入（并且适应）深海下面生存，去发展它们自有的古怪新陈代谢并寻求其他的能量来源。

地下热泉的生命和极端微生物生命的繁荣，使得更加多样化的生命生活在更加疯狂的环境（与我们所知的地球上的情况相比）中的可能性上升了。如果我们拓宽我们的观点，我们可以认为生命还可以生活在另外一种极端环境——寒冷中。家用电冰箱（或者说至少是它们的冷藏室）肯定能够阻止细菌的生长——这是这类电器的职责——但是有时生命还是竭力存在了。实际上，在南极洲永久冰冻的湖泊的底部生活着完整的微生物团体，尽管在那里的温度基本上等于水的凝固点。它们还不仅仅只是细菌，还是微小的植物和动物。有几个地方，微生物生命一直在继续，甚至能够在浓稠坚固的冰块中也保持不死，有几分像悬浮的生命，显然还是不确定的。寒冷干燥的南极气候就像今天的火星气候一样，支持了在这个红色行星的冻原上可以存在生命的观点。地球上另外一个可以找到简单但是活跃生命的地方，就是地下岩石、岩层甚至是油田，所有的都是地表以下 1 千米开外的地方。

过去 10 年的发现为我们带来了更加广泛的对地球生命的理解，揭示出在某些生物学家以前认为不可能存在生命的地方，照样有细菌的存在。适应性是一个关键，好像常常是这种情况，最简单的生命形态看上去很令人惊奇地适应了各种各样的极端环境。仅仅海洋微生物，生活在海底地面沉积物这个没有希望的环境中，现在被认为占据了地球上所有生命有机体总数的 1/3，但是我们对它们还是知之甚少。可能地球总生物数量的足足一半都是由微生物组成的，很多微生物要是全部舒展开来能够达到 1 米长。这是全新的“深海生物圈”，地质学家现在才开始探测它们。即使是相对更易到达的（较靠上的）海洋部分，细菌的数量和种类也比我们以前所想象的要多——在每一茶匙海水中大约有几十亿微生物。总的来说，估

计海水中大约存在 10^{27} 个微生物，或者说海洋中的细胞比宇宙中可见的恒星要多大约 100 万倍。而且，如果海洋里这些微生物生命形态大部分都能够吸收碳的话，它们集合起来能够形成一个极大的水池，能够吸收今天文明所带来的碳污染，并且因此在全球范围内引起气候变暖。还有多少物种在地球上的这个最大的栖息地，在这样的深度中没被发现？而且，如果生命在地球上如此不可能的环境中照样活跃，要到什么程度才能增加地外生命存在的前景，即使只是简单的爬行生命？

考虑两个可能存在地外生命的候选：木星的卫星欧罗巴有金属性的核心，多岩石的外表，而且与地球上所有的海洋水相比，欧洲表面及其附近以冰的形态存在的水可能要多得多。尽管水的证据只是推测的，但是这种推测展开了关于生命的很多有趣的方法。探测木星的伽利略使团，最近返回了一些直接的照片，显示了欧洲完全被冰块覆盖，而且，那些照片还显示了一个平滑但是紊乱的表面，就像地球极地区域被巨大的冰块所覆盖的情形一样。有些东西，很可能是木星的潮汐作用，使得这个卫星（大小和我们的月球差不多）处于活跃的状态，并且因此那上面的水能够获得来自于太阳以外的能量。但是，这里要提醒一下：有水并不能代表那里就有生命。

同样地，土星最大的卫星泰坦也是一个古怪生命形态，或者说，至少是生物起源以前的成分在表达生命可能会存在的地方。泰坦的质量是我们月球的 2 倍，而且大气的浓度比地球大气的浓度高。泰坦大气中 90% 是氮气，很像地球大气，还附带有碳氢化合物（是一种仅由碳和氢组成的分子）。泰坦的环境可能像一个巨大的生物化学工厂，由太阳发射的光为它提供能量——但是能量和有机物质在哪里，唉，谁知道呢？尽管那里可能十分寒冷；直接的测

量证明泰坦表面的温度是寒冷的 -200℃——如此寒冷，以至于那里的冰块能够抵得上钢铁。如果在地外世界，生命形态现在真的存在，或者说已经存在，那么它们肯定与地球冰海下面生存的生命大不一样。

迄今，生命一直被这个限定句“就如我们所知道的一样”来表达。那是基于碳的生命，在以水为基础的媒介中运转，有更高形态的代谢氧。地球上所有的生命形态——从黏稠的细菌到有知觉的人类——都共享着这种基本的生物化学。基于我们现在所知道的种类繁多的化学元素，碳，似乎就是那个形成生命所需的长链分子的最合适的原子。但是，我们是不是太沙文主义了？我们怎么知道其他的生物化学就不可能存在呢？

我们十分确信，其他种类的生物与地球生命如此迥异，以至于我们也不知道怎么来研究和测试它们。例如，大量存在的硅元素在化学特性上与碳就很相似，因此它可能会成为生命有机体的基础——碳元素的候补。这种不可思议的生物化学可能会有某种实际的优势，暗示了基于硅的生命可能会被我们地球的古怪角落所选择，或者说尤其是在地外的环境或地外的天体上。正好，与碳相比，热量似乎有这样一个更加倾向于硅的化学特性。硅-氧键能够耐超过 300℃的高温，硅-铝键则能耐大约 600℃的高温。相反的，碳的键，也就是我们所知的形成生命中枢的键，将会在稍高于水的沸点的温度下断裂。硅的这种耐热特性，就是硅元素化合物通常被用在工业润滑剂上的主要原因；使用了以硅为基础的润滑油，炽热运转着的机械照样平滑运转。

那么，为什么地球上没有基于硅的生命存在呢，而且我们还知道地球上硅的含量比碳要多 100 倍？答案是，尽管硅看上去在强烈的热量下有一定的优势，但是碳的化学性质在地球表面或者接近表面的典型环境中更加盛行。那就是，在所谓的室温下，碳与其他原子结合的键更加牢固，尤其是与其他的碳原子形成的键；此外，碳的键不会受水的影响，而硅的键在大多数液体中都会断裂，尤其是在水中。还有，另外一个倾向于碳的原因是，氧原子的大量存在。当碳与氧发生化学反应，结果会产生二氧化碳（CO_2），一种很容易与其他化合物结合的气体。以我们为例，人类在吸入氧气之后会呼出二氧化碳，氧气会与碳在我们的体内发生化学反应。当硅与氧气发生化学反应，结果是石英（SiO_2），这是一种固体。你敢想象有生命的生物在每次呼吸的时候，呼出来的都是像砖块一样的石英吗？

生命运转所需要的媒介也同样受到了挑战。它应该是液体吗？诚然，固体是一种比较差劲的作用媒介，除非固体被研磨成为粉末；在坚硬的固体中，原子和分子几乎没有灵活性，除非固体处于液化的边缘。气体也是液体的一个差劲的取代品：气体不能保持不动，除非是被引力控制或者是被放在某种容器中了。这种松散的特性，使得液体状态是最合理的作用媒介。但是，液体看上去最合适，会不会是因为我们自己大部分就是由液体组成的？还是那句话，我们的结论是不是太沙文主义？

几个论点都证明了水是生命所需的最合适的媒介，最好的原因其实是，水分子是由两种最丰富的原子构成——氢和氧。另外一个支持水作为生命作用媒介的原因是，水的凝固点和沸点之间的温度差距比较宽；在典型的地球表面环境中，这个范围是100℃，在0℃—100℃之间，可以允许任何地方重要的生物化学反应发生。而且，水还有一种独一无二的特性，它凝固前的密度逆转：冰的密度比水低，这对于已知的其他任何物质来说都是不真实的——因此，冰就漂浮在水的上面。如果冰的密度比液态水的密度大，那么冰就要下沉，而且水就会从下往上凝固，如所有其他的化学物质一样。聚集在某个湖泊或者海洋的底部，冰块就没有机会融化。整个水体，包括所有的海洋都将很快变成固体的冰。幸运的是，水的特殊密度特性阻止了这一切的发生，保证了地球上能有大量的液体水存在，而且分子能够在里面自由地相互作用。

氨（由普通的元素氢和氮组成的）有时被认为是一种生命可能在其中发展的液体媒介，至少在一个足够冷的能够让氨保持在液态的行星上有可能。要保持在液态，纯的氨要比水的温度低几十度，但是，在如此低的温度环境下，新陈代谢的速度肯定也会变慢，因为可供推动生物学反应的能量也相应减少了。尽管有几十亿年的时间可供利用，生成更加复杂的生命形态所需的在液态氨中的分子相互作用，与在地球上的水中的分子相互作用相比，要慢得多。此外，氨也没有和水一样的在凝固点附近的密度逆转，因此大量的氨将会凝固成固体。

合起来或者分开来，我们所知的生命可供选择的办法，肯定会引起与地球有机体相比在根本上就有区别的生物化学有机体。而且，科学家也没有关于无碳、无水的实验室数据，正是因为这个原因，我们也没有关于它们的例子用来研究。也没有很多关于以无碳、无水为基础的生命的理论化动机，因为今天的生物学家自己明显就是由超过 80% 的水自由地与碳结合组成的。只是因为健康和医学的原因，我们倾向于研究我们自己。关于地外生命，推测还会继续疯狂地起作用，但是，目前它还是一个没有资料证据的学科。

* * *

不包括微生物，生物学家知道大约有 200 万种不同种类的植物和动物目前正生活在地球上。物种的这个数量包括我们周围的广泛的目前还没有灭绝的生命，从微小的昆虫和讨厌的杂草到巨大的鲸和红杉。并且目前还不断发现新的生命形态，生命物种的总数，包括微生物，最高可能会达到 1000 万种。即使现存物种的数量已经够庞大了，但是如前面所提到的，地球上曾经存在过的总物种的 99% 以上现在都灭亡了——一个仍然在增长的数字，正如生物多样性在 21 世纪的社会所受到的冲击。

化石记录讲述了如下关于地球上相对较近的生命历史：不到 100 万年前，多细胞有机体学会了利用氧气，然后迅速进化成更加专业化的生物。这些呼吸氧气的动物——人类最远古的祖先——云集在海洋中，靠植物和自己的同类为食。有些只能浮在水面上，另外的生活在海底斜坡上，还有其他的在水里有一定的灵活性，能够生活在海底的沙子里。在 50 万到 100 万年前之间的几乎所有活着的生命都有着软绵绵的身体。因此，最早的呼吸有机体的化石发现物都只是粗略的，这也是可以理解的，因为没有骨骼或者硬壳，几乎都不能完整地保存到今天。

随着时间慢慢过去，生命的种类迅速增长。每种类型的有机体都对海洋、大陆和大气的环境变化作出了反应。每个种类都想获得更好的存活能力。大约 6 亿年前，管状的软体动物群，如低级的早就灭绝的埃迪卡拉蠕虫（它们的化石现在显著地分布在澳大利亚和纽芬兰）统治着当时的世界。

很突然，也很富有戏剧性地，目前也仅仅只知道部分的原因，50 万年前的，关于物种的数量和种类的化石记录，猛然爆发了。原因可能是足够浓密的臭氧层的建立，或者是光合作用和呼吸作用循环的有效运转，或者还可能是骨骼化超过了它们的软体前辈。原因是不明确的，但是作用却很明显：尽管之前只有简单的生命形态盛行，但是在一个相对较短的几千万年的时间里——在地质学上仅仅只是一个瞬间——大批新的和复杂的生命形态在化石中被发现。因此，古生物学家将这个“寒武纪爆发”标记为地球生命历史的一个全新时代的开始——“生物的大爆发”，在加拿大落基山脉大量新发现的勃捷斯页岩（Burgess Shale）化石和中国南部省份云南的澄江动物群化石，能够最好地披露这一点。

为了参考的方便，所有距今大约5亿年以前的地球历史时代被简单地称为前寒武纪，而之后的所有时代再被细分为：古生代（希腊语意思是“古代生命”），大约开始于5亿4千万年前；中生代（“中期生命”），大约开始于2亿5千万年前；和新生代（“近期生命”），大约开始于6500万年前。这些相对较近的时间间隔描述了地球生命进化史中动物的3次巨大的波动。

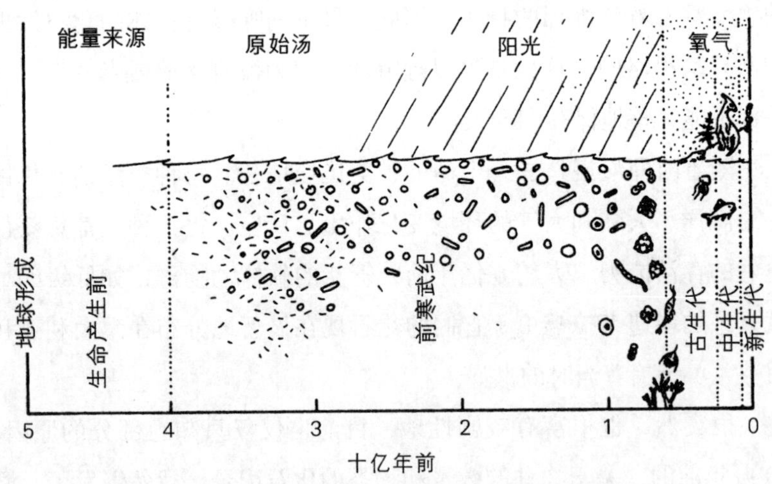

随着时间慢慢过去，生命的种类迅速增长。

中生代化石记录显示，已知的最古老的鱼类大约起源于5亿多年前。起先体形娇小而且没有颚，后来全身外壳都有了骨质的装甲，它们属于真正的脊椎动物的祖先之一。它们大概进食无脊椎的动物，而用它们的外部骨骼来保护自己不受捕食者的攻击。之后不久，在大约5亿年前，陆生的微小孢子显然开始形成；大约5千万年之后，当藻类能够适应更加干燥的环境的时候，大型的陆生动物也开始出现了。在大约4亿年前，出现了昆虫和两栖动物，大约5千万年之后，第一片森林和爬虫动物也出现了。在大约2亿年的过程中，不仅仅海洋中的生命迅速增长而且变得多样化了——文件能够证明有几万种海洋物种——而且它们还蔓延到海洋以外的生活环境中去了。生命开始向岸上发展并且开始移民到陆地了。

自然地，在科学的所有边缘地带，总会有一些不确定性（而且通常是具有争议的）在盛行——实际上就是科学的一种有活力和生机的信号。在我们刚刚讨论的案例中，大部分基本的微小生命形态可能实际上是在5亿年前就开始登陆了。不寻常的含碳丰富的黏土，但不是化石，在古代南非岩石层中被找到，我们能够肯定它们有10亿甚至是20亿年的历史。就像远在40亿年前格陵兰的几处碳沉积，能够暗示生命的起源可能比具有35亿年历史的最古老的化石还要古老一样。在几亿年前，比寒武纪的开始还要早一些的时候，旱鸭子细菌可能不愿意生活在古代的湖泊海滨或者潮汐平地。

海洋植物，如单细胞藻类和之后的苔藓，可能是第一批从水中移民到贫瘠的多岩石的海岸上来的生命形态——一种对陌生环境的慎重探险行为，与人类之后探险月球的行为并无不同。依赖此类植物的动物显然要跟随它们的食物来源也来到了海岸上，昆虫类的蝎子就是第一批空气呼吸者之一。某些早期鱼类可能是有目的地向海岸移民，而其他的则有可能是在暴风雨中被冲击到海滩上来的，或者是因为干旱而不得不置身于海滩的。那些能够利用它们的鳍在陆地上爬行的鱼类物种，最终变成了四脚的呼吸空气的两栖类动物；而那些曾经努力过，但还是失败了的鱼类物种，就只能趋于灭亡了。其他的变成了爬虫动物，还有一些变成了飞行动物，能够开辟一片新的空间。结果就是，在超级大陆泛古陆的破裂之前，陆地被爆炸性地入侵了。信息是粗略的，因为那时的海岸线怎样，那时的气候怎样，那时的环境变化速度怎样，地质学家都没有清晰的资料记录。

化石记录确实为进化趋势提供了无可争议的证据：第一批海岸植物的后代变成了世界上的第一片森林，而且两栖动物后代必然最终变成了生活在那片森林中的动物。某些化石记录的内涵比我们的想象还丰富。谁预言说可能几乎有一半的化石是三叶虫，这种像龙虾一样的生物，而鲎就是它们最近的亲戚？某些三叶虫物种有头部，而某些显然没有；其他的有 12 个眼睛，而还有其他的一个眼睛也没有。大部分都是相当小的，程度只有几厘米，但是有些伸展开来，从头到尾能有半米长。尽管所有的三叶虫已经绝迹了 2 亿 5 千万年，古生物学家还是有理由相信它们形成了今天的很多动物。

进化史上的很多被认为是很重要的进步的特征，包括真正的骨骼、成对的附属肢体和软腭等，都被化石记录了是什么时候甚至有的时候能知道是怎么形成的。骨骼本身是一种新的物质，是动物离开水以后需要用来支撑身体重量的东西。由大部分是钙化的软骨组成，骨骼接近固体，但是要比铸铁灵活得多。不仅出现了脊髓还出现了腮，这些水栖的新移民需要未发展的肺来过滤水，然后排除溶解的氧气来获得能量。更重要的是，颚骨成为推动很多复杂脊椎动物的进步的性质。而无脊椎的动物群，如蠕虫和蜗牛，是摄取泥中的有机物质作为食物的，在大约 5 亿年前，较小的类鱼生物也进化了颚骨，于是具有了明显的优势：它们的颚骨允许它们一次能够吞下比自身还大的其他有机体来获取更大的能量，并且它们的后代最终变成了地球上今天大部分的脊椎动物，包括人类。

早期无脊椎动物的证据

三叶虫是大约 5 亿年前广泛分布的有机体。它们突然出现在化石记录中，而且在寒武纪的“爆发”中有很多种类，但是并没有更早痕迹的化石记录。今天发现的大部分化石都是三叶虫，上图是一个典型的例子，大约有 1/3 米长。所有的三叶虫现在都灭绝了，尽管我们能肯定现代的龙虾和鲎就是它们后代中的两种。来源：史密森。

再一次强调，随着时间的过去，从早期宇宙到人类本身，有很多进步，有一个总体趋势是明显的：越来越多的能量被使用（每个质量单位下），伴随着复杂性的上升。进化生物学家不会简单地考虑能量支出，但是为了努力统一自然科学——本书的重要特征——能量就是一个强大的概念，就像在“化学物质时代”接近尾声的时候所提到的一样。

在古生代末期，生命已经植根于海洋、陆地和空气中。大约2亿5千万年前，那时泛古陆还是一个整体，存在着广泛的生命机会。具体说到陆地，因为有绿色膨胀还有早期的森林，使得动物能够增生扩散，而且有了令人惊异的多样性。物种迅速增多，仅仅给出一个舒适的例子：多得连化石记录都能证明在当时大约有1000种不同的蟑螂同时存在。家庭版本——普通的蟑螂——是晚古生代的一个直接而且非常持久的生还者。

地球上所有的生命都由一种冷血的爬虫动物所统治，它是一个全新的生命形态，通过数百万年由脊椎两栖动物进化而来。陆地完全被征服了，因为爬虫动物几乎遍及了地球的每一个角落。作为今天地球上几乎每个动物的祖先，2亿年前的爬虫动物形成了柔软的脊椎、可移动的腿和——相对于当时地球上其他任何生物来说——更加敏锐的大脑。

中生代化石记录显示，很多生命种类不仅很繁荣，而且还向着更加复杂的物种进化。植物生命繁荣，种类也广泛地增多，慢慢地进化成为目前的50万种绿色物种。简单的被子植物出现了令人眼花缭乱的颜色和丰富的气味（尽管真正的开花植物是在很久之后才出现的），全都是为了吸引传播花粉的昆虫。并且，第一批鸟类开始飞行，大部分和今天麻雀大小差不多。

中生代的一个——可能就是这个——最显著的部分就是哺乳的温血动物的出现，它们能够从所消化的食物中获得身体热量，还能在寒冷的环境中舒适地生存。化石记录揭露，在这个大约2亿年的时期内，有3种不同类型的哺乳动物正在形成，部分是因为广泛的环境改变，环境的改变是由泛古陆的破裂引起的，泛古陆破裂之后慢慢地形成今天我们所知道的格局。最早的哺乳动物的大小和重量和一个纸夹差不多，可能就是今天的食蚁动物和土豚的祖先——有皮毛的原始生物，用奶水来哺乳它们的后代，但是，像爬虫动物，是下蛋而不是直接生育活的后代。另外一个更加高级的哺乳动物组织，可能像它们的后代（现代的袋鼠和树袋熊）一样生育活的婴儿。这些婴儿个头很小而且不成熟，因此它们在安全出生后必须要被孵在母亲腹部下面的皮毛小袋里。在中生代末期，真正的哺乳动物出现了，不是下蛋生育后代，也不需要皮毛小袋来孵婴儿。尽管最后的6500万年通常被称为“哺乳动物时代”，但是它们微小的祖先显然在中生代（可能是在2亿年前）中占据了大部分的生态环境。

除去要点不说，中生代中哺乳动物上升线的详细信息多少有些模糊，因为它们一直完全被最强大的爬虫动物所遮蔽——恐龙。完全不像今天的蛇、蜥蜴或者鳄鱼，它们的青春期大约是在1亿年前，那时的恐龙用它们的技巧和威力在地球上漫游，凌驾大气、陆地和海洋，直到它们完全破坏性地统治了整个地球。它们的名称（dinosaur）源自于希腊语*deinos*（意思是“可怕的”）和*sauros*（意思是“蜥蜴”），这些恐怖的怪兽体形有一个百货公司那么大，是陆生生物，通常的重量在25吨左右。它们的亲缘动物包括：海洋爬虫动物，一口就能吞下今天的大白鲨；和可怕的空中野兽，翼展和今天的空中战斗机有得一拼。全世界的所有陆地都能发掘到它们的化石，除了地球的两极。

人类所认识的恐龙是完全迟钝的——冷血，而且脑容量很小。在寒冷的气候中，或者甚至是在夜晚，这个巨大的爬虫动物的新陈代谢就会变得很慢，因此能够生存下去。但是，最近古生物学者信奉一个新的并且很具有争议性的观点。对恐龙化石的研究暗示，这

些怪兽大部分都具有巨大的四心室的心脏，就像哺乳动物和鸟类的心脏。这样一个心脏能够给器官供应血液，使得恐龙能够维持一个较高水平的身体活动。如果这种修正的解释是正确的，那么某些恐龙就有可能是温血动物，而且因此也是能够相对较快移动的生物。尽管与今天的哺乳动物相比，恐龙的大脑容量明显很小，但是，它们在自己所处的那个时代却是聪明的。实际上，任何一个能够统治地球超过 1 亿年之久的物种，绝对不会太迟钝。做一个比较，人类迄今为止统治地球仅仅只有几百万年。

在接近中生代末期的时候，所有的飞行的、水生的或者陆生的史前食肉动物突然完全消失了。恐龙的存在也完全从化石记录中消失了。没有人知道原因，也没有任何人知道似鼠的哺乳动物在对地球达 1 亿 5 千万年的恐怖统治中是如何幸存下来的，在统治时期这些野兽压倒了一切，而且其他所有的哺乳动物都受到它们的惊吓。无论它们死亡的原因是什么，它不仅影响了恐龙，还影响了其他所有的生命形态。化石记录证明，大约 5600 万年前，几乎有一半的植物消失了，包括今天北美超过 80% 的植物种类。大部分哺乳动物、爬虫动物和鸟类也都灭绝了；所有的重于 20 千克的动物的化石都从地质层中消失了。

关于恐龙的完全彻底的灭绝的解释有很多。破坏性的微生物瘟疫、磁场的反转、海平面的变化，还有深度火山爆发和严峻的气候变化（这些原因中的任何一个或者所有），可能是由小行星碰撞或超新星爆炸引发的，也被提出了。这些观点中的每一个都具有某些价值，但是，没有哪一个是完全有说服力的。因为表面上的绝望，有些研究者甚至开玩笑说这些恐龙的死因可能是便秘，因为它们赖以生存的油性植物大约就是在那个时期开始灭绝的。

当前，最受欢迎的观点是，恐龙迅速灭亡是因为在大约6500万年前一个巨大的宇宙天体与地球相撞了——另外一个明显的并且富有戏剧性的天文学与生物学的相互作用。对月球上的碰撞弹坑的研究确实暗示了，大约6亿年前，自从寒武纪开始以后，大约有60个宽度至少是几千米的陨星可能击中了地球。地球上大部分直接的证据都被侵蚀掉了，但是月球上几乎没有风化作用，所以大家都将目光投向了月球，因为如果它受到了这样的冲击，那么质量更大的地球肯定发生了至少与月球相当数量的爆炸。即使是那些碰撞中最轻的一次碰撞，所产生的动力能量也相当于超过100万个核弹的能量。所以，认为小行星重击过地球——并且还可能导致了生物的剧变——的观点并不是在上一代就开始被广泛传开的牵强的观点。在科学圈里的一次彻底改变中，我们意识到地球处在宇宙的一个很有规则的受攻击地带上。从它的形成阶段开始，地球就已经被很多残骸所包围，这在太阳系中是一件很自然的事情。

在恐龙这个特定的案例中，一个巨大的10千米宽的小行星或者彗星几乎是无疑地撞上了地球，导致了大量的尘埃（大部分可能是小行星或者彗星自身破碎产生的）在空气中传播。之后，这些尘埃达到了急流的高度，环绕地球达几年之久，大部分大气都被黑暗笼罩着，光合作用自然就被阻止了，因为很多植物的死亡而导致基础食物链的瓦解。一层稀薄的红色黏土水平带环绕着罕见的元素铱，被夹入古老的有6500万年历史的石灰石层之间（一层是源自于白垩纪的，另一层是源自于地质时期的第三纪的），这是支撑小行星碰撞观点的主要证据。尽管在地球表面很罕见（自从很久之前它们都沉入地球的内部去了），黏土中的铱含量是当地表面岩石中铱含量的数百倍，也正符合了陨星中所发现的铱含量的水平。但是，这个观点也不是没有疑问的：如果铱从大气外面“大量降下”，那为什么地球上每处的铱含量都很不相同？——除非最高铱含量指向一个可能的碰撞区域，似乎就是在美国的每个地方。那么，碰撞留下的弹坑在哪里？——尽管所谓的希克苏鲁伯（Chicxulub）弹坑可能是一个很好的候选，它被埋入位于现在墨西哥尤卡坦（Yucatan）半岛的北海岸上部被水淹没的沉积层之下 1 千米的地方。如果行星真的是落在海洋中——因为考虑到地球表面的 3/4 的区域被水覆盖——那么，它是如何让尘埃还有残骸上升到高空中去的呢？某些反对者争论说，可能铱环绕的黏土层是从火山顶流下来的，和地外天体与地球的碰撞并没有任何关系。或者，可能是某次碰撞的爆发唤起了强烈的火山活动，在这种情况下，碰撞和火山都带来了巨大的破坏。

无论是什么原因造成恐龙灭绝的，环境的某种变化，而且可能如此富有戏剧性，都有可能。继续探询恐龙灭绝的原因是有用的，因为这能告诉我们，是否还会有突然的全球性的改变再次袭击地球。作为地球上的统治者，我们现在就是那个可能会失去最多的物种。

尽管人类对恐龙的认识很多，但是没有人看过任何一个活着的恐龙——除非今天的鸟类就是恐龙进化而来的后代，某些古生物学者就是这么认为的。很多电影里都有笨重的恐龙恐吓穴居人（别说是现代的城市）的镜头，但是这完全是错误的。在*智人*大约于 2 个世纪之前发现恐龙的遗体之前，它们已经被埋藏了大约有 6500 万年。我们的曾-曾-祖父母和所有在他们之前的人们根本就不知道恐龙这回事。我们是，意识到如果那些笨重的家伙没有灭绝的话，或许我们就不可能存在于此的第一代。只有当恐龙灭绝之后，哺乳动物——包括人类——的天下才能壮观地开始。

新生代的开始，在大约6500万年前，见证了一批几乎全新的角色登场。巨大的泛古陆几乎完全分裂为今天我们所熟悉的大陆块。恐龙完全绝迹，而且当时地球上的几乎3/4的生命也都灭绝了。较早的爬虫统治超过哺乳动物的时代完全颠倒了。开花植物繁盛。第一批水果长出来了。并且地球回到了前恐龙时代，有了古生代般的宁静。很明显，哺乳动物接管了世界，尽管它们能够这样做完全是出于接管人缺省。在某种意义上说，温顺实际上开始在地球上遗传下来。

近期的有5千万年历史的化石显示，大部分哺乳动物都有很小的脑袋、很大的嘴巴、笨拙而且效率低的脚和牙齿。它们都不比负鼠大，而且大部分都进化出了眼窝，适合于晚上的视力。但是，生命不是很艰苦，因为化石显示它们自由地繁殖，数量和种类都在膨胀。一直以来，变化总是在蔓延。冰河时代来了又走了；大陆分裂了而且漂移了。一代接着一代，生命形态不断地调整着它们每日的生活以获得更好的存活能力。因此，大部分这些早期的哺乳动物都灭绝了，被那些能够更好适应环境的血统代替了。

在一个相对较短的时期里，哺乳动物进化成了令人惊奇的生物种类。大约4千万年前，现代的哺乳动物如马、骆驼、大象、鲸和犀牛的祖先逐渐冒险前行，尽管与今天它们的后代相比，它们的形状和大小都几乎不能被辨认了。在4千万年前到2千万年前的时间里，大部分生命形态都改善了它们的总体性能，通过无休止的变化，变成了今天21世纪我们所能看到的大量的植物群和动物群数不清的生物多样性。

* * *

在地球上，延伸到空间和时间中的广阔生态学全景中，无数的生命形态来了又走了。有些是无力的和不重要的有机体，而其他的统治了陆地、海洋和大气。在几亿年中，对新的生物的检阅是不断在进行的，而新生物中有很多依次统治着世界。但是，仅仅只有最新的占据统治地位的生命形态——今天的男人们和女人们——知道以前所发生的一切。关于那些现在已经灭绝但是曾经在距离太阳第三个行星上盛行的奇异生命形态，只有现代人才能够发掘并且叙述它们的令人惊奇的故事。

怎样才能搞清地球上过去与现代生命之间丰富的排列意义？它们之间的联系有没有什么逻辑——任何能够统一它们成为相互关联的东西，以便于我们的理解？在发现地球上丰富并且多样化生命的根本成因的努力中，分类是第一个必要的步骤。某些一般的趋势实际上是很明显的，尽管生物学家还在为生命的基本种类争论不休。

所有现有的生命形态和古老的生命遗体化石，通常被宽泛地分类为细菌、植物或者动物。然后，这些类别再被细分为不同的物种，细分一般不仅用来表示结构的相似性，还用来表示配对和繁殖后代的能力。但是，那是 20 世纪的生物学，而现在已经是 21 世纪了。

近期发现的极端微生物生命，以及更新了的对地球上令人惊骇的生物多样性的意识，使得生物学家修正了“通用的生命之树（或者矮树丛）”——换言之，重新编写了所有生物学课本的主要和重要的部分。出现了一个新的共识，对现存生命的分子研究——尤其是不同有机体种群所共享的遗传标志（主要是 RNA 的核苷碱基序列）的变化率——可能会为我们提供一个更加准确的关于地球上已知生命的进化关系的图画。此类“分子钟”规定了生命的 3 个主要的分支，或者说范围，现在是细菌、真核体和太古微生物——最后一个主要由新发现的居住在极端环境中的嗜热微生物生命形态组成。旧的分类方案中的植物和动物现在都被归入了真核体，它们所有的组成成员都是真核细胞，这在几页前提到。然后就是细菌，它们的微生物成员大概组成了地球上全部生物数量的一半还多。

但是不是所有的生命形态都正好完全符合某个种类。生命并没有这么简单，自然界中存在着很多的例外。单细胞眼虫属就是一个很好的此类例子。按照动物学家（动物生物学家）的观点，它被归入了动物类，因为它能像动物一样迅速地移动；但是按照植物学家（植物生物学家）的观点，眼虫属就要被归入植物类，因为它像植物一样消耗能量。进一步的研究可能会解决它到底归属于哪个种类的问题，因为，真菌类（包括蘑菇、真菌和霉菌）几乎一直被认为是植物，但是它们不能进行光合作用，而且在结构上也与动物很像。还有硅藻属——那些简单的单细胞微生物，很像微小的水结成的雪花——也是介于植物和动物之间的某个地方。规则中的例外在生物学中是很普遍的，因为数据可能不完整，或者这门科学太复杂——通常是两者兼具。生物学科学很难有必须遵守的规则，与物理学科学大不相同。

对生命的彻底理解超出了它的分类；这不是简单的集邮活动。真正的生物不会与某个预料的物种一直相符。而是，单个的物种通常会显示出少量的，尽管是值得注意的，对其“理想”种类的变化——与某个标准的样品比较，每个单个的有机体可能会稍微有些偏离。这在所有的物种中都是真实的，不管它是现在还生存的，已经死亡了的，或是已经形成了化石的。

宇宙中有很多种类的物质，变化是它们存在的关键，而想象出的关于它们变化的模型是我们理解的关键。在这里，和宇宙进化情景中的其他方面一样，对变化的研究，包含了对彻底了解生命如何在时间过程中进化所需的洞察力。我们已经进入了生物学进化领域——在地球生命的所有历史中，生命形态一代接着一代所经历的变化——可能是本章“生物学时代”最理性的强大核心。

生物学进化的理论，由 19 世纪中期的英国博物学家达尔文（Charles Darwin）和华莱士（Alfred Wallace）各自构思出来的，能够说明化石记录的两个突出特征：首先，生命系统一般情况下会随着时间的过去变得更加复杂。其次，所有物种成员的变化，肯定是按照规则的多于例外的（因为达尔文比华莱士更早提出他的观点，所以他获得了更多的荣誉，而且为了支撑他的理论，他提供了更多的数据和例证。但是，这个进化的观点在提出之后过了至少 50 年才成名，成名之前一直被看成“空中楼阁”）。

这两个事实，与古老的认为自然是永恒的设想，产生了正面的冲突。就像几个世纪之前的哥白尼和伽利略，还有 20 个世纪之前的赫拉克利特，达尔文和他的同僚们遭到了以亚里士多德为首的反对派的反对，他们拒不承认物种的变化。但是因为大自然这些无可辩驳的事实，生命静止的理论是完全站不住脚跟的。任何事物都会随着时间的过去而改变，生命也包含在内。唯一可行的就是动态的进化的解释。

生物学进化的中心原则认为生命事物是不断变化的，有些是向好的方向变化，有些是向坏的方向变化。某些物种繁荣，而其他的物种灭绝，还有另外的全新物种诞生。那些生存了很久的物种，通常都经历了激烈的改变，有的时候还会变成一个全新的物种。在所有的这些变化中，拥有相似结构的有机体共享相似的血统，而且关系很近。那些结构大不相同的有机体，是在很长的时期内积聚了那些差别的，而且因此现在的相互关系甚远。

生物进化不是信仰。它是一个事实，就像地球绕太阳运转一样真实。化石记录不再允许任何对进化的怀疑。进化的“事实”有数据的支持。但是进化的“原因”就不那么清晰了，这也就是为什么生物进化被正确地称为理论的原因。

尽管进化本身是事实，但是，导致进化的原因机制仍然是理论的。我们这里现在拥有的是想象的模型，而且是基于可靠的科学方法的一个模型：对形成化石的生命遗体的观测；为了解释这些事实所提出的一个观点；以及在过去的一个半世纪中，紧接着的实验巩固并且修正了复杂的理论。

特别地，观测显示尽管所有的物种都能繁殖，但是很少有物种会在数量上有巨大的增加。任何一个物种的总数目一般是恒定的，不会在一代接着一代的繁衍过程中发生巨大的增加。此外，繁殖的过程几乎也是从不完美的；每一代的后代不会是对上一代的完全复制。这就暗示了不是所有的后代都能够繁殖。为了继续生命必须要努力和竞争（人类是一个例外，它的人口数量是按照指数增长的，但那是我们现在更多地被文化进化影响的结果，不再是适者生存并且繁殖了，像几乎所有其他物种那样）。

什么是生物进化的最主要的媒介呢？它是怎么运转的呢？主要的煽动者是环境，也就是所有生命事物周围的物理情况。温度、密度、食物、空气成分和质量，还有天然的屏障，如河流、湖泊、海洋和山脉，这些都是环境影响因素的主体。其他的因素更加微妙，如个性冲突（或者个体爱好）、邻里争论（或者组织和谐），还有很多极端复杂的社会学压力（有些是有益的，有些则是有弊的）。因为环境情况频繁地变化，进一步的复杂化就会发生，虽然通常是缓慢的。生物进化断言，所有的生命形态都会对其周围环境的改变作出反应，抑制了某些特性而促进了另外的特性，因此，在时间的过程中，形成了物种无边的多样性。变化——环境的和生命的，而且为了强调再次重复——像规则一样发生，而不是作为例外。

自然选择，由达尔文自己杜撰出来的一个表达方式，是操纵顺着时间发生的生命进化的机制。意识到一个物种的大部分成员所展示的与理想标准相比所发生的某些变化，达尔文指出，有机体的变化按照适应环境的能够更好生存的方向发展；那么它们很自然地就会被生命选择。相反的，那些变化不利于环境的物种，可能就会灭绝；它们自然地就会被死亡选择。简单地说，只有那些能够适应环境变化的生命形态，才能存活并且繁殖，因此就能将它们有利的变化或者特点传给它们的后代。

生物进化的中心特征是适应并修改——有机体对环境变化的积极反应，形成某些变化或者特点，促进了有机体生存和繁殖的机会。尽管，在教育学上，人们通常认为自然选择是对某个种群有机体的负面影响。“选择”的另外一个更好的说法可能是“消除”，因为生物进化在自然中实际运转的方式是有序的消除。自然中的消除比选择多，而且它如此确定的行为也响应了机会事件。那就是说，进化一般不会提出一个好的方案，而是会在已经存在的东西上做一些修改和修饰。

在连续的世代中，有利的特点在每个个体中变得更加明确；它们在积累。不仅如此，而且拥有有利特点的个体数量也会增加。有利的个体通常形成更大的家族，因为它们和它们的后代有更大的生存机会。有利的后代繁殖的速度比相对处于弱势的邻居的繁殖速度快得多，而且经过很多世代之后，它们的后裔就代替了那些缺少有利特点的个体后代。

自然选择确实有点像众所周知的成语“适者生存”。它确切地塑造了生命形态。只要有足够的时间，自然选择的行为就能强烈地改变个体的形状、生理特性、能力、特征，甚至还有它的存在。因为环境的变化，古老的物种会消失，而全新的物种也会形成。但是，因为机会成分确实是一个因素，所以结果通常是不能预测的。

再次提出机会和必然所扮演的角色，就像在宇宙进化的某处一样。不像通常严格操纵物理变化的机制那样，自然选择的机制不是一个主动的力量。取而代之，生物学中的自然选择就像一个过滤的过程——某种类型的“编辑”——允许某些物种很自然地就繁荣起来，而使得另外的物种灭绝。机会事件无可否认通常会引起进化改变，但是自然选择却有着决定性的偏向来指导这个改变——尽管大部分是通过消除的过程来完成的。与流行的观点相反，达尔文从来没有说过我们生物圈中盛行的顺序仅仅是机会作用的结果。但是，现代新达尔文主义中机会的限制性部分，再加上自然选择的决定性部分，能够形成高度不可能的结果。机会和必然、突变和选择：是随机性和决定性的合成，最终形成了壮观的新奇事物和创造性，也就是我们所能看到的装饰今天地球的多样化和聪慧的生命形态。

我们并不能很容易地观测到在运转中的自然选择。见证任何一个种群的大规模的进化变化所需的时间通常比一个人的寿命长很多。某些模拟自然的实验在实验室中取得了成功。就像在“化学物质时代”中所讨论的研究生命起源的实验一样，这些模拟是为了研究生命对变化环境的适应性。在所有的情况下，结果都会支持通过自然选择的生物进化理论。

这里有一个此类实验，在一个被谨慎控制的情况下操作：两组

田鼠，一组皮毛是深色的，另外一组是浅色的，被散放在一个小棚舍里，并且还放进去一只猫头鹰。所选择的稻草和地被植物的颜色与深色田鼠相符。那么，这种伪装就为深色田鼠提供了有利于躲藏的环境；浅色的田鼠很显然就处于不利的地位。在这个实验的结尾，猫头鹰捕获了大部分浅色的田鼠。当地被植物的颜色变浅之后——也就是一种有利于浅色田鼠的环境变化——结果就完全相反。这就是一个关于某个物种的小变化如何能够保证竞争优势的例子。在实验室之外的现实世界中，就像我们所预料的一样，浅色的田鼠一般生活在玉米地里，而深色的田鼠生活在森林里。每种情况下，田鼠都能最好地适应它们周围的环境，因此很自然地就生存下来，并且不断繁殖。

最近，分子生物学工具允许研究者能够在试管中跟踪生命中的微小变化。而且还有计算机，能够储存大量的数据，并且能够快速地分析这些数据，当生物种群一代接着一代延续的时候，进化变得可见了。例如，一个此类的实验室实验进行了很多年，清淡的糖类汤料中放入能够迅速繁殖的细菌，而且每天都从里面吸出一些汤料到一个新鲜的食物烧瓶中。在经历了这种细菌——就是所知的大肠杆菌的埃希氏菌属——的数千代之后，生物学家能够研究出进化的动态行为。这个实验的结果——食物的可供利用作为选择器——暗示了罕见的有益的变化逐渐导致细胞体积的增大，正如我们所预料的自然选择在起作用。

只要环境因素的变化异常快，自然选择的例子同样也能在实验室之外的大自然中被观测到。我们来看 20 世纪所做的一个经典研究。通常情况下，在英国的乡村里，很多树的树皮上都有丰富的浅色青苔，它们自由地生长在深色的树干上，使得著名的“满天飞的飞蛾”能够巧妙地混合到它们的环境中来。因为浅色的青苔，飞蛾停留在树皮上几乎是不可见的，所以它们很繁荣。相反的，它们深色的飞蛾亲戚们，因为缺少这个有利的条件，停留在富含青苔的树皮上时，很容易就被鸟儿们瞧见然后轻而易举地就被捕获了。但是，大约 100 年以前，在工业革命的鼎盛时期，工业化城市附近的很多树被严重污染了，青苔因为对空气污染物很敏感，所以死亡了。这个环境的变化——按照自然的标准来说，速度是快的——扼杀了所有的青苔，从而移除了前面的浅色飞蛾所享受的有利环境。结果就是，剩下的浅色飞蛾不多了，至少在工业化区域是这样的；相反的，那些深色的飞蛾具备了伪装的优势，因此能够避开鸟儿们，在和平中寻找配偶并且自由地繁殖。今天，情况再次逆转了：近年来工业污染减少了，浅色的飞蛾因为青苔的生长而繁荣起来，每次都与更加干净的空气中较低水平的煤烟和二氧化硫的含量产生反面关联。这是一个关于简单的改变——在这个案例中是颜色与棚舍中的田鼠——如何在一个变化的环境中操纵自然选择的例子。实际上，对于某些飞蛾来说，一个很小的变化就意味着生存和死亡的问题。

普通家蝇的案例，呈现了另外一个关于某个物种的某些成员如何适应环境变化的例子，保证了它们能够被自然选择生存的机会——或者，更恰当和更大胆地说，避免被消除。最初，杀虫剂 DDT 能够有效地杀死家蝇。在最初几年的使用中，DDT 几乎杀死了所有的家蝇；很少有家蝇能够适应环境中这个由化学品 DDT 带来的突然变化。但是，很少一部分家蝇设法生存了下来，因为它们拥有了偶然的变化或者特点使得它们能够抗拒这种化学品。这些古怪的幸存者自由地繁殖，并且将它们的有利特点传给了它们的后代。在10年之间，幸存者后代的数量超过了原先的家蝇主要类型的数量。因此，在这几年中，DDT的作用越来越无效了。现在，大部分家蝇都遗传了一种抗DDT的特性，而且这些杀虫剂对它们来说已经是无用之物了。化学品DDT并没有给予家蝇这种抗药性；而是它提供了一个环境的变化，使得自然选择在起作用。为了像一个物种一样生存，家蝇必须要适应变化的环境。那些努力并且成功了的，生存了下来；那些没能成功的，就灭亡了。

自然选择的证据

在达尔文自然选择的一个经典例子中，具有细小变化的飞蛾能够适应变化的环境，显然就为生存提供了有利的因素。这里，在一棵树的脏皮上，停留着一只深色的飞蛾，这个深色的飞蛾比浅色的飞蛾更能融于这个环境。饥饿的飞鸟显然选择吞食浅色的飞蛾，使得深色飞蛾能够繁荣并且繁殖。实际上，在医学和农业文献中有数百个关于自然选择的类似案例被报道。来源：哈佛。

这两个案例是进化对人类引起的环境变化作出反应的例子——进化的全新的方面，通过技术装备的生命担任了自然的角色，还有一个最好的例子留到下一章“文化时代”。

通过漫长的时期，生命事物的偶然变化可以累积。毛发的颜色、眼睛的颜色、大小、形状、外表和许多其他的特征都会改变，因为在任何时候，大自然都会选择那些能够最好地适应环境的生命形态，让它们继续生存——或者，再次强调自然的实际行为，消除那些不能适应环境的生命形态。最终，某些生命形态与它们的起源物种中的成员相比，发生了巨大的改变。按照这种方式，环境能够帮助旧的物种进化成一个新物种。

例如，一个物种的某些成员可能会被环境中的某些物理变化所隔离，如一条变更了旅途的河流（如因为洪水或者板块构造造成的）流经一个居住着一种蝴蝶种群的区域。如果这个河流足够宽，成为不能跨越的物理屏障，在河流一岸的蝴蝶不能与另外一岸的蝴蝶交配。那么这两组蝴蝶就被完全分离了，在漫长的时间过程中，它们慢慢积累微小的差别。在某种情况下，一组蝴蝶——通常被称为“奠基者种群”——将会最终发生很大的改变，甚至在外部特征上都会变化。如果这种地理上的屏障被移除——例如，如果河流干涸了——那么这两组蝴蝶就能够再次混合在一起。倘若因为它们分开的时间太久，而形成了形态上真正的变化，它们就不能杂种繁殖。两种新的物种就会开始存在，而之前只有一种。此外，每个新的物种都将标出自己的地盘或者充满某个个别的环境，因此与新的环境共存。

此类环境的破坏通常会导致一个物种变形成为两个或者甚至更多物种。如同我们所知的详情，或者“破坏性选择”，这就是所有

生命多样性背后的机制。可能需要几个世纪，或者甚至是几百万年。进化速率主要依赖一系列因素，包括最初环境变化和最终适应程度。

环境破坏通常导致一个物种变成两个或者更多的物种。

一个真实的案例研究，伴随着最近在大峡谷上冲断层形成的山脉和风化形成的峡谷——地质学时间表上生动的环境变化。两种截然不同的松鼠种群生活在峡谷南北两个边缘。北部边缘的 Kaibibi 松鼠有黑色的腹部和白色的尾巴，而南部边缘的 Abert 松鼠有白色的腹部和灰色的尾巴。两者都是靠松树皮生活，而这种松树生长在 1 千米以上的高原上。因为峡谷激烈的热量和干燥环境，大概是经过了数千年的时间，这两个种群现在完全区别开了。但是，因为它们有着很多相似点，所以它们源自于同一个物种祖先的假定是可靠的。

其他还有很多例子关于具有微小区别的物种一起共存，虽然被隔离了，但显然共享同一个祖先传统。科学家每天不断发现越来越多的这样的物种，包括那些没有被物理屏障分隔的物种成员，但是不知道什么原因它们不能杂种繁殖。因素是数不尽的，时间尺度也是冗长的，因此通常不可能重建演示生物学现行状态的无数变化。

最后一个关于特点区分的说明：当生物学家提到物种的种群，他们真正想到的是基因库——在已知物种种群中的整体变化范围。不同种群的基因，或者 DNA 片断，相互被隔离，所以逐渐形成了变化。因此，如果我们想要完全理解生物进化，那么就要对微小的基因变化取得更好的理解。在这里，它可能只需要占据一到两页的空间，但是在结束达尔文主义的讨论之前，让我们彼此再考虑一番，现在很流行但具有争议性的，是经典达尔文进化的另一可供选择的理论。

地球上生命历史的化石记录清晰地证明了大量物种消亡的很多情节——当至少一半的生命绝迹的时期，之后，生物的多样性沉寂了几百万年之久。除了“大消亡”在大约 6500 万年前结束了恐龙的统治时代（和其他大约 2/3 的生命事物）之外，还有其他几个黑色时期也毁坏了生物多样性。引用两个最坏的情节，大约 4 亿 4 千万年前，大量生活在海洋中的动物都消失了；大约 2 亿 5 千万年前，90% 的海洋物种和 70% 的陆地物种突然灭绝了。最后一批三叶虫是在 7 亿 5 千万年前的那次事件中灭亡的，随之而去的还有珊瑚虫、它的大部分两栖类家族以及几乎所有的爬虫动物。地球上的生命似乎全部都熄灭了。至于稍后的恐龙，宇宙的杀手可能是一个原因，即，一个小行星撞上了南部泛古陆，而且还好像引发了巨大的火山爆发和大量的熔岩流出物，另外在大气和海洋中还引起了巨大的波动。讽刺的是，这次可能的碰撞还可能为之后恐龙的出现创造了机会，尽管不是所有的专家都认为是来自地球之外的力量引起了

这次巨大的变化。

某些古生物学者提出，大部分显著的大量消亡的发生都是有周期性的，大约每隔 3 千万年会发生一次。化石记录中这个周期性（被激烈争论着的）一个可能的原因唤起了另外一个天文生物学的联系：遥远彗星组成的欧特云，与地球的距离是地—日距离的 5 万倍，每次只要太阳系在银河平面的上面或者下面震荡的时候，欧特云就会被扰乱，就有可能导致大量的彗星从自己的常规轨道被发射出去，飞往太阳。这些彗星中有很多会大量降落到地球上来，破坏地球的气候，颠倒两极，或者用别的方式扰乱地球的环境，导致地球上生命的大量灭绝。另外一个令人惊异的提议是，我们的太阳有一个孪生恒星，位于一个高度椭圆的轨道上，每隔大约 3 千万年就会定期地经过欧特云，因此就导致了引力的骚动，使得彗星偏离轨道飞向太阳。使用红外设备，我们努力观测过这个暗淡矮小而且是被假设的恒星——在希腊的女神无情地迫害了极度富贵、骄傲和有权势的人之后，这颗恒星就被命名为复仇女神——但是迄今为止还是一点用处也没有。它可能根本就不存在。

我们所知的最后一个相当大的小行星撞击北美是发生在 3500 万年前，撞击的中心地点就在今天的切萨皮克（Chesapeake）海湾。一个大约有 100 千米宽的被水淹没的而且几乎都被埋藏了的弹坑（被能源公司探索石油的时候发现的）暗示，直径几千米的撞击岩石抛出了一阵白色炎热残骸和一阵冲击海啸，肯定能将东部海岸变成废墟。化石记录显示大量海洋生物大约在之后的 100 万年的时候发生了中等规模的灭绝。尽管没有像小行星撞击地球给恐龙带来的毁灭性那么大，但是这次破坏的结果也是很可怕的——而且，如果它发现在今天，可能会扫平东海岸的大部分城市，危及数百万人的生命。

最近的一次重大碰撞发生在1908年，一颗小行星（或者彗星）在西伯利亚的通古斯（Tunguska）上空爆发。那个天体的宽度大约只有100米（或者是像一个公寓楼的大小），但也打倒了方圆数千千米的树木，力量和数百万吨级爆炸力的核爆炸差不多。在2002年早期，一个更大的小行星飕飕经过地球，经过地球的距离可能是地-月距离的两倍——几乎是千钧一发啊。吃惊的天文学家直到它离开了快一个星期了才发现了它的到来。

不管彗星或者小行星是否有规律地撞击地球，并且能够造成大量消亡，生物学家现在意识到，地球上所有的生命历史过程中，进化的速率和拍子显然是不稳定的。相反的，达尔文自己也提出，自然选择的运转是逐渐的，在时间过程中产生缓慢稳定、统一的变化。他想象，物种的变化就如他所看到的地球上的环境变化，是一个按照统一速率的顺畅的逐渐变化过程。但是，古生物学者现在积累越来越多的证据，证明生物进化是一个不规律的过程，通常是快速地发生的，甚至还会带来灾难性的变化。

化石记录通常是缺乏连续性的，而且并不能一直符合达尔文假定的渐进主义。很少有化石能够显示从一个形态到另外一个形态的清晰的连续性的转变，这得需要无数微小的中间步骤来联系一个一个的物种。当然，对这些所谓的缺口的一个可能的解释就是，化石记录是不完全的——在某种程度上我们几乎能肯定这一点。但是，可能自然本身也是不连续的；它突然发生的变化可能是因为不规则的剧变引起的。今天的化石记录使我们明白，很多能够存活很久的物种通常是按照数百万代计算的，之后，它们可能就要在不到1000代的时间中爆发进化——太短暂，而不能在岩石层中留下清晰的转变形态。

更加符合地质学记录，一个相对的观点，被称为间断平衡，在过去的几十年中吸引了不少拥护者。按照这个理论，生命会一直保持优雅不变的状态，直到某些激烈的事情发生了，它们就开始很快地改变——有时是向更好的和物种多样化的方向发展，有时又是向较坏的物种灭绝的方向发展。生命的“平衡”，或者“停滞”，会被迅速的环境变化所“间断”。当物种形成率——有机体出现的速度赶不上消亡率——有机体消失的速度，最后的净值通常就是生物多样性的持续损耗。

间断平衡的理论相对于经典的达尔文主义来说有些许的变化。它完全不是对生物进化基本方式的侵害；自然选择仍然是生命一代接着一代变化的主要途径。间断平衡只不过认为进化变化的速率并不那么渐进。相反的，在激烈的环境变化时期，如小行星袭击、磁逆转、火山爆发以及类似的事件，“进化动力”偶尔会产生加速度。我们可以说，大部分时间，进化缓慢得不易觉察，但是有的时候会发生得很突然。

不是所有的科学家都接受间断平衡的观点。可能进化的速率在很大程度上就是一种观察方法：那些在较短的时间内对化石记录进行详细检查的人们，可能偶然会发现物种迅速形成时期的证据；但是，那些很长一段时期内反复研究而且采用更广泛的视角来观察的人们，将能看到更加渐进的变化。这个争论还在继续——一个关于变化的速度而不是模式的非常合理的争论——似乎只有在化石记录更加完整或者基因记录能够被更好地理解之后，这个问题才能够被解决。

是什么改变了生命系统，使得某个物种内的成员之间有时不能进行杂种繁殖？基本上说，微小的基因就是罪魁祸首，因为是基因码来控制生命形态是否及如何繁殖的。一个多世纪以前，奥地利神父孟德尔（Gregor Mendel）认为基因科学变得比他的想象还要复杂了。达尔文自己大概也会对这个生物进化的微小根源感到吃惊——达尔文和孟德尔观点的结合，通常被称为新达尔文主义。

那么，是什么导致了基因的变化呢？有机体的相似性和差异性的因素是什么？简言之，生命世界中的无数变化的根源是什么？

遗传误差是促进生命系统进化的一个主要因素；它实际上就是进化变化的先决条件。注意这个短语——遗传误差，不是遗传本身，遗传只是连续性的媒介，而不是变化。按照定义，遗传就是将基因特点从父母传播到儿女，因此确保了一个物种的未来世代能够保存某种特征。另外，世界上每个有机体的基本生命功能和身体器官都是按照基本原理创造的。通常情况下，DNA 分子的化学编码命令使得细胞能够完美无瑕地对自身进行复制数百万次。但是，偶然情况下，会在微小的级别上发生误差，甚至连基因都不能永恒不变。所有的东西都是会改变的。

只知道部分原因，有时一个 DNA 分子会在复制过程中丢掉一个它的核苷碱基。或者有的时候是获得一个额外的核苷碱基。此外，一个单一的碱基能够突然变成另外一种类型的碱基。在 DNA 分子复制机制中即使是如此微小的误差，也意味着那个特定的细胞的 DNA 分子所携带的基因信息变化了。变化不需要很大；即使是一个 DNA 分子中的数百万条链里面的一个核苷碱基发生了变化，这也能形成一个截然不同的基因码。接着，导致细胞中合成的蛋白质有了稍微偏差的修饰。而且，这个误差不会消失，会一直延续到后代细胞中去，只要那个细胞包含了这个变化了的 DNA。

基因信息中微小的变化——突变——能够用很多方式来影响后代。有时，影响很小，所以新生的有机体很难被发现有什么不同。但是，有的时候，突变能够改变DNA分子的很重要的部分，包括有机体组成中的显著变化。还有的时候，仅仅一个突变就能割裂一个DNA分子，导致个体细胞的死亡，甚至是整个有机体的死亡。最后一种情况的例子就是癌症。

突变，是形成毛发和眼睛的颜色、身高和手指的长度、皮肤纹理、内部器官、个体智能和任何已知物种种群中的生命形态的其他特点相互区别的原因。实际上，一个有机体生命的任何方面都能被基因突变所修饰。这种突变能够为任何类型的DNA分子提供无限的变化。

不是所有的突变都是有害的。大部分突变确实会形成劣于上一代的特点，尤其是在今天很多高度进化了和巧妙适应了环境的有机体中。但是有些突变是有利的，而且还会让个体生命变得更好。这些能够延续到接下来的世代中，使那个物种的成员觉得生命更容易。大自然为复制提供了一个相当平衡的误差和精确方式：太多的突变，所以有机体不能发挥功能；太少的突变，有机体就失去了适应的能力。有益的突变为进化提供动力，驾驭生命形态向着更能适应未来环境不断变化的方向发展。

什么导致了基因的变异？为什么某些DNA分子会偶然复制失误，尽管它们已经在之前进行了数百万次甚至数十亿次对自身正确无误的复制？无论原因是什么，结果总是不可预知的，因为机会和不加选择的事件在这里起作用，至少在某些方面上起作用。生物学家操作了一个关于细胞的实验室实验，设法通过人工的方式增加了突变的数量，因而有助于拆开某些导致基因变化的原因。目前为止，结果显示，最简单的增加基因突变的方式是用外部媒介来处理生殖细胞。

在最近几十年中揭露的3种最重要的导致突变的外部媒介，分别是温度、化学物质和辐射。当细胞被加热，或者被工业化生产的神经毒气或化学药物处理过，突变明显增加。另外，紫外线和X射线辐射看上去是尤其能够导致基因突变的因素。辐射，以这种或者那种形式存在，自从地质时代的开始时期就存在于地球上了。辐射性的元素嵌在岩石中，来自于外太空的宇宙射线轰击着地球，甚至是少量的太阳紫外能量到达地面，这一切都有助于证明生命就是起源于一个充满辐射的环境中，并且在其中进化。

一般来说，沉浸在辐射中并没有什么不妥。我们和其他的生命形态不可能脱离辐射。如果没有辐射，生命本身也不可能从漂浮在海洋黏液中原始的、无意识的、单细胞有机体变成今天这么复杂的形态。但是，目前有些正确的关注是人类的很多发明物，如原子弹、核反应和某些医学设备都能释放出放射线。大量的辐射，不关神经毒气媒介的事，能够直接杀死生命体，相对较少量的辐射只会导致繁殖圈中的变化，而且会传播到接下来的世代中去。我们还不能确认，是否人类引起的这些辐射在任何情况下都是有害的，但是，在对它的反面情况没有证据的情况下，健康程度的怀疑是可取的。

我们不需要冒险破坏几十亿年有机体进化所取得的成果，因为，进化所带来的如此长的改变是不可能被重复的。

* * *

不到1个世纪之前，生物进化的概念无论是在智力上还是在道德上都是令人震惊的。很少有人拥护它，甚至很多19世纪晚期的科学家都拒绝接受它。问题不是因为进化的观点。进化确实是发生的；100 多年前大家就知道这点。那个时候化石已经被发掘出了很多，而且农业学家培育出了农作物和家畜，并成功地发展了健康的、可以抵抗疾病的食物。

真正的问题是，很多人都不敢想象人类与一群多毛的类人猿有共同之处。当任何观点涉及我们自己，虚荣心看上去就会形成一股压抑不住的力量。主要因为这个观点——通常有些人有一种独断的愿望，喜欢将人类放在一个中心的位置上——21 世纪社会的少数片断中，仍然有人拒绝接受生物进化的事实。

生物科学家现在将化石发现、基因分析和行为研究结合起来，实际上证明了在地球上现在所有灭绝的物种中，黑猩猩和大猩猩是我们最近的亲缘动物。人类并不是从这些类人猿进化而来的，认为人类由类人猿进化而来是一个普遍的误解。更恰当地说，现代科学证明了类人猿和人类共享了很多特征，因此它们可能源自于同一个祖先。我们没有能力辨别祖先和它们目前生活在地球上的后代生物，因为基因经过了数百万年的变化。但是这样的祖先应该是化石记录的一部分。我们共同的祖先更像是居住在博物馆里，而不是在动物园里。

为了认识时间上距离我们最近的祖先，并且因此追踪相关的近代生物进化的方式和路径，古生物学者高度依赖于化石记录。近代化石一般都保存完好，使得研究者有足够的精确度证明进化。但是，不足为怪，更加古老的化石的状况就比较差劲，通常被弄碎了，而且很难辨认。非常像不同时代和状态下的恒星和恒星残迹，重新集合这些腐烂了而且破碎了的化石，就如同解决一个智力拼图一样。试图理解这些重组的有机体何时何地融入进化后代的队列中，则是一个更加诡秘的任务。

自从人类几个世纪之前开始在地球表面的岩石层中发掘化石以来，所发现的化石中大部分都是牙齿和头骨的成分。牙齿是任何生命形态最持久的部分，因为它们有非常坚硬的牙釉质。头骨是最容易识别的部分，部分是因为，在地面的杂物和垃圾中，它们通常比肱骨或者腿关节更加容易引起人们的注意。仔细研究牙齿、头骨还有其他的骨头片断，使得研究者能够就人类世系线的最后结果达成共识。

在新生代早期，大约 6 千万年前的时候，一种类似松鼠的哺乳动物在相对贫乏的环境中增加了它们的生存机会。这是些以昆虫为食的生物，主要生活在远离陆地的地方，在那个时候经历了剧烈的变化，因为一颗小行星的撞击导致了几乎所有的生命都可能灭绝。恐龙就是在那个时代灭绝的，但是在地平面上的生存对这些古老的哺乳动物来说仍然是一个挑战。化石记录显示，某种更大的爬虫动物的出现，无疑就是在损害更小的哺乳动物的情况下存活的。幸运的是，零星的突变和变化的环境允许了一部分哺乳动物有机会改变它们的生活方式。

大约就是在这个时候，很多哺乳动物物种都来到了树上。我们还是因为在泥土中发现的化石才知道这一点的。娇小，有毛皮、大眼睛和能够抓握的手，它们无疑是为了寻找更多的食物（尤其是果实），努力逃脱地面上激烈的竞争才来到树上的。那些物种中的一部分发现树上的生活更加艰苦，最后就灭亡了。其他的发现树上的生活就是它们的爱好，就极好地存活了。还有一小部分，如东南亚的树尖鼠，今天仍然很兴旺，它们的特点正好能够适应高处的生活。实际上，这些树变成了全新的生活小环境，帮助这些生物从地面居住、靠昆虫为食的哺乳动物转型成为枝头居住、以香蕉为食的原猴亚目猴。这些原猴是灵长类动物中最小的高级成员，灵长类是一种动物学分类，人类和类人猿都是属于这个类别的。

化石揭示了生命形态、生活方式和生命与死亡问题中的数不清的改进活动，就像很多原猴亚目猴适应了不断变化的环境中最易得到的小环境一样。一代接着一代，自然选择逐渐让它们的爪子变成了手。短而粗硬的脚爪最终变成了灵活的手指，而且可相对的拇指变成了在树枝间游走的高级机动工具。这些不是解剖学上所说的那种个体在单独的生命过程中发生的变化，而是在数百万年的时间过程中形成的基因变化，因为环境促进了某些特点而抵制了很多其他的特点，并且通常使得生命对大部分生物来说是痛苦的。有利的突变给了那些原猴亚目猴很好的平衡感、敏锐的视力和灵巧的双手以及手指，这就为它们在新发现的树枝环境生存增加了机会。某些生物在跳跃、飞跃、摇摆、攀爬、抓握和清除垃圾方面超越了其他的生物。那些能够更好地适应高处环境的生物不但更加有效地繁殖了，而且将它们的优势特点遗传给了它们的后代。结果就是，也是被化石证明了的，物种形成导致的大批新的树居生命形态广泛地分布了。

准确的视力进化是一个特别重要的发展。毕竟，树上的环境是三维的，不像平坦的二维的地面。地面上靠嗅觉的优势特点要让位于树枝上靠视觉的特点。化学记录显示，在数百万年和数万代中，突变如何逐渐地将这些树居者的眼睛移到了脑门前，因此获得了双目并用的视力，而且有了真正的增值利益。当两眼在头部的两边，所看到的视觉范围是两个完全独立的区域，很像当我们将鼻子和前额都贴着桌子表面的时候观察平面的感觉。或者更好的举例是，为了抓住棒球或捶钉子的时候，我们会闭上一只眼睛：这样就不容易受目测深度影响。

长嘴巴逐渐变短和眼睛的慢慢向前位移，确保某些早期的原猴亚目猴能够获得视野的交叠——被称为“眼窝集中”——因此就形成更加复杂立体的视觉。特别地，深度感觉使得它们能够更加准确地估算树枝间的距离。显然，大约5千万年前的这些多才多艺的祖先们在生存挣扎中已经获得了明显的优势。它们变成了类似于猴子的生物——娇小、有4只脚，但是有高度的活动性。一个主要的新进化路径诞生了。

化石记录还暗示，猴子的某些物种逐渐变得更大。重新声明，一个已知物种的某一代不会因为食物太丰富和在树上久坐就突然像气球一样膨胀的。事实是这样的，在为了生存的竞争中，它们的DNA分子中零星的突变——不是随便就变大的。更有侵略性的雄性显然在追求雌性的性竞争中就能超过较小的对手；还有，更大的体积通常能为抵御掠食者提供额外的保障。另一方面，体形大并不完全是优点。纯粹的大块头有的时候也会带来一些麻烦。例如，更大的猴子，会更难找到藏身之处，而且它们也需要更多的食物来生存。优点和缺点通常都是伴随在大多数基因变化过程中的。只有当优点超过缺点的时候，生存的机会才能得到加强。

安全地抓握树枝，并且同时伸展手臂保护食物的能力，也在那个时候提供了一个很重要的优势。对于某些树居者来说，它们的操纵性的手指和可相对的拇指已经受到自然选择的青睐。实际上，化石记录揭示这个抓握能力的优势超过了双眼并用视力的进化（就像我们在后面“文化时代”中所要提到的，早期原始人类的手动灵敏性超过了人类大脑的扩大）。那些没能获得足够的抓握能力的物种，死亡了，并且最后灭绝了。那些没有足够长的手臂去摘取果实的物种，饿死了，最后也灭绝了。原猴亚目猴获得了显然的优势，它们能够同时协调抓握和攀爬。当然，足够机灵而能抵制一系列的敌人攻击，使自己不受到伤害——关于智能上升的极为重要的问题不久就会受到检验。

那些能够更好地适应于高处环境的生物，不但能够更加有效地繁殖后代，还能将它们的有利特点遗传给它们的后代。

4千万年前，高树上的环境变成了猴子某些物种中的一个很舒适的小环境。如果没有问题出现的话，这些良好适应了高处生活的生物们肯定会一直待在那里的。对于我们来说是幸运的，变化再一次来临了。否则的话，我们也就不会在这里了。

树枝上悠闲的生活后来变得有些麻烦了。4千万年前的祖先猴子们，在这个树居环境中感到如此的安乐，所以它们比任何其他处在艰苦环境中的物种都繁殖得快。它们的时间不是用来解决生存问题，而是大部分被用来欣然地努力繁殖后代。追溯到数亿年前，这种性的驱动似乎就已经是天生的生物趋势。结果就是形成了种群激增，这种危机一般会伴随着食物的缺乏。因此，原猴亚目猴似乎只能靠它们有限的灵活性去找到新的食物来源。对于有些猴子来说，那就意味着要离开树枝再次回到地面去生活。

一部分猴子物种选择了继续待在树枝上；它们的基因一点也没有改变。那些物种中的大部分最后都灭绝了，尽管也有一小部分存活到了今天，不过已经有了变化。狒狒、长臂猿、猩猩以及其他很多现代的树居生物，都是那些能够继续适应树居生活的猴子的后代。相反的，另一些原猴亚目猴成功地脱离了树居生活，踏上了全新的进化道路——一条引导它们变成进步的灵长类动物包括人类自身的道路。

埃及猿，一个于几十年前首次在开罗（Cairo）附近被发现化石的物种，被广泛认为就是与旧大陆猴子相同的古代生物祖先的最好候选人，也是后来形成人和类人猿物种的血统。现在已经灭绝的埃及猿，在 3 千万年前和较大的猫或者较小的狗差不多大小，有很长的尾巴和中等长度的嘴巴，但是它们独立于它们前辈之外，就是因为它们拥有了已经发育良好的脑容量，相当于现代人脑容量的几个百分点。就像今天的狐猴，它们生活在森林里，没敢离树的保护太远，但是它们看上去仍然是有冒险和探险精神的个体。一直以来它们主要在地面上寻找食物，逐渐就进化出了更大的大脑和退化的双脚，还有大约 3 千万年之后文化肇端所需的群居基础和交流技巧。

第一眼看去，我们可能会认为它们很愚蠢，因为这些哺乳动物在大约 6 千万年前开始在树上居住，而几千万年之后，它们的后代中的一部分却不得不离开树上的盛会又重新回到地面。但是，当它们在树枝上生活的时候发生了一个重要的临界变化：进化结束了更具挑战性的三维环境的生活。当这些树居者回到地面上生活的时候，它们已经具有了之前生活在地面上所没有的品质。在它们所有的品质中，手动的灵巧和双眼并用的视力使得它们已经远远超越了任何其他生活在地面上的生命类型。简言之，如果我们的原猴亚目猴没有曾经生活在树枝上的经历，它们就很可能发展不了后来的几个敏锐的品质，很多品质今天就在被我们使用，例如，写这本书和阅读这本书。3 千万年的树居生活所付出的努力和时间都是值得的——因此可以说，我们人类完全获益于此。

2 千万年前，生活在地面上的原猴亚目猴变成了地球上占优势的生命。距离我们时间相对较近的祖先，变得更加敏捷、多才和机灵。它们在进化的途中碰到了几个障碍，就是这些障碍使得它们变成了今天地球上的一种独特的动物，在一定程度上就是在现代化大城市照样具备生存能力的人类。

原则上，化石应该能告诉我们，在所有生命形态中发生了什么进化以及如何进化的。更多的化石发现物和更加全面的化石记录可能会填平过渡期的缺口，这些缺口现在正牵制着我们的全面理解。但是，实际上目前化石记录肯定是不完整的，而且似乎还要保持这种不全面。我们如何能知道我们对化石的认识是不是全面的，或者什么时候才是全面的呢？可能有更多的化石应该被找到，但是它们目前还潜藏在岩石层中，等待着我们的发掘呢。

基因应该也能测定进化的方式和方法。实际上，大部分遗传学者都对生物技术实验室中正在进行的分子研究很有信心，而且他们还预期可能有一天会使古生物学者在职业中失去作用。那些与原子、分子和基因打交道的生物科学家常常声称，与那些和骨头、石头以及整个有机体打交道的古生物学者相比，他们已经具有了绝对的优势。有些遗传学者甚至认为，过去几十年中古生物学者对古老化石上的坑坑洼洼的很多研究是离题的。自从 DNA 的双螺旋状码被打破而且很多生命的奥秘被解开之后，进化学者和分子生物学家之间的争执就一直在进行，目前争执还在继续。

就如 DNA 标本变成了刑事法院的证据一样——今天甚至连指纹也能作为鉴定依据，基因研究，似乎要承诺，为通常陷入对干枯的骨头和古老的人造物品进行主观解释的领域，带来清晰性和客观性。有了基因图，就不需要再去挖掘化石或者重组头骨或骨架，仅仅只需要收集很少量的血液样品。因为现代人口中 DNA 核苷序列是变化的，这就是对遥远过去所发生的事件的一个总括，只要比较这些核苷序列，生物学家就能够组建某种类型的进化树。换言之，因为基因会随着时间自然地发生变化，研究者就能够利用物种中基因的差别来测得这个物种是在多久之前从它们的祖先分裂而来的——倘若基因突变是以相对恒定的速率发生的，也就是说我们能够知道“分子钟”运转的速度。打个比方，每个突变代表分子钟的一声“滴答”，因此两个物种的区别越大，它们从同一个祖先脱离出来的时间也就越长。尽管基因能够总体上给生命事物的差异直接绘制图形，要提取很久之前就已经死亡了的生命形态的信息就变得更加有挑战性了，仅此一点，就能让古生物学者在可预知的未来之内都能够安守自己的职业。实际上，很多古生物学者认为遗传学者的分子钟是不准确的，因为在不同的时间不同的血统中，它们有些会以不同的速率运转。

目前已经建成的巨大的数据库，成为人体基因组工程的一部分，国际间相互协作，一起来译解人类大约 3 万个基因中核苷的数量和序列——总共有 30 亿个核苷碱基，或者无数的 A、T、C 和 G’s，足够能填满一本数百页的电话簿（相反的，每个典型的细菌

大约有 1000 个基因，数百万个碱基）。对于某些科学家来说，这个工程——20 世纪最新最主要的科学——是一个壮观的胜利，就和人类登上月球差不多。它的数量和规模（还有费用）在生物学上是史无前例的，实际上，它所取得的成就给新千年开始阶段的生物学家的工作带来了巨大的变化。我们可能已经退出了“物理学世纪”而进入了“生物学世纪”，这对医药行业和社会都很有意义。唉，尽管人类平均的基因组可能可以完全译解我们的 DNA，但是却无法完整解释我们为何能够成为人类的。而且，并没有“这类”人类基因组，因为每个人的基因组都会有细微的差别，以免我们完全一样。生命这本书需要被阅读、解释和理解，以求能够完全了解我们每个人到底真正是谁。

基因组在其他几十个物种中也被组建了，未来几年内可能会增长到数千个物种，所有的结合起来就有机会理解生命和地球的联合进化。初步研究已经暗示，不同有机体物种群体共享的基因序列能够被用来推断进化关系——因此就是新的系统发生学的跨学科组，它在过去的 10 年中就开始了对被广泛持有的观念的挑战，这个观念是关于地球生命的历史和进化的。如“生物学时代”前面的内容所提到的，这些基于序列的方法使得生物学家最近能够修补所有的生命所被分的类别——即 3 个主要的范围：细菌、太古微生物和真核体，前两种是属于原核细胞的，后面的那种属于真核细胞的，因此就包含了所有的动物。DNA 序列的数据也对传统的计划分类提出了质疑，尤其是在很多物种形成发生在更高形态有机体的古老血统中的时期。是否努力测定，关于河马和鲸（大约 6 千万年前）、长颈鹿和羚羊（大约 3 千万年前）甚至是人类与类人猿（大约 1 千万年前）以往的共同祖先，遗传学者想要更好地破译这些编码，尤其是进化速率。但是，他们的分子技术是崭新的，而且结果通常与古生物学者传统方法得到的结果不一样，因此，关于哪个更应该是历史疑问补足的方法，就产生了更多的不和谐。

举例说明黑猩猩。对我们最亲缘物种的基因进行研究，我们能固定地发现人类与黑猩猩大约有 98% 的 DNA 是相同的（你与你旁边的那个人的 DNA 会有 99.9% 是一样的）。这就意味着人类与黑猩猩之间只有很少数的基因差别，比马与斑马或者海豚和鼠海豚的基因差别还少。仅仅只有一小部分人类基因组能够将人类与其他动物的特点区别开来——包括我们行走、说话、写字、建筑复杂东西和执行道德规则的能力。那也就是说，黑猩猩只是在某种程度上的外表和举动与我们相似；它们解剖学特点和行为学特点显然与我们不同（无可否认，在大约 10 亿个碱基对中百分之二的差别，完全能够容许控制蛋白质生成的核苷链能够有数百万个变化）。所以，是什么组成了那 2% 的生物化学差别，而且我们能够追踪出它们的基因起源吗——在时间上向回追溯，然后推断出进化的领悟？如果最近的研究是正确的，不仅仅基因差别的数量能够说明些什么，而且某种基因的相关活动（或者“表达”，也就是它们生成蛋白质的方法）也能。显然，人类大脑中的基因表达与黑猩猩的大不相同，这也暗示了我们的祖先在进化成人类的旅途上拥有更快的神经系统进化速率。

现在具体说明现存的类人猿和猴子。这两种同时期的生命形态的 DNA 序列差别，能够帮助我们找到它们实际上在什么时候从共同的祖先最终分裂开来的。首先，基因差别本身能够指出灵长类动物在进化树上到底有多近或者有多远。其次，使用分子钟来确定基因突变的速率，那些血统具体是什么时候分裂的，能够被估测出来。答案是大约2500万年前，在这个例子中，它很好地符合了古老的类人猿和猴子的化石。相反的，其他的系统发生学研究的结果与古生物学并不相符，而且是很大程度地不符。非常显著，因为寒武纪的爆发，生命在很多主要的动物类型中发生了高度的多样化，化石记录暗示动物突然出现于大约5亿年前，而基因得出的起源大约是这个时间的2倍，而且更加渐进。这些微小脆弱的生物会不会存在了数亿年而没有留下任何确实的证据，或者说仅仅因为化石的不完全？一般来说，分子数据测得的年龄比化石数据古老，它甚至测得生命起源于60或者70亿年前——这肯定是没有意义的，因为地球还那么老，又或者是说，生命是否真的是从外太空形成之后完整地来到地球上的，那么，这个数据就有高度的意义了。此类分子钟，对突变速率通常是通过假设而且是不确定的——假设，很具讽刺意味，主要是依赖化石记录的标准——尽管如此，即使只有化石记录的片断或者根本就没有化石记录，它还照样承诺或提供进化的信息。

最终，基因学和古生物学肯定需要构建一个错综复杂的进化树（或者灌木），详细列举从生命起源到现在的所有的各种各样的路径。如，天文学家经常会发现光学和无线电的观测方法对银河星云或者新生恒星很有用，这两种科学——基因学将生物学拆开了简化地从根基向上研究，而古生物学是全盘地从上而下地研究——将结合起来形成对自然融合机会和必然两种方式生成崭新复杂的生命形态的洞察力。基于对我们祖先起源的微观和宏观研究所提供的深刻理解，只有这样，才能了解时间深处的我们深奥的根源。

* * *

生命最不平常的方面之一，就是它能够对周围的环境产生知觉。和非生命系统不同，生命能够控制对外界的印象和反应。通过生命种类繁多的感觉——听觉、视觉、嗅觉、触觉和味觉，所有的有机体能够获得并且保存大量信息。生物能够成功地做到这种程度主要是依赖它们的复杂性。有机体通过一种非常巧妙的物质表明了这一点——这种物质就是大脑。大脑是所有活动行为的情报交换中心。

就在撰写这些语句和阅读它们的时候，我们头骨内的物质里充满了电子脉冲。无声并且有效，数百万个神经细胞在我们的大脑内来回传送信息。就是这些微小的神经元在指导着我们的眼睛在这些印刷好的字里行间移动，迅速浏览这些文字的形状。通过与我们所拥有的记忆相比，我们就能辨认这些文字集合组成的句子并且通常能够理解它们的意思。

不同的感觉器官传输信号刺激大脑，然后发生反应，接着传送指令到肌肉。神经细胞不断地在我们的大脑中交换这些信号，指导我们的心脏跳动、肺呼吸，还有我们的手随时准备着翻动这本书的纸张。身体的神经系统中，大脑是最重要的部分，神经系统控制所有脑力和身体的活动。实际上，每次思考、感觉或者行为都是开始于大脑的。人类所有的行为都受到它的控制。

最令人吃惊的是，我们头部内的这些没有感情的安静活动使得我们意识到我们现在正在考虑它们：人类大脑能够思考并且开发人类大脑。就凭这一点就可以使得我们大脑成为迄今为止任何地方最复杂的物质块。大脑是大自然最逗人、最具有才能和最万能的创造——在我们已知的宇宙中物质进化的最后的例子。

就像人体其他任何部分一样，大脑也是由细胞组成的。每个成年人的大脑拥有大约每立方厘米 10 亿个神经元，或者在一个典型

的头盖骨中一共有数千亿个神经元——大约与我们银河中的恒星数量差不多。尽管神经元的大小和形状是不同的，但是它们大多数的特征是类似的。除了含有生物核子和按照常规生产蛋白质的细胞体之外，神经元也有无数细长的根须延伸，就像树根一样。神经元一边主要浓密的突出部分是轴突，它担当信息的传送者，将细胞体内的信号带出去。神经元另外一边稀薄的网状突出部分是树突，它起到微小天线的作用，拾起其他神经元传送过来的信号，并且将这些信号带给细胞体。

轴突和树突使得神经元能够相互“对话”，以便于监控和控制智能有机体的很多不同功能。平均起来，每个神经元能与其他 1000 个神经元直接交流。集合起来，所有的神经元形成一个内部通讯器，每个的功能都是从遗传或者经验得来的。单个人的大脑里的神经元网络，通过显微镜观测的话，就像通过望远镜观测到的宇宙中规模最大的结构中的细丝捆。

这个交流系统是如何工作的，并且工作的速度有多快？就像一连串的电路，每个神经元传送信号从一个地方向另外一个地方移动。当神经元受到外部的影响——一个触摸、注视、声音、气味或者味道——神经元中某些原子和离子的电荷就会变化。电荷的这种重新整理能够迅速改变一个神经电源的电压，因此形成了一次电脉冲。神经元的作用就像化学电池，在一次电流的爆发中迅速地放电。它们在一转眼的工夫之后就能够对自身进行再充电。所有的这些电子活动都需要能量——能量是在呼吸的过程中通过吸收氧气获得的。

现代研究证明电子信号能够迅速地穿过神经元（哺乳动物的），速度大约是每秒钟 0.1 千米。与日常的速度相比，这无疑是快的，但是比电流在金属电线中的速度要慢很多，而且比光的速度也慢。一个很好的能够想象信息在神经元中传输速度的类推是，快速燃烧的导火索。

为什么会这么快？大脑获得信息，然后传输到适当的肌肉，以便对即将来临的信号做出反应，在这个过程中，速度是很重要的。因为信息传输的速度主要依赖于神经元的直径，某些生命形态为了逃脱它们的掠食者获得生存，它们需要极其快速的反应，这样它们就形成了很浓密的神经元。例如，海洋鱿鱼的神经元的直径大约能够达到人类的100倍，因为有像喷气推进一样的系统，它们就能够迅速地从危险的环境逃脱或者迅速地奔向食物来源。

我们头骨内部的神经元并不是全部在身体上牢固地绑在一起的；实际上，它们全部没有在身体上绑在一起。相反的，一个微小的缺口，被称为神经键，将一个神经元的轴突与另外一个神经元的树突相互分离开来。这种神经键需要放大很多倍才能被看到，因为这些缺口本身并不超过大约0.1微米，或者大约比人类的头发丝宽度的千分之一还要短。

两个神经元相互交流，信息必须跳过轴突传送者和树突接收者之间的神经键缺口。但是，信息的传送并不是通过放射电脉冲穿过神经键完成的。相反，电脉冲穿过轴突的过程中，引导轴突分泌化学物质，就是我们所知道的神经传递素。然后，这些化学物质穿过神经键，并且在下一个神经元中引起一个新的神经脉冲。

现代医学大约能够识别一打神经传递素化学物质。在某种情况下，每个神经传递素都能抑制或者加强相邻树突的电压。因此，这种不相连的配置造成了无数的复杂性——这种复杂性比，如果神经元能够在身体上相互绑在一起的情况下的复杂性要多得多。每个神经元可以有2万个神经键，而且每个神经键在任何特定的情况下，可能会或者可能不会引起一次电脉冲。因为每个典型的人类大脑中大约有百万之四次方个神经键，任何电脉冲可能采取的路线之数量是令人震惊的——这里不带任何双关语！

为了给出更加精明的解释，但可能使得这个主题变得甚至更加混乱，实验证明，这些电脉冲实际上是沿着每个神经元外面一层薄薄的覆盖物传输的。这种覆盖物由一种油腻的白色物质组成，被称为髓鞘，它显然起了一种绝缘的作用，很像电线外面包裹的那一层橡胶，防止神经元网络短路。不幸的是，某些人的髓鞘会损耗掉；多发性硬化会攻击髓磷脂，引起某些线路不能被击发，接着，因为不协调的时间选择，就生成了不稳定的运动。新生婴儿完全缺乏髓磷脂，所以他们的神经元就不能进行协调的工作。结果就是，小孩先是会爬行，然后才会行走，因为他们的髓磷脂在出生后大约第一年才能够生长好。

最后值得注意的一点是：神经传递素的排泄物主要规定人类的行为。我们大脑中这些天然的化学物质，会受到我们所吃的和所呼吸的东西的影响。特别是毒药和药品——士的宁、镇静剂、LSD、安非他明、大麻和很多其他的药物——会改变大脑的激发机制，因此改变人类的行为。即使是咖啡因，一个咖啡杯的剂量，也能降低我们的神经键门槛，因此疲劳神经系统能够让我们保持更长一段时间的警觉，尽管大部分的传送者已经被损耗了。神经键的化学性质可能会成为很多社会疾病的基础，尽管神经生物学家今天才开始探索化学物质如何使一个人对情况变化（无论是基因的变化还是环境的变化）做出反应。

有了上面对大脑结构和功能的最简洁的介绍，我们回到探索更加简单的古老生命形态是如何进化出如此复杂的大脑结构的。对智力起源和发展路径的探索主要依赖于化石记录——这个重要证据被谱写在石头中了。

单细胞阿米巴是现在世界上已知的最原始的真核生命形态——可能最初的是病毒，它偶尔会表现得有生命，就如在前面“化学物质时代”中提到过一样。大小大约居于一个原子和一个人之间，阿米巴有较差的感觉和协调意识。它一般只能对刺激它的那一点做出反应，缓慢地向身体的其他部分传输信息。尽管阿米巴也形成了一个天然的神经系统，生命体想要做到更加灵活——和更加聪明——肯定需要更快的内部反应。

另外一种单细胞生物设法形成了原始的内部联络系统。例如，这种微小的草履虫有一系列的桨须样的毛发，使得它在水中能够快速地移动。这些“桨须”必须要以相互协调的方式行动，因为如果它们单独行动的话，草履虫就几乎不能前进。这些毛发受到微小神经的控制，能够对细胞能发出的化学物质作出反应。按照这种方式，信息就能被较快较准确地从细胞的一个部分传递到另外一个部分。

草履虫的“智力”显然比阿米巴多。阿米巴主要通过漂移到水生植物海藻中觅食。如果什么也没找到，它通常不断重复地在同一棵海藻内继续寻找，即使这棵海藻并没有为它提供满意的食物。阿米巴没有记忆。另外一方面，草履虫的情况就不同，它有更好的协作性，而且还有某种类型的记忆。如果在一棵海藻附近没有发现食物，它会后退，然后向另外的方向去寻找食物来源。草履虫具有即刻保留经历痕迹的能力。

那么，与阿米巴相比，草履虫就是天才。但是，它只是一个在仅仅几毫米宽的水世界中的天才。草履虫不能感觉到超过这个范围的任何事情。没有哪个单细胞生物能有多聪明，因为它们不能再向前发展了。

尽管具有比非生命体更加复杂的特性，但是一个单一的细胞只能拥有最简单的智力。想要变得更加聪明——那就是说，要进化出一个复杂的神经系统——一个单一的细胞需要精心制作的感觉器官来获取信息，还要发展肌肉来执行这些命令。那么，为什么不能有更大的细胞，再具有这些附加的特征，如微型的手、眼睛和大脑呢？答案是，单个细胞最大不能超过 0.001 厘米宽。如果它们真的要这么做，那么它们的表面积就要按照它们宽度的平方来增长（1，4，9，16，……），而它们必须要通过细胞膜的物质的量要按照宽度的立方来增加（1，8，27，64，……）。所以细胞不能过大，以免它们会饿死。单细胞生命形态的基本智力因此就受到了限制；它们的身体大小不允许它们生成更高智能所需的很多更加复杂的器官。无疑，在过去的 30 亿年中突变已经通过无数种方法想让这些细胞变得有智能，但是失败了。

要变得更加复杂，就得有更多的细胞。但是质量很重要，这里不光是由数量说了算的。很多独立的细胞随便聚集起来并没有用；数百个自给自足的细胞的集合体并不会比单个细胞的智能高。例如，海绵体，很像澡盆里最后的那层泡沫。尽管海绵体是多细胞生物，它数百万个细胞中的大部分都是独自行动的。海绵体没有中枢神经系统，因此它的智力并不比阿米巴高多少。由于某些原因，海绵体没能从它的多细胞结构中获得好处。结果，它们没能生成更高的生命形态。海绵体是很久之前生命形态进入进化死胡同的例子之一。

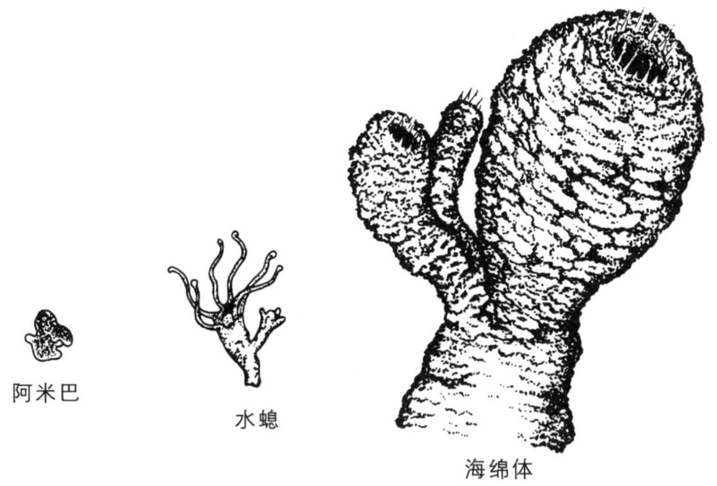

想拥有更高的智能需要有更多的细胞。

所需要的突变是，能够允许很多细胞像一个共同体一样协作的有利突变。交互式多细胞有机体确实具有一些明显的优势，它们不仅仅只是避免了刚刚所提到的表面容积的问题。更重要的是，多细胞有机体内的几组细胞能够拥有特殊的功能。这种劳动力的分工是大自然最伟大的创造之一。一组细胞可能对食物高度敏感；另外一组，对携带氧气更加有效；还有另外一组，组成结实的肌肉实体或者保护性的外表。最终结果是，多细胞有机体内的每组细胞变得对某种能力很擅长，而对其他功能就不那么擅长了。专门化出现了。因此，这样一个有机体的总体智力就因为细胞的增多而提高了，这些细胞像一个团体一样工作，变得更加能够保护自身免受掠食者的侵害，而且能够获得足够的食物而不至于饿死。这是向共生社会迈出的第一步。

对于多细胞系统能够计划出某些智能，水螅是一个很好的例子。并不比牙签大，现代的水螅就像一根芹菜，底部是封闭的，而

顶端有很多附属肢体散开来。与任何一个海绵体都相反，水螅能够以协作的形式移动整个身体来逃避危险和搜寻食物。简言之，水螅体内的细胞能够相互交流。而交流是有机化智力的本质。

能够交流的细胞——神经细胞——可能最开始是在多细胞生命体的表面附近形成的，如水螅，或者更加实际地说，水螅类的祖先。因为是向外暴露的，这些细胞有最大的机会来接触它们周围的环境。但是，因为处在表面附近，也让它们更易受到攻击。所以，突变和自然选择可能更愿意让这些水螅类的祖先发展植入更深的神经细胞。经过几代的时间，这些细胞逐渐退却到有机体内部去，但是仍然能够通过可伸展的触须来和外界环境联系，这些触须能够触及有机体的表面，有的时候还能到达外界。这些微型章鱼似的触须变成了现代神经元的树突，这些专业化分工的细胞在智力更高的生物体内交流信息。

随着进化不断前行，大批神经元不断后退到多细胞有机体更深的体内。最后，这些隐藏的神经元合并起来，形成一块相互作用的神经细胞——这是构建中枢神经系统的第一步也是最重要的一步。这些神经元集合是所有进化突破中最伟大的一次。一旦越过了屏障，大约在10亿年前，我们水螅类的祖先，和其他类似的复杂有机体一起，已经踏上了生成地球上有大脑的动物生命体包括人类的旅程。

化石记录又是如何说明关于大脑的进化的呢？它主要显示了一个明显成熟了的中枢神经系统，在有机体通往更复杂的过程中，它们还向很多方向扩展了分支。但是，大部分这些分支，或者说进化路径，代表了有机体要么在很久之前就灭亡了，要么只是进入了进化的死胡同。灭绝了的有机体，很明显，它们的存在从化石记录中终止了。进入死胡同的部分则好像是清晰的，但是更加有意思。显然，在它们进化过程中的某些点，不能克服的生物学障碍意味着某些有机体，如阿米巴、草履虫、海绵体、水螅还有所有类型的蠕虫，不能取得进一步的发展，但是仍然存活下来了。这些无脊椎动物，或者说缺少脊椎的有机体，大部分在它们自己的领地里都能表现得很有技巧和狡猾。例如，在它们特定的环境中，蜘蛛是相当熟练的操作者；它们的神经系统在它们有限的世界中是很机灵而且很有效的，它们的感觉器官甚至更加多样化和敏感。蜜蜂、黄蜂、蚂蚁和飞蛾同样也有高度精细化的身体来处理它们特别的需要。其中有一部分——尤其是蜜蜂和蚂蚁——甚至还拥有令人印象深刻的依靠共生团体的社会组织。

实际上，所有的这些无脊椎动物都已经进入了进化的死胡同。它们陷入了完成每日常规的无休止的循环中。1 亿年前形成化石的蜘蛛与它们现在的后代并没有多大的区别。灌木丛中的蜜蜂，小工棚里的蜘蛛，在某种意义上来说，它们都是活着的化石。

无脊椎动物同时既是成功者又是失败者。一方面，它们在自己有限的环境中极其有才能，如鹿虻的速度比最快的动物还要快，跳蚤一跃的距离能比自己的身高多出 100 倍，还有章鱼，它们的眼睛与所有其他的无脊椎动物都不一样。当然是成功了，因为无脊椎动物在地球上生活了已经有大约 5 亿年了。但是，同时又是失败，因为它们忘记形成骨头组成的脊柱了，不像鱼和人类这样——形成脊柱的骨头，和更加复杂物种的保护性头骨。

作为人类，我们认为大脑是理所当然存在的。但是大部分的动物都是无脊椎动物，而且它们没有真正的大脑，没有中枢化的神经系统。大部分无脊椎动物的神经元在它们的躯体内以纤维的形式广泛地分布着，很久之前在简单的单细胞群和复杂的多细胞群中就形成了差别。正因为如此，它们就不能变得富有创造性、敢于冒险或者有梦想——至少不具有我们提出的这些品质特征。

人类和我们的同胞脊椎动物（有脊椎骨的鱼、爬虫动物和哺乳动物），与那些失败的无脊椎动物相比，都是异常的生物。进化出骨骼部分的脊椎动物，其实只不过是丰富的无脊椎动物世界的一个小分支。看上去大脑是例外的，不属于这个规则。

脊椎动物最重要的所有物，除了它们标志性的脊椎，就是它们的中枢神经系统。即使如此，像无脊椎动物一样，很多脊椎动物显然不能最好地利用它们的感觉器官和运动器官。很多鱼类、两栖动物和爬虫动物，包括现代版本的很多鸟类、蜥蜴、蛇、鳄鱼、海龟以及很多其他的脊椎动物，很久之前就进入了进化死胡同。很多数量已经灭绝，而且甚至连幸存者似乎也没能区分它们的“视觉”和“嗅觉”神经元。

在某些细节部分，对化石记录中的原始鱼类的头骨做了一些重建。这些鱼类生活在数亿年前，就是已知的最简单的真正脊椎动物。尽管未进化，但是它们的大脑含有现代鱼和人类大脑所具有的所有本质物质。这些小型器官的团体在喙的部分形成了稍微的突起，这也就是人类的更大的脑半球的先驱。同样地，它们的眼睛形成了一个更向后的突出，是我们枕叶的先驱，它就是当我们“看东西”的时候在大脑后部形成图像的那一块东西。侧面器官也伸展到边上去了，形成了我们小脑的先驱，也就是控制我们身体动作协调性的地方。这些古老的感觉器官，尽管不能与某些现代脊椎动物的器官相匹敌，但是能够更加有效地工作，因为它们能够与一个统一的中枢神经系统相互联系。

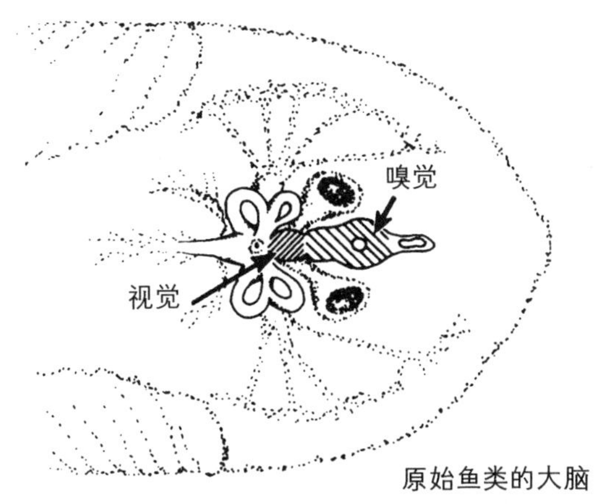

原始鱼类的大脑

在某些细节部分对化石记录中的原始鱼类的头骨做了一些重建。

专业化感觉器官的发展，尤其是它们与中枢化大脑的统一，帮助脊椎动物在智力方面超过了无脊椎动物。复杂性——我们通常拿眼睛来举例，它是从光合作用的器官进化而来的，它最初的用途是利用光作为能量来源，但是最后进化成感光器了，使用光作为信息来源——进一步上升了。

在这些早期脊椎动物的进步中，视觉确实起了一个主要的作用，因为化石记录证明，随着时间过去，有视觉有机体的大脑是逐渐成熟的。突变无疑为某类鱼带来了一种优势，使得它们能够利用改良了的视力来协助移动、生存和在水中更好的繁殖。但是，视觉并不是没有受到挑战。在地球几亿年前的不断进化中，嗅觉仍然是一个敏感的对手。

视觉和嗅觉的竞争持续了很长时间。当两栖动物从海洋来到陆地，两维视觉数据的涌现可能压倒了这些天才脊椎动物的聪明的大脑。另一方面，与一维视觉相比，嗅觉的输入仍然受到此类大脑的控制。因此，第一批两栖动物发现嗅觉的实际用处可能比视觉大。

化石记录显示了，在大脑半球数代的扩展过程中，枕叶是如何收缩的。逐渐的，视觉重新获得了更大的用处，因为在不断的突变和自然选择过程中，哺乳动物的大脑变大了。曾经适应于海洋的眼睛，不再对大多数水外世界的形象感到陌生；实际上，就是眼睛导致了大脑在容积、速度和复杂性方面的生长，以便处理引入的信息。哺乳动物有了更大的大脑之后，就能应付全部的视觉世界和嗅觉世界。那些拥有更复杂大脑的生物，就更能适应地球上不断变化的环境而获得生存。

化石还描述了嗅觉重要性下降的过程。尽管，对于较低级的脊椎动物来说，嗅觉具有最大的价值，但是，随着大脑的增长，其他的器官，如视觉器官和听觉器官也变得同等重要了，最后甚至更加重要了。特别的，眼睛似乎在智力成熟的过程中起了本质的作用。人类更大的大脑半球实际上源自于古老的嗅觉大脑，但是嗅觉器官的优越性很久之前就被视觉、听觉和其他常规的感觉所超越了。

大脑进化最新近的一步发生在哺乳动物中。再次强调，寻找能量功率是核心，因为最成功的哺乳动物形成了多成分的心脏，能够允许血液更好地完全氧化，温血的性质使得机体在寒冷的环境中还能继续保持活动性，而且外部的皮毛能够储藏能量。基本上，每个生命组织都需要少量的能量来发挥功能，而大脑是需要能量最多的组织——这可能解释了真正的智力只能在温血动物中找到的原因，因为大脑是新陈代谢非常集中的组织，而且有很高的能量需求（单位质量内）。

还要再次强调，很多进化的死胡同是很明显的，突变的结果完全没有为某些物种提供优势。但是，被选中的有机体中发生的其他向着更好特点转变的突变，赋予了它们生存过程中明显的优势。在脊椎动物进化过程中，大脑的这种发展趋势，部分可以在人类胎儿的形成过程中被观察到：受孕两周后，胚胎的（爬虫的）大脑就像一只青蛙的很小的大脑前面突出的嗅（嗅觉的）球。几周之后，嗅球收缩了，而枕叶（视觉的）膨胀了。再过很多周，几个另外的神经层长出来了，高级的哺乳动物功能需要更多的神经层重叠起来。

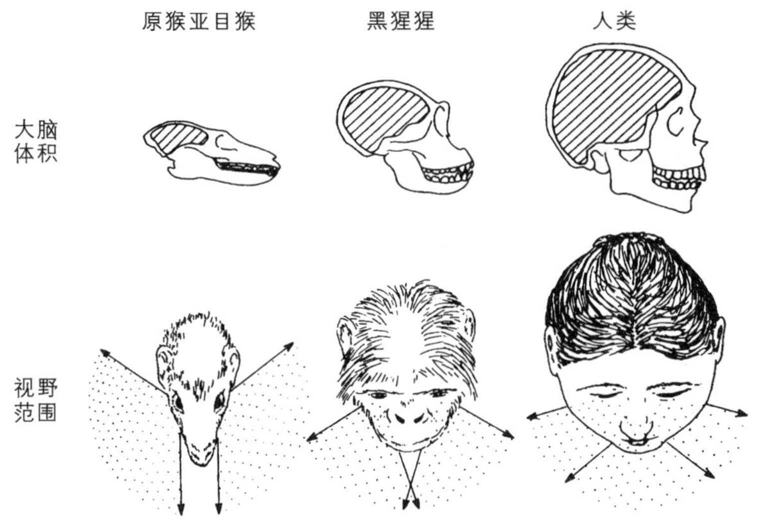

通往更加复杂的进化道路上，更加精确的视力给了我们祖先独特的优势。

在数百万年的时间和一代接着一代的繁殖中，更新的神经进步是由有利的突变驱动的，这些进步给哺乳动物带来了更长的手臂和有抓握能力的爪子，便于它们跳跃、攀爬和摘取食物。其他的突变也逐渐地将早期原猴亚目猴的眼睛从头部的两侧移到了头部的前面，因此生成了前面所提到的双目并用、三维的视力。接着，灵巧的手臂和有操纵能力的双手也逐渐形成，与更加准确的视觉结合起来，为那些猿猴祖先在通往更加复杂的进化道路上带来了明显的优势。

眼-手-脑的结合有强大的进化效果，不仅仅加强了短期内它们的生存能力，而且形成了长期内它们的智力——结果就是无限的手工技能和智人无穷的好奇心，智人是一种绝对能够引起我们好奇心的生物，将会在下一章“文化时代”中详细探索。

* * *

自然选择是所有生物进化的中心。达尔文的观点是新颖而且创新的——很可能是所有后文艺复兴科学中最重要的进步。选择的方面有很多都可以从大自然中看到——在较简单系统的身体进化中和在某些最复杂系统的文化进化中。倒不是说牵涉到身体变化或者文化变化中的基因；也不是说对生物进化作用很显著的遗传和繁殖；也不是说自然的或者达尔文主义的，选择还能在非生命物体中起作用。但是，笼统地解释，选择的过程存在于所有的宇宙进化中，所起作用的区域远远不止生物学领域。确信的是，选择的功能在生命系统中比在非生命系统中要更加活跃——甚至可能更加积极，或者至少是在文化系统中表现得更快。但是，大体上，选择在整个大自然中显而易见是一个共同的特征。

澄清并且强调前面所提到的一个论点，“选择”这个术语实际上有点用词不当，因为在大自然中并没有能够刻意去选择的已知媒介。选择本身并不是一个积极的力量，或者说并不是进化的发起者，它只是一个被动的帮助清除那些不适者的修剪工具。正因为如此，被选中了的主体，完全就是在那些不适合的或者不幸运的主体从某个种群中被清除掉以后，它还照样存在于此的东西。一个更适合的术语可能应该是“非随机的消除”，因为我们真正想要描述的是，不利环境的集合体是造成一个团体中的某些成员被删除的原因。因此，我们能够广泛地理解选择为任何系统——生命系统或者非生命系统——与它周围环境的优先交互作用。

选择与能量流一起作用于所有开放系统之内和之外，通常为有序生产提供成型的步骤。简言之，所有有序的系统都因为它们能够控制能量来源——过多的能量就是破坏性的，过少的能量又是不足的——而被选中。有的时候，当能量流越过了某道临界的门槛，就能使得一个系统超越平衡，正如在前面“化学物质时代”的快要接近尾声的时候所提到的，选择能够帮助形成新的有序形态。

大自然中有大量的选择过程作用于非生命系统的例子，但是，它们的方式通常都会比生命系统中的方式简单，并且似乎还是在能量存在的情况下进行的。前面我们就提到过，沐浴在能量中的生命起源以前的分子在黏稠的大海中被“选中”变成了生命的模板。氨基酸分子的某些键获得了优势，而其他的被排斥了，暗示了通往生命的化学进化步骤生成了比它们前任分子更加稳定的新热动力状态；熵一直在它们的水世界中增长。选择——称之为化学选择显然在帮助顺从的机会——虽然不是更加微妙的且强大的涉及物种变异、遗传和适应性的达尔文主义的生物学选择。

晶体的形成也能证明选择——称之为物理选择——的某个方面，帮助非生命物质获得有序化，方式比生物学选择要简单得多。要形成晶体冰块，水分子必须相互碰撞，因此它们就能够粘连而不会排斥。最初的分子碰撞是完全随机的，但是一旦发生了，分子的移动就会被一种众所周知的电磁力所控制，电磁力会让分子移动到表面的有利位置。如果进来的分子停留在表面的某个位置，这个位置正好有利于冰晶体结构的形成，它就会被“选中”停留在那，而且会成为晶体的一部分；否则，它就会被驱逐出去。它的到来是随机的，但是结果不是随机的。

大气中的风暴是另外一个物理系统中进行选择的例子，但是要稍微复杂一点。数千米宽的漩涡在自然界的大气中随机地来去，通常因为风对高度释放气体的表面区域（如山脉和小岛）的袭击而形成上升气流和湍流涡旋。当气流形成小的堆积相互竞争着吸收太阳的能量，储藏在水蒸气分子中，积云就慢慢形成了。这些堆积能够吸引更多的气流，因此有更多的能量被“选中”，而让其他的都消散了。在炎热夏日的傍晚，选择孕育了少数大规模的雷暴——有时，因为有足够的湿气和能量，临时的漩涡能够形成数百千米范围内的全面的飓风。

恒星也是能够说明“选择”的案例。例如，我们的太阳，在大约 50 亿年的时间里将变成红巨星，它的温度梯度在增加，还有化学成分也是由核心向表面排列。但是，正如前面“恒星时代”中所描述的一样，太阳永远不会将碳聚变成为更重的元素，永远也不会变得更加复杂而超越一颗古老的红巨星，也不会变成超新星。简言之，太阳永远不会被选中来做进一步的进化，因为它的能量流不能达到变成更加复杂的存在所需的临界值。尽管无论怎么想象我们的太阳也不会成为有生命的物体，但是它也会接受恒星进化的非随机排除。

在现实世界中还有很多关于非生物学的选择在发生，不但影响了物质还影响了辐射，例如，包括银河，它在宇宙早期被“选中”形成了银河，方式和我们上面提到的飓风的形成不会有多大差别，而且某种能够聚集能量的方式也被“选中”作为实验室中的激光传播。同样地，就像在后面“文化时代”中要提到的一样，选择——称之为文化选择——肯定也在我们的祖先中起了作用的。例如，生火的能力，肯定是原始人类所拥有的一个主要的选择性资产，就像在更加接近现代的时期，汽车经销商竞争和消费者需求结合起来，就能形成更好的选择性压力来推动汽车在社会市场上的发展一样。

选择确实能在无生命的非生物学系统中起作用，即使没有在有生命的生物学系统中的作用那么有力。物理和化学选择遵守被透彻理解的物理学统计定律，而生物学（达尔文主义的）选择是更加丰富和更加多面的，恰当地描绘了基因的相互转化和大量的信息储存。即使如此，所有的这些选择机制，包括今天世界上不断加速的文化选择，都以基本相同的方式帮助我们建立了顺序和复杂性：它们都将随机的发动者和决定性的反应在能量的存在下相互混合了，与自然界中所有结构的开始都是相互统一的主题。倘若我们以足够宽广的概念来思考，所有的自然科学实际上都是统一的。

* * *

“生物学时代”勾画出了生命的显著特征，以及它在数十亿年中偶尔无规律的偏移常规。在最初的几十亿年中，生命还停留在完全的单细胞阶段，就像今天我们能够在后院的游泳池里找到的蓝藻。最后，大约 10 亿年前，细胞聚集起来形成团体，在活动中相互合作，而且变成了多细胞有机体。在那之后不久，化石记录证明了在物种的数量和种类上的种群爆炸。

在生命快速繁殖和物种不断形成的过程中，变化也在蔓生。大约 5 亿多年前，大量鱼类在海洋中遨游。植物于 4 亿年前来到了岸上，而且两栖类动物也跟随着上岸了，无疑它们是为了寻找食物。动物大约在 2 亿年前开始统治陆地，而鸟类、哺乳动物和花儿大约 1 亿年前开始在陆地上繁荣起来。相反的，原始人类——文化时代的主体——则只存在了几百万年，他们的存在如此短暂，以至于如果我们把宇宙的历史浓缩到1年的时间中来，那么原始人类仅仅出现了一个小时的时间。在这个类比中，我们特有的物种——智人，可能就是在大约10分钟之前才出现的。

达尔文基本上是正确的。由自然选择控制的生物进化确实发生了，而且还在继续，化石记录基本就能证明这一点。但是，关于进化的速率如何的问题，还仍然没有被解决，因为另外一个叫做变化的机制也有可能在自然界中起作用。按照热动力学术语来说，微生物、植物和动物是在一个远离平衡的系统中进化着，还结合了某些不可预知的细节特征。但是结果却不会总是偶然的，因为，进化拥有它决定性的成分；选择修剪、编辑并且决定谁是最适合已知环境的。变化，以及对这些变化的适应性，是所有生命事物起源——和命运——的关键。

诚然，化石记录中的缺口限制了我们对生命历史的完整理解，就像一些丢失的细节妨碍了我们对银河、恒星和行星的认识一样。从石头中提取证据并不简单，而且，无论如何，基因组计划正在开始填补那些缺口。自然，每一天都会有新的观点、新的测试、新的发现和对我们生物学进化的现代观点不断的完善。而且，在寻找时间之沙解释往昔的事实的过程中，这些进步带来了更大的客观性和更大的发展。

“生物学时代”勾画出了传统的进化观点，即，通过自然进化的达尔文主义的进化。但是，生命只不过是盛大的宇宙进化观中一个很小的，但是很重要的部分。这本书旨在表明，以宇宙的观点来考虑的话，进化不仅仅只是适合于生命的，它还适合于自然界中很多东西。这里使用的“进化”这个词语是以一种很广泛的诱导性的方式，试图囊括所有空间和时间范围内的变化过程，所采用的方式肯定包括，但是不局限于生物学达尔文主义。在广阔的宇宙进化情景中，从时间的起源到地球智能生命这个漫长的历史跨度中，大自然无数持续的变化的总体趋势都是可以被确认的。接下来，在“文化时代”中，我们将讲述包括我们的科技自我，因为人类确实是这个不断延续的、统一的壮丽历史中很重要的一部分。

第七章

文化时代

从智力到技术

复杂性是宇宙进化的一个必不可少的特征，人类自身就是一个很好的例子。人类的复杂性是显而易见的，这绝不是人本主义的主张。我们需要大量的信息来描述宇宙中有规则的事物，包括人类自身，否则的话就会陷入迷茫之中。我们也许不是这个星球上适应力最强的物种（微生物才是），我们也不是地球上生命周期最长的物种（同样可能是微生物），但我们人类是这个星球上已知的最复杂的物种。

时光飞逝，今天的我们自然会对人类从远古到现在的进化历程感到好奇。这个过程绝不是笔直的或狭窄的，而是曲折的。进化就是以这样一种方式进行的——呈阵发式的，这其中有很多死胡同，也有很多新的令人惊奇的适应的物种。我们的脑海里会浮现出这样的问题：我们从哪里来？人类是怎样起源的？是什么样的环境决定了我们特定的身体构造、我们的行为态度、我们对了解自身的渴望。特别是，什么因素导致了我们用大脑思考，用眼睛看东西，用嘴巴讲话，用腿来走路，用手来做东西，并且对自身感到好奇？

在对物质和生命的起源有了基本了解后，很自然我们会面对另一个更为尖锐的问题：我们是什么？不是太阳，不是我们的星球，也不是生命本身是什么，而是我们——生活在这个地球上的21世纪的人类是什么？每一个人都可能在某一刻想过这些问题。它们可能是最有深度，最令人感兴趣的问题之一——不仅仅是因为我们这样问。

在第七章“文化时代”里，我们不是来讨论人类的名字、社会保障号码，或者政治倾向；尽管这些和其他一些基本数据的确告诉别人一些关于我们的情况。相反，我们寻找的是对人类起源的更普遍意义上的理解，其核心如下：我们每一个人都是许多祖先的生命形式的产物——我们继承了他们的基因，再加上环境的塑造，也就是说我们自己的一部分，父母的一部分，祖父母的一部分，依次类推，直到很久以前。

追溯1000年，我们每个人都可能会有超过100万个祖先，而且他们是同时生存的。他们可能遍布世界的各个角落，生活在不同的环境里，绝大多数为了生存而斗争，很少的一部分境况要好一些。再回溯几千年，我们有些人的祖先很可能是古希腊或者古罗马的君主；接着回溯几千年，我们的祖先可能是古埃及或者古巴比伦的统治阶级。但我们大部分的祖先可能是奴隶或者农民，既不会阅读也不会写作。他们可能是微不足道的、迷信的、残酷的——至多是原始的农民。他们中很少有人曾经接触过金属或者骑过有轮子的车。从现代的角度来看，几百万年前我们的祖先绝大多数都是野蛮人。他们主要靠打猎和采摘来生存，生活在他们的圈子里。虽然很难将现在的我们同他们联系起来，但现代科学却已经证实了这一点。进化限定了我们的身体里携带了一些他们的基因，甚至可能他们的世界观也会对我们的思想产生影响。我们的身体构造、能力、态度和期望，甚至我们在生活中的表现、思考问题的方式，这些都可能部分源自我们祖先的基因，以及他们的生活环境的塑造。

对于一些关于我们人类自身的基本问题的答案仍然悬而未决。这些课题可以将个体的人同所有的人联系起来，甚至同所有的生物联系起来。如果我们能够找到合理的答案，那我们就可能知道我们到底是谁，以及我们怎么能够思考并且探索自身及宇宙的奥秘的。

很久以前，我们的祖先没有这些特征。他们甚至不能称为人，它们不会制作工具，没有智慧的眼光，甚至可能也没有多少好奇心。它们是一种大脑体积很小的生物，生活在森林里，对它们而言，生存和繁殖是首要的。无论如何，人类从它们中产生。在远古的某个地方，进化将可以称之为人的生物跟非人类的生物联系在了一起。

* * *

化石可以让科学家画出不同的进化路程的草图，而且有助于理解不同的但密切相关的物种的进化历程的差别。通常近代的化石保存得比较完整，这一点不让人觉得奇怪，这使得研究者为进化提供证据时有一定的自信。较古老的化石保存得不太好，常常是一些碎片，有时候很难确认。重新拼凑这些碎片就像在玩一个拼图游戏。而要辨认这些重新拼装的化石是在进化链中的什么地方、什么时间则又是另一个难题。

解开人类家谱的努力就像恢复经历了几百万年的巨大的壁画一

样。在壁画的右边，现代人所描绘的地方，信息是准确无误的。在中间的部分，壁画就比较脏，部分剥脱，整体上被破坏了。这一部分是我们的祖先所描绘，大部分很难清洗干净，也很难被修复，只有把上面的灰尘和污垢清除之后才有可能揭示它所携带的信息。壁画的左边部分，也是最古老的部分，由于时间太久通常被破坏了，部分已经消失了。像修复一样，发现的过程也是缓慢而且令人痛苦的，要尽量避免破坏壁画以免信息流失。

人类学家和考古学家在研究古化石和史前的骨质或陶质的器具时需要特别的耐心，以及热爱探索和无偏见的头脑。就像侦探工作一样，他们的研究是基于不确定的分散的数据来讲述一个故事——就像我们早先基于一些进化和起源的暗示和线索来理解星系一样。在本章“文化时代”里，绝不是讲述一个犯罪故事，而是来讲述人类本身的起源和进化，在某些人看来，这比描述遥远的天体更有成就感，因为这跟我们直接相关。

在过去的100年里有关社会和文化的知识飞速增长——对科学而言是一个令人兴奋的时代，有很多令人惊奇的有关我们的星球和我们自身的发现。当自然地理学家意识到我们脚下的大地可能有关于地球本质的线索，特别是可能有地球以前的生命的线索时，野外探索和遗址的挖掘在20世纪初越来越多了。生物学家关于史前生命的发现，包括大量的古生物的化石。社会学家在西欧的洞穴里和河边发掘出了用来切割的古石斧。石斧是一种粗糙的工具，但总归是一种工具——双面，泪滴形的岩石经过预定的计划对称磨成，现在也称之为阿舍利技术，这是因为第一把石斧是在法国北部一个乡村圣·阿舍利（Acheulean）发现的。随后的放射活性分析显示它们中许多都有10万年的历史了。问题由此产生：谁制作了这些古

工具?

在19世纪中叶很多重要的人类史前的化石首次被发现（这里所说的人类史前是指灵长目动物的祖先，也就是人类以及和人类相近的物种的祖先）。在达尔文发表他的生物进化的重要论文的时候，在德国的尼安德特山谷发现了一颗原始人的颅骨。这颗短而粗的扁平的颅骨有一个低而倾斜的前额，向后缩的下巴，眼窝的周边很厚，尽管它显示的仍然是一个类似于人的外表。由于德语里"山"的发音是"特"，尼安德特人就这样成为这颗颅骨的主人的名字。尽管与现代人的颅骨相比有一点古怪，但很少有人怀疑它是人类的起源。然而，由于至今只有一颗这样的颅骨，我们很容易将它归类为现代人的变种，但当时的确是有这么一支。甚至在100年之前，很多生物学家，尽管已经接受了植物和一些简单动物的进化，还是不愿意承认这颗颅骨与人类的进化相关。

在20世纪里，更多的尼安德特人化石在欧洲和西亚的不同地方被发现。另外，相对不那么原始的人的颅骨也在欧亚大陆的不同地方发现，尤其是在法国的乡村——克鲁麦农。这些更新的颅骨属于克鲁麦农人，人类祖先的一个完全新的亚种。不理会名字，重点是这些外表奇怪的颅骨在地底下古阿舍利工具的边上。由于它们紧挨在一起，这明显暗示着制作工具的人生活在大约10万年前的欧洲。因为克鲁麦农人的颅骨比尼安德特人的颅骨更接近现代人的颅骨，他们的骨架也比强健的尼安德特人的纤细些，因此从某种意义上讲，尼安德特人是克鲁麦农人的祖先；也可能是这两种人杂交后共同进化为现代人。其他的人类学家对此持反对意见，他们认为代表着人类的一个分支的尼安德特人在3万年前绝种（或者被杀光）；这种观点为最近的基因学和解剖学研究所支持。无论是哪种观点，也不论是什么原因，克鲁麦农人在大约3万年前取代了尼安德特人。一个关键的问题产生了：谁是尼安德特人的祖先？谁的化石可以追溯至3万年之前？

丰富的化石资源可以让我们追溯历史的脚步走得更远。在远离欧洲的地方——印度尼西亚的一个较大的岛屿爪哇——人们在那里干涸的河床里发现了古人的颅骨和牙齿化石。这些化石包含了颅盖骨、股骨、奇数的臼齿，这些化石可以追溯到大约100万年以前，比尼安德特人和克鲁麦农人都更原始。然而无论是尺寸、形状和整体的特征，爪哇人的骨化石跟现代人的很相似。此外，在脊髓通过的颅骨大孔所处的位置来看，这些生物应该是直立行走的。

半个多世纪之前的惊人发现，这些猿人的化石毫无疑问引起了广泛的怀疑。对我们而言很难理解这种直立的人形生物能够生活在100万年前地球的各个角落。对人类而言，这个时间实在是太长了，相当于4万代人。实际上，100万年超过了人类有记载的历史的100倍。换句话说，人类99%的历史是完全仅仅由化石来记载的。

当我们在地球的各个地区都发现了相似的化石时，这些惊人的结果就更值得相信了。人们挖掘出了大量的爪哇人颅骨，以及德国的海德堡人，中国的北京人，许多其他地方也发现了原始人化石，包括匈牙利、法国、西班牙和非洲。这些化石绝大多数有50万年的历史，少数可能接近100万年甚至更古老——像在前格鲁吉亚共和国发现的下颚骨化石和部分颅骨化石估计有接近200万年历史了。重要的是，这些不是猿的颅骨。他们是人的化石——生活在很久很久以前的直立行走的男人和女人。

这种可以追溯到几百万年前的原始人化石，由于跟现代人有着相似的颅骨和牙齿，可以将它们归类为“Homo”，一个拉丁词，其

意为“人类”。为了将这些古化石与现代人的骨头区别开来，我们给它们增加了一个前缀。例如，尼安德特人、克鲁麦农人和其他生活在少于几十万年前的原始人称其为“Homo sapiens”，意思是“智人”。这跟现代人在生物学分类是一样的，尽管有些研究者倾向于对有历史记载的人（包括我们自己）用一个特别的称呼“Homo sapiens sapiens”。毫无疑问这是人类的虚荣心使然，“更加智慧的人”是一个引起高度争议的标志，尤其是在21世纪的地球我们为自己创造了过多的困境。

相反的，爪哇人和其他生活在几十万年到100万年（可能是200万年）前的原始人可以被归为“Homo erectus”，其意为“直立人”。尽管他们无疑是人的血统，而且可以直立行走，手的灵活性也令人吃惊，但是他们大脑的容积比智人要小，他们使用的工具也比较低级。他们中的不同的分支可能共同生活并且可能互相影响并竞争。很明显在100万和200万年前的非洲大陆上同时生活着许多不同种类的“直立人”。

100万年前的颅骨化石并不能解决人类起源这个中心课题。于是又回到了那个关键问题：谁是“直立人”的祖先?

直到20世纪的后25年——当时的科学家今天大部分还在工作——对人类的血统有了一个相对清晰的轮廓。早在19世纪20年代，早期的人类学家研究发现，一些稀有的颅骨化石同时具有人类和猿的特征。到了近代，更多的此类颅骨化石在温带地区被发现，特别是在非洲大陆。当每一颗颅骨化石都被仔细地发掘、清理、碎片被重新拼凑后，分析显示它们有着人和猿的混合特征：脑容积比猿的大，但是比人的要小；前额更像是猿的而不是人的；犬齿更像人的而非猿的；上段颈髓通过的颅骨大孔的特征显示这种生物是直立行走的，或者类似直立行走。

这种骨的混合性强烈地暗示着这种生物在时间和地点上都接近于人。这种猿人混合的物种化石后来有了一个拉丁名字“Australopithecus”，其意为“南方古猿”。遗憾的是，最早在南非的沙土里发现的化石无法确定年代；这是因为沙土没有放射活性而且会随着时间移动。但是在非洲大陆上更新的发现——集中了现代古人类学家的研究——将有可能确定其年代。

在过去的几十年里发掘出了许多南方古猿的颅骨和牙齿化石。一部分是在南非地区，然而那里的可动土却妨碍确定其年代。在东非大峡谷里发现了大量相同的化石。东非大峡谷是由于这块大陆的漂移形成的一个巨大的裂隙，那里有规律的火山岩可以准确地测定其年代。例如，在坦桑尼亚的奥杜瓦伊峡谷干涸的河床里发现一颗南猿的化石从火山灰里凸现出来，这样这颗化石就能被烙上印记。测定显示它差不多有200万年的历史，更新的发现也证实了这一点。可以肯定的是，人类的原始祖先，又名猿人，在我们的星球上生活了很长时间。

在奥杜瓦伊峡谷发现的有200万年历史的颅骨化石，官方的命名是有争议的。肯尼亚和英国的科学家声称这些颅骨代表的是有别于南猿但又与之相关的种类。特别的是，同时发现的古石器让他们有了一个新名字“Homo babilis”，或者叫“能人”，他们宣称这种生物使用的工具是已知的最早技术的产物，又称为奥杜瓦伊前石器时期（是以发现他们的峡谷命名的）。然而，他们使用的岩石碎片和骨片其实是很原始的——比前面提到的古阿舍利工具简单得多，因此很难让人断言这种生物有多么手巧。可能能人化石仅仅是高级的南方古猿，并不是真正的人类种属。

这些和别的观点点燃了在现代人类起源理论上的争议。一种观点（多地区起源假说）——主要基于化石的发现——认为人类是在200万年之前在世界上的几个地方起源的，随后作为一个种类扩散、进化，进行着文化交流。当“直立人”的后代离开非洲之后，他们可能跟已经生活在亚洲和欧洲的原始人包括尼安德特人杂交，导致了现代人在人种上的差异。相反，另一种“源自非洲说”（或者叫单地区假说）——主要是基于基因的分析——认为非洲是现代人起源的地方。这种观点认为在大约15万年以前，一个新的种类，不同于尼安德特人和其他的原始人，取代了他们。取自尼安德特人化石的DNA标本支持这种观点，现代欧洲人不携带尼安德特人的基因。因此，DNA分子证据又一次与骨化石的断代相抵触。像其他我们

沿着东非大峡谷发现了大量的人类化石。

在宇宙进化中的“或者—或者”理论一样，真理可能存在于两者之间——可能在一种情况下迁徙到欧亚大陆的原始人相互杂交；在另一种情况下取代了原有的原始人。

200万年前我们的祖先不超过150 cm，体重约55 kg。尽管他们比起跟他们一起生活在离开森林的平原上的其他生命来要聪慧得多，但是他们的大脑还不够发达，还不能用语言交流。通常，他们更习惯于用咆哮、呻吟、手势以及其他身体动作来交流。更聪明些的肯定有一双更灵巧的手，更敏捷的手指，更敏锐的视力——虽然不像我们的那么好，但已经足够来制作一些简单的工具了。由于他们足够高级的进化程度，眼手脑的联合发挥了作用。且不论他们的归属，这些生物很好地适应了变化的环境，而适应无疑是生存的关键。

更新的这个领域的研究揭示至少有2种，也可能是4种或者5种这种灵长类生物在几百万年前同时生活在非洲。已经发现的几百例南方古猿化石可以分为至少2种不同的类型。一种有着巨大的下颚和巨大的磨齿，这种类型喜欢以粗糙的植物为食，就像现在的大猩猩一样。这种更健壮的类型称之为“boisei猿人”，或者叫“boisei南猿”，或者简称为“boisei”或“健壮型”。古人类学家以起绕口的命名而臭名昭著，没有人知道这到底是一个不同的物种，还是一个亚型，抑或是一个特定物种的变异。真理隐藏在这些埋在地下的骨化石里，由于这些化石时间太久，基因在这里也帮不上忙。另一种类型称之为“africanus猿人”或者叫“africanus”，或者叫“纤细型”，是首先在南非发现的一个变种。这种猿人的特征是有更纤细的下颚和更小的臼齿，可能主要以肉食为生。所有的这些仅仅是假说而不是结论，但它们的确代表了现今的人类学家的观点。

基于这些发现的两重性，我们自然会怀疑南猿化石的差异是否仅仅是同一种类的变异。毕竟，今天的人类跟他们只是有一点轻微而显著的差异；就像栅栏与爱斯基摩人的狗拉雪橇的区别一样。可是，这种解释站不住脚，因为200万年前发现的猿人化石是两种不同的类型：一种的颅骨和牙齿明显比较大，是超大码的；另一种比较小，比较纤细。那么，有没有可能他们分别是男人和女人呢？这两种南猿化石跟性别有关吗？这种解释也是不合情理的，因为这两种类型的化石还没有在同一地区的断层里发现过：健壮型是在东非，纤细型是在南非。除非是高度独有的行为可以将男性猿人同女性猿人分开，否则的话这两种类型跟性别差异是没有关系的。很明显，如果男性猿人同女性猿人分开的话是无法繁殖后代的。

因此，至少有两种猿人，很有可能更多种猿人，在几百万年前生活在我们的地球上。推测起来，只有一种是我们真正的祖先。进一步的研究尝试着告诉我们究竟哪一种才是。

在过去的几十年里在东非大峡谷的发现揭示了许多新的信息。除了坦桑尼亚的奥杜瓦伊峡谷之外，在肯尼亚的图卡纳湖岸也有几个小组检查那里发掘的化石以追踪人类的起源。另外，在20世纪90年代的游击战争阻止进一步的发掘之前，在埃塞俄比亚的奥姆地区发现了很多保存得很好的化石，是在易于断代的火山岩里发现的。

在这几个地方的最近的发现中，被疏忽的也是最重要的一点：健壮型化石的历史少于100万年。这种更健壮的猿人化石记录突然消失了，暗示着可能是快速的非正常的灭绝。最普遍的解释是由于健壮型猿人和纤细型猿人间不可避免的竞争造成的。每一个生物圈里只能有一个种类，但这里同时有两种猿人都想进化下去。令人吃惊的是为什么更健壮更大的种类成为失败者，后来我们就慢慢明白原因了。

尽管健壮型猿人的体形较大，他们发现植物很充足，就以植物为食，过着比较舒适的生活。这种简单的生活对快速进化成比较复杂的结构——例如充满智慧和技术的社会是不利的。相对小些的猿人更加敏捷，也更加聪明。纤细型猿人需要更多的智慧来获得维持生存的肉食。于是，自然选择帮助纤细型猿人大脑发育得更大，扩展了他们的能力，扩大了他们的领地，所有这些都明显地排挤了健壮型猿人，加速了他们在地球上的灭亡。这种观点不仅仅有健壮型猿人化石的消逝来支持，而且在纤细型猿人化石的边上经常会发现原始石制工具。到底这些工具是纤细型猿人手的灵活性和脑的发育程度的体现，还是用来杀害健壮型猿人的武器呢？没人知道这个问题的答案。

关于人类进化的历程，还有很多细节不为人所知。还有很多甚至我们还没有挖掘出来的细节，那些埋在地下的化石将促使我们的探索深入下去。因此，我们只能大概地描绘出进化历程，并且有几种可供选择的观点。例如，关于在 200 万年前使用工具的生物应该称之为能人还是非洲南方古猿。有些研究者坚持认为这些古老的工具其实并不是工具。这些争论主要是在语义学层面上的，是由于专家间对“工具”一词的解释不同造成的。另外一些研究者认为人类的历史不会超过 100 万年，还有一些研究者声称人类的某些种类可能生存在至少 200 万年前，可能 300 万年前。

最近发现的化石有可能把人类的历史追溯至更久之前，像在埃塞俄比亚的阿法洼地发现的颅骨，牙齿和骨骼碎片化石显示这些类

人生物生活在距今400万年以前。在坦桑尼亚的利特里地区硬化的具有放射活性的火山灰所保存的脚印边发现了同样的颅骨化石，这些化石显示这种生物有着比我们小的大脑和比我们大的犬齿。已发现的化石中最有名的是“露丝”，这是一具几乎完整的年轻女性的骨骼化石，显示这个种类是直立行走的。但是基于对她的肘和肩关节的研究发现，她同时也像猿一样非常善于爬树。据此，这些化石显示我们的祖先是一种介于猿和人之间的生物——一个消失的物种。一个新的物种，我们称之为南方古猿阿法种，他们可能是纤细型和粗壮型猿人的祖先。相反的观点认为在埃塞俄比亚发现的化石只不过是非洲南方古猿的一种，但承认这把人类的历史追溯至更久以前了。还有一些研究者认为这些化石是能人的更原始的一种。无论哪种观点是正确的，这些化石的确证实我们远古的祖先在他们的大脑发育得足够大之前已经直立行走了。

这么多的进化历程都与化石的分析相一致，以至于有人说有多少个古人类学家就有多少条进化的路线。虽然有这么多的差别，但是有一点是共同的，研究者都是要告诉我们人类的祖先是哪一种，许多人试图用新发现的化石来取代已证实的种类。最近，考古学家发现了生活在热带的印度尼西亚的弗劳尔群岛已经绝种的、矮小的人类骨化石，距今18000年前，称之为弗洛里斯人。这种新的灵长类动物的化石更像猴子的，这一点对于专家的关于人类进化的观点是令人沮丧的；这也加深了人们关于社会科学是“软科学”的印象。剽窃数据、盗取化石、尖刻的争论，甚至付诸诉讼，所有这些都折磨着在这一领域的研究者，使得有着强烈争辩意识的研究者更像是在破解所有科学里最大的一个谜题。真正的难题在于现有的关于人类进化的研究都是基于一些破碎的颅骨和牙齿，加起来有一屋子那么多，大部分是在东非，亚洲以及欧洲中部发现的。绝大部分地下深层的化石没有足够多的部分来重建一具完整的南方古猿的骨架，我们已经发现的最古老的完整的灵长类的化石是距今 6 万年前的尼安德特人的化石。

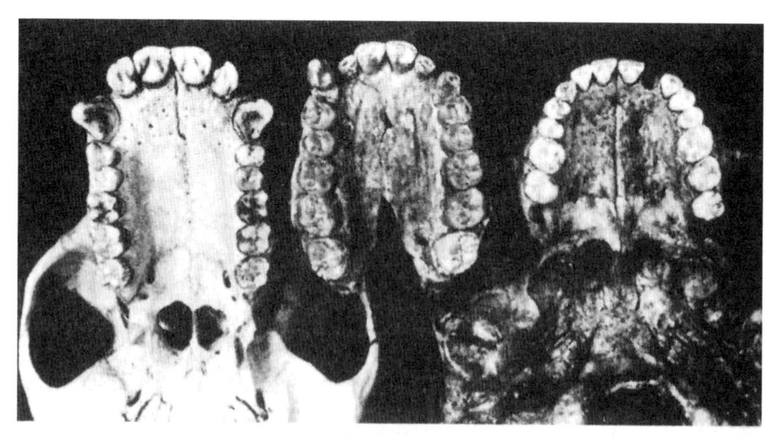

祖先的连环证据

南方古猿阿尔法种属的下颚结构（正中）特征介于猿类（左边）和人类（右边）之间。南方古猿阿尔法种属的下颚突起超过了面部平面，也超过了牙齿模式的曲度的宽度，他们的犬齿居中。这些发现显示在猿和至少 400 万年前的史前人类之间有着某种联系，或者说有着共同的祖先。来源：Smithsonian。

我们其实大可不必在这里为了这个问题争论不休。绝大多数的古人类学家总体上同意这样一条进化路线：南方古猿—智人，或类人—真正的人。甚而，几乎每个人都承认人类起源于非洲，在那里待了几百万年，然后开始在地球上扩展开来——首先迁移到亚洲，然后是欧洲，接着是美洲。争论大部分集中在细节上——特别的日期，新种类的出现，许多种类的共存，工具的出现，狩猎中的合作以及语言的发展等其他有关的课题。人们的感情是真实的，因为这

毕竟是跟我们人类的起源生死攸关的。但是关于人类起源的学术观点依然是百花齐放，除非能发现更多的化石，而且在下结论时有更多的基因学依据。所有的观点都有它真理的一面，因为每一种观点都是基于被实验证实的化石和基因提出的不同的观点。这也正是科学方法发生作用的方式——实际上也正是科学进步的方式，从短期看有一点主观性，从长期看经常更具有客观性。

环境变化可以在标本上留下印记——直至今日仍然如此并将继续如此。无论是自然的、生物的，还是文化的，我们祖先的进化是对环境变化的一种累积的适应反应：正像超新星在侵入星云后，要么产生新的恒星要么消逝得无影无踪了。洪水或者地理断层也让特定的生物在进化中变化得如此之快，以至于它们都来不及杂交，使得一些适应并生存下来而另一些则绝种了。环境变化对之前繁衍兴旺的猿人产生了长期的困难，使得一些坚持下来而另一些则没有这么幸运。

几乎所有人都承认人类起源于非洲，东非大峡谷从北向南分割东非大陆，分割线两边的环境与植被是截然不同的。今天，我们可以发现整个峡谷呈现出不同的生态特征——西部是潮湿的森林，而东部是干燥的草地。在大约 800 万年前由于地质构造和广泛的干旱影响了整个大峡谷，气候变化很自然地把我们远古的祖先分成两种类型。西部的一支生活在峡谷的森林里进化成为我们的近亲——黑猩猩。生活在东部干燥的热带草原的那一支，最终进化成人。可以肯定的一点是，今天黑猩猩只生活在峡谷西部的森林里，而猿人的化石则主要是在东部发现的。

在大约 300 万年前，环境的改变又一次加速了进化的历程。环境学家都知道全球气候变化频繁，那时候整个地球因为冰川覆盖了北美和北欧的部分地区而变得更加寒冷。东非则变得更加干旱，把适应湿度的森林植被变成了更加适应干旱大陆的植物。正是由于开阔的平原让最早的猿人变得善于奔跑，能熟练地进行远距离的狩猎，偶尔还能捡到动物的尸体。肉类正是他们追求的食物——可能正是有了肉类我们的祖先才开始了两足运动。我们远古的祖先就是这样适应了气候的变动并且以这样的顺序进化：南方古猿阿法种—非洲南方古猿—能人—直立人—智人。尽管发现的化石的多样性意味着进化更像灌木一样有很多的分支，一些研究者仍坚持认为在几百万年前猿人的进化是直线发生的。

自然，并不是所有的研究者都这样认为的。其他的研究者认为猿人的进化并不是呈直线的平稳过程，而是像一棵树的分杈一样在同一时间有着不同的猿人，这就很难画出一条清晰的进化路线。相比于其他科学，古生物学领域里有更多的“分裂者”跟“统一者”的对立。分裂者倾向于把发现的不同化石归属于不同的种类；统一者则倾向于把不同的化石归属于同一种类的解剖学变异。通常，这在本质上是方法论的对立，是基于数据的主观性与客观性的挑战。

流行的观点认为在进化路程中非洲南方古猿和南方古猿阿法种把现代人同古猿联系起来，这种观点当然是指导性的，即使它是正确的，它也只是把那个基本的问题时间往后推迟了：谁是南方古猿的祖先呢？这个问题的答案更加模糊，因为越往后的化石就越破旧，更加稀少，也更难保存下来。

迄今为止发现的猿人化石很少有比在阿法洼地发现的 400 万年前的猿人化石更古老的。然而，就在最近，一个国际联合古人类学家小组在埃塞俄比亚又一次把我们人类的历史向前提前了。一小撮长骨，一部分下颌骨和几颗牙齿是从至少 6 个地猿始祖种（土语意思是“猿的祖先”）获得的，它的时间可以追溯至五百多万年之前，有一个在乍得发现的猿人的颅骨（称之为撒海尔猿人，或者叫土买猿人，是以西非撒海尔地区命名的）可能有600万年的历史了。尽管这些骨化石在尺寸上与现代的黑猩猩非常相似，它们牙齿的特征更像别的猿人化石而不像猿的化石，也不像活着的猿的牙齿特征。这些化石的发现与DNA的研究在时间上相吻合，DNA研究发现人类与黑猩猩的共同祖先生活在大约700万年前的非洲——这是一种外貌像黑猩猩，居住在森林里，足趾着地，生活在树木上以水果为食的动物。

这种有着人的部分特征的生物可能生活在超过500万年前的地球，但令人困惑的是在人类的进化树上500万年至1000万年之间的猿人化石极其少见。这一时期被称之为“断代”，或者被称为“古人类学家的黑洞”，处在这一时期的化石分散在地球的各个角落，但绝大部分都是与人类无关的动物化石。正是在这一时期，东非的原有物种发生了剧变，导致大范围的绝种，另外一些物种像长颈鹿、犀牛、羚羊的祖先很快出现——但这一时期猿人却没有留下什么痕迹。意外的是在图纳卡湖发现了上肢骨和下颌骨碎片的化石，埋藏这些化石的岩石可以追溯至500万年前。尽管没有人会仅仅根据一段上肢骨和几块下颌骨碎片就下结论，但大部分研究者认为这些化石属于南方古猿或者更早的种类。在附近的地方发现了一颗600万年前的磨牙化石。尽管一颗牙齿对于我们研究猿人的活动范围没有多大的帮助，但可以肯定的是，当时那里的确有猿人。

在印度以及后来在非洲，亚洲和欧洲的几个地方发现了已知最古老的有着人或者猿人特征的生物的牙齿和下颌骨碎片化石。对埋藏这些化石的岩石放射活性显示这些化石有800万到1200万年的历史。尽管在年代上非常久远，这些下颌骨化石仍然显示出猿和人的混合特征。由于没有发现一具完整的骨骼化石，这些生物的脑容量和解剖特征还不是很清楚。这些化石没有被好好保存，只有一些好的还存于世上。一些古人类学家研究了这些骨化石的形态后认为这种外形像狐狸的猿人化石（最初被称为腊玛猿人，为了纪念印度神 Ram）可能是南方古猿的祖先，即前南方古猿。虽然这一论断建立在目前获得的不完善的数据基础上，但是假如它是正确的，那么这种生物一定是在森林里进进出出的——有时候生活在森林里，有时候在平原上。另外一些研究者（主要是生物学家）研究了这些骨化石内的分子后认为腊玛古猿（现在称之为西哇古猿）更有可能是猩猩的直系祖先，而不是人类的直系祖先。相反，他们认为另外一

有着人类某些特征的生物可能在 500 万年前就已经生活在地球上了。

种原始人化石——森林古猿——更有可能是人类的祖先。这种猿人化石主要是在欧洲发现的，研究发现他们有很强的握持能力，可以在树枝间游荡。为了准确描绘出我们的远祖在约 1000 万年前的情况，还需要大量的基础研究和严谨的分析。

人类学家发现在古猿和现代猿猴（亚洲的猩猩、长臂猿以及非洲的大猩猩、黑猩猩）之间的关键的进化中间物种——肯尼亚古猿现在已绝种，它们可以追溯至 1400 万年前。许多研究者认为它是现代猿猴的祖先。至少，所有的研究者都承认这种古猿从非洲迁徙到了亚洲和欧洲。然而这些结论也仅仅建立在几十年前在肯尼亚西部发现的牙齿化石基础上。最近在非洲发现的别的已灭绝种类像原康修尔古猿有接近 1800 万年的历史，以及在西班牙发现的一具几乎完整的骨化石，有 1300 万年的历史，称之为皮尔劳尔古猿。这两种古猿被认为可能是现代人与大猩猩的共同祖先。由于化石很稀少，所以进化图也不清晰。也有人怀疑，这些已经灭绝的古猿的骨化石真的能够提供我们人类进化的线索吗？

准确描述，什么时间什么地点一个物种进化为另一个物种是很难的，因为在历史的长河中生命的进化是缓慢发生的。化石不可能记录下来一个猿人母亲生下一个人类的小孩，或者一对非洲南方古猿的父母生下一个“直立人”小孩。进化不是以这种方式发生的。它是在很长很长的时间里缓慢发生的，以至于你可能都感觉不到它的发生。

古人类学家并不是唯一追踪人类进化的科学家。像在“生物学时代”一章里讲的，基因学家可以通过检查现存的灵长类动物的基因，计算出经过这么久的时间后的变异数目。绝大多数的研究证实人类和我们的近亲——大猩猩在大约 500 万至 700 万年前有着共同的祖先，这也与最近关于骨化石的研究符合。然而，这种 DNA 分子的研究并不能告诉我们在过去的几百万年间人类和人类祖先进化的具体细节——换句话说，现代人类与祖先的区别在哪里。它也不能解决关于非洲和其他地方共存的猿人数目的争论，以及猿人迁徙到欧洲和亚洲的时间的分歧，以及猿人灭绝的原因，以及为什么我们却生存了下来。即便如此，人类的历史必定真实地记录在现存的人的基因中——人类的起源也隐藏其中，这也是“文化时代”一章中最大的目标。

关于人类进化的基因路线问题之一是 DNA 分子的校准刻度不一致。由于人类和灵长类动物以及其他的哺乳类动物的生命周期不同和世代的更迭，他们的分子的节奏不一致。在研究骨化石的专家和研究分子的生物学家间也常有争论，这就促使我们发出这样的疑问：在描绘进化路线时基因或者化石能给我们最好的答案吗？有人可能会这样想，从原则上讲，在实验室里仔细地将基因中的核苷酸碱基记数并排序应该能提供精确客观的答案，尤其是那些埋在地下的骨化石经常保存得不太好，从形态上来解释就会包含主观观点。但是基因学家仍然需要化石记录来校准 DNA 分子，也就是计数经过几百万年进化的核苷酸数目的变化。目前大部分研究者在研究灵长类动物时应用的校准点限定在 2000 万年前猿与猴的分离。但如果这一关键点数据是错误的——至少有 20% 的不确定性，那么 DNA 分子的校准就是错误的，由此推出的所有结论也是错误的。

当然，如果生物学家能够从骨化石本身取得 DNA 标本的话，那就没有不确定性了，就有可能描绘出一条人类进化的准确路线。例如，与尼安德特人相比，需要多少基因改变才能产生非常智慧的人？他们是我们直接的祖先还是进化路程里的一条死胡同？我们可以轻而易举地从一个死了几百年的人的头发里提取到他的DNA，可是从十几万年前的尼安德特人骨化石取得DNA标本就非常困难，迄今只有几例成功（从死亡的那一刻开始，由于水、氧气、微生物的攻击，DNA就开始降解；这也是为什么从恐龙的骨化石以及嵌在琥珀里的昆虫里提取到DNA的传言都是不可信的）。目前的结论是尼安德特人的DNA与我们现代人的DNA截然不同，表明他们可能是人类进化历程上的一个旁支，在30万年前与进化为现代人的那一支分离，并且在3万年前灭绝。然而，再往后就没有基因的踪迹可查了。更古老的化石超过了几十万年就不能提供可检测的DNA标本，因此对几百万年前的骨化石我们就不能准确地排序。尽管基因和DNA分子有可能给一些有争论的课题达成一致带来希望——最终确认到底是什么特殊的变化导致人类的产生，对于解决这一起源的伟大课题仍然有许多路要走。

* * *

总有一天，科学家会有足够的化石和基因数据来证实进化采取的准确路程。骨化石和DNA分子将最终证实是什么发生进化。但它们对了解进化是怎样发生没有帮助。最近为了理解进化背后的原因，人类学家开始着手研究我们的近亲——黑猩猩的行为模式。

那么我们是如何得知黑猩猩与人类有着密切相关性的呢？这是化石的记录和基因明确地告诉我们的。实验室里关于蛋白质分子的研究常规是检测许多动物中氨基酸种类和数量的差别。我们比较了人类与很多动物像马、老鼠、青蛙的氨基酸数量和顺序的差别后发现，它们的差别是很大的。但是人类与大猩猩的蛋白质差别却不大。平均起来人类的蛋白质超过98%，与黑猩猩的相同，人类与黑猩猩的关系就像狐狸与狗那样近。有些蛋白质，像血红蛋白在人类与黑猩猩中有着几乎相同的氨基酸数量和顺序。因此，所有猿猴家族里，黑猩猩与人有着最接近的基因组成。Bonobos（有时候也称为波诺波猩猩），是在约一个世纪前在地球上最后发现的大型哺乳动物之一，可能与人类有着更接近的基因——而且它们行为友善，堪与人类相媲美。

黑猩猩也与我们人类有着最为接近的生活方式（非洲大猩猩比起黑猩猩表面上更与人类接近，但是它们的基因结构与人类的稍有不同，而日常习惯则截然不同）。相比于其他动物，黑猩猩更能代表猿类祖先的特征，当然人类也是从猿类进化而来的。通过研究现代的黑猩猩，行为学家就能知道几百万年前我们祖先的生活是什么样的。黑猩猩的现实属性，适应的环境，以及社会结构都有可能告诉我们一些关于从共同的祖先中进化分离出人类所发生的一些进化事件，当然黑猩猩也同样进化了。

研究者花了大量的精力来研究动物园里关在笼子里的黑猩猩的生活方式。但每一次类似的研究都发现只有在野外环境里才能解开猩猩社会的复杂性。野外环境意味着黑猩猩及它的种群生活在渺无人迹的地方，它们的生活圈远离人类，因为我们无法共存。绝大多数的黑猩猩都很害羞，不习惯被人类观察。它们或是在森林中很难观察到的深处，或是在茂密的丛林树梢上。对于人类学家，到达合适的观察地点已经很棘手了，更不必说还要研究黑猩猩的属性以及解释收集的数据。

已有的基础研究证实黑猩猩和其他的两足猿类（如猴子）比其他的四足动物要聪明得多。两足可以使它们保持直立的姿势，这样就解放了双手，手的灵巧性又为生存提供了新的机遇。举一个例子，现代的黑猩猩可以用手把树枝的叶子剥掉，再把树枝插到白蚁

洞穴里，慢慢地拔出来，这样就可以舔食粘在树枝上的白蚁了。

直立行走或者说用双手工作的能力有什么后果和影响，目前仍然是一个有争论的课题。跟之前的解释（直立的姿势促进了工具的制造）相反，后果和影响可能正好相反。在过去的几百万年里，获取食物的需要使人类的祖先变成了永久的直立姿势。可能这两个重要的进化特征缠绕在一起，无法分清谁首先发生的了。由于这两者每一方都以一种复杂的方式作用于另一方，真相可能更为错综复杂：两足的灵长类的手变得比较灵活了，手的经常使用加速了朝着直立姿势进化趋势，导致了更为复杂的工具的发展，诸如此类。这是一种正反馈的结果，也就是一种因素的发展刺激了另一种的发展，第二种因素又反过来刺激第一种因素，反复循环，这样就导致二者发生更快更进一步的发展。在进化到人类之前的进化历程中，这种正反馈机制可能在史前人类许多的特征进化方面发挥了重要的作用。

现代黑猩猩的生理和习惯给我们很多理解我们的祖先南方古猿的暗示。黑猩猩足够小，可以在树木间游荡；又足够大，可以避开陆地上的食肉动物。它们经常迁移，作为一个巨大群体的一部分是很令人生畏的。黑猩猩最喜爱的食物是水果，特别是成熟的无花果；但它们有时候也吃肉和鸟蛋，偶尔还吃小蛇、蜥蜴和昆虫。它们喜欢尝试不同的食物，这说明它们天生有好奇心。可以肯定的是，黑猩猩的智力体现在很多方面，比如它们用嫩枝作为工具，用岩石来敲碎东西，摇动头顶的树枝来恐吓敌人，还能用草来盛水。黑猩猩有一个开放的、自由的社会结构，这让它们可以尝试很多新事物。

或许比它们所显示的好奇心更有趣的是一些报道中所讲的，黑猩猩有一定程度的自知力。例如，当暴露在镜子面前，绝大多数的黑猩猩会把镜子里的自己当做别的黑猩猩，随后很快它就会认识到镜子里的其实是它自己。它们似乎有一种“自我”的感觉，可能灵长类动物已经足够聪明到可以意识到自我了。曾经我们认为自知力是专属于人类的，现在看来自知力可能是猿类的不可或缺的一部分。

两足直立能让它们保持直立姿势，因此解放了双手。

黑猩猩也是观察力敏锐的模仿者。年幼的黑猩猩向比它们年长的黑猩猩学习，也从它们的训练者——人类身上学习。尽管它们由于没有发声结构，不能讲话，一些黑猩猩经训练后可以使用盲人用的手语与人类交流。有的黑猩猩甚至可以用手势与别的黑猩猩进行交流。这种黑猩猩与黑猩猩间的交流意味着它们有教与学的能力，意味着黑猩猩比我们以前认为的要聪明得多。更进一步讲，仅仅把黑猩猩当做模仿者是不公平的。鹦鹉也可以模仿，但这二者之间是有区别的：别的动物只能学会模仿，而黑猩猩像小孩一样有学习的能力。

黑猩猩也是一种社会化的动物。黑猩猩有着明确的社会阶层，就像人类社会在军队、商业、教育、工业，或政府部门一样。一个或几个雄性黑猩猩统治着一群黑猩猩，这样就保证了一定的稳定性，以免经常起内讧导致社会不稳定。这种社会结构并没有压制它们的好奇心和友爱。有些黑猩猩显示出一种利他性，它们与小组里其他的黑猩猩共享食物，尽管大多数黑猩猩并不这样。所以像前面的研究中所显示的，黑猩猩并不是完全以自我为中心的，有些黑猩猩偶尔也会表现出对小组里别的黑猩猩的关爱，尽管大多数的黑猩猩只会对它们的小孩表现关爱。

黑猩猩的社会结构如此复杂，以至于一只新生的黑猩猩需要 15 年才能成熟。像人类的青少年一样，年轻的黑猩猩需要很多年的学习才能成为它们的社会组织里完整的一员。从某种意义上来说，父母是年轻的黑猩猩的老师。

那么这是否意味着今天的黑猩猩显示了一种文化的初级阶段呢？当我们看着它们在野外用岩石反复锤打坚果外壳时，我们是否看到了几百万年前人类文化的根基呢？这个问题的答案又一次包含了语义学的理解：有些生物学家把文化理解为专属于人类的技能，像语言、音乐、艺术；但另外的生物学家把文化理解为非隐藏在基因中的从后天习得的行为。后者属于更广泛意义上的解释，可能包含了鸟儿的歌声和鲸的叫声。尽管长久以来，我们一直认为文化是专属于人类的，越来越多的证据显示在社会中学习的传统在其他哺乳动物中广泛存在，不仅仅是在黑猩猩和波诺波黑猿，也包括鸟类、猴子、老鼠甚至鱼类。但问题是这些种类中的个体是否真的能够相互学习，即行为是否能够从一代传到另一代，而不是它们自己发现的呢？真正的文化，像在“文化时代”里讲的一样，是更为棘手的或者至少是更有情感的——比起我们早先在“星系时代”里讲的课题。

黑猩猩在成长期里的学习证实了环境因素确实起着重要的作用——最起码在现代的黑猩猩身上的确如此。别的不相关的物种，像蜜蜂和蚂蚁，也有高度组织的社会结构，可是它们没有学习能力。环境并没有让它们学到什么。实验研究证实在它们进行日常事务的过程中缺乏一种个体的自由表达能力；昆虫对尝试新事物缺乏好奇心。由此带来的结果是，虽然昆虫的社会有着明确的（也令人印象深刻的）组织性，昆虫的行为却并不复杂。昆虫的社会组织几乎完全是被基因编码严格控制的。

因为黑猩猩可以很好地学习，行为学家很难简单地告诉我们黑猩猩有多聪明。没有人知道它们的智力在多大程度上是由它们的生物学基因所决定的，多大程度上是由它们的文化环境决定的。我们正处在一场争论之中——环境和基因到底哪个更重要（这一争论并不仅仅局限于黑猩猩的智力发展）。基因与环境的争论影响了生物的所有方面，特别是人类文化的进化。

智力在多大的程度是由基因编码决定的，而不是由环境所赋予的呢？这仍然是一个有争议的话题。在过去的 25 年里，关于基因和环境的争论一刻也没有停过，事实上这促使了一门全新的交叉学科的研究。社会生物学——研究社会行为的生物学基础——目的是求助于心理学、基因学、生态学和其他学科的基本原则来理解社会中的生命形式的社会本能。这门研究的首要目的在于社会形成中的可继承特征，其次是揭示竞争与合作的重要程度。

社会生物学扩大了生物进化的研究范围，把社会也包括在内，也被称作社会进化或者心理进化，无论称它为什么，它都必定是“文化时代”这一章里的一个关键特征。在文化进化的角度来讲，个体的适应性并不仅仅由个体的成功和生存来衡量，也包括他的亲属的成功，即与该个体有着部分相同的基因的个体。这些是由自我奉献导致的，也可以统一归类为“利他主义”——爱的别称。像在经典的生物进化里经常讲的“适者生存”，从生物社会学的角度文化进化也就是“作为整体的社会而存在”。

在进化里竞争并不是仅有的驱动力量；合作也是驱动力量之一，至少在生物和文化的进化里在一定程度上是这样。这一点在前一章“生物学时代”里讲的几十亿年前从单细胞生物进化为多细胞生物以及再早几十亿年合成代谢产生真核细胞时表现得尤为明显。早在生命起源之前的分子也需要相互之间来提供催化表面进行复制。高等生命，特别是昆虫的社会，像蚂蚁和蜜蜂以及其他的动物，似乎也有一种利他性，对它们来讲合作起着至关重要的作用。例如，野狗经常反刍肉类来喂养幼狗；有些鸟儿会延迟择偶的时间来帮助抚养自己的兄弟姐妹；白蚁中的兵蚁会在自己的群体受到攻击时自身爆炸，在敌方的军队里产生毒气。无论是在什么地方，什么时间，这些狗、鸟儿、白蚁的行为是相同的。它们的行为就像编程的机器一样。

如此严格和统一的行为让许多生物学家认为，至少在低等生物中，行为完全是由基因控制的。如果的确如此，那么每一个特征、行为和任务都由它自己的基因或者基因组控制，身体形状、尺寸和结构也是如此。这些行为基因的首要目的是为了种族的保存。即使被禁锢在生命的身体里，基因仍然决定着一切。在极端的意义上说，生命存在的唯一目的就是保存基因——自私的基因。

社会生物学在这一问题上仍有争论，主要是因为支持者把昆虫社会的教条照搬到更高级的生命形式中来，包括人类。当科学家或者别的什么人对于人类自身作出一些夸大其词的判断时就会引发争论。因为人类的天性并不是像我们想象的那样总是正确的，这就会引起很多麻烦。偏见和价值判断会偷偷地潜入科学研究中，或许在我们研究自身的时候这些已经悄然接近并产生不可避免的后果了。主要的课题是：基因在多大程度上影响了人类的行为？基因和环境哪一个在决定人类的行为时起决定性的作用？这就是争论的根源：人类对人类事情的理解。

研究者总体上可以被分为两类，两者都承认环境因素在人类的行为里起着更为重要的作用。一种观点认为实际上环境是唯一重要的因素：人类行为模式的差异主要是由社会、文化和政治因素决定的——意味着人可以控制自己的行为。另外一种观点认为基因也有相当重要的作用：基因与环境相比，作用可能只有 1/10，但这意味着许多的特征部分由基因决定（好斗、嫉妒、怜悯、友爱、害怕、智力以及其他）。如果真的如此，那么人类行为的社会改变就是有限的，因为很多行为在生物学上是由基因决定的。按照第二种观点看来，父母宁愿自己挨饿也要喂养他们小孩的行为以及冒着自身生命危险抢救溺水者的行为都不是这些人的自由意愿。相反，就像昆虫不惜代价保存自己的种族一样，此类行为仅仅是埋藏于基因中并由基因决定的无意识反应，其目的是为了保存我们自己的种族——就像任人唯亲一样。因此可以看出合作对个体而言是奉献，对整体而言是有利的。

爱、利他性、友善、好奇心——这些好像不仅仅属于人类，黑

猩猩甚至其他动物可能也具有这些特征。许多人可能会说这些特征在人类身上体现得更为明显，但如果我们看一眼报纸就会怀疑这一点。

黑猩猩并不是一直友善的，它们也不是素食的和平主义者。黑猩猩在另一方面也跟人类相似，换句话说，它们偶尔也会表现出侵略性。种族内以及种族间的冲突是正常的，或许这在生物和文化进化中是不可或缺的。也许在今天的社会理想主义者看来，“自然爪牙沾满鲜血”是不正确的，但是竞争和探索一直都是进化中的主要部分。合作互利更为温和，在自然选择中有着一定的局限性，特别是关于个体的繁殖过程。即使是合作，通常都是对它们有利时才会这样做。如果在竞争中没有侵略性，那么种族中很少有个体会适应不断变化的环境。由刺激引发的侵略性在生物学上有着很深的根源，无来由的侵略性就是另外一回事了。

科学家在坦桑尼亚的研究发现有的黑猩猩会没有什么明显的理由去谋杀另外一些黑猩猩。一组比较大的雄性黑猩猩会对另外一组从较大的组里分离出来的雄性和雌性黑猩猩发动有预谋的盗匪式的攻击。在过去的 5 年里，每一只从大组里分离出来的黑猩猩都经常被残暴地殴打过，最后都死掉了。只有年轻的雄性黑猩猩参与了这些攻击，这些攻击都发生在受害者离群时。攻击者通常使用手、脚和牙齿；观察者发现它们有时候还会扔石头。研究的目的是为了发现黑猩猩以及人类不当行为背后的根源，这可能有助于未来人类的生存，显然未来人类的生存不能容忍种族间的侵略。

尽管仍然徘徊在一些细节上面，科学家关于现代黑猩猩的研究的确帮助我们更好地理解人类自身。当 1000 万年前的古猿离开森林来到草原（也可能是冰川期森林消退，让非洲变得寒冷干燥），为了生存它们被环境变得更具有社会性。我们的社会就是这样起源于新的、残酷的开阔草原：因为那里缺少食物和保护，因此更需要团队合作——抑或是人人为了自己，让竞争变得自由了呢？

这些困难毫无疑问给我们的祖先提供了一个学习和体验的机会，这样他们的视野和经验在过去的几百万年里得到了很大的提高。森林里生活的生物的狭小思想就被我们生活在草原上的祖先的开阔视野取代了。这样的后果就是，突然变大了的世界给了我们的祖先很大的压力来进化出更大的大脑以便于储存飞速增长的信息。

从树林到草原的生活变化对人类而言是一种复兴，这一过程花了接近 100 万年的时间。这一过程一旦开始就持续进行下去——生活在完全不同的生活圈子里，发展出了全新的生活方式，最终变得越来越聪明。

* * *

在前一章“生物学时代”里我们主要讲的是关于从 10 亿年前出现的多细胞生物的中枢神经系统到 1000 万年前生活在树上的敏捷的灵长类动物中枢神经系统。我们现在讲的是更近的历史，是沿着几百万年前我们祖先脑容量急剧增加这一线索展开的。我们在“文化时代”一章里所讲的很多快速的、复杂的进化都是关于我们的大脑——或者是导致我们的大脑增大的因素，或者是由于大脑的增大所导致的后果。

人类的大脑现在有 1400 立方厘米，大约有一个大的葡萄柚那么大。重量上略超过 1 千克。人与人之间大脑尺寸确有差别，然而没有证据显示 1000 立方厘米大脑的人与 2000 立方厘米大脑的人在行为上有什么差别。

另一方面，绝大部分的精神病人自知力明显下降，他们的大脑

也明显变小。这些精神病人的大脑只有500立方厘米，大小就跟正常的一岁小孩的大脑一样大。很明显，大脑体积太小的话就没有正常的功能，这意味着大脑如果要保持足够的功能就要有足够的大小。只有超过这一体积——通常是1000立方厘米，人类才能保持正常的功能。

那我们的祖先有多大的大脑呢？化石记录能让我们估计出史前人类大脑的容积吗？答案是“是的”，人类学家已经绘出人类大脑进化的蓝图。他们通过测量我们祖先的颅骨化石颅腔容积来估测他们的大脑容积。这一点是有依据的，因为现代人类、猿、猴子和其他动物的大脑都是充满颅腔的。

300万年前的两足动物和南方古猿的脑容积平均约为500立方厘米。这比现代的黑猩猩略大，相当于现代人类的脑容积的1/3。因此，化石也证实了我们的祖先在进化出更大的大脑之前已经可以直立行走了。

真正意义上的人类，200万年前的能人，毫无疑问已经有了更大的脑容积。化石证据显示这种原始人完全是直立行走，平均有700立方厘米的脑容积。不仅如此，他们的颅骨化石形态也跟之前的古猿不同。他们前额的额叶以及两耳旁的颞叶已经发育起来了——这部分大脑跟语言、视力、好奇心，以及其他有用的特征有关。跟这些祖先两足直立行走相对应，他们也许还会制作简单的工具——这两个行为特征（两足直立和制作工具）可能是伴随着大脑的发育发展起来的。无论是制作工具导致了两足直立还是相反（这就跟讨论鸡生蛋还是蛋生鸡一样），这可能是之前讲的正反馈机制。无论如何，事实是两足直立解放了双手，直立行走与直立姿势、制作工具有着必然的联系，最终大脑的容积增大。

化石记录显示我们最近的祖先——直立人，平均脑容积（约为 1000 立方厘米）小于今天的我们的近亲——黑猩猩。是什么导致了脑容积的明显增长——在大约 100 万年里增长了接近 50%，正是在这一时期早期人类度过了冰川时期的寒冷环境，这一环境挑战加强了环境选择较大的大脑来为季节性的资源利用做计划，实际上不仅仅是考虑生存。在化石周围发现的大大小小的石头进一步显示 50 万年前我们的祖先已经能够生火并且在石洞旁建造房屋。在动物骨头上发现的切割痕迹显示他们已经从吃水果和坚果过渡到吃肉，吃肉给了他们更多的能量。我们的祖先已经开始挑战环境——改变环境来适应改变。

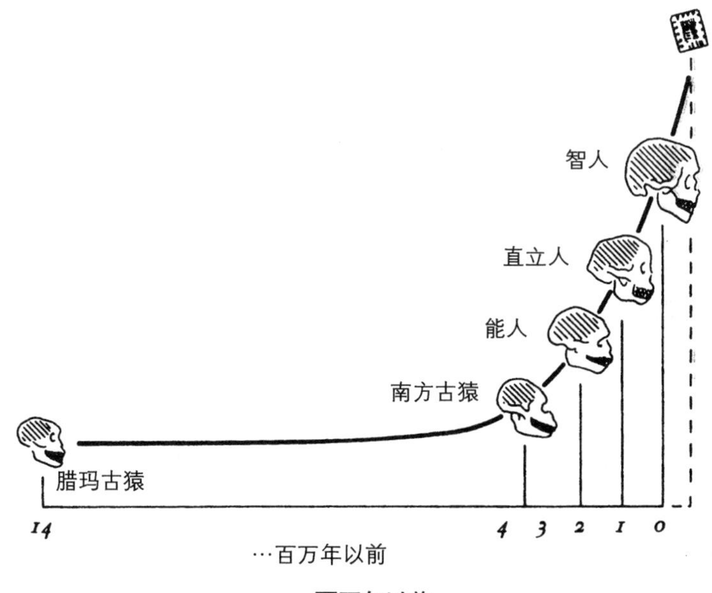

…百万年以前

过去的几百万年里我们祖先的大脑容积增长了 3 倍多。

对不同的脑容积进行比较就显示出了人类的进步——生物学意

义上的和文化意义上的——在过去的几百万年里最起码的部分是由脑容积的增大取得的。在这段时间里，我们祖先的大脑容积差不多增大了 3 倍。新的行为功能，增加的特殊神经功能，不同的饮食习惯和提高的文化适应力伴随着人类的进化历程——从地猿到南方古猿，直到能人，再到直立人，一直到智人。并不是最合适的，也不是最强壮的，而是最能适应变化的种类生存了下来。

绝对脑容积是很重要的，但是它并不是衡量智力的唯一因素。体形较小的生物的大脑也比较小，特别是与体形较大的生物如大象相比较时。然而在许多方面，鸟类比大象表现得更为灵活，可能是前者有着更小的身体来运动和控制。实际上，大象巨大的大脑的很大一部分是由运动皮层组成的——数量如此多的神经元来支配这些体形巨大的生物在走路时不至于绊倒。因此很多神经生物学家选择大脑身体比来作为衡量智力的一个更好的指标。

大脑身体重量比把具有相同身高的爬行动物与哺乳动物很好地区别开来。给定相同的体重，哺乳动物通常有更重的大脑，比现代的爬行动物的大脑重 10—100 倍。与此类似，我们祖先（早期的灵长类动物）的大脑比其他的哺乳动物的大脑也要重得多，相对于体重而言。

智人是拥有最大的大脑身体重量比（与我们的大脑身体重量比相同，都是 0.022）的生物。海豚其次（0.016，这一比例与能人相同），紧随其后的是猿类，特别是黑猩猩（0.006）。人类的大脑正是基因所能提供的那样大，而且在孩童时期继续发育——比我们的近亲猿类大 3—4 倍，相对于体重而言。这些只是数据，不是社会感情的产物。

大脑身体重量比提供了一个很有用的动物间智力水平衡量的参

数。以这种方式，化石记录确实证实了从200万年前的爬行动物到哺乳动物的进化伴随着脑容量和智力的明显增加。这一比值进一步证实了神经进化与几百万年前的哺乳动物中类人生物的出现相伴而行。

可以肯定的是，大脑把人类同其他的动物区别开来。语言的发展，技术的发明以及文明的出现，无不是大脑快速进化的产物。那么地球上别的生命呢？今天我们的地球上是否还有别的生物也具有相似的智慧——能够进行交流，进行社会活动，制作工具呢？

大脑身体重量比显示，海豚是现在地球上除了人之外最聪明的动物。据测算，海豚的大脑身体比相当于100万年前的猿人，超过了几百万年前的南方古猿。按照现实的测量，实验室测验显示海豚的智力介于人类与黑猩猩之间。从生物学的角度来讲，海豚的进化跟人类几乎没有什么差别，然而它们在文化上远远落后于人类，可能是因为它们生活在水里的缘故。

海豚并不总是水生动物。跟鲸一样，海豚也是哺乳动物的一员，它们的祖先也曾经是陆生动物。可能是由于5000万年前的四足动物激烈的竞争，海豚的祖先返回到大海里，或者是为了寻找食物，或者是由于陆地上的生活圈太拥挤了。毫无疑问这种回归的确伴随着很多不利因素——海豚祖先的选择确实是对环境的适应——但这种选择可能使它们避免了灭亡。

海豚像我们今天所知的那样，非常适应大海里的生活。它们强壮的身体呈流线形，适合进行深潜水以及水里快速运动。海豚有着超出人类非同寻常的听觉系统，即神秘的声呐系统，代表着一种水下的视觉系统。这种高级的回声定位系统正在被海军研究用于军事目的，应用于听觉雷达来定位水域里的物体的位置和运动。

有趣的是几乎每年都有成百上千的海豚和鲸在海边搁浅，特别是在新英格兰科德角海滩。最大的可能性是它们失去了导航信号，暂时迷路了。或者，也有这样一种可能，这些海豚正在努力回归陆地。当我们解救它们并且努力让它们回归大海时，我们能肯定自己是显示了人性的一面还是我们内心其实并不愿意让它们进入我们的陆地生活圈呢?

海豚也有高度组织的社会结构。它们在海里游玩时以家庭或者团队为单位，有困难时能够相互帮助：雌海豚经常为别的雌海豚做助产士。它们一点也没有敌意，对别的海豚以及人类都非常友好。对于所有表面友好的种族其实都很有侵略性这一潜规则，海豚可以说是一个例外——尽管在受到威胁时它们甚至会合作起来对抗鲨鱼以保护自己。

除了在水下的超强的导航能力，海豚还可以通过一系列的哨声、嘎嘎声、吱吱声、咔嗒声以及其他的声音——这些声音经常被称为布朗克斯呼声——来进行相互之间交流。尽管我们希望有一天可以与海豚进行交流，但是由于人类的发声和听力相对受限，与人类相比海豚有着更广的听力范围。它们能够发出并且听到我们听力范围的声音，但是有时候它们也会发出低于正常的呼噜声和呻吟声。海豚所发出的绝大部分的声音对人类而言是听不到的，它们表达意思的方式不可能与人类的完全重叠。不能否认，有可能几年来海豚都曾经试着与人类进行交流。如果确实这样，它们有可能会对人类没有反应失望至极。

无论是人类、海豚，还是黑猩猩之间，不同物种间的交流都是非常困难的。经验性的发现显示对于未来人类与海豚间的交流有一些共同的基础。至少，这两个物种都有交流对话的兴趣。

* * *

进化而不是革命是导致人类变化的原因。尽管达尔文认识到对个体而言选择是进化的第一要素，今天的生物学家扩宽了我们的认识，这一变化也包含了人群、地区，甚至全球范围。进化仍然包含了通常意义上的对变化了的环境的适应，但它在文化上的意义大大扩展了，并且在过去的几百万年里进化的步伐明显加快了。在那之后，就再也没有慢下来过。

环境变化作为进化的发动因素，有一些物种可以很成功地适应，有一些物种则灭绝了。有成功者，也有失败者，并不是什么政治因素可以改变这一点。像之前我们在“文化时代”里讲的，一些地球上的明显的环境变化，除了小行星的撞击之外，就是由于气候造成的。至少我们这颗星球上的冰川期就促进了生物的进化，也加速了文化的进化。实际上，3 万年前艰苦的环境可能就是克罗麦昂人取代尼安德特人的原因；前者掌握了在最近的冰川期生存的技术和技能。

除开那些几个月就能发生的季节变化，以及那些需要历时几百万年的大陆漂移，地球也经历着一些中等范围历时几千年的气候变化。约 100 万年前的令人吃惊的气候变化的细节可以通过一系列的方法获得，包括对从格陵兰和南极冰盖上取得的标本里的气体和灰尘进行分析，以及北大西洋海底的沙沉淀物中的花粉，以及从冻土圈取得的地质学数据。举一个例子，有的蜗牛习惯于生活在冷水里，有的习惯于生活在温水里；因此每一种蜗牛化石的分布比例就反映了这一地区几万年前的大洋温度。因为植物和动物对气候变化是非常敏感的，因此尽管不是很可靠，它们的化石分布还是从侧面扩展了我们对几百万年前的气候的认识。

地质化学家可以肯定地证实在过去的100万年里我们这颗星球经历了10次寒冷、干燥的气候变化（最主要的有4次）——这些气候变化的间期就是通常意义上的冰川期。因此，从地质学的角度来讲，不是一个冰川期而是数个冰川期。尽管数据不是很完整，每一次的冰川期，以及与之对立的相对温暖的间冰期，都持续了几万年。我们现在就正处在间冰期——正是在进入深度寒冷的冰川期之前的一段时间，大约还有2万年的时间。实际上，人类的所有历史——包括农业、国家和技术——都是在最近1万年的间冰期里形成的。

什么导致了我们这个星球上的寒冷和温暖的循环呢？有的地质学家认为当火山活动喷射出大量火山灰减少了穿透地球大气层的太阳光时，冰蚀作用就会加强。另外一些地质学家认为地球磁场的周期性反向导致保护性的范艾伦带倒塌，因此就会让超出一般剂量的太阳射线到达地表，减轻了冰蚀作用。还有一些研究者认为我们这颗星球上的冰川期可能是由于太阳本身辐射的变化引起的，太阳辐射出的射线经过星际间的尘云到达地球，改变了地球上大洋里的深水循环，减少了大气中的温室气体，或者其他一系列的步骤。

最近，海洋学家发现了一些令人信服的数据支持另一种理论，称为米兰克维奇作用，是塞尔维亚数学家米兰克维奇在20世纪中期发现的。按照这一观点，地球朝向太阳的角度经常发生微小的变化，导致到达地球的日照量发生变化，激发冰川期。这些变化是3种天文学影响的联合后果，是太阳、月亮以及太阳系中的其他行星作用于地球的引力或者旋转力导致的：首先，地球绕日轨道的形态或者离心率发生变化。其次，地球自转轴的倾斜。第三，地球自转的摇摆。

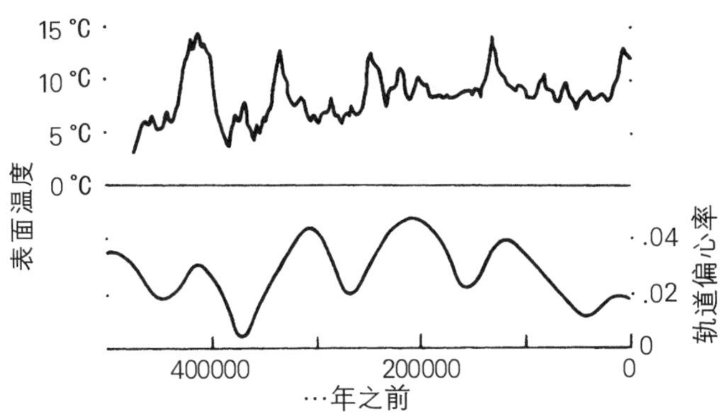

地球朝向太阳角度的微小而经常的变化引发了冰川期。

从更为技术的角度来讲，地球公转的椭圆形轨道大约每 10 万年改变形状，变得更圆，然后又变成椭圆形，依次类推。当轨道是椭圆形的时候，地球在距离太阳最近的时候比最远的时候可以多接受 30% 的日照量。而且，地球就像一个旋转的陀螺一样缓慢而平稳地倾斜，每隔 25000 年就返回到它的起点，因而改变了朝向太阳的地球半球的状态。最终，经过 4 万年的时间，地球自转轴的角度会发生几度的变化（现在是 23.5 度，相对于地球的公转平面），这对于改变夏天和冬天的气温已经足够了。

当地球处在高的轨道离心率周期时，首先的影响是会导致更暖和的夏天和更寒冷的冬天。其次是会改变季节的差异，当地球的倾斜度与离心率不协调时会导致极端的气候。再次，当地球的自转轴倾斜度较低时会导致更温和的冬天和更凉爽的夏天。这 3 种影响综合起来的结果就是——3 种影响同时作用但是经过不同的时间周期——有的时候会导致不正常的较多的太阳照射热量，像我们现在所经历的那样；然而在另外一些时间，照射热量会锐减，这样就会导致全球气温下降和广泛的冰蚀作用。

现在大多数的科学家认可这种导致冰川期的天文学理论，海底的沉淀物标本也支持这一理论。在过去的50万年里，微小的海洋里的浮游生物在特定的时间里会繁殖得很旺盛，在其他的时间里很少能够生存。我们知道这些浮游生物有的比较喜欢温水，有的比较喜欢冷水（就像前面提到的蜗牛一样），因此对这些浮游生物的化石的研究就可以估计出它们生活的海水温度。而海水的温度又与经过3种天文学作用的地球的冷热有关。

很明显，地球自转轴和几何轨道的微小变化是引发冰川期的主要原因。但它们是否是唯一的启动因素还需要进一步的研究。至少在一定程度上，米兰克维奇模型又一次加强了自然中天文生物学的联系，宇宙中的冰川期必定对地球上生物的进化产生深远的影响。

最近的一次冰川期开始于大约10万年前，在那之后大约1万年前气候慢慢变回了我们现在所知道的样子。在这一次冰川期的顶点，大约3万年前，2千米厚的冰层覆盖了从南极一直到北美的大部分地区，一直到欧亚大陆的北部和中心地带。那时整个地表温度只有5℃，比今天的地表温度要低得多。那时的海平面，因为有大量的水储存在冰川里，比今天的海平面要低100米。

在很久之前，更厚的冰层覆盖了地球绝大部分的地方，甚至可能整个地球都被冰层所覆盖——这也意味着地球上的生命大范围的灭绝不仅仅是由于小行星的撞击引起的大火和硫黄以及大洋的潮汐所致，也有可能是因为寒冷的空气和冰川所致。最近有些地质学家基于冰河期的残骸以及古老的岩石中的生物标记认为，在6亿年前巨大的冰川可能覆盖了几乎整个地球，这一时间正好处于寒武纪多细胞生物爆发之前。这些几千米厚的冰川甚至延伸到了回归线附近（即我们现在的热带地区），覆盖了所有的大洋的表面，封闭了海水与空气的接触，也切断了生命从太阳获取能量的途径。“地球雪球”如何形成这种极度深寒仍然是一个未解之谜，但是地球是如何从这一状态脱离出来是一个更大的谜题。唯一合理的解释是火山爆发喷射出大量的二氧化碳，这样对地球就产生一种强化的温室效应——这一残忍事件在一定程度上产生的足够热量不仅融化了冰川，而且烘烤了我们这颗星球。生命如何在这种严酷的气候反复中生存下来是另一个问题，除非它仅仅依靠地热获取能量而不依靠任何外在的太阳能量。一种选择是至少在热带地区，雪没有结成固态的冰；如果在热带地区仍然有未结冰的水，那么生命就不会完全灭绝。科学家正在竭力了解这种几百万年一次的冰冻对生物圈的影响——因为它正好处于寒武纪生命大爆发之前，可能它对于进化出多姿多彩的生命的益处大于害处。

几亿年前的“雪球地球”给我们这样的印象，那时候的太阳似乎比较暗淡。我们在前面的“星系时代”里讲过太阳的光芒在这一时间里缓慢增强；而行星的核心也经历了从氢转变为氦的过程。无论是行星进化理论还是我们今天估算出的到达地球的能量都显示每1亿年太阳照射强度增加1%。由此可以推测出，30亿～40亿年前的年轻的太阳的光芒可能只有现在的1/3。在开始的20亿年里地球上的水应该被冻成了固体状态。因此我们就有了这样的一个疑惑：几十亿年前地球上原始的生命在没有足够的能量融化冰的时候是如何生存下来的，或者说那时候的生命是如何开始的？一个可能的答案是，早期地球上的生物圈一定是被火山喷发所喷射出的温室气体影响而度过了冰川期（这些温室气体不仅仅有二氧化碳，也包括了氨和甲烷）。在另一方面，古代沉积的岩石记录也证实地球上的大洋里的水经常保持液体状态。在我们的星球上，这种自然进化对生命的挑战是经常发生的——就像自然和人类的起源一样，无论是在局部还是全球，都会威胁到地球未来的生命。

一个有争议的话题是关于盖亚的概念——这一观点认为所有活着的有机体都可以改变它们的环境，不仅仅依靠其他途径。现代的盖亚人——古希腊神的崇拜者的后裔依据盖亚假说的原则——走得更远，宣称地球本身就是一个简单的、巨大的超级生命体，或者说地球是有生命的（强盖亚）。无论是现实还是隐喻，盖亚的观点认为活着的生物可以影响地球生物圈的结构，环境与生命以不同的方式互相影响，环境得到调整之后对生命更为有利（弱盖亚）。微生物通过排出体内的代谢产物来改变它们周围的环境，它们通过这种方式来加强种族的生存能力已经持续了几十亿年了。据此，在地球的历史上，活着的机体总是试图避免环境的剧烈变化，因为进化赋予了机体为自身的生存保持有利的环境的能力。例如，随着时间的延长，太阳照射到地球的热量也越来越多，生命通过改变地球的空气和地表的地质状况来保持气候的稳定——在温度较高时把二氧化碳储存在碳酸钙里，这样就可以降低二氧化碳的浓度，相当于恒温器的作用。如果温度降得过低，通过碳酸钙的降解释放出二氧化碳，空气温度就会升高，整个反馈循环机制使得地球适合居住。

生命对气候的调节影响并不是无限制的，地球的恒温作用最终会失效。在 10 亿年的时间里——在太阳 50 亿年的生命之前——不断增加的太阳能量会最终超过地球的冷却作用。我们这颗星球会像金星一样因为太多的热量使得生命无法生存。

不管怎样，生态学家可以肯定的是，在过去的 1 万年里冰川消退了，海岸波涛汹涌，陆地上植被旺盛，大洋和空气都变暖了。按照地质学的标准，气候从最近一次冰川期的顶点变成现在的状态经历的时间很短。尽管在过去的1000万年里全球的气候异常的温和，而且在这一时期文明也得到了发展，地球局部的环境仍然经历着变化，这些变化是由大范围的大洋循环（尤其是北大西洋）以及空气震荡（如厄尔尼诺现象），或者是由于干旱和洪水所致，所有的这些都促进我们的祖先取得了很多进步。但有些自然的变化毫无疑问也导致了人类内部的争吵和部落间的战争，进而可能导致整个人类和文明的灭亡，例如美索不达米亚文化和之后的玛雅文化的灭亡——就像无数的温暖的以及寒冷的气候变化促进了不适应这种变化的哺乳动物的灭绝，同时也促进了新的更好地适应了这种变化的物种诞生一样。人类在生物学意义上，在文化意义上，都很快地适

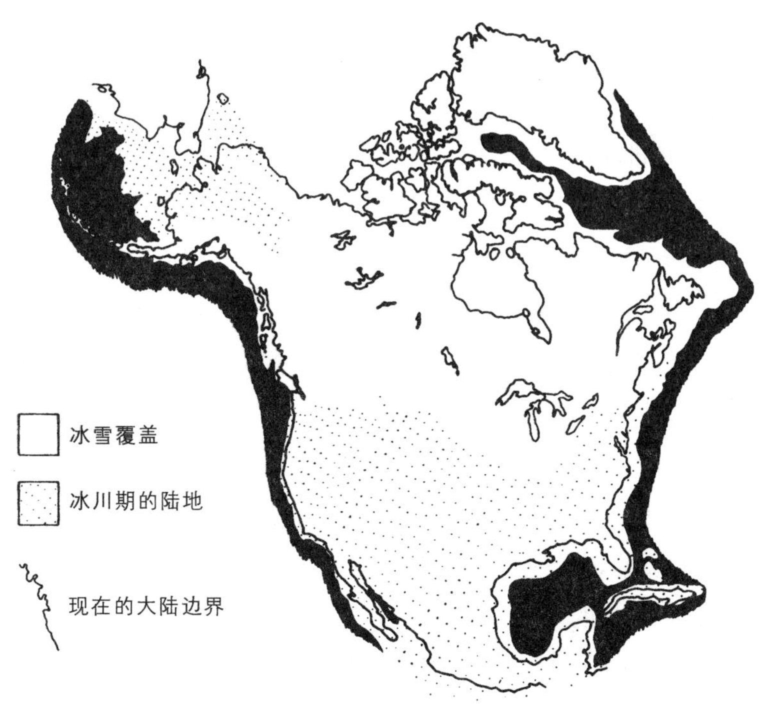

冰川期为地球上生命的进化带来了深远的影响。

应了空气、陆地和海洋的变化。进化的历程事实上是加速了。

举一个明显的气候变化的例子，冰川期本身就可能加速了北美和南美的迁徙和殖民化。人类学家都知道人类并不是在美洲进化的，因为在那里从来也没有发现过猿人化石，也没有发现过猿人居住的迹象。目前比较统一的认识是在大约几万年前克劳维斯猎人到了现在的美洲新大陆，也可能是在12000年前。他们的手工制品（比较有名的是克劳维斯箭头，是在现在墨西哥的一个小镇首次被发现的，并以小镇的名字命名）散落在北美大陆上，但是生存下来的人却很少。最有名的是生活在距今9000年前的现今的华盛顿地区的肯纳威克人。关于他们是如何从旧大陆来到新大陆的，仍然是一个未解之谜，但是我们知道在最近的一次冰川期，由于大量的水冻结为冰，使得海平面下降了几十米，这样人类就可能渡过西伯利亚与阿拉斯加之间的白令海峡到达新大陆。

这就是目前比较流行的观点：北美、南美以及中美洲的土著人是1万年前亚洲的居民猎杀动物而来到这块广阔的大陆的。一旦定居在美洲大陆，这些移民就发展了特有的艺术、语言、工具和其他的文化。但是美洲大陆的文明与欧洲大陆的文明是否是独立发展的，还是他们之间有着未发现的联系，这在现代人类学上仍然有着很大的争论。

* * *

有几个因素帮助我们成为文明的、有知觉的人类。在人类的进化中下面几个因素值得一提，他们甚至可以按照时间来排序：基本技术的出现，火的发现，语言的发展，神话故事的出现以及自我意识的觉醒。毫无疑问，其他因素也帮助我们成为有思想、有文化的人类，但是实践和严肃的思考是这之中最有代表性，也是最重要的。

人类学家认为几百万年前我们的祖先主要是通过狩猎、搜集和捡拾食物来生存的。吃肉和其他高蛋白的食物是人类从森林来到草原之后才发展和获得的特征，因为在开阔的草原上缺乏水果，他们被迫如此。尽管绝大部分现代文明的居民不再认为自己是狩猎者和搜集者，但其实几百万年前我们的祖先都是狩猎者和搜集者，一直到1万年前农业的出现这一情况才发生改观（今天当我们在超市里购物时谁能说我们不是在做着同样的事情呢？沿着狭长的过道，猎取食物，搜集在篮子里，搜集那些被别人杀掉的动物的肉）。

那么我们是如何得知早期人类，甚至南方古猿狩猎呢？我们在化石里发现了两方面的证据。首先，在东非大峡谷发现了很多散在的大型动物的骨骼化石，这些动物骨骼化石靠近我们祖先的化石。这些动物的骨骼化石并不完整，而是一些残骸，这就意味着它们可能是非自然死亡。第二个更有说服力的证据是，在200万年前的南方古猿的化石边，以及更近的人类化石边，经常能够发现石制工具。这些石制工具经历了几百万年的时间，我们很容易能够推断出来更早的人类曾经使用过木制工具，只不过这些工具没能保存下来。

通过奥杜瓦伊峡谷地下的石制工具的形状我们判断，很多这种鸡蛋形状的工具可以用来砍、切食物。很多别的形状，特别是圆形的石头可以被用来做武器使用，可以被投掷，就像现在的黑猩猩偶尔也会那样做一样。还有一种像棍棒形状的石制工具，它们可能用来作为猎杀的工具。而且，100万年前纤细型猿人可能正是使用这种工具杀害了粗壮型猿人。无论它们被用来做什么，这些原始的工具表明了我们现在所经历的技术社会的开始。

石头不仅仅被用来作为工具和武器。它们还被用来建造早期的房屋。例如，在厄尔多瓦乔治地区发现的200万年前的故址上的石头建筑，据推测可能是茅屋的基础部分。这种原始的厄尔多瓦石头建筑提前了所谓的石器时代——这一时期我们的祖先不仅重新排列岩石，而且为了更多的用途敲碎它们。

根据遗址的挖掘，石器时代的时间跨度为100万年前至1万年前，在石器时代之后就是青铜时代和铁器时代，一直到500年前的文艺复兴时期。根据石器的复杂性辨别，包括石斧、石刀、石铲，石器时代为我们展示了一个从粗糙的工具到更为完善的工具的过程，而且这一过程与生物物种化石的记录相伴而行。因此早期石器时代伴随着人类的出现，而且制作工具本身也加速了真正意义上人类的进化。

很多古老的石器是在人类大脑增大之前出现的。最早的制作石器的生物的大脑只比现在的黑猩猩的大脑大一点点，不超过500立方厘米。毫无疑问，使用工具和两足直立姿势二者之间有着密切的联系，而且它们是有力的进化因素——这些改变为生存赢得了全新的机会。虽然不知道确切的时间，我们祖先制作的石器工具是手工制作社会的开始，是技术时代的开始。石制汤勺与喷气式客机之间的差别只是程度上的差别。

技术时代的确切开始时间很难判定，可能是在超过100万年前。与功利主义相对的文化的开始应该与之相近，因为在早期人类的骨骼化石的旁边发现了彩色的矿物颜料。甚至南方古猿可能也用来举行典礼，因为在它们的居住地旁边经常能够发现规则排列的卵石。

在大约1万多年前，石器时代的晚期，工艺水平更高和更为复杂的器具大量出现，文化的进化使艺术和手艺得到了飞速的发展——这一时期文化上的变化如此之大，以至于有人称之为“寒武纪文化大爆发”。技术上的进步如5万年前欧洲中部的轮子的制造，与之相媲美的是6万年前的欧洲和亚洲的特定地区的设计周密的墓穴，以及3万年前西欧洞穴里令人惊叹的艺术和精巧的个人装饰品雕刻。这些都是独一无二的人类发明，是行为文化的标记——是近现代智人的文化，包括一些尼安德特人和克罗麦昂人。

火的发现和使用可能是所有的促进文化进步的因素里最重要的因素，对人类而言成功掌握火的使用是至关重要的。我们的祖先可能在100万年前就用火来获取光明，取暖，以及保护自己免遭食肉动物的袭击。考古学家在法国的洞穴里就发现了变黑的炉壁，这说明在那么久之前人类已经使用火了。很久之前人类就发现了火的益处，至少它可以在寒冷的气候里提供温暖。但似乎直到最近人类才发现了火的其他用途。例如，用火来蒸煮食物是最近10万年才出现的。用火来使矛变得坚硬和通过退火来切割石头是更近的发明。很明显，火的广泛使用是人类进化历程中最重要的一步。

大约在1万年前，我们的祖先学会了从铁矿石中提炼出铁，而且还学会把二氧化硅变成玻璃，以及铸铜和制陶的技术。火的很多别的工业用途也陆续被发现，包括制造新工具和建造黏土房屋。然而，很多人类学家并不同意这些基本的发明的世俗顺序。因此，一种发明是如何以及什么时候为另一种发明开辟道路的，还远远没有搞清楚。一些研究者认为，在用火来取暖和获得光明之后，用火来焙烧黏土制作陶器可能是最古老的，这甚至可能在用火来蒸煮食物之前。其他的研究者认为，陶器的出现必定是在蒸煮食物之后，因为最早的陶器必定是用来蒸煮和储存食物的。

因为这些发明之间有着如此紧密的联系，我们很难分清哪一种

是原因，哪一种是结果。一种发明，无论是发明的动机还是这种发明的确切时间都很难确定。有些关键的步骤从来也没有搞清楚。但是有一件事情我们是可以肯定的：在过去的 1 万年里，人类掌握了火的使用和其他的一些关键发明，有些可能发现得更早。

古代的黏土、金属和玻璃产品仍然能够在阿富汗、中国、伊拉克、泰国和土耳其等中东和亚洲国家的集市和商店里发现。在 21 世纪的今天，在钢筋混凝土、塑料包围的城市里，这些早期发明的更现代的产品就在我们每一个人的身边。然而，这种文化的改变是有着很多问题的。越来越多的能量消耗，以火和它的衍生物的方式，伴随着严厉的后果，在我们今天的世界里不仅仅体现在环境污染和能量短缺上。

语言的发展——言语、认知和情感的结合——是另一个文化的中心因素，事实上也是人类的一个独特特征。有些心理学家认为语言和智力同义，或者至少是“认知皇冠上的珠宝”。其余的研究者，像 19 世纪巴黎的语言学界，禁止关于人类语言起源的讨论，他们甚至直至今日仍然认为语言行为并不是僵化的，因此以经验为根据的研究是无意义的。至少，人类的语言似乎是我们进化的主要遗产——可能是 50 万年前“寒武纪文化大爆发”最明显的进化特征。语法、句法以及其他更高级的智力功能与这一变化相符，5 万年前的人类从解剖学意义上的现代人进化为行为更加现代的人。语言的根源可能比这更早——可能伴随着智人从树上的解放，语言的发展比起工具和两足直立对于人类的大脑的快速发育有着更大的影响。

当然，没有记录显示哪一种的影响更大。可以肯定的是，早期的交流可能与狩猎以及制作工具之间有着复杂的联系；二者之间有着混乱的反馈机制。毕竟，符号的交流，例如符号语言以及手势

（或者称之为“身体语言”）在大型狩猎的合作中有着明显的作用。与此类似，一些简单的技能像制作工具，工具的使用以及使用武器的传承也需要某种方式的交流。同样重要的是，语言可以确保经验作为记忆保存在大脑中，可以从上一代传承到下一代。但是语言是什么时候从咆哮、呻吟以及手势转变成为语法意义上的口语的呢？像我们在宇宙进化里讲的其他事物一样，又是一个灰色阴影：语言是在过去的几百万年里渐渐出现的，还是在需要的时候突然出现的呢？

尽管人类学家只有很少的直接证据，某些类型的原始语言可能已经使用了超过 100 万年的时间了。语言学家试图找到现存的 5000 种口语的根源以估计它们的持续时间，结果发现它们至少都有 10 万年的历史（人类的呼吸和吞咽系统更早之前就为发音做好了准备）。书面语言出现得比口语要晚，它的起源和进化也很难准确认定。前面讲过的 5 万年前的智力之花——也称之为人类学上的“50K 之花”——就是由于环境变化和基因变异的联合后果导致的——经典的生物进化——附加的现代语言和艺术表达对于一个已经有了 10 万年之久的大容积的大脑的物种来说简直就是常备剧目了。抑或，语言和艺术仅仅是文化上的发明，就如同农业和陶器一样，与生物学意义上的进化没有什么联系呢？

重申以下已经被广泛接受的脚本：解剖学上现代的智人，外表跟我们也很相似甚至与我们有着同样大小的大脑，在 5 万到 10 万年前居住在现在的非洲，在那之后他们进化成为行为学上的现代人类，之后这些人就成为 5 万年前欧洲的思想家、艺术家。但这是一个突然的进化（不时被打断）还是经典的达尔文进化（渐进的）仍然是一个未解之谜。人类学家在这一领域的研究还没有得到足够的重视。

早期人类的手工制品为我们了解人类的高级交流像讲话与写作，提供了更多的线索。在南部欧洲的洞穴探索发现了很多小雕塑和骨头，上面有着明显的标记和蚀刻。在最著名的美丽的冰川期艺术之前的洞穴壁上的水牛和马的绘画——2 万到 3 万年前的法国的拉斯科岩洞（Lascaux）和萧维（Chauvet）地区就已经有了生命形式的绘画——最古老的洞穴绘画可以追溯至 4 万年前，包括一些小的石质雕像或者诸如此类的东西。因为尼安德特人的咽喉还不能够发出现代人的所有的声音，这些物体上的蚀刻被很多人类学家认为是一种原始的交流方式。这一观点被最近的发现所证实，因为在很多最近发现的雕塑和骨头上发现了相同的明显标记。很明显，这些标记绝不是偶然的或者是用来做装饰的；它们不仅仅是艺术，实质上是有着象征意义的。这些洞穴和骨头上的素描和涂鸦之作可能有拉斯科艺术的 3 倍那么久的历史，这些雕刻的石质手工制品是已知最早的试图记录身体语言和精神交流的工具，今天的黑猩猩以及我们的祖先南方古猿都曾经使用过。

最早的有文字记录的可能是苏美尔人，这些居住在波斯湾的居民曾经被称为美索不达米亚人。大约在 6000 年前，这个古代的文明创造了一种复杂的系统，包含了数字、图片和抽象的楔形文字。成千上万的烘焙过的（以便能够保存下来）黏土碎片在地下被发现，每一片都显示了某种特征。估计苏美尔人的基本词汇可能有不少于 400 个独立的符号，每一个都代表了一个单词或者一个象征。类似鱼以及狼这样的动物，以及战车和雪橇这样的装置在苏美尔的语言里都已经有了确切的描述，但是苏美尔人语言的大部分词汇的意义我们还没有搞清楚。因为它们不仅仅是图片，这些碎片所代表的信息反映了语言进化里的一个较高级的阶段。更早的文明可能也有着类似的符号，只不过因为它们记录在了纸莎草和木头上，可能很久以前就已经腐烂了。最近科学家通过计算机研究语言的语根和它们之间的差别后发现（就像研究生物树一样），希泰人的口语——印欧语言包括英语、德语、斯拉夫语和罗马语的前身——可能早在9000年前的新石器时代即今天的土耳其已经被广泛使用了。

人类学家之间的流行观点认为书面语言是从具体向抽象进化的，从最初为了生存的需要到为了文学的需要。在几万年前或者几千年前的某一时间，骨头上、雕塑上以及洞穴墙壁上的标记和绘画使用一个简单的象征来代表一个完整的想法。这种进步可能是有意为之以便加快记录的速度，也可能是由于失误或者速记时的疏忽造成的。无论是哪一种情况，它都意味着图片早于符号语言，反过来又导致了字母的出现，就像本书中所使用的一样。

骨骼和雕塑上的标记也反映了古代科学的起源。有些几万年前

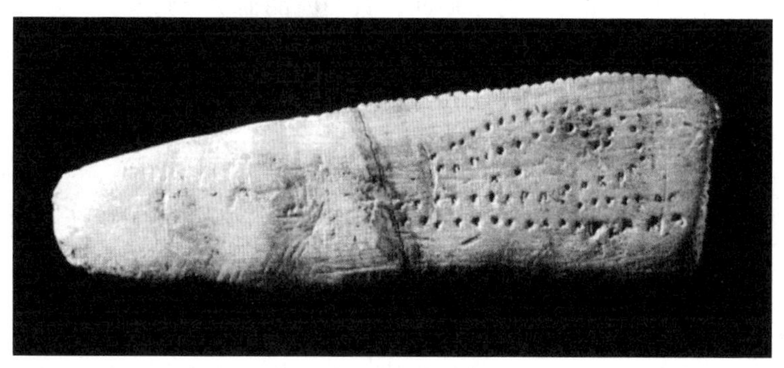

早期文化的证据

碎石片和切割的骨头做成的手工制品可以追溯至大约5万年前。在最近的人类学考古活动中发现的几件早期人类文化作品，包括一小块驯鹿的肋骨上显示的精美标记或者雕刻，显示出一个斜躺的人形符号。这些雕刻不仅仅是早期艺术的涂鸦之作，还可能有着某种象征意义。来源：Smithsonian。

的记录与月亮的圆缺周期相互关联，这可能是最早试图记录季节的努力。诸如此类的雕刻，以及洞穴墙壁上的巨大的壁画说明石器时代晚期的人类已经知晓了动植物的季节性变化。尽管有些人类学家把这些骨骼的标记当做简单的数学游戏，这些手工制品可以说是最早的日历——实际上，是一种记录时间的装置。

最早的文字记录准确地描述了科学装置的使用出现的时间不会超过几千年。3000 年前的象形文字部分记录了埃及人关于日晷的知识——这种装置实际上是时钟，通过测量太阳阴影的角度来告诉人们一天中的时间——但目前发现的最古老的日晷是 2000 年前的古希腊-罗马的一种石质装置。古希腊和罗马的日晷比早期的埃及的日晷要精致得多，能表示一日中的某一小时以及一年中的某一日（当然那个时代关于小时的理解和日历的设计与今天的不同）。这种早期的科学工具能够预测出地球上的每一日、每个季节、每一年的变化顺序，这是很神奇的。据此，我们就能描绘出农业生产的基本节律。

古代巨石造的遗迹里最著名的是埃及的金字塔和英国的巨石阵，可以用来预测夏天的第一天，还可以用来预测日食，这是通过巨石的排列以及天空中的星体的升起和落下推测出来的。许多与之类似的建筑，尽管没有那么雄伟，散落在欧洲、亚洲和美洲的许多地方。在现在的墨西哥的尤卡塔半岛，透过像金字塔一样的神殿里的微型窗口可以看到天空中的物体，在一年中的吉祥的日子里可以看到太阳。中世纪的玛雅文化里的神父都是天文学家，那时候个人的命运、城市的命运，甚至整个国家的命运都是由天空中星体的运动和位置决定的。

在 1000 年前，这些美洲中部的文化可能影响了北美的印第安人中的许多部落，这些印第安人居住在现在的美国和加拿大的西部平原。最近的研究发现大量的由巨石排列成不同形态的“轮子”，有环状的，也有辐射状的，可能是不同文化交叉的纽带。这些巨石建筑的确切用途不是很明确，因为大部分的印第安人没有书面语言，因此也就没有历史记录，但是有的人类学家认为这些建筑是另一种形式的日历，记录了一年中特定的时间里太阳的升起。那时至少其中的一个部落在遥望天空，在 19 世纪的亚利桑那的岩石上记录了巨蟹座星云的一颗超新星的诞生，正如我们之前在“星系时代”里讲的。

因此，尽管现代的科学研究包括了广泛使用的望远镜和显微镜，追溯至 400 年前，我们可以肯定文艺复兴前的前辈已经熟练地掌握了天文学的初级知识，欧几里得几何学、工程学的机制和许多其他实用的技术。实际上，技术的根源可以追溯至更久以前。100 万年前我们的祖先比今天的许多研究者从技术上讲都更加复杂，对知识也更加渴望。

古代墨西哥的玛雅文化中的天文学家，即神父带来了帮助人类文化进化的另一个因素——这是一种崇高的因素，帮助我们了解我们自身以及我们到什么地方去。文化的真谛是寻求真理，或者至少是现实的合理的近似，最主要的是了解我们自身以及我们周围的世界的需要。这种探索自身的奥秘和宇宙奥秘的愿望和能力使人类有别于其他生命。可以肯定的是，合理的理解是科学的主要目的，不得不承认，科学必须与其他的学科共享这一目的。宗教、艺术和哲学，与其他的努力一起，代表了对我们自身的起源和我们自身理解的选择。

几千年来，人类已经认识到驱散神秘感的最好的方法就是理解它。2 万年前法国南部洞穴里的绘画可能是地球幽深处的宗教魔术仪式的痕迹。这些洞穴壁上的绘画可能详细阐述了猎人与他们猎杀的动物之间的联系。

在文明的历史刚刚开始的时候，对超自然现象的信任和神秘的活动被更清楚地记录了下来。5000 年前的苏美尔人就清楚地记录了上帝如何创造了人，并且让人成为他的奴隶。这样就保证了食物、衣服和其他生活必需品拿来供应庙宇和圣殿来取悦上帝，或至少满足他的需要。这样社会就把管理者与被管理者区分开来，把神父与平民区分开来。很明显，任何有着哪怕是最基本的天文知识的人就可能征服大众。在农民的眼里，任何人只要能够预测季节的变化，一定是与上帝有着某种特殊的联系，因此就值得服从。因为不必花费时间来生产自己的粮食，古代苏美尔人的神职人员就能够发展技能而且比前人有了更多的知识。

这种神话创造使平民与神职人员的分化更为明显，直至今日我们在美索不达米亚平原上仍然能够看到一些巨大的灌溉工程和庙宇，这些都是大批的研究社会和技术的人的功绩。同样，在几千年前的苏美尔人的诗里清楚地记载了他们的宗教如何把人类、世界和宇宙现象合并成为一个系统。自然现象——太阳、月亮、雷电，诸如此类——都被人性化了，所有的一切都被天空里的神所统治，神也像人一样有着不同的任务。

这种观念被证实是很强大的，因为这个系统是很复杂的而平民是无知的。在几千年的时间里，美索不达米亚的神父通过越来越复杂的思考欺骗了一大批未受过教育的平民。甚至他们周边的国家里的人，包括古代的希腊人、罗马人、凯尔特人、德国人和斯拉夫人都相信苏美尔神统治整个世界。很明显，神话如果坚持得够久就成为真理。

在一定程度上，分层的社会系统能够帮助维系凝聚力和一致性；宗教能够提供稳定的影响，所有的宗教都是如此。然而苏美尔人之间也有争吵，通常是由于水源的权利引起，对手的宗教派系和联盟会助长争吵，最终逐渐演变为生死的争斗。就在几千年前，十几个美索不达米亚人的城市联合起来组成了一支军队，对抗宗教力量统治的政府。推测起来，国王的观念起源于苏美尔牧师宣称神需要一个人间的代表——通常由最有实力的首席牧师担任这一职责，来裁定争论和压迫反对力量。在那之后不久，很多已经形成规模的城市，团结起来接受一个国王或者一个神的领导，强迫我们的祖先相信他们是谁，他们从什么地方来以及他们是如何成长起来的。

今天我们有很多不同的宗教和哲学，这说明神学信念和想法与实践是不相符的，神学经不起客观实验的检验，因此就不能在全球范围得到承认。神学的教条可能在局部起到了稳定的作用，但是它们在全球却引起了动摇，尤其是今天的社会，全球宗派冲突不断，不同的观点决定了神学的失败。因为没有一种神学观点能够把未知变成已知。

最终依赖实验的证实是科学区别于别的描绘自然方式的一个关键特征。科学方法起源于古希腊，随后的几个世纪得到了广泛的应用，最有名的是亚里士多德和奥古斯丁，经过了文艺复兴时代，科学方法迅速成为我们在研究宇宙寻求真理时的首要原则。今天我们研究宇宙进化的发生，科学方法是首要原则——不是一个人们需要的信念的传统，而是把发现的事实告诉他们。

如果文化的概要是我们寻求关于自身以及世界的真理的能力，那么另一个更令人吃惊的进步是我们对于真理的渴望——我们关于自身起源、生物和广阔的宇宙奥秘的好奇心。在所有的生物中，人类是独一无二的对自身感到好奇的生物，人类经常思索这样的问题：我们是什么，我们从什么地方来，我们到哪里去。到底是什么允许人类，甚至驱动人类不仅能够对这样一些基本的问题发出疑问，而且能够试图找到这些问题的答案呢？问题的答案似乎隐藏在很难确切定义的大脑的意识中，正是意识这一人类的本质的一部分让我们感到好奇，能够抽象，能够做出解释——这种能力能够让我们检查人类的存在与别的物体的存在之间的关系。

那么意识又是如何起源的呢？什么时候人类开始有了自知力的呢？意识是神经进化的、自然的，或者说不可避免的结果吗？有些认知学研究者认为如此，但是他们还不能够证实这一点。他们认为意识等同于智力，而智力又是大脑的功能。也就是说，智力，或者意识，仅仅是大脑这一结构的正常功能——整个大脑，就是每一个定位的功能区的神经区域的组合。在意识或者智力中没有什么是“多余的”，就像对于生命而言没有什么是无活力的一样。意识就是逐渐增加的经验。

别的研究者宣称在意识的进化中需要一些特别的，可能是不寻常的机制。他们认为意识可能不仅仅是大量相互作用的神经元的行为，它可以被限定在大脑中的某一区域。想象的容量可能不仅仅需要一些神经元就能完成——可能是神经网络的整体功能，也就是说整体超过部分之和。

古代历史的记录是不完整的，也是不可信的，任何试图发现自我意识出现的努力都是很困难的。有些心理学家认为，我们通常意义上的意识直到几千年前才成为我们祖先的一部分。正是在这一时间，古代的文本中的记录开始变得抽象和有代表性了。人类可能在几百万年前就已经开始对自身感到好奇了，但那是否是人类第一次这样就不一定了。如果意识的确起源得很晚，那么我们就不得不承认文化在没有自我意识之前就已经出现了。我们早期的祖先在没有自我意识之前就已经创造了大量的文化遗产，而且一直生活在梦幻般的、无意识的状态里。

然而，另外的一些研究者认为人类的意识在很久之前就已经发展了，远远超过了几千年的历史。如果说现代的黑猩猩已经显示了基本的自我意识，那么我们的祖先南方古猿，应该在几百万年前也有了初步的意识。甚至，追溯至几千万年、上亿年前可能已经有了初步意识，因为在广义上基本意识并不是专属于人类的特征。动物行为学家已经获得了大量的证据证实简单的意识广泛地存在于动物之中——像我们驯养的狗、猫的日常行为中就可以显示出来；甚至我们家里的无脊椎动物昆虫也是如此。

完整意义上的意识出现在中间的时间——几千到几万年前，正好是弓箭发明的时间——这是一个普遍的观点。有些神经生物学家强调手超过了身体的延伸——甚至仅仅是投掷这一艺术——对大脑的关键特征产生了深远的影响，例如预见、计划以及其他远方的活动。弹道学的技能为高级神经机制的进化提供了一个非常具有吸引力的生物文化进化路线。这的确具有讽刺意味，通过超出身体的远距离武器促进了人类走出创新的一大步，开始思考空间与时间，开始了文化的进化。

一种调和了几种不同观点的中庸的观点认为初级意识起源于几百万年前的动物王国，在不超过 100 万年前史前人类的进化产生了更好的意识。但是直到最近人类才进化得足够复杂，能够在他们的记录里揭示好奇感和自我意识。可能，如果没有控制的试验和试验数据的支持，我们就只能为我们的好奇而好奇——人类是如何对自身及周围的事物感到好奇的。

追踪过去的几百万年里人类进化的确切路程的细节是一件很棘手的事情，因为进化的原因既包括了生物学也包括了文化的因素，我们经常把这两种相互作用的因素称之为生物文化影响。到底是什么以及什么进一步让我们成为人类，除了之前讲过的发明还包括了一些创造性的产物，像情感和想象——这些实际上是不可能客观定义的特征。不管是技术技能的发现，还是文化上的进步，以及口语交流和社会组织的发展，这些混乱的反馈系统导致了我们人类大脑的容量越来越大。变化最初可能是缓慢的，但是在最近的几千年或者上万年里明显加速了。无论是什么原因，这些创新使得人成为这颗星球上绝无仅有的成功的生命形式，因为我们今天能够对这些基础的问题发出疑问，而且试图解答它们。

* * *

最近的人类历史的1%——过去的1万年——我们见证了很多人类主要的文化发明。这里有一大批是在有文字记录之前的文化，从精美的手工制品到废弃的废物，从装饰用的珠子到野蛮的武器，还有很多很多。冰川消退了，气候变得温暖而湿润，陆地因此而繁荣起来。我们的祖先，因为要猎取动物，搜集植物，即使很稀疏，他们的足迹几乎遍布南北极之外的地球的每一个角落。与此同时，他们制作的工具和净化的思想也增强了他们的生存能力。在所有促进人类快速进化的因素中，农业的发明可能是最重要的发明之一——甚至有人说是最重要的，在人类进入现代的进程中农业是一个关键的里程碑。有了农业之后，土地才能为地球上不断增加的人类提供稳定可靠的食物来源。简言之，野蛮人变成了农民，人类也开始在几千年前开始驯化动植物。

人类学家的数据清楚地显示 8000 年前一整套全新的生存手段出现了，最初出现在新月沃土（中东两河流域及其附近一连串肥沃的土地）的丘陵地区，从东部的地中海到里海，然后迅速遍及了近东和西欧。农村系统的农作物种植和牲畜的驯养供养了欧亚大陆农村地区膨胀的人口，这些农村最终变成了城市。不仅仅是绝对人口的数量增加了，而且越来越多的人迁移到了地球的每一个角落。农业技术的传播就像风中的种子一样从亚洲和爱琴海地区，在几千年的时间里传播到了很远的地方（也有可能这些地区的农业是独立发展起来的），包括中国、墨西哥以及南美洲。以狩猎和搜集食物为生的原始人让位给了驯养牛羊，种植玉米、大米和小麦的农民和牧人，直到今日小麦仍然是世界上很多地区最有价值的作物。食物供应的增加使社会得到了极大的进步：贸易繁荣起来；经济增长了；人口也飞速增加。在所谓的新石器时代变化非常大——尽管今天看来文化的变化更有可能是逐渐发生的——重复那些陈腐的确是合适的过程，更多的是演化而非革命。城市化和最终的工业化也在其后不久。

文明进入了一个更高的阶段。从生命起源之后算起，这当然花费了相当长的时间，但是具有高度组织的生命形式最终出现了。另外的事情接踵而至：生命增多了；文化进化了；技术也更加高级了。得益于沿河流域的灌溉系统的建设，农业技术也得到了明显的发展。人口增加得更快，特别是尼罗河流域的广大地区即现在的埃及；以及流经现在的土耳其、叙利亚和伊拉克的底格里斯河和幼发拉底河流域的地区。大约 6000 年前，这些人口增加的社会发展出了专门的手艺：金属制造业、制陶业、制船业和伐木业。这在西南亚地区（中东地区）有着最好的记录，但是实用和艺术的工艺在其他地理中心也可能得到了很好的发展。

尽管这些进步有很多是在有文字记录的历史之前取得的，城市和成熟的经济以及复杂的社会的和政治的系统都是规则，而非例外。农业、工业和贸易在几千年前就已经充分地建立起来，而且它们一直延续到了21世纪的今天。今天我们到达了这里，就在这里讨论宇宙的进化。

让我们对后来文明朝着更为复杂性的发展做一个透视。几千年，几万年，甚至几百万年的时间都兼并成为现实的模糊。为了更好地理解自然历史中那些最伟大的部分的时间框架，我们不妨作如下的类比：

想象一下整个地球的历史为50年，而不是50亿年，因此我们就把1亿年作为1年。就像一个人的生命周期一样，这种压缩的时间范围可以让我们更好地理解地球历史的突出特征。在这一类比里，最初的10年里是没有任何生命存在的。相对在那之后不久，岩石变得坚硬了，在最初的10年里环境平息下来。在35年前开始出现了生命。在我们的类比里，这时地球仅仅是一个青少年。这颗星球的中年对我们而言仍然是一个未解之谜，尽管我们可以确认生命在继续进化，或者说至少是存在的，地质构造上继续建造高山链和大洋壕沟。

在我们的类比里直到大约6年前，地球的大洋里才出现了足够多的生命。4年前这些生命来到了岸上。覆盖着树叶的植物和吱吱叫的哺乳动物仅仅是两年前才普遍地来到了大陆上。恐龙在一年前达到了鼎盛时代，却在8个月前突然消失了。仅仅在一周前类人的古猿变成了类猿的人，而最近的一次冰川期就发生在昨天。现代的

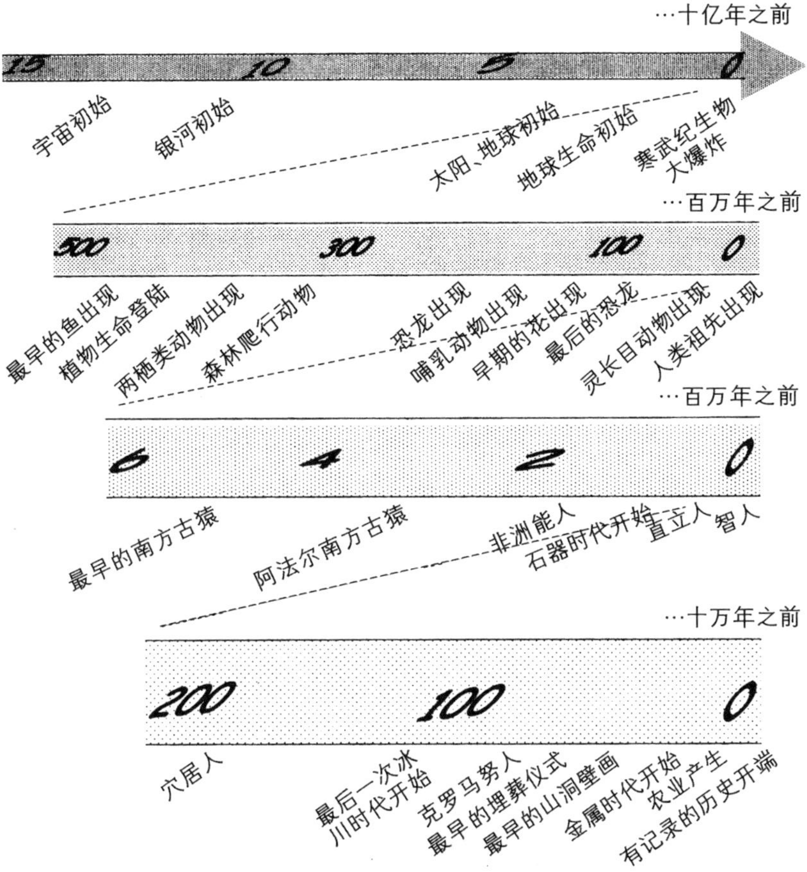

…十亿年之前

15 10 5 0

宇宙初始
银河初始
太阳、地球初始
地球生命初始
寒武纪生物大爆炸

…百万年之前

500 300 100 0

最早的鱼出现
植物生命登陆
两栖类动物出现
森林爬行动物
恐龙出现
哺乳动物出现
早期的花出现
最后的恐龙
灵长目动物出现
人类祖先出现

…百万年之前

6 4 2 0

最早的南方古猿
阿法尔南方古猿
非洲能人
石器时代开始
直立人
智人

…十万年之前

200 100 0

穴居人
最后一次冰川时代开始
克罗马努人
最早的埋葬仪式
最早的山洞壁画
金属时代开始
农业产生
有记录的历史开端

为了看到有记录的历史和文化的进步，我们需要显微镜的帮助。

智人出现在几个小时之前。实际上，如果按照我们这样的类比，农业的出现仅仅是一小时之前的事情，所有有记录的历史只有半小时，而文艺复兴只是 3 分钟之前的事情。

简言之，我们可能需要显微镜的帮助才能看到本书中讲的有记录的历史和文化进步的最重要部分。然而，就是在这短短的时间之内，我们人类极大地探索、推究和发现了很多人类自身意识和广阔

宇宙的奥秘。

* * *

社会和文化的演化，与银河系和星系的演化相对，让我们直面自身——300 万年历史的智人——已知的最复杂的自然产物。这并不是以人类为中心的主张；没有证据显示人类是宇宙进化的终点，我们可能也不是宇宙里唯一有感知力的生物。然而，当我们思考宇宙中的射线、物质和生命不完整的清单时，我们就会发现今天的技术社会是目前已知的宇宙进化里最复杂的形态。这并不意味着这一形态已经完成，可能在未来会完成。自然续写着它的历史，我们也将继续阐明它。

文化的进化追随着社会方向、方式、作用和思想的变化，也包括了它从一代人传承到另一代人。有些人称之为“模仿”，与基因类比，即文化的复制，比如某人发明了一个新的单词或者发音，其他人就来模仿他。可以肯定的是，前面所述的很多文化特征已经传承了几十代人，包括工具的制作、语言的传承、农业的广泛应用以及火的发现和使用等等。大部分这种新发现的知识的传承并不是通过基因传递的，而是由有智慧的生命通过信息的使用和废弃来实现的。

文化的进化一般是经由拉马克过程实现的（这一过程的命名是基于 19 世纪法国的进化学家拉马克），即通过后天获得的途径。像前面所讲的银河进化、星系进化以及恒星进化，文化的进化并不像在化学进化里一样伴有分子反应，也不像在生物进化里一样伴有基因的传递。文化可以使动物通过非基因的途径把生存的技能和特征传承到下一代。信息通过行为方式从一个大脑传承到另一个大脑。人类文化本身是由所有人类思想的总和组成，经常是由模仿和合作方式实现的，有的时候覆盖了所有的年龄层，有的时候是在单独的一代里。结果就是文化的进化比生物的进化要快得多。在生物进化的新达尔文主义领域里，基因选择起着微小的作用，而自然适应和选择的作用起着决定性的作用。即便如此，一种选择的机制曾经并且仍然起作用。例如，燃火或者投矛的能力对于占有它们的人类来讲就是一种选择，不是通过基因而是通过模仿的选择。或许与别的生物相比，模仿力是我们区别于它们的特征之一。

尽管生物进化与文化进化之间有着截然的不同，并不是说这两者之间没有联系，相反这两者之间在宇宙的进化上有着密切的联系。尽管令人吃惊，但是这两者之间有着微妙的互惠的相互作用。发明和发现是由有着正确基因的天才个体发现的，但是一旦被发现或者创造出来，例如燃火或者制作工具，这些发明和发现倾向于那些基因学上能够掌握这种技能的个体。因此这两种进化就会部分地实现互补，尽管在最近的人类历史上，拉马克的文化进化理论明显比达尔文的生物进化理论更占有统治地位。文化的获得比之基因的修饰要快得多。我们的基因比起 2 万年前的克鲁麦农只有微小的变化，可是我们在过去的几千代里传承的文化，像知识、艺术、传统、信仰和技术则要健全得多。

在已知的宇宙里，文化和社会的变化代表了最复杂的现象，这是毫无疑问的。人类的行为，因为处在大量的能量使用和快速变化的环境里，这使得社会学意义上的研究变得极为困难。与自然和生物科学截然不同，在文化进化里的试验——人类之间的相互作用（社会心理），城市的作用（城市规划），或者国家间的敌对（政治经济意义上）——其实是不可能建立客观的模型的。即使仅仅是观察社会行为，更不用说用它来做试验，就比在化学实验室里探测分

子或者发射飞船到太空要困难得多。与之类似，影响人类行为结果的因素的数量和差别要比影响星星的诞生和死亡的因素复杂得多。尽管一个物理学家或者化学家通常不会关注一个原子或者分子，社会学家却经常把一个个体的行为看作是非常重要的——这也使得他们的任务更加困难，更加复杂，因为即使统计学在这里也帮不上大忙。

几个拉马克方式的文化变化已足以说明文化朝着更复杂的方向发展。首先是前面讲过的，也是非常重要的文化进化的例子：语言。语言主要是通过教和学的方式传承的，这就保证了作为记忆储存在大脑里的知识和经验经过数年之后可以通过一代累积并被传承到下一代——尽管并不完善，但已经足够了（包括模仿）。通过这种方式我们不仅仅把知识传承给我们的孩子，知识本身在这一过程中也会通过获取新的思想、数据和经验而得以成长。而且由于知识的累积速度快于它的被遗忘速度（特别是在有记录的历史出现以后），知识的总量呈回旋式累积。这也正是为什么一个人要在科学领域获得博士学位要花费一生中 1/3 的时间，尽管只是在一个有限的领域。今天人类的知识已经远远超出了一个人所能学习的界限。我们的教育方法、教育模式也不能通过基因中生物化学的方式传承。基因为我们提供了从他人那里学习的能力，然而学习本身是一个长期的、艰苦的过程，必须通过艰苦的劳动才能获胜——也就是能量。宇宙进化的故事本身就是一个文化之谜——说它是一个谜是因为它是对现实的一种非常复杂的近似的简单化。

工业化发展是另一个文化实践，它增加了人工产品局部的有序性，但是这只能通过消耗能量才能实现，同时增加了更广泛的制作这些产品的原材料环境的无序性。例如现代的汽车，装备更为先进，发动机也更为机械化，而且比它们的前辈更加安全——并不是由于内部的本质提高，而是它们的制作工艺有了某些新的特征，使得它们工作得更好。这就是一个从一代到另一代获取和累积成功特征的很好的例子。在社会环境下一种选择的压力通过制造者的竞争和消费者的需求来得以实现——这种进化机制更倾向于拉马克式的而非达尔文式的。拉马克效应提高了技术：使用和废用引起了汽车方式、作用和安全性的变化，所有这些反馈加快了我们进化的步伐，把我们推向了更加复杂化的境地。今天会有人否认一辆有很多饰件的梅赛德斯-奔驰（像计算机辅助加油器、电子阀门计时、微量控制的涡轮增压器，更不用说汽车仪器板上的小饰品了）比一个世纪前的福特T型车更加复杂吗，或者说需要更多的能量来驾驶它？

文化的进化尽管比自然和生物的进化更加丰富，也更加复杂，同对待宇宙进化中的其他方面一样并不需要特殊对待。在开放的系统中的能量流动能够帮助建立和维持我们快速前进的人类社会的复杂性。文化的进化更多发生在科学家改变了他们对于能量使用变化的立场时，因为它的有序性的增加有助于稳定我们远没有平衡的社会结构。在最近的时间里，每个人能量的消耗明显地增加了——人类从几百万年前的狩猎者-捡拾者，到几十万年前我们的祖先成功地掌握了火的使用，再到1万年前农业的发展，到几个世纪前的工业革命，直到我们使用石油驱动的今天。在过去的几百万年里，每个人能量的使用增加了接近100倍，这之中很多变化其实发生在过去的几千年里。

正常的能量流动增加是一种进化的竞争过程，在这之中选择又一次发挥了很大的作用。新的技术驱使旧的技术走向灭绝，因此有

益于人类。例如在过去的几个世纪里，商人可以选择更短的旅行时间，更低的运输成本和更多的货载量；以蒸汽为动力的钢铁货船取代了以风作为动力的快速帆船，而现在飞机运输则取代了二者。与之类似，马力一词最初在字面上局限于马和骡子，随后当蒸汽机在世界的各个农场广泛应用后则消除其字面意思用来指机器的冲力；人们选择它来指集中能量提高效率。打字机、冰箱以及计算尺和其他很多当时的发明，由于消费者选择和商业利益的压力，选择都已经不存在了，取而代之的是最初是奢侈品而现在已经是必备品的文字处理机、电冰箱以及口袋计算器。然而所有的这些进步，都提高了我们的生活质量（可以用健康、教育和福利来衡量），这些是以能量消耗的大幅度增加和环境的破坏为代价取得的。

城市、州和国家也可以被作为热力学单位，因为它们也是一些开放的结构调节着能量的流进和流出。它们需要并消耗资源，产生并排放废物，同时它们在很多方面需要能量：运输、贸易、建筑、医药、舒适和娱乐，以及在这整个的维持任务之中。现代的城市作为进化的产物，就像银河系以及其他组织结构一样，许多还在发展，寻求在我们的星球建立一个更大的也更有活力的经济结构，以及更稳定的社会结构。它们的人口是密集的，它们的结构和功能高度复杂；城市就是贪婪的能量消耗者。

经济同样也是进化的产物。它们是社会组织结构用来寻求操控环境来获得更多的资源、更高的效率和更大的产量的工具。经济、生物以及进化交叉学科的出现，突出地强调了能量流动的概念（包括了原材料），因为能量的流动需要像天文物理学以及生物化学这样的交叉学科。所有有序的结构都生存在边缘，从不稳定的巨大的行星到挣扎的生命，再到处于危险之中的经济结构。这就是所有自然的、生物的、文化的系统作为有活力的稳定结构作用的方式——作为新奇和创造性的源泉，可以使它们利用机会在时间和复杂性的范围之内得以发展。随意性和确定性，也就再一次成为现实的经济体，虽然在细节上很难把握但是却可以继续保持活力、保持弹性和继续进化的原因。机会和需要也再一次融合在一起，就像它们曾经

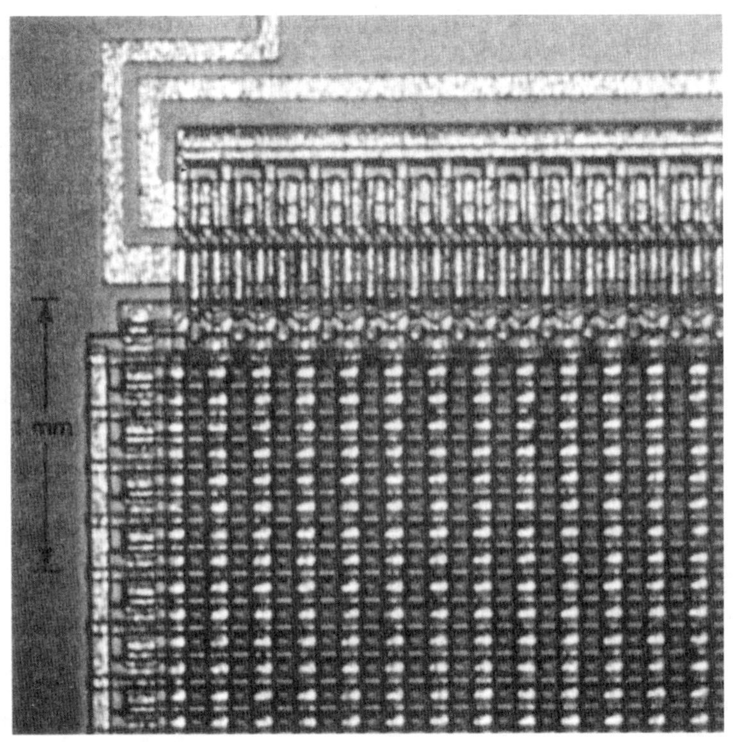

硅晶片是我们这个现代的、能量消耗的社会的象征。可能在我们今天的社会里有更多的硅晶片在发挥作用，超过了世界上建筑物和街道上的砖块的数量。晶片操控了我们生活的这个信息时代，从我们使用的电脑到驾驶的汽车；它们无处不在，包括了数码相机、电视、手机以及很多我们日常生活中使用的小玩意。机器和它们消耗的能量推动着我们步入现代化。来源：Dept.of Defense。

做过的那样引导了从大爆炸到人类的产生。

在过去的几万年里，生物的和文化的进化不可避免地交织在一起。它们之间的关系是很自然的，就像粒子和银河的进化相互影响，星系和行星的进化相互重叠一样，化学和生物的进化也是如此，因为文化的发展可以让一个关键的因素影响所有的进化——环境。这里，文化的进化让我们的祖先可以避免一些环境的限制：狩猎和煮食可以使他们适应一种不同于南方古猿的饮食习惯。穿衣和居住在房屋可以让他们生活在地球上更干燥更寒冷的地方。工具和装备可以使他们探索那些他们不适合生存的地方。于是越来越多的人类学会了改变他们生活的场所——改变环境就像环境改变了生命一样——文化时代的标记。

同样，文化的进步可以使今天的人类不仅仅直接运作环境，而且直接挑战环境——实际上扩展了我们的环境，因为我们不仅是探索性的物种，还是扩展性的物种。技术可以让我们在高空中翱翔，可以让我们在深海里活动自如，可以让我们探测原子内部的微观世界，可以让人们在洲际间自由交流，甚至可以让人类走出我们的地球母亲去太空旅游。变化已经加速了，生活的步伐也同样加速了。文化就像一剂催化剂，加速了进化朝着不确定的未来发展。

更进一步，不仅仅是地球在持续发生变化，整个自然也在发生快速的变化。人类本身也成为变化的一部分——改变环境，选择，并且加速了这种变化。我们现在已经不是生活在环境的怜悯之中，相反，技术让我们获得了一定程度上物质的掌控权。我们已经成为变化的主体，变化的推动者。

如果有一个因素可以被作为进化的特征的话，那可能就是不断增长的从自然界获取能量的能力——不仅仅是得到能量，也包括了储存能量、运输，以及更有效地使用能量。在过去的几万年里，人类慢慢地掌握了轮子、农业、金属制造、机械、电力和核能。很快，太阳的威力开始显现；宇宙中所有的智慧文明都是在它们的母星里获取能量的。每一个文化上的进步都给社会带来了巨大的能量；仅在20世纪人类能量的使用就增长了16倍。

利用能量的能力和因此使得我们的日常生活变得有序是现代社会的典型特征。但是能量的使用也使得我们生活的环境变得无序——全球污染、废物威胁、社会骚乱以及其他的社会疾病。具有讽刺意味的是，日益增长的能量和自然资源的需求对于我们的技术文明的发展是至关重要的，同时它也是在新的千年里摆在人类面前的政治经济问题的根源。

地球现在正处于一种脆弱的平衡之中。我们的星球保护了一些危险的有活力的和没有活力的系统，它们之间进行着巨大的能量的流动，构筑了一个复杂的全球能量流动系统。所有的这些系统——无论是完全自然的还是人造产物——需要遵循热力学的基本规则。知觉，包括社会规划和技术进步引领着我们进入未来的行动，必须有一个进化的视角，因为只有有了这样一个广阔的视角，我们人类才能生存得更久。

* * *

自然的、生物的和文化的进化跨越了复杂性的范围，每一个都是整个宇宙进化中不可或缺的一部分。星系、行星和生命以及文化、社会、技术，统一构成了我们自身、我们的世界、我们的宇宙的和谐。所有这些系统，包括其他在广阔宇宙里的有序性和组织，分享共同的特征、共同的驱动力，谱写了一曲共同的进化的史诗。

在过去的几百万年里人类进化的精确路程像我们在“文化时

代”里讲的，在一些细节上还有争论。科学的数据只是一个框架，历史的记录是不完整的：有很多随着时间的流逝已经永远消失了。就我们目前所知，现代的人类很可能是从15万年前的非洲扩散开来——就像今天人类的扩散一样，虽然有些迟疑，探寻着太阳系——但是关于化石的证据以及我们祖先的基因多样性知之甚少。而且，到底是什么使得人类进化成为有感情和想象力的生物——这些是很难客观确认的特征。理解人类进化的节奏和模式，包括人类大脑神经元的进化是人类学家最大的挑战。

进化的原因不仅仅是生物的，也有文化的因素影响。一种复杂的生物文化相互作用机制贯穿其中，伴随着大脑容量的增长和技术的发明，以及语言交流的发展和社会组织的出现，主观艺术的创造和客观发现。这些变化开始是比较缓慢的，但是它们在过去的25万年里明显地加速了。提炼一下，文化是把我们同原始的狩猎者和搜集者区别开来的唯一特征。文化的进步使得智人成为地球上最复杂的生命形式。我们可以提问、探索最基本的关于起源的问题——无论是在宗教意义上，还是哲学层面和科学层面上。

人类大脑里的网络结构是宇宙中已知的最复杂的结构，比现在发现的任何东西都要复杂。在通往智力的道路上需要很多的突破，最早可以追溯到10亿年前细胞开始聚集并且相互作用。更近的时间，在树之间的摇摆，手指的灵活性，双目视力，火，工具，语言，手写的能力，展望和好奇心，以及其他很多的进化成果都显示在大脑上：大脑就变得越来越大了。神经元的进化到达了这样的程度：我们可以使用它们来操控技术文明，来发现宇宙中的奥秘，以及反映我们进化来的物质。

即使没有大脑的感知，星球照样会旋转，星系依旧会发光，可是没有人知道这些。没有什么会理解自然的雄伟。与之相反，有了知觉和一个好奇的大脑，我们可以追寻过去，发现我们的历史，破解祖先留下的痕迹和把我们带到现在这里的路程；同时也可以更好地理解宇宙和我们自身的奥秘。这就是宇宙进化的遗产——一种关于我们是什么，我们从哪里来以及如何进入广阔的宇宙中的完全的世界观角度。

后　记

一个全新的时代

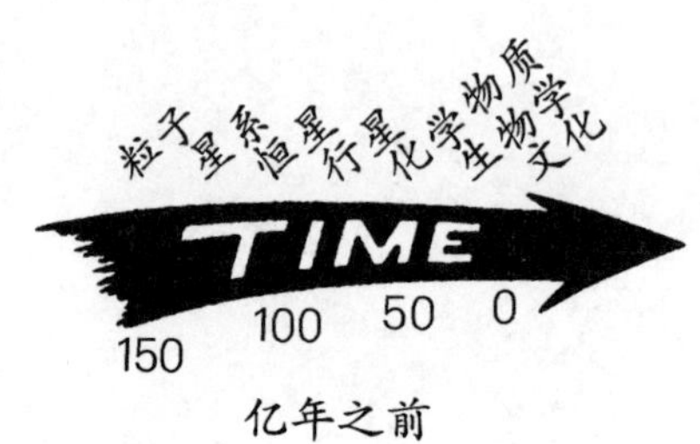

宇宙进化的剧情是由人类来讲述的，它是一个漫长、壮观的故事，一部包含着讲述者本人的进化史诗，它被分成7个主要的时代，但是这样一个长篇的故事并不是刻在某山顶的石板上，传递到人类手中的，而是在科学研究者们不断地探索当中渐渐露出眉目的，这个故事在今天已经变得颇为明了，但是随着我们对宇宙的了解不断增多，它必然会不断地被修改完善。

我们是宇宙的孩子，这并不是什么新鲜的观点，它也许与最早的智人对自身存在的思考一样古老，而贯穿宇宙进化史的变化观也算不上新鲜想法，它一直潜伏在各个时代中，当然也贯穿了我们排列在时间轴上的各个宇宙进化阶段。变化永不消失、永不间断的观点——正是这种变化带来了万事万物的产生——在几千年前就已经存在于人类的头脑中。

随着我们步入新世纪，我们如今可以开始科学地明确一些主要的天文学和生物化学问题，事实上，这些问题也是一些变化，通过它们我们便能更好地理解宇宙作为万物之源的身份。我们的科学研究方法其实具有学科交叉的性质，它几乎同时涉及了各所大学里能够找到的所有课程。同时——这一点也是非常重要的——我们已经可以利用实验或观察证据来证明本书中所描绘的许多事件，当然，这场漫长的宇宙进化史还将不断继续下去。

宇宙进化史是一种总结性的假设，它试图将或大或小、或远或近、处于过去和现在的一切统统集合起来，成为一个统一的整体。虽然其中存在一些非同寻常的细节，但是，关于万物存在的总思想框架，包括从射线到物质到生命的复杂性升高过程，都是合理易懂的。

让我们再次将视野放到最大，来看一看宇宙的总体面貌。在宇宙的最早时期当中，射线主宰着物质。在射线时代，强烈的光线是至高无上的统治者。那时的任何物质都是以四处分散的基本粒子的形式存在，这些粒子被淹没在由刺眼射线组成的海洋当中。大量的放射能使得宇宙成为一个巨大明亮的火球，在这个火球当中，没有原子、恒星以及任何其他具有规则结构的物质。

随着宇宙不断扩张，它的温度和密度都自然地下降着。由射线转化而成的物质开始渐渐地聚合形成原子，最后变成一团团的原子群。宇宙诞生几千个世纪之后，物质开始结合，这是一场极为重要的变化。随着具有规则结构的物质渐渐占据主导地位，宇宙也完成了它历史上的第一次重大过渡。这场变革意义深远，是宇宙进化图景中不可或缺的一部分。

物质时代开始之后，物质便开始主宰着射线，此时，即便在射线依旧存在时，物质也控制着宇宙中的大部分事件。从此之后，物质便一直控制着射线，依次成功地形成了星系、恒星、行星和生

命。这些无数的结构进化的方式、它们是如何由不断变化的环境中所发生的偶然波动引起的，都不是什么神秘莫测的问题，因为，我们已经差不多了解了这些过程。

没有什么能够停下时间的脚步，宇宙的进化历程正是沿着时间的流逝而展开的。时间在140亿年前在一场巨大的爆炸中产生，而宇宙的不断扩张则是时间的主要特征，时间是永远处于运动中的——它是一个新柏拉图式的推动者，它决定了万物的秩序、塑造了万物的形状、赋予了自然复杂性，最起码对于那些处于宇宙中的某处，正不断地朝着无规律状态发展的系统来说是这样。我们可以从已有的数据看到，一段内容丰富的自然历史正在渐渐地揭开面纱。

在宇宙中所有已知的物质当中，生命体是最为激动人心的物质形式，尤其是那些聚成团体，共享发达科技的生命体。这并不是人类中心说的观点，而时间的箭头也并没有对准人类。拥有科技的生命与低等生命以及遍布在宇宙中的其他物质都有着很大的不同，这不仅仅是因为我们可以控制物质和射线，更重要的是，因为我们可以改变进化本身。

只要时间够长，即便进化本身也会发生变化。

我们可以肯定，恒星进化依旧在宇宙各处恒星的内核中进行着，而化学变化则依旧在偏远的，诸如星系云或遥远月球之类的地方进行着。生物进化仍然发生在地球的生物身上，也许还发生在某颗遥远行星上的生物中间。而文明进化，则发生在人类世界的各个角落，也可能正发生在远离地球的某个世界中。但是，对于拥有科技智慧的生物来说，进化本身也在经历着深刻的变化。

之前，生命的进化是受基因和环境（包括物理、生物和文化环境）控制的，但是现在，我们人类本身已经能够在相当大的程度上改变这两个因素。我们正损害着地球上的物质，挥霍着地球上的能源，为自己挖好了安逸的陷阱。同时，我们也在试着操纵生命本身，试图改变人类的基因组成。物理学家们发动起了自然界的一切力量，生物学家们则试验着各种基因图谱，而医学家则通过药物改变着人类的行为，事实上，我们正在强行改变万物变化的方式。

有感知力及科技的生物在地球上，或许，在任何地方的出现，都预示着一个全新时代的到来——这便是生命时代。为什么这么说？因为有了科技的帮助，生命体便可以控制物质，这种控制的力度完全可以匹敌那场发生在一百多亿年前的，由射线到物质的转型。如今，只要是在有智慧生命存在的地方，物质便没有了控制力。可以肯定地说，在现代生活所提供的优越条件下，人类已经将物质牢牢地掌握在了手中，并取得了选择光明美好未来的机会，当然，这种未来也有可能充满着自我毁灭、退化以及死亡。

在这里需要澄清的是，生命时代的开始并不是以生命本身的诞生为标志的，甚至不是以人类或人类意识的诞生为标志的。生命时代的开始是一场发生在空间时间中的事件，在这场事件当中，有技术的生命体开始取得了对物质的控制力，这种控制力比物质对生命的影响要强大得多，也比宇宙早期物质取得主导地位之后对射线的控制力要大得多。对于人类来说，这场全新的事件正在当下当地发生着。

从物质时代到生命时代的过渡并不是瞬间完成的，这场变化是一场剧烈的、非革命性的进化过程。就好像在早期宇宙中，物质攻克射线需要时间一样，生命要超越物质也需要花费很长的时间。事

实上，生命也许并不能完全地主宰物质，一是因为人类文明并未能控制星际范畴上的物质资源；二是因为任何科技文明的生命都是短暂的。

有感知力及科技的生物在地球上，或许，在任何地方的出现，都预示着一个全新时代的到来——这便是生命时代。

虽然成熟的生命时期可能永远也不会到来，但是有一件事情是我们可以确定的：我们这一代生活在地球上的人类，包括其他任何形式的生活在宇宙中的科技生命，都已经开始渐渐地成为宇宙未来进化中有意义的一分子。由物质主宰转变为生命主宰——这种过渡具有重大的天文学意义，事实上，它是宇宙历史上第二次大变革的开端。同时，它也是宇宙进化史上的一次典型事件，正是因为这场事件的发生，生命体在宇宙的进化过程中才拥有了一席之地，或者说，发挥了自己的作用。因此，我们有生存下去的使命和道德责任，当我们是宇宙中的唯一智慧生命时尤其如此，以科技生命为代表的宇宙实验是绝不应该以失败告终的。

毫无疑问，人类代表着地球上最高等级的智慧，当然这并不是说，我们将是地球最后的继承人，很多微生物虽然体积微小，寿命却比人类长很多。但是，目前我们是唯一可以在文化上进行沟通、在科技上取得进展的生命体，也是唯一知道我们的过去并为未来担忧的生命体。即便如此，科技和智慧还是截然不同的两码事，我们究竟有多少智慧，我们又将怎样利用这些智慧来确保生命及人类的生存？

我们的未来又是怎样的？我们将去向何处？虽然这些问题都不简单，但有一点是可以确定的：我们的太阳终究有一天会将燃料消耗完毕，它将膨胀成一颗红巨星，将周围的好几颗行星吞噬，其中就可能包括地球。这场事件无疑将终结人类的文明，甚至可能摧毁太阳系中的所有生命。

另一方面，在未来的 10 亿年中，地球的温度并不会升高到无法忍受的地步，而太阳则要过上 50 亿年才可能发生毁灭。这样的时间长度在人类眼中漫长得无法想象，这就为地球上的智慧生命提供了许多的机会（如果地球可以在人类科技文明的摧毁下生存下去的话），去开展一些超出地球范围的星际工程项目以及其他的伟大探索。

未来更短的一段时间之内，如 100 万年、1000 年，甚至几百年之内又会是什么样子呢？有没有什么办法可以让我们预知智人未来沿着时间轴的进化方向？坦白地说，这个问题的答案是不确定的，因为必然性总是和偶然性携手并行的，规律中总是掺杂着随机，这些因素使得未来的结果变得难以确定，但是，行动和态度可以帮助我们获得更长期的生存——这是提高我们未来生存可能性的切实办法。

若我们认为自己是宇宙变化的最终产品，是宇宙进化的顶峰，那未免有些自负、虚荣和虚伪。人类中心主义——我们必须重复这

一点——并不属于我们的这个故事，无论它是明显的还是隐晦的。无论人类具有多少控制力，变化也不会因为我们的出现而停止，自从宇宙诞生的那个时刻开始，变化就一直伴随着时间的流逝，我们没有道理认为，仅仅因为地球上出现了具有科技的智慧生物，变化就会停止。正如以前一样，变化仍然将是大自然的一个特征，在这一点上，它和时间是一样的。

在我们作为一种文明延续下去的每一天里，变化都将一如既往地存在。要么改变，要么灭亡——这是任何物质延续下去的首要法则，生命也不例外。同时，生命还是宇宙进化故事中的一个必备特征以及重要信息。

未来是个复杂的问题，因此我们对未来的讨论很容易变得抽象空洞。当未来中还包括生命时，它将变得更加难以预测。事实上，预测人类文明的未来要比预测宇宙的未来困难得多，也愚蠢得多。我们对宇宙未来的了解居然比我们对自身未来的了解更多，这听起来似乎有些荒唐，但是，人类的行为占据了文明的很大比例，而在整个宇宙中，它所占的比例接近于零，同时，宇宙的运转是遵守物理规律的，但是，文明的规则却是由人类自己决定的。

宇宙的命运只与一个因素相关——它的能量（或质量）密度，科学家们正在努力地了解这一术语，并且正在试图估算出它的大小。而人类文明的命运似乎也与一个因素密切相关，但是这一因素名叫“人性”，这是一个颇为复杂的东西，它难以被定义，也难以被量化。甚至，我们对人性性质的定义都像是在说车轱辘话：作为人的状态，人性化的品质，人类的感情、性情以及同情心。

还有一个方法可以帮助我们解开有关未来的谜题，正如我们之前说到过的，古典的物理学家的工作就是充分地了解自然，从而预言物质对不同环境作出的反应。比如，我们已经能够精确地得知垒球在空中的运动轨迹，只要我们知道垒球的重量、地球的重量、地球和垒球之间的引力大小、空气的压力和阻力、球的动量和旋转速度以及其他一些与球相关的物理因素，我们便能够精确地描画出它将要在空中进行的运动。但是，要描绘生命在时间中的“运动轨迹”却要比这复杂很多。太多非物理的因素——个人或集体社会学，国内或国际政治，生物及文化态度，以及其他一些无法量化的因素——无疑都将影响到人类文明的未来。

时间的衡量再次成为了一个问题——虽然它其实是本书的一个中心主题。人类能不能及时地采取集体行动，来确保文明的延续呢？用进化主义的语言来说就是，人类能不能被自然选中，继续生存下去呢？我们不难发现，如今在宇宙中存在一个规模更大的选择过程——这便是宇宙选择的规律，正如达尔文的自然选择规律一样。宇宙选择规律运作的范围更广，它超越了生物的范围，进入到了文化的层面中，事实上，它已经进入了天文范畴。这个规则便是：只有那些能够及时形成行星社会或全球道德的科技文明才能够延续，做不到这一点的文明则将毁灭。

或者，有感知的有机生命体会不会只是生命进化途中的一个中间环节，生命还将向着更高级的形式进化？许多人认为，宇宙复杂性增加的下一个剧烈表现形式便是硅系统——机器，与碳系统——人类的共生性融合。也许这些受控机体将会成为我们的后代，或者，人类也可能会变成与现在完全不同的生物，我们所认为的人类究竟有没有未来？

或者——这一点是我们必须考虑的——像人类一样的复杂系统会不会发生自然的自我毁灭？随着任何一个科技社会的发展，它的国家和人民渐渐拥有了发现自然和毁灭自己的能力，这两种能力的获得几乎是同时发生的，而且，讽刺的是，人们实现这两种能力利用的是同一种工具。现代文明已经发明出了许多科学技术，可以供我们用以探索万物的起源，与此同时，它也拥有了许多可进行大规模毁灭（或者说大规模灭绝）的方法。许多威胁到我们的长期生存的问题——从最为突出的人口过多以及核武器到基因变异和环境污染，以及其他的严重问题——似乎我们的祖先并没有遇到。我们如今遇到的问题都是一些全球性问题，它们可能会永远地伴随着我们，虽然，生命时代号称是智慧生命拥有主宰权的一个空间实践阶段，但似乎我们还不能肯定人类是否拥有足够的智慧，能够在这样一个问题渐渐严重的世界中，将我们推到宇宙层级中的最高地位并将这一地位保持下去。也许，宇宙中没有任何人可以真正地进入生命时代。

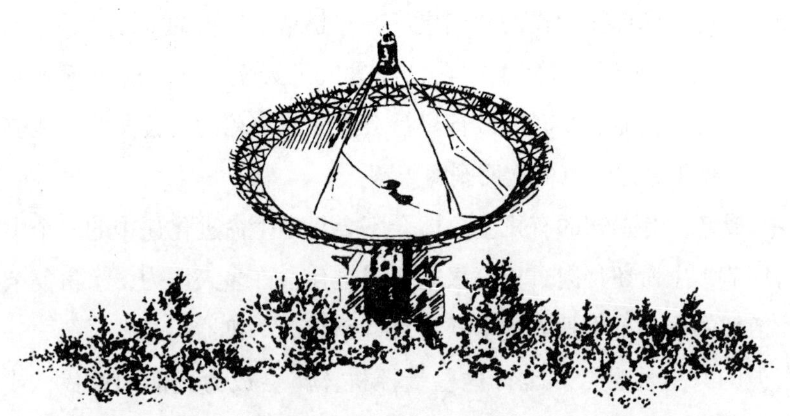

有那些能够及时形成行星社会或全球道德的科技文明才能够延续，做不到这一点的文明则将毁灭。

如今，道德似乎已经成为了宇宙进化的中心因素，最起码对于生活在地球上的人类来说是这样。道德本身也许就是指引我们进入生命时代的指向标。可以肯定，道德进化很有可能将成为时间轴上的下一个伟大时代，在这一进化过程中，我们的后代将经历再一次的进化飞跃，进入到更高等的状态。我们对宇宙进化的认识决定了我们必须进入道德时代，只有这样，人类才能获得长期的生存。

而有关道德的思想，尤其是有关它作为行为准则的思想，在人类历史开始不久之后便诞生了。它也许是由古时候的哲人提出，由理论学家们热情地发展下去的（当然也可能正好相反），但是，这些哲人和理论家们如今并没有在为地球说话。同样的，仅仅依靠科学是不足以产生道德的，我们只是不断地依靠科技，去茫茫无际宇宙中进行更深入、更远阔的探索。而世界道德这个概念，从广义上和理论上来说，是很容易理解并掌握的，它包含着一套社会准则，这套社会准则要求我们树立起全球道德以及全球公民意识，以谋求长远的生存。但是，在实践上，似乎只有将这三大系统结合起来，才能够在必需的时候产生出符合要求的道德——这种进化只有当我们将科学、哲学、宗教和谐地统一在一起时，才能够实现，而这种进化，也将充实我们的宇宙进化历史。

现在，让我们变得更加宽泛一些，而不要只是专注于一个方面——来系统地讨论一下整体主义的世界观，而不仅仅是遵从于简约主义科学的摆布，虽然，简约主义科学在几十年中还受到了热烈的追捧，以及各大科研机构和院校的顶礼膜拜。但是，科学界不但需要专门工作，也需要总体工作，不仅需要研究，也需要教学；不仅需要传播，还需要发现。这不是说，我们要放弃几十年来一直被当做生产经济推动力的专门研究，但是，我们也必须认识到，现在是时候拓宽我们的研究视野，不要仅仅局限在科学领域，更要将我们的目光延伸到更大的哲学和宗教领域，这样我们才能真正地理解我们究竟是谁，从哪里来，将要到哪里去。

进化、能量和道德这三大核心因素将指引我们克服各种困难和挑战，走向生命时代。第一个因素——进化——之所以必要，是因为我们需要充分地了解万事万物的根源，以及我们在宇宙万物中的位置，只有这样，我们才能描绘出一条切实可行的，通往生命时代的路线；而第二个因素——能量——之所以必要，是因为我们的命运将与人类能否高效安全地使用能量密切相关；而第三个因素——道德——之所以重要，是因为全球公民意识以及全球社会是决定人类生存的重要因素。

将宇宙进化历程当做指引我们通往生命时代的路线图要求我们进行动态而非静态的思考，要求我们将自然科学和人类历史结合在一起，去发掘人类价值观的进化根源，去发现一种全新意义上的希望。

* * *

我们这段关于宇宙进化史的描述已经进行得颇为深入，涉及了许多方面。如今，生命体正在思考着生命本身，探索着物质和能源，试图去揭开那些久远的历史。它探寻着被我们称为家园的行星系统，它搜寻着地球之外的生命形式，同时，它也正在寻求全新的理解，寻求着意义，寻求着存在的理由。

本书中讲述的是一段整体性极高的宇宙历史，处于任何一种文化当中的人都可以理解并接受的一段历史——这段历史从大爆炸一直说到人类本身，描述了不断旋转的壮观星系和明亮耀眼的恒星，描述了嗡嗡作响的蜜蜂和红木树，描述了一个正渐渐意识到自身存在的宇宙。同时，它也是一个有关人类自身的故事——有关人的起源、人的存在以及人的命运。

在这个过程中，有感知的生命发现了一种意义，发现了他们与宇宙进化之间的联系，发现了潜藏在宇宙进化当中的动力。这些生命体已经意识到，如今组成世界的这些物质都来自无数恒星的诞生和死亡。我们自身也是由诞生在许多代恒星内核中的元素组成的，这许多代的恒星经历了长达几十亿年的漫长进化——而这种进化仅仅是靠宇宙的不断扩张来推动的。除此之外，我们已经拥有了足够的智慧，来思考赋予我们生命的无数物质和变化，我们所发现的结果便是，我们不仅仅是宇宙中的产物，不仅仅是宇宙中的一种生命形式。我们是宇宙的一个组成因素——是一些有生命和文化的，能够研究自身的宇宙产物。

宇宙的进化并不枯燥，也决不恐怖，它是一个温和、包容的过程，在它的邀请下，我们享用着我们的宇宙馈赠，以便更加充分地利用我们人类的潜能，去更加深入地探索更多的自然奥秘，以启发处于广袤无序的宇宙中，位于地球上的人类本身。

只要人类继续去寻求新的知识，只要人类有足够的智慧继续生存下去，最重要的，只要人类一直保持好奇心，那么很可能人类有一天可以进化到足够控制物质的地步，就好像早期宇宙中物质可以主宰射线那样。确实是这样，宇宙中某些地方的密度并不仅仅是由物质和能量决定的，同时也是由出现在那里的生命决定的。如果在地球之外的星球上存在生命体的话，那么我们将与我们的星系邻居一起，获得对宇宙中大部分能源的控制权，将这些能源化为己用，以确保我们种族的延绵不绝。

随着我们迈入新千年，这段自成一体的连贯的宇宙进化史——一部壮丽辉煌的史诗——将把地球上所有的公民都装载进去，让他们也参与其中，去书写一段全新的传奇，而不仅仅是扮演着看客的角色。也许，人类确实正在变得更有智慧、更有道德、更加人性化；也许，人类正在走向一场道德进化，这场道德进化是否属于必然发生的事件，这一点颇受争议，但是它能够帮助我们去应对将要在时间轴上遇到的各种挑战。

“我们是卵石的弟兄，云朵的表亲。”

——哈洛·夏普利，20 世纪美国天文学家